Akademie der Wissenschaften der DDR
Institut für Geographie und Geoökologie

Beiträge zur Geographie 33

Methoden der Datenerschließung und mathematisch-statistischen Aufbereitung in Geographie und Regionalforschung

Akademie-Verlag Berlin

Akademie
der Wissenschaften
der DDR

Institut
für Geographie
und Geoökologie

Beiträge zur Geographie

BAND 33

Herausgegeben von Prof. Dr. sc. nat. Heinz Lüdemann

unter Mitwirkung von
Prof. Dr. phil. habil. Dr.-Ing. E. h. Edgar Lehmann
Prof. Dr. rer. nat. habil. Günter Haase
Prof. Dr. sc. nat. Joachim Heinzmann
Prof. Dr. sc. nat. Rudolf Krönert
Prof. Dr. sc. nat. Gerhard Mohs

Methoden der Datenerschließung und mathematisch-statistischen Aufbereitung in Geographie und Regionalforschung

Mit 90 Abbildungen, 37 Tabellen und 4 Beilagen

Von
Gerhard Schmidt
unter Mitwirkung von
Otti Margraf und Erich Bacinski

AKADEMIE-VERLAG BERLIN 1986

Band 33 der Beiträge zur Geographie
(bis Band 27/28 Wissenschaftliche Veröffentlichungen des Geographischen Instituts der Deutschen Akademie der Wissenschaften zu Berlin bzw. des Deutschen Instituts für Länderkunde Leipzig)

Redaktion: Dr. rer. nat. Jutta Haase
Redaktionsschluß: 30. 6. 1985

ISBN 3-05-500086-2
ISSN 0138-4422

Erschienen im Akademie-Verlag Berlin, DDR-1086 Berlin, Leipziger Straße 3—4

Lizenznummer 202 · 100/445/86
Printed in the German Democratic Republic
Gesamtherstellung: VEB Druckhaus „Maxim Gorki", 7400 Altenburg
LSV 5005
Bestellnummer: 763 579 1 (2154/33)
04000

Vorwort

Die Geographie hat in jüngster Vergangenheit das methodische Instrumentarium ihrer Forschungen außerordentlich schnell vervollkommnet und ergänzt. Diese auch weiterhin anhaltende Tendenz kommt in der ergebnisreichen Anwendung von Methoden der Geofernerkundung und der Ausarbeitung und Nutzung geographischer Informationssysteme ebenso zum Ausdruck wie in Beobachtung und Messung landschaftsökologischer Erscheinungen und Prozesse in Testgebieten und im Labor. In engster Verbindung mit dem zuvor Gesagten konnten gleichzeitig beträchtliche Fortschritte dabei erreicht werden, mathematische Methoden im geographischen Forschungsprozeß umfassender einzusetzen.

Der vorliegende Band 33 der „Beiträge zur Geographie" ist diesem Problemkreis gewidmet und konzentriert sich auf mathematisch-statistische Verfahren. Er weist insofern eine Spezifik gegenüber vorangegangenen Bänden der Reihe auf, als er nicht über neue Forschungsergebnisse informiert, sondern anstrebt, Geographen und Vertretern von Nachbarwissenschaften notwendiges mathematisches Rüstzeug für die bei nahezu allen Forschungsarbeiten notwendige Datenerschließung und statistische Aufbereitung in die Hand zu geben. Trotz dieser Besonderheit haben sich die Herausgeber zur Veröffentlichung entschlossen; ist es den Autoren doch gelungen, nicht allgemein zu bleiben, sondern die jeweiligen mathematischen Methoden stets anhand von Anwendungsbeispielen aus dem Fachgebiet darzustellen sowie auftretende Schwierigkeiten und mögliche falsche Anwendungen zu erörtern. Möge dieser Band bei vielen Kollegen eine gute Resonanz finden!

Der Hauptautor dieses Bandes, Prof. Dr. rer. nat. habil. Gerhard Schmidt, der im März 1985 seinen 70. Geburtstag feierte, hat sich seit 1969 am Institut für Geographie und Geoökologie große Verdienste um die Einführung mathematisch-statistischer Verfahren für geographische Forschungsaufgaben und um den Übergang zu angewandter Systemanalyse und Modellierung im Fachgebiet erworben. Die vorliegende Publikation ist eine schöne Gelegenheit, Gerhard Schmidt nochmals für sein engagiertes Wirken zu danken und ihm noch viele Jahre Gesundheit und Schaffenskraft zu wünschen.

Heinz Lüdemann

Inhaltsverzeichnis

Герхард Шмидт — при участии О. Марграфа и Э. Бацинского:

Методы сбора и математическо-статистической подготовки данных в географии и региональных исследованиях

Оглавление

GERHARD SCHMIDT with contribution of O. MARGRAF and E. BACINSKI:

Methods of Data Acquisition and Mathematical Statistical Processing in Geography and Regional Research

Table of Contents

1. Allgemeines über mathematische Methoden, Systemanalyse und Modellierung

1.1. Zur Bedeutung des Einsatzes mathematischer Methoden in den geographischen Wissenschaften

Wenn gegenwärtig die Anwendung mathematisch-kybernetischer Methoden in der Geographie einen immer breiteren Raum einnimmt, so geschieht dies einmal aus rein praktischen Gründen zur Erhöhung der Effektivität der Forschungsergebnisse. Daneben geht es darum, die Theorie der Wissenschaft auf ein höheres Niveau zu heben.

Die Geographie ist in den letzten Jahrzehnten immer mehr über das Stadium der nur beschreibenden Wissenschaft hinausgelangt und gegenwärtig dabei, ihr eigenes terminologisches und methodologisches System zu klären und immer stärker auszubauen. In dieser Phase ist der Einsatz mathematisch-kybernetischer Methoden besonders wertvoll. In den letzten Jahren wurde klar erkannt, daß ohne mathematische Durchdringung und elektronische Datenverarbeitung keine fruchtbare quantitative und damit qualitativ anspruchsvolle Forschung betrieben werden kann.

Die Mathematisierung erfordert eindeutige Begriffe und eine widerspruchsfreie Terminologie. Sämtliche theoretischen Ansätze müssen den Axiomen der mathematischen Logik genügen und sich in diese einordnen lassen. Die Auswahl der anwendbaren mathematisch-kybernetischen Verfahren wird in erster Linie durch die aktuellen Problemstellungen der Physischen und Ökonomischen Geographie unter besonderer Berücksichtigung des Umweltaspektes vorgezeichnet. Sie zwingen den Geographen, seine Fragen klar und präzis zu formulieren, und stellen darüber hinaus gewisse Anforderungen an die Auswahl und Aufbereitung des für eine quantitative Bearbeitung vorgesehenen Datenmaterials.

1.1.1. Allgemeine Problemstellungen und ihre mathematischen Lösungswege

Um ein Beispiel für die Erhöhung der begrifflichen Schärfe bei der Verwendung mathematischer Methoden anzuführen, sei auf die ökonomisch-geographischen *Untersuchungen zur Gebietsgliederung* hingewiesen, in denen man deutlich zwischen Rayonierung und Gebietsdifferenzierung unterscheidet. Es handelt sich dabei um zwei Begriffe, die üblicherweise gern synonym verwendet werden. In beiden Fällen geht es zwar um die räumliche Analyse von zweidimensionalen Verteilungen, doch Fragestellung und Vorgehen sind beide Male grundverschieden.

Im Falle der *Gebietsdifferenzierung* werden Unterschiedskriterien im räumlichen

Gefüge und dem Grad der Interaktionen und Interdependenzen diskutiert; es wird analysierend vorgegangen. Bei der *Rayonierung* hingegen steht die Synthese im Vordergrund. Man sucht nach Merkmalen für die Homogenität von Raumeinheiten, legt Kontraststufen einerseits und Isomorphien andererseits fest, um gleichartige Strukturen eindeutig definieren zu können.

Eine Grundproblematik bei geographischen Untersuchungen ist die *Gegenüberstellung* von rein *statischen*, die Struktur der räumlichen Erscheinungen betreffenden Analysen und einer *dynamischen Betrachtungsweise*, die die zeitliche Entwicklung und räumliche Wechselwirkung zwischen den Systemen, Subsystemen oder Systemelementen in ihre Untersuchung mit einbezieht. Wie bereits betont wurde, sind strenggenommen alle geographischen Aussagen quantifizierbar. Doch nicht jeder Algorithmus ist in jedem Falle geeignet:

— *Strukturmodelle*, die räumliche Gefügemuster und Verteilungen veranschaulichen sollen, werden vorrangig mit graphen- und mengentheoretischen Methoden bearbeitet. Dabei treten Kopplungs- und Verflechtungsmatrizen auf.
— *Klassifikationen und Typisierungen* bedienen sich bereits in breitem Umfang der viel diskutierten multivariaten statistischen Verfahren, von denen besonders die Faktoren-, Cluster-, Diskriminanz- und Varianzanalyse zu nennen sind.
— *Dynamische Ansätze* laufen u. a. auf die Untersuchung von Zeitreihen mittels der Trendanalyse hinaus, wobei auch stochastische Methoden, wie Autokorrelation und die Verwendung von Filtern, eine Rolle spielen und schließlich der Einsatz von Prognosefunktionen von besonderem Wert ist.

Durch die Verwendung der Multivarianzanalyse sind gute Voraussetzungen für die Herleitung einer *allgemeinen geographischen Feldtheorie* gegeben, die einerseits auf der numerischen Taxonomie und andererseits auf der kanonischen Analyse aufbaut. Um die Wechselbeziehungen zwischen den Bewegungen im Raum und den räumlichen Strukturen zu analysieren, gilt es,

— die *Ähnlichkeiten der Raumeinheiten* hinsichtlich bestimmter Merkmale aufzuzeigen,
— die *funktionale Zuordnung der Raumelemente* zu Zentren bzw. Funktionskernen (Knoten) festzulegen — man spricht von *Nodalität* und *Polarisierung* —,
— *territorialplanerische Aspekte* durch gebietsgerechte Vorgaben und Normative zu berücksichtigen.

Eine derartige Analyse muß von der Erfassung homogener und funktionaler Regionen ausgehen und die Wechselwirkungen — *Interaktionen* — zwischen den Standorten untersuchen. Die räumlich verteilten Objekte verfügen über gewisse Attribute. Das sind etwa physisch-geographische, demographische, soziologische u. a. Merkmale. Ferner existieren Interaktionen in Form von Güterströmen, Binnenwanderung, Pendlerbewegung oder auch als Informationsfluß.

Durch den Vergleich der entsprechenden Matrizen und der aus ihnen errechneten Korrelationen und Regressionen lassen sich räumliche Grundmuster ableiten, die man sowohl auf festgelegte Zeitpunkte als auch auf Zeitintervalle beziehen kann. Durch sie wird der Grad der wechselseitigen Abhängigkeit der jeweiligen Teilräume, die in sich grundsätzlich isomorph sind, deutlich. Mit den bereits erwähnten multivariaten statistischen Methoden lassen sich Klassifikationen und Typisierungen durchführen, die die *hierarchische Ordnung des Raumes* quantitativ belegen. Weiterhin sind von Bedeutung

- die *Schwerpunktmethode*, die nach dem Gaußschen Prinzip der kleinsten Quadrate von der Minimierung der Distanzen[1]) zwischen den Gruppenelementen ausgeht, und
- das *Gravitationsmodell*, das sich auf die Abnahme einer bestimmten Erscheinung mit wachsendem Abstand von einem Zentrum stützt.

Lineare und nichtlineare Optimierungsprobleme treten häufig bei territorialen Untersuchungen der Ökonomischen Geographie auf, werden aber auch in zunehmendem Maße für die Physische Geographie wichtig, beispielsweise wenn vom Menschen technogen überprägte Räume im Zusammenhang mit der Umweltproblematik untersucht werden. Allerdings haben die in der Wirtschafts- und Betriebsökonomie verwendeten Modelle, vor allem der Simplex-Algorithmus, in der Geographie im Verhältnis zum Aufwand vorläufig keine befriedigenden Ergebnisse erbracht, was zum Teil damit zusammenhängen mag, daß in geographischen Modellen sehr viele nichtlineare Vorgänge enthalten sind, die sich nicht so ohne weiteres linearisieren lassen. Zur *dynamischen Optimierung* hingegen sind durch den BELLMAN-Algorithmus und die COBB-DOUGLAS-Funktion bereits wertvolle mathematische Ansätze vorhanden.

Bedeutenden Anteil an der Erforschung von Steuerungs- und Störprozessen sowie Rückkopplungsvorgängen innerhalb von Geosystemen hat die *kybernetische Systemforschung* und künftig auch die *Automatentheorie*. Sie gestatten es, gleichzeitig das Stabilitätsverhalten der Systeme sowie gewisse Einschwing- und Regelvorgänge quantitativ — etwa mittels des Entropiemaßes — abzuschätzen. Künftig wird die *Modellierung des Geokomplexes* eine zentrale Stellung in der quantitativen geographischen Forschung einnehmen. Es soll dabei nicht ein Supermodell entstehen, sondern ein System von integrierten Teilmodellen, die, sofern es sich um homogene Subsysteme handelt, als *kompartimentierte Systeme* aufgefaßt werden können. Hierin müssen die abiotischen und die biotischen Prozesse des Naturraumes und die gesellschaftlichen Vorgänge gleichermaßen vertreten sein und in ihren numerischen Qualitäten erfaßt werden.

Die geographischen Systeme stellen bekanntlich *offene Systeme* dar. Sie stehen in ständiger Wechselwirkung mit ihrer Umgebung und sind gleichzeitig im Raum und in der Zeit integriert. Damit gehören sie zu den *dynamischen Systemen*, weil sich in ihnen viele zeitabhängige Umwandlungs- und Entwicklungsprozesse vollziehen, wie Zirkulationen, Transformationen, Akkumulation und Dissipation, Diffusion u. a., so daß bei der Modellierung eine Reihe mathematischer Ansätze aus der theoretischen Physik, vor allem aus der Kontinuumsphysik, übernommen werden können.

Weiterhin sind die geographischen Systeme in der Regel *adaptive Systeme*, d. h., sie sind in der Lage, Störimpulse in gewissem Umfang zu kompensieren und durch Rückkopplungsmechanismen den stabilen Gleichgewichtszustand wiederherzustellen, indem ein „Einschwingen" zu diesem hin erfolgt. Oft kann analog zu biologischen Prozessen von sog. *Fließgleichgewichten* gesprochen werden.

An einigen geographischen Systemen läßt sich auch *multistabiles Verhalten* beobachten. Dies gilt vor allem für die meisten agrarökologischen Geosysteme, die sich je nach der angewandten Wirtschaftsweise auf verschiedenen Niveaus in ihrer Ertragsfähigkeit stabil halten lassen. *Ultrastabilität* kommt hingegen äußerst selten vor.

Von hohem praktischem Wert sind auch Untersuchungen von Integrationsketten

[1]) Distanzen sind in diesem Zusammenhang nicht nur Entfernungen, sondern ganz allgemein Unterschiede in den Merkmalen benachbarter Örtlichkeiten, die sich durch Differenzen im Merkmalsraum ausdrücken lassen.

im zeitlichen Nebeneinander. Hierbei geht es um die für territorialplanerische Entscheidungen wichtige quantitative Einschätzung von Funktionsüberlagerungen in einem Wirtschaftsrayon und der dadurch bedingten Mehrfachnutzung von Flächen oder anderen Ressourcen. Betrachtet man derartige Funktionsketten im zeitlichen Nacheinander, kann man das Stabilitätsverhalten von mehr oder minder langfristigen Entwicklungen, die bei den biologischen Prozessen als Sukzessionen bezeichnet werden, untersuchen. Dabei können auch *Simulationsmodelle*, die unter Vorgabe verschiedener Ausgangs- und Randbedingungen der Umweltwirkungen auf Analogrechnern durchgeführt werden, für perspektivische und prognostische Aussagen Verwendung finden, die es gestatten, effektive und optimale Varianten herzuleiten.

Zweck und Ziel der kybernetisch-mathematischen Geosystemforschung ist die *Ermittlung stabiler und regulationsfähiger Geosysteme*. Durch derartige Untersuchungen sollen die optimale Nutzung und kritische Belastbarkeit der Systeme sowie ihre Regenerationsfähigkeit klar erkennbar sein. Vom Mathematischen her gesehen, weisen die Strukturen und die ablaufenden Prozesse, die abiotischen Vorgänge einerseits und die biotischen sowie die gesellschaftlichen andererseits, gewisse Gemeinsamkeiten auf, die bei der Modellierung ganz spezifische mathematische Ansätze erfordern.

Generell läßt der *abiotische Komplex der Physiosphäre*, zu dem Untergrund (Lithosphäre) und Substrat (Pedosphäre), Gewässer (Hydrosphäre), Relief (Morphoshäre) und Klima (Atmosphäre) gehören, vor allem statische und quasistatische Beziehungen erkennen, so daß die Untersuchung von Strukturen und Bilanzen im Vordergrund steht. Ferner sind lineare oder zumindest ohne Schwierigkeiten linearisierbare bzw. durch lineare Modelle approximierbare Beziehungen vorherrschend. Handelt es sich um Schwingungsvorgänge, so lassen sich diese im allgemeinen durch periodische Funktionen beschreiben.

In ähnlicher Weise zeigen der *biotische* und der *gesellschaftliche Geokomplex* (*Biosphäre* und *Noosphäre*) hinsichtlich ihrer Mathematisierung verwandte Züge. Hier verlaufen die Prozesse in der Regel nicht linear. Vielmehr spielen Exponential- und Potenzfunktionen, die Wachstums- und Sättigungsvorgänge beschreiben, eine wichtige Rolle. Sofern es sich um Entwicklungstrends handelt, sind auch nichtperiodische Vorgänge von Belang. Die Modellbildung muß diesen mathematischen Grundgesetzmäßigkeiten Rechnung tragen.

So sind auch von der *Ökosystemforschung* viele fruchtbare Anregungen ausgegangen. Zur quantitativen Einschätzung der Mannigfaltigkeit (diversity) wird dort die *Negentropie* verwendet. Ganz entsprechend läßt sich mit dieser Größe in der Geographie die Komplexität des Geosystems charakterisieren. Weiterhin sind aus den Forschungen zur *irreversiblen Thermodynamik* offener biologischer Systeme durch PRIGOGINE wichtige Erkenntnisse über stationäre Zustände bei ständiger Stoff- und Energiezufuhr, die zu spontaner Strukturbildung, den sog. dissipativen Strukturen, Anlaß geben, gewonnen worden. Sie können auch zur Entschleierung der Strukturproblematik in Geosystemen vieles beitragen.

Zur Modellierung von systeminneren Veränderungen, etwa den Verschiebungen der Gleichgewichtszustände durch Parameteränderungen, hat die *Hysterese-Theorie* entscheidend beitragen. Dies kann möglicherweise einmal für ähnliche Vorgänge in Ballungsräumen Bedeutung erlangen. Schließlich sei die neuere *Reaktionskinetik* erwähnt, die bei katalysierten und auch bei unkatalysierten reversiblen und irreversiblen Prozessen Steuerungsimpulse simuliert, so daß sämtliche systeminneren Prozeßabläufe sowie die

Ausgangsgrößen optimale Werte annehmen. So liefert die moderne Kybernetik für die quantitative Geosystemforschung, insbesondere für die Modellierung der dynamischen Prozesse, gute theoretische Voraussetzungen, die für die spezifischen Anforderungen der geographischen Fragestellungen ausgebaut werden müssen.

1.1.2. Arbeitsetappen zur mathematischen Modellierung von Geosystemen

Bei der Planung des einzuschlagenden methodischen Weges ergeben sich mehrere Arbeitsetappen, die sich in ihrem zeitlichen Ablauf teilweise überlappen (vgl. Abb. 1).

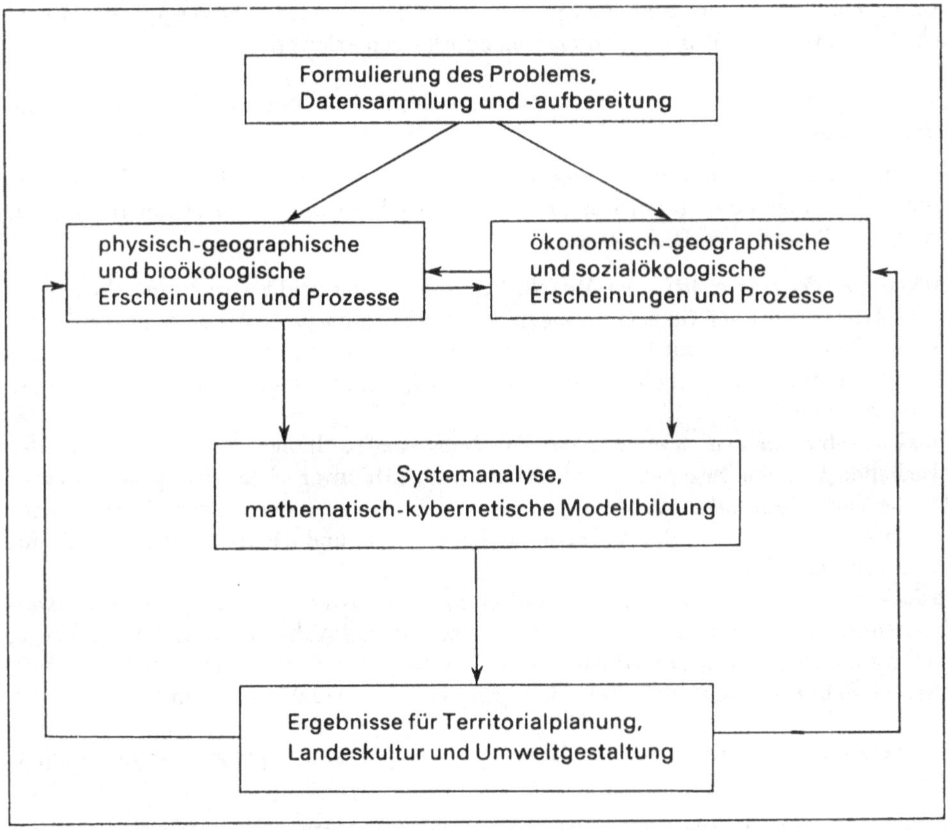

Abb. 1. Ablauf der Systemanalyse

1. Datenbearbeitung und Auswahl anwendbarer mathematisch-kybernetischer Modelle

In der ersten Arbeitsphase geht es um Fragen der Datensammlung und -aufbereitung, u. U. auch um die Anlage einer Datenbank oder zumindest von Dateien für spezielle Forschungsvorhaben. Weiterhin ist die Theorie der Wissenschaft nach der quantitativen Seite hin nachzuführen, und es sind präzise, tragfähige Begriffe zu schaffen, die eine terminologische Prägnanz gewährleisten.

Systemdenken und mathematische Modellbildung müssen logisch aufeinander abgestimmt werden. Dabei geht es um drei Schwerpunkte:

- *Strukturerfassung,* in erster Linie das statische Bild betreffend. Strukturen lassen sich zu Wirkungsgefügen vereinen. Hierfür gilt es, repräsentative Kennziffern abzuleiten. Einfache Modelle und Teilmodelle dienen der Analyse des Geokomplexes, wobei Abgrenzungskriterien für chorisch relevante Gebietseinheiten in naturräumlicher und wirtschafts- oder sozialräumlicher Sicht gewonnen werden müssen.
- *Gebietstypisierungen und Klassifikationen* sind, wie bereits erwähnt wurde, mit den Verfahren der mehrdimensionalen Varianzanalyse zu unterbauen.
- *Erfassung von Systemzusammenhängen* macht eine kybernetische Modellierung erforderlich, die Steuer- und Störgrößen sowie Regel- und Rückkopplungsglieder nach ihrer jeweiligen Wirkungsintensität zu erfassen erlaubt.

2. Auswertung der gewonnenen quantitativen Ergebnisse zwecks Verbesserung der Modellansätze

Mit dem zunehmenden Umfang der angestellten Berechnungen auf den verschiedensten geographischen Sachgebieten wird es im zweiten Stadium möglich und notwendig, die *Forschung gezielt* nach drei Richtungen hin *auszubauen*:

- *Verbesserung der mathematischen Modelle* für Geosysteme und Subsysteme, die sowohl für natürliche wie auch für anthropogen überformte Geosysteme Verwendung finden können. Fernziel der quantitativen geographischen Forschung muß es sein, komplexe Geosysteme unter natürlichem und gleichzeitig unter gesellschaftlichem Aspekt zu untersuchen.
- *Haushaltsbetrachtungen und Ressourcenbilanzierungen* haben nicht nur bei den natürlichen Geoökosystemen große Bedeutung. Mit ihrer Hilfe lassen sich Fragen über die Verhaltensstabilität der Systeme unter den verschiedenartigen Einwirkungen der Umwelt sowie über die Vorräte an Ressourcen und Geopotentialen und ihre Erschöpfbarkeit beantworten.
- *Berücksichtigung der historischen Entwicklung von Geosystemen und Geosystemkomplexen* und ihrer Perspektive in ihrer wechselseitigen Abhängigkeit. Dies führt zu einer dynamischen Betrachtungsweise, die unter natürlichen und volkswirtschaftlichen Gesichtspunkten auch auf eine Optimierung hinauslaufen kann.

3. Überwachung und Korrektur der Modelle im Hinblick auf prognostische Möglichkeiten

Wenn derartige quantitative Forschungen an geographischen Systemmodellen (Beispiels- oder Testgebieten) über mehrere Jahre hinweg durchgeführt wurden, so ergeben sich zwei weitere Konsequenzen, die sowohl der Verbesserung der Theorie wie auch den praxisrelevanten Aussagen zugute kommen:

- *Korrekturen an den Systemmodellen* bezüglich der Steuer- und Regelgrößen lassen sich auf Grund der gewonnenen Ergebnisse bestimmen und einarbeiten. Das bedeutet im Rahmen des Naturhaushaltes wie auch der sozioökonomischen Prozesse, daß der Mensch in der Lage ist, auf Grund der erkannten Gesetzmäßigkeiten über die zulässigen Grenzbelastungen die Belastbarkeit und die Regenerationsfähigkeit der natürlichen sowie der technisch veränderten Geosysteme möglichst optimal zu erhalten.

— *Prognostische Verwertung der anhand der Modelle gewonnenen Einsichten* ist ein weiterer Schritt, der für alle Fragen einer günstigen Territorialentwicklung von großer Bedeutung ist. Die bestmögliche Nutzung der natürlichen Ressourcen, die optimale Entwicklung der Gebietspotentiale sowie die effektivste Gestaltung des Territoriums unter Berücksichtigung der Funktionsüberlagerungen und der Mensch-Umwelt-Problematik sind die wichtigsten der dabei angesprochenen Probleme.

Zusammenfassend kann somit festgestellt werden, daß die Mathematisierung der geographischen Forschung nicht nur eine erstrebenswerte Blickrichtung, sondern eine echte Notwendigkeit darstellt und zugleich dringendes Erfordernis für die fruchtbare Weiterentwicklung der geographischen Wissenschaften ist.

1.2. Systemtheoretische Betrachtungsweise und Modellbildung

Wie in den meisten Wissenschaften ist heute auch in der Geographie die Verwendung systemtheoretischer Analysen von größter Bedeutung. Dadurch kann vor allem erreicht werden:

— eine wesentliche Verbesserung der Effektivität der Forschung,
— die Vertiefung der allgemeinen Theoriebildung und, nicht zuletzt,
— eine gezieltere Anwendung der mathematischen Methoden.

Es soll im folgenden der gegenwärtige Stand der Anwendung von Systemmodellen gezeigt werden und ferner, wie der künftige Weg der Forschung auf diesem Gebiet verlaufen könnte.

1.2.1. Bemerkungen zum Systembegriff

Die theoretischen Diskussionen auf internationalen Kongressen und Symposien haben gezeigt, daß allenthalben mit Nachdruck ein systemtheoretisches Herangehen bei der geographischen Modellbildung gefordert wird. Auch in der Deutschen Demokratischen Republik hat die systemgetragene Forschung deutlich Fortschritte gemacht, wie neuere Arbeiten des Akademieinstituts für Geographie und Geoökologie zeigen.

Leider ist nach wie vor eine gewisse Unschärfe in der Anwendung der systemtheoretischen Termini festzustellen. Oft wird alles, was Anklänge an Gliederung zeigt, sofort als System bezeichnet. Wer z. B. von „Siedlungssystem" spricht und lediglich das Gefüge von Gemeinden meint, der sollte schlicht von Siedlungsnetz oder -gefüge sprechen, ohne in diesem Zusammenhang den Systembegriff zu bemühen.

Systemelemente sind mehr als bloße Grundgesamtheiten; sie sind in der Regel Träger von Funktionen und können durchaus den Charakter von Unter- oder Teilsystemen annehmen. Ebenso sind Systemrelationen zumeist nicht Abhängigkeiten schlechthin, sondern sie verkörpern Kopplungen, die aktive Beeinflussungen ausdrücken.

So ist die allgemeine Systemtheorie vorläufig und aller Wahrscheinlichkeit nach auch künftig nicht in der Lage, einen allgemeingültigen Systembegriff anzubieten, sondern nur eine Reihe von Varianten, die von der jeweiligen Informationsverarbeitungsebene abhängen. Wenn man die einschlägigen *Definitionen des Systembegriffes* in verschiedenen Nachschlagewerken überprüft, so ist zumeist zu erkennen, aus welcher Sicht der betreffende Autor seinen Artikel abgefaßt hat; ob er als Nachrichtentechniker, Mediziner oder Biologe, Gesellschaftswissenschaftler oder Ökonom spricht. Jeweils sind die Akzente etwas anders gesetzt und gewisse systemtheoretische Aspekte besonders hervorgehoben. In der mathematisch-kybernetischen Behandlung bestehen bei natürlichen, organismischen, technischen und gesellschaftlichen Systemen charakteristische Unterschiede.

Den widerspruchsfreiesten und zugleich *eindeutigsten Systembegriff* liefert zweifellos die Mengentheorie. Es wird hier davon ausgegangen, zwei Mengen einander zuzuordnen bzw. sie aufeinander abzubilden, die Menge der Elemente und die Menge der Relationen. Die Behandlungsweise erfolgt zunächst streng abstrakt, denn die mathematische Logik ist ihrer Natur nach extensional, d. h., sie ist absolut widerspruchsfrei bezüglich ihrer Axiome und zunächst vom begrifflichen Inhalt, der in den Elementen und Relationen angesprochen wird, vollkommen unabhängig.

Man kann auf diese Weise klar definieren, was unter Struktur verstanden werden soll. Es ist mehr als bloß Anordnung, da jeweils 2 Mengen miteinander in Wechselwirkung stehen. Es kann theoretisch ein System ohne Struktur gedacht werden, sofern man den Begriff der „leeren Menge" heranzieht. Ebenso ist ein System mit nur einer einzigen Relation möglich, ein sog. System mit Einfachstruktur, wie man es bei einer Kooperationskette verwirklicht findet. Es kann durch gerichtete Graphen oder entsprechende Blockschaltbilder veranschaulicht werden.

Geographische Systeme sind in der Regel *Systeme mit Mehrfachstruktur*, die sich durch sog. Multigraphen (Schleifen, Netzwerke oder Bäumchen) darstellen lassen. Sie enthalten mehrfache Kopplungen, die sich nach verschiedenen Seiten hin erstrecken. Die Anwendung der Mengenalgebra ermöglicht es, Zusammenhänge zu präzisieren, indem Systeme auf diese Weise zusammengesetzt oder zerlegt werden können. Es lassen sich auch die Mengen sämtlicher Teil- oder Subsysteme eines Systems bestimmen. Dies erleichtert sehr wesentlich die Modellierung, denn man kann so die partiellen Systeme zunächst für sich bearbeiten und nachträglich wieder zum Ganzen integrieren, wobei die auftretenden Kopplungsrelationen genau beachtet werden müssen. Von besonderer Bedeutung sind sog. aggregierte Systeme.

Eine klare Definition läßt sich auch vom Randbegriff und von der *„Umgebung" eines Systems* geben: Randelemente gehören jeweils zum System. Ein exakter Umgebungsbegriff kann über die komplementäre Menge gewonnen werden, doch ist es bei praktischen Untersuchungen meist recht umständlich, erst eine „Allmenge" für den gesamten betrachteten Systemkomplex abzugrenzen. Daher ist es einfacher, über *Relationen*, die in das System hineinführen, sog. *Inputs*, und solche, die aus demselben herausführen, die *Outputs*, zu einem eindeutigen Umgebungsbegriff zu gelangen. Danach wird unter *Umgebung* nicht unbedingt der dem System unmittelbar benachbarte Bereich verstanden, sondern derjenige der außerhalb gelegenen Elemente, von denen Inputs in das betrachtete System gelangen bzw. zu denen Outputs des Systems führen. So lassen sich auch widerspruchsfrei Fernwirkungen erklären.

Geographische Systeme gehören *meist* zu den *dynamischen Systemen*. Man versteht darunter veränderliche Systeme mit diskreter Zeit. Auf den hierher gehörenden Automatenbegriff kann nur im Zusammenhang mit der Kybernetik näher eingegangen werden. In der Geographie sind dynamische Systeme mit veränderlicher Struktur am häufigsten. Die Struktur wird als eine Funktion der Zeit angesehen. Selten hingegen kommen dynamische Systeme mit veränderlicher Elementenmenge vor. Schließlich lassen sich auch die kybernetischen Systeme mengentheoretisch begründen. Um die durch sie geleisteten Steuer- und Regelvorgänge zu erfassen, wird der Begriff des „aktiven Elementes" hinzugenommen.

1.2.2. *Systemmodelle in der geographischen Forschung*

Wenn man den gegenwärtigen Stand des Einsatzes von Systemmodellen in der geographischen Forschung zu charakterisieren versucht, so geht es hauptsächlich um zwei Problemkreise:

— die Erfassung von Strukturen zur Typenbildung und Klassifikation sowie
— das Bemühen um die Erfassung der Dynamik von Prozeßabläufen.

Hierbei wird heute noch kaum von der Kybernetik Gebrauch gemacht, worauf später noch einzugehen sein wird.

Das systemtheoretische Herangehen zwingt zu einem schärferen Durchdenken der Probleme und wirkt insofern außerordentlich befruchtend auf den Forschungsprozeß (vgl. Abb. 1). Ein Modell ist bekanntlich jeweils nur ein Ausschnitt der objektiven Realität, in unserem Falle der geographischen Wirklichkeit. Durch die Systemanalyse soll eine problemgerechtere Modellbildung ermöglicht werden. Die beiden geographischen Forschungsrichtungen haben ihre spezifischen Einsatzbereiche. Doch gibt es vielfach auch Überlappungsgebiete, wie gegenwärtig etwa in der Umweltproblematik, wo physische und ökonomische Geographen eng zusammenarbeiten müssen und ihre Forschungen sich gegenseitig ergänzen.

An erster Stelle steht die Formulierung der Probleme und die Datenbeschaffung. Die zentrale Stelle nimmt die eigentliche Systemanalyse ein. Das Systemkonzept erleichtert eine gezielte Auswahl geeigneter mathematischer Verfahren. Die so gewonnenen Ergebnisse wirken im Sinne von Rückkopplungen wiederum befruchtend auf die weitere Forschung. Es entstehen neue Fragen, und auch die Untersuchungsmethoden werden erweitert, was sich erneut auf die Verbreiterung der Datenbasis auswirkt.

Im folgenden sollen die Problemaufbereitung und Modellbildung unter dem Systemaspekt im einzelnen erläutert werden. Das *Grundanliegen der Geographie* ist die Suche nach der *räumlichen Ordnung*. Dabei sind sowohl induktiv-beschreibende wie auch deduktiv-theoretische Ansätze nötig.

— Es geht einerseits um die Erkenntnis der inneren *Gesetzlichkeiten der geographischen Strukturen* und damit zugleich um Möglichkeiten ihrer Klassifizierung und Typisierung.
— Andererseits spielen aber auch die im Territorium ablaufenden *Prozesse* eine wesentliche Rolle. Ihre Dynamik sowie ihr Stabilitätsverhalten sind für die Beurteilung und Prognose der weiteren Entwicklung entscheidend.
— Darüber hinaus ist bei einer geographischen Betrachtung immer die *Größenordnung* (*Dimension*), in der die Untersuchung angestellt wird, von Bedeutung, da mit dem sich ändernden Maßstab auch die erfaßbaren Details, die landschaftlichen Merkmale, variieren.

Es ist stets zu prüfen, was im Einzelfall als Bezugsbasis angesehen werden soll; denn es wäre z. B. unzweckmäßig, jede Untersuchung auf die Erde als Ganzes beziehen zu wollen. Aus der Maßstabsänderung ergeben sich wichtige Konsequenzen. Mit der Verkleinerung eines Gebietes nimmt dessen Komplexität ab, dafür aber erhöht sich u. U. die Anzahl der möglichen Realisierungen, die als Varianten auftreten. Andererseits verbessert sich die Vergleichbarkeit, da sich die Möglichkeit wiederholbarer gleichartiger Fälle (Versuche) erhöht und somit auch das Signifikanzniveau ansteigt. Je größer hingegen ein Untersuchungegebiet ist, um so mehr individuelle Züge weist es auf und um so schwieriger wird demzufolge auch seine Einordnung in eine Typenreihe.

Wissenschaftliches Vorgehen, um Erscheinungen der realen Welt zu untersuchen und ihre Gesetzmäßigkeiten aufzudecken, erfordert, die zu behandelnden Probleme in einen größeren Zusammenhang zu stellen, wobei der Reihe nach folgende Schritte vollzogen werden müssen, wie Abb. 2 darstellt:

— Formulierung des Problems,
— Herausarbeitung von Teilfragenkomplexen,
— Versuch/Erhebung und Aufstellung von Hypothesen,
— Lösung: quantitative Analyse.

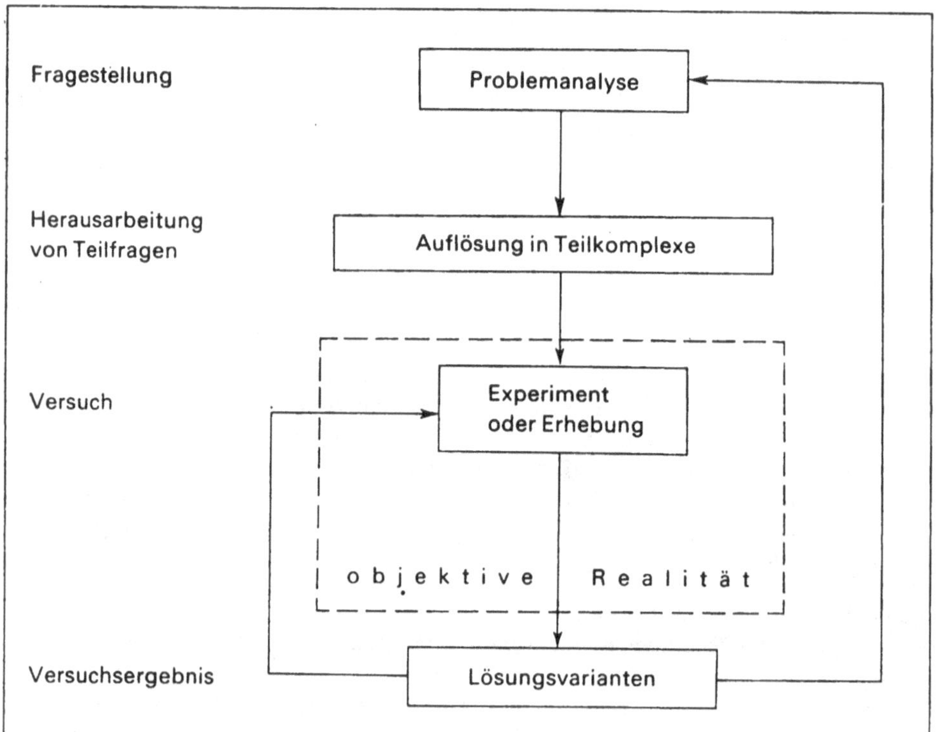

Abb. 2. Schema der Modellbildung

So gelingt es, den Gang der Untersuchung möglichst umfassend und vielseitig zu gestalten. Dazu werden nach Möglichkeit gewisse Experimente gezielt angesetzt. Das *wissenschaftliche Experiment,* ohne das die moderne Forschung nicht mehr denkbar ist, beinhaltet die Realisierung einer Versuchsvorschrift, in der die Beobachtungs- und Versuchsbedingungen in allen Einzelheiten genau festgelegt worden sind. In der Regel werden gewisse Teilprozesse untersucht, deren genauere Wirkungsweise studiert werden soll. Das Versuchsergebnis schließlich liefert eine Antwort auf die durch das Experiment an die objektive Wirklichkeit gerichtete Frage.

In den Sozial- und Gesellschaftswissenschaften und somit auch in der Ökonomischen Geographie tritt die statistische Erhebung in Form einer amtlichen Zählung oder einer gezielt angelegten Befragung an die Stelle des Experiments. Ebenso umsichtig wie ein Experiment ist daher der Entwurf eines Fragebogens vorzubereiten, der hier an die Stelle einer Versuchsvorschrift tritt.

Im einzelnen ergeben sich nacheinander folgende Schritte: Am Anfang steht die *Formulierung der Fragestellung*. Sie darf nicht zu allgemein und zu wenig zielgerichtet gefaßt werden. Oft ist es zweckmäßig, das *Gesamtproblem in mehrere Teilfragenkomplexe aufzuspalten*. Dies wiederum ermöglicht unter Umständen die Aufstellung mehrerer gleichberechtigter Modelle (multiple Modellbildung), um verschiedene Teilaspekte des Problems für sich zu untersuchen. Dazu ist eine adäquate Datenauswahl und -aufbereitung durchzuführen. Die Daten müssen die Teilkomplexe des Problems möglichst vollständig beschreiben, wie etwa die Produktionsstruktur, die Bevölkerung, die Infrastruktur, das Verkehrswesen und anderes. Anschließend ist ebenso eindeutig der Untersuchungsgegenstand zu charakterisieren, wobei unter Umständen gewisse, für die Fragestellung unwichtige Züge von vornherein ausgeklammert werden können. Den

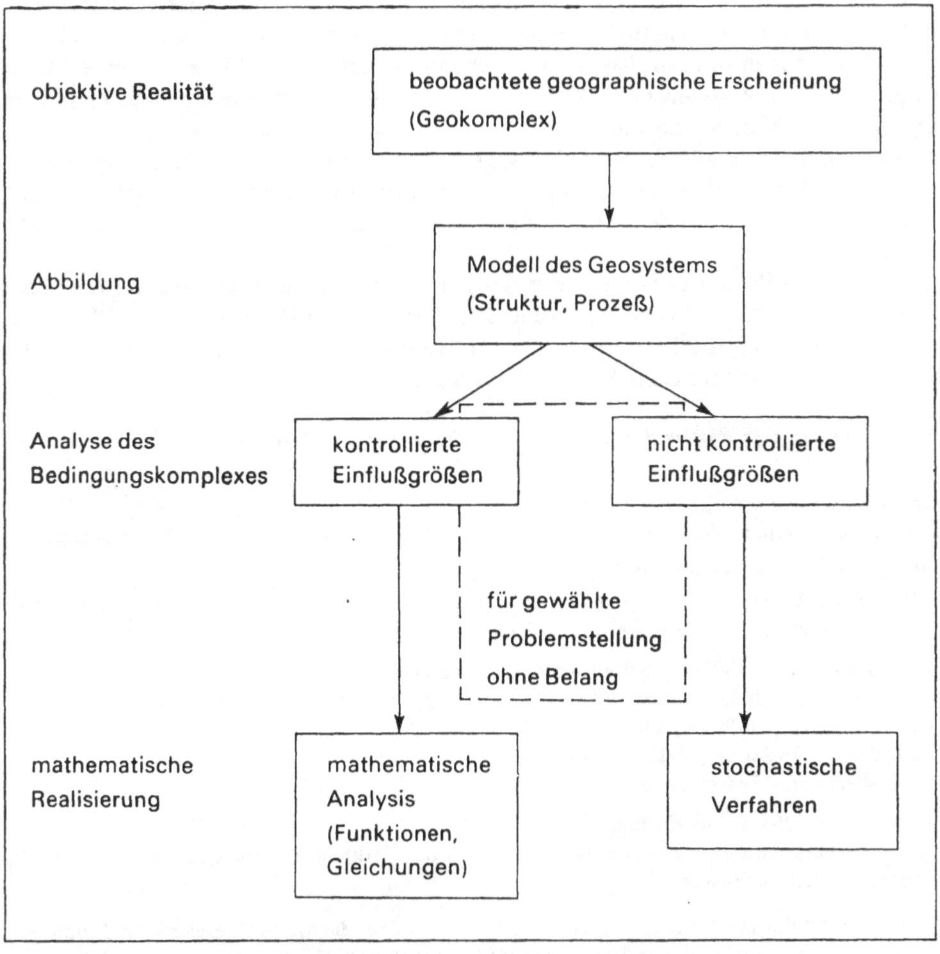

Abb. 3. Mathematische Modellierung unter dem Systemaspekt

nächsten Schritt bildet die Festlegung der Untersuchungsvorschrift, d. h. im Falle des Experiments bzw. der Geländeforschung der bis in Einzelheiten ausgearbeitete Ablaufplan und bei einer Erhebung entsprechend der Fragespiegelentwurf. Dann folgt die *quantitative Analyse* und die *Interpretation des Versuchsergebnisses.* Hierbei kommt es häufig zu neuen Fragen, die bedingen, daß gleichsam durch Rückkopplung zum Ausgangsproblem neue Untersuchungen ausgelöst werden.

In Abb. 3 ist das Ablaufschema nochmals mit besonderer Berücksichtigung des Einsatzes mathematischer Methoden herausgestellt. Das *Modell* (*Geosystem*), das jeweils entsprechend der Problemstellung nach Seiten der Struktur oder des Prozesses ausgerichtet ist, wird als *Abbildung der objektiven geographischen Realität* (*Geokomplex*) aufgefaßt und durch eine Anzahl von Merkmalen (Einflußgrößen) charakterisiert, die sich als n-dimensionaler Vektor darstellen läßt.

Man muß zwischen den *kontrollierten,* d. h. meß- oder beobachtbaren, und den *nichtkontrollierten Einflußgrößen* unterscheiden. Letztere lassen sich nur als relative Häufigkeiten oder Rangzahlen fassen, tragen also stochastischen Charakter. Während die sog. kontrollierten Einflußgrößen vorwiegend mit Methoden der Analysis bearbeitet werden können, muß bei den nicht kontrollierten Variablen die Wahrscheinlichkeitsrechnung herangezogen werden. Ein solches Schema ist naturgemäß bewußt vereinfacht, denn es gibt Fälle, bei denen auch kontrollierte Größen mit stochastischen Verfahren berechnet werden. Man denke nur an die Verwendung von Stichprobentests oder Verteilungsfunktionen. Schließlich sei auf das gerissen umrandete Feld hingewiesen, das die Abtrennung der für das vorliegende Problem unwichtigen Einflußgrößen verdeutlichen soll. Von den auftretenden Rückkopplungsbeziehungen wurde im Schema bewußt abgesehen.

Die gegenwärtige Systemanalyse in der Geographie befaßt sich, wie bereits erwähnt, vorrangig mit Strukturproblemen. Hierzu soll ein praktisches *Beispiel* aus der Ökonomischen Geographie vorgestellt werden, das in seinen einzelnen Ablaufschritten die Vorzüge des systemtheoretischen Herangehens verdeutlicht:

Charakterisierung der dem System der Stadt-Umland-Beziehungen (SUB) untergeordneten Umlandregionen von Zentren

1. Schritt: Allgemeine Formulierung der Frage
Wie läßt sich das zu einem Zentrum gehörige Umland objektiv untergliedern und begrenzen?

2. Schritt: Auflösung der Frage in Teilfragenkomplexe
Welche Gliederungskriterien vermögen die verschiedenen Systemelemente bzw. deren Relationen, die hier als Untersystem aufgefaßt werden, beizusteuern?

— die arbeitsräumlichen SUB (Arbeiterpendelwanderung),
— die versorgungsräumlichen SUB,
— die kulturellen und bildungspolitischen SUB,
— die SUB des Gesundheits- und Sozialwesens,
— die die Naherholung betreffenden SUB usw.

3.Schritt: Systemanalytische Bearbeitung
Untersuchungsgegenstand sind jeweils die Gemeinden im Umkreis der Zentren. (Es wäre falsch, sie als Systemelemente anzusehen!)

Versuch: Auf Grund der im 2. Schritt genannten Teilkomplexe, die als Systemelemente fungieren, und der zwischen diesen vorhandenen Relationen läßt sich aus statistischen Daten für jede Gemeinde ein n-dimensionaler Merkmalsvektor aufstellen.

Untersuchungsvorschrift zur mathematischen Auswertung:

- Die Systemstruktur ist mit Hilfe eines multivariaten statistischen Verfahrens zu ermitteln (Faktorenanalyse, Clusteranalyse etc.).
- Anschließend sind Typen von Umlandbereichen abzuleiten, unter Umständen anhand eines Dendrogramms.

4. Schritt: Auswertung der Ergebnisse

- Die Faktorenaufladungen der Objekte ermöglichen die Deutung der Gruppierungsimpulse.
- Mit Hilfe des Dendrogramms läßt sich sodann die Gliederung der Umlandbereiche durchführen, die etwa lauten könnte: „Je nach der Kategorie, der das Zentrum angehört, lassen sich 2—5 hierarchisch geordnete Umlandbereiche ausgliedern.“

Durch das Systemherangehen eröffnet sich den empirisch Forschenden die Exaktheit und Nachvollziehbarkeit der mathematischen Denkweise und damit die Möglichkeit zum Dialog mit den Mathematikern.

- Die Datenauswahl wird kritischer betrieben. Es ist ein Irrtum, zu meinen, daß z. B. eine Faktorenanalyse um so besser wird, je mehr Merkmale Berücksichtigung finden. Oft sind diese untereinander stark korreliert oder aber für das Problem ohne jede Bedeutung. Es kommt vielmehr auf die problemgerechte Auswahl der Einflußgrößen an.
- Auch bei Strukturuntersuchungen, die ihrer Natur nach statisch sind, lassen sich dynamische Kriterien einfügen, wie z. B. Veränderungsgrößen, die auf Zuwachs oder Abnahme bestimmter Erscheinungen hinweisen. Man kann dann die ausgesonderten Gruppen mit Attributen wie „stagnierend“, „leicht rückläufig“ oder „progressiv“ versehen.
- Dendrogramme sollten nicht nur in einer „günstig erscheinenden“ vertikalen Trennebene ausgedeutet werden. Man sollte sich auch in der Horizontalen ansehen, wie der Algorithmus die Trennungen nacheinander ausgeführt hat.
- Bei Gruppenbildungen wird häufig der Fehler gemacht, daß die ausgesonderten Einzelwerte, die sog. „Ausreißer“, nachträglich beliebigen Gruppen zugeordnet werden. Dadurch hebt man aber die Konsequenz der Rechnung auf und hätte ebensogut gleich beliebig zusammenfassen können. Der richtige Weg ist es, eine besondere Gruppe der „nicht zuordenbaren Objekte“ oder der „Mischtypen“ zu bilden.
- Oft gibt es, wie z. B. bei der Faktorenanalyse, eine Vielzahl von EDV-Programmen, und man benutzt ohne Sachkenntnis meist das, was im betreffenden Rechenzentrum gerade vorhanden ist. Vom Mathematischen her sind diese natürlich alle korrekt und richtig, was aber noch nicht besagt, daß sie auch für das vorliegende Problem am günstigsten geeignet und am effektivsten sind. Bei der Clusteranalyse gibt es beispielsweise etwa 5—7 Möglichkeiten, Distanzmaße zu definieren, wobei jedes für ganz bestimmte Fälle vorgesehen ist. Manchmal erscheint es auch sinnvoll, erst eine Vorgruppierung auf Grund weniger Merkmale durchzuführen und dann erst mit sämtlichen Variablen zu rechnen.

Alle diese vielfältigen Möglichkeiten lassen sich aber nur ausschöpfen, wenn Fachwissenschaftler und Mathematiker miteinander diskutieren und die aus der Anschauung gewonnenen Vorstellungen und Erfahrungen in die EDV-Programme eingearbeitet werden. Gerade im systemtheoretischen Herangehen eröffnet sich ein Weg, diesen Dialog zu fördern und zu vertiefen.

1.2.3. Kybernetische Systeme und Geographie

Zum Schluß sollen noch einige Bemerkungen zu den kybernetischen Systemen und ihren Anwendungsmöglichkeiten in der Geographie angefügt werden. Durch die Kybernetik ist die zielgerichtete Beeinflussung von Systemen und Informationsverteilungsprozessen sowie deren Automatisierung möglich. Sie ist auf alle Systemarten anwendbar. Dabei werden speziell die Steuer- und Regelvorgänge und deren Gesetzmäßigkeiten erfaßt. Es geht nicht einfach um Relationen zwischen den Elementen, sondern um Kopplungen, die Steuer- und Regelimpulse nach sich ziehen.

In der Geographie ist auf diesem Gebiet vorläufig recht wenig getan worden. So besteht — weltweit gesehen— ein beträchtlicher Nachholebedarf in der Forschung. Die bearbeiteten Beispiele sind vielfach zu stark vereinfacht und überzeugen nicht. So lassen sich an dieser Stelle nur einige perspektivische Gedanken zum Ausdruck bringen, die zeigen sollen, daß es sich lohnt, auf diesem Gebiet künftig intensiver zu arbeiten.

Im Gegensatz zu den bisher betrachteten Systemen wirken bei kybernetischen Systemen steuerbare Eingangsgrößen, auch Stell- oder Steuersignale genannt, über Regler und Stellglieder auf die gesteuerten Ausgangsgrößen. Daneben gibt es auch nicht steuerbare Eingangsgrößen, die als sog. Störgrößen auftreten. Der tragfähigste kybernetische Systembegriff ist der des „*abstrakten Automaten*". Er ist jeweils durch 5 Größen (X, Y, Z, f, g), ein sog. 5-Tupel, charakterisiert. Im einzelnen bedeuten diese *5 Kenngrößen*:

X — Inputvektor
(Menge der teilweise steuerbaren Eingangsgrößen)
Y — Outputvektor
(Menge der gesteuerten Ausgangsgrößen)
Z — Zustandsvektor
(Menge der Zustandsmerkmale, die den Zustand des Systems zum Zeitpunkt t charakterisiert)
f — Zustandsübertragungsfunktion
g — Ergebnisfunktion
} Verhaltensfunktionen des Systems

Kybernetische Prozesse können quantitative oder qualitative Veränderungen in Abhängigkeit von der Zeit wiedergeben, wobei unter Veränderung alles das zu verstehen ist, was in der Dialektik unter dem Begriff der „Bewegung" gefaßt wird. Es kann sich um Lageänderungen, physikalische und chemische Änderungen, Wachstumsvorgänge, Verhaltensweisen u. ä. handeln. Durchweg geht es um dynamische Systeme, die gekennzeichnet sind durch einen Struktur-, Zustands- und Funktionsaspekt.

Unter *Verhalten des Systems* werden die Eingangs-Ausgangs-Relationen bzw. die Eingangs-Zustands-Relationen verstanden. Auch hier wird ein System im allgemeinen problemgebunden auf ausgewählte Elemente und Kopplungen beschränkt, die für die betreffende Untersuchung von Bedeutung sind. Es wird häufig die multiple Modellierung angewandt. Durch die kybernetische Betrachtung werden präzisere Aussagen besonders hinsichtlich der folgenden Systemaspekte möglich: Systemorganisation, Regulation und Steuerung, Kommunikation, Zuverlässigkeit und vor allem Stabilität. Letztere kann die verschiedensten Varianten aufweisen, von der bloßen Adaption der Regenerationsfähigkeit (z. B. Umweltsysteme) bis zur Multi- und Ultrastabilität (z. B. agrarökonomische Systeme). Große Bedeutung haben auch die *sich selbst reproduzierenden Systeme*, wie natürliche Populationen oder die Bevölkerungs- und Wirtschaftssysteme. Neben dem statisch definierten Gleichgewicht spielt bei kybernetischen Prozessen auch das der Biologie entlehnte sog. „*Fließgleichgewicht*" eine Rolle, das sich einem Entwicklungsprozeß anzupassen vermag. Stabilität ist immer nur bezüglich ganz bestimmter Parameter möglich, so daß jeweils definiert werden muß, worauf sich das Stabilitätsverhalten beziehen soll.

Die Kybernetik hat in den letzten Jahren wesentliche neue Impulse von den Naturwissenschaften, vor allem von Physik, Biophysik und Chemie, erhalten. Erinnert sei noch einmal (ausführlicher vgl. S. 20) an die *Irreversible Thermodynamik* PRIGOGINES, die *Hysterese-Theorie* und die moderne *Reaktionskinetik*. Soweit ein kurzer Ausblick auf Forschungsprobleme, die in den nächsten Jahren auf uns zukommen werden.

2. Die Erfassung der Daten

2.1. Allgemeiner Überblick

Bei geographischen Untersuchungen stehen heute infolge der in fast allen Staaten regelmäßig durchgeführten amtlichen Erhebungen umfangreiche Datenmengen der Bevölkerung der Gemeinden, der Beschäftigten der verschiedenen Industriezweige, Daten von Haushalts- und Wohnraumermittlungen, Verkehrsaufkommen, Produktionszahlen und andere zur Verfügung. Daneben sind vielfach noch einige Erhebungen notwendig, um zusätzliches Material für spezifische Fragestellungen zu erlangen. In der Physischen Geographie werden in stärkerem Maße Meßwerte benötigt, wie beispielsweise Kennzahlen des Reliefs, klimatologische, hydrologische oder pedologische Daten.

Ehe man daran geht, aus den Daten die zugrunde liegenden Ordnungen und Gesetzmäßigkeiten zu berechnen, d. h. mit der Aufbereitung der Daten und ihrer Auswertung beginnt, muß man sich über die Struktur der Daten und auch über die Bedingungen, unter denen die Erfassung erfolgt, im klaren sein. Hierzu sollen im folgenden die wichtigsten Fakten zusammengestellt werden (vgl. Abb. 4).

Da ist zunächst die *Art der Datenerfassung* zu beachten. Nicht alle Daten, die verarbeitet werden sollen, liegen als Meß- oder Zählwerte vor. Bei vielen Merkmalen muß man sich mit *qualitativen Angaben* begnügen. Wie derartige Werte in statistische Berechnungen einbezogen werden können, wird in Kapitel 2.3., Seite 49 ff., noch ausführlich zu besprechen sein. Oft ist auch das Ausgangsdatenmaterial lückenhaft. Dann gilt es, durch *Abschätzverfahren*, die entweder auf Interpolationsmethoden unter Ausnutzung der vorhandenen Werte beruhen können oder auf Verfahren, die auf benachbart gelegene, gleichartige Objekte zurückgreifen, die bestehenden Lücken zu schließen.

Was den *Datenumfang* anbetrifft, so spielt die Rentabilität und Effektivität bei der Auswertung eine vorrangige Rolle. Es ist nicht vertretbar, überdimensionale Datenmengen zu sammeln und zu bearbeiten, sofern sich die benötigten Aussagen aus geringerem Material ebenfalls erbringen lassen. Im allgemeinen sind folgende Gesichtspunkte ausschlaggebend:

— Der Kostenaufwand muß zu den zu erwartenden Ergebnissen in einem vertretbaren Verhältnis stehen.
— Man sollte bei statistischen Untersuchungen und Erhebungen mit den zur Verfügung stehenden Mitarbeitern auskommen.
— Die Auswertungen dürfen sich nicht zu weit hinauszögern, damit die Ergebnisse nicht an Aktualität einbüßen.

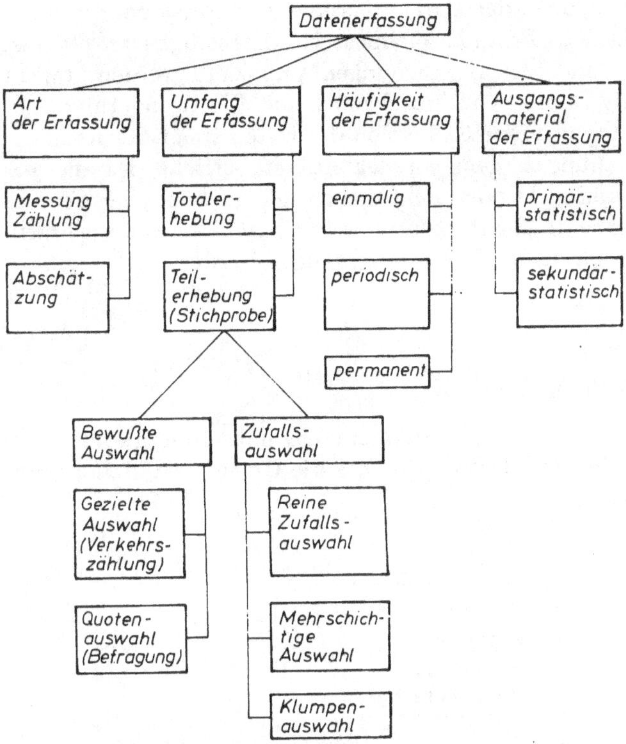

Abb. 4. Die wesentlichsten Gesichtspunkte der Datenerfassung (in Anlehnung an FISCHER, GÖTTNER, KRIEG 1975, S. 31)

Daher bleiben sogenannte *Totalerhebungen und -auswertungen* den staatlichen Zentraleinrichtungen, wie der Zentralverwaltung für Statistik, den Ämtern für Wasserwirtschaft und Klimatologie usw., ausschließlich vorbehalten. Der Geograph und Regionalforscher wird sich, sofern er Erhebungen anstellen muß, mit Teilerhebungen begnügen, da der Kostenaufwand und die verfügbaren Arbeitskräfte ihn dazu zwingen. Da es sich bei solchen geringen Datenmengen um *Stichproben* aus der Gesamtmenge handelt, sind bestimmte wahrscheinlichkeitsstatistische Regeln bei der Auswahl und Bearbeitung derartiger Stichproben zu beachten, auf die in Kapitel 2.4., Seite 54 ff., noch näher eingegangen wird.

Auch die *Häufigkeit,* in welchen Abständen Daten erfaßt werden, ist für die weitere Auswertung von Belang. Bei den *amtlichen Erhebungen* handelt es sich im allgemeinen um *periodisch* wiederkehrende Erscheinungen, wie z. B. die Volks- und Berufszählungen. Andere Daten werden jedes Jahr ergänzt, wie sämtliche Produktionszahlen. Demgegenüber sind die *meisten Teilerhebungen einmalig.* Sie werden für eine bestimmte Untersuchung zielgerichtet gesondert eingeleitet und für diese dann ausgewertet.

Schließlich ist noch die *permanente Datengewinnung* anzuführen, wie sie überall dort stattfindet, wo tagein-tagaus Meßwerte anfallen, wie in der Klimatologie oder der Wasserwirtschaft. Die Daten werden nach den verschiedensten Zeitintervallen (mehrere Jahre, Jahr, Quartal, Monat, Tag) aufbereitet und entsprechende Parameter berechnet, die in den amtlichen Jahrbüchern veröffentlicht werden.

Und damit ist der letzte Gesichtspunkt der Datenerfassung angesprochen: Originaldaten werden auch als *primärstatistische Daten* bezeichnet. Aus ihnen abgeleitete Werte, die in statistischen Jahrbüchern und Veröffentlichungen publiziert werden, bilden das sekundärstatistische Material. Damit wird durchaus keine Wertminderung zum Ausdruck gebracht; durch eine entsprechende Reduktion der Daten steigt oft die Übersichtlichkeit. Für viele Untersuchungen genügen sekundärstatistische Daten, vor allem, wenn das Primärdatenmaterial nicht oder nicht mehr zugänglich ist oder wenn es unrentabel wäre, nochmals eine erneute Bearbeitung der Originaldaten vorzunehmen. Im folgenden soll näher auf die Struktur der Daten eingegangen werden.

2.2. Zur Struktur der Daten

2.2.1. Über Merkmale und deren Ausprägung

Bei statistischen Untersuchungen betrachtet man stets Gesamtheiten gleichartiger *Objekte* oder Individuen. Es sind Mengen, deren Elemente die Objekte darstellen. Beispiele aus der Geographie wären etwa

Menge	Elemente
Bevölkerung der DDR	Einwohner
Beschäftigte eines Industriezweiges	Personen
Siedlungen eines Bezirkes	Gemeinden
Chorische Naturraumeinheit	Raumeinheiten

An den Elementen lassen sich Merkmale, die das Untersuchungsobjekt in verschiedener Weise charakterisieren, feststellen. Diese bilden, wie noch zu zeigen sein wird, bei der statistischen Bearbeitung die Zufallsvariablen. Auch hierfür sollen zwei geographische Beispiele angeführt werden:

Elemente	mögliche Merkmale	
Beschäftigte	Geschlecht	
	Alter	
	Qualifikation	
	Pendler u. a.	
Physiotope	Bodenform	Viele der genannten Charakteristika werden durch mehrere Kennziffern beschrieben.
	Bodentyp	
	Reliefcharakter	
	bodenchemische Parameter	
	Klimamerkmale	
	Bodenwasserhaushalt	
	zugehörige Vegetation u. a.	

Merkmale werden als *stetig* oder *kontinuierlich* bezeichnet, wenn sie in einem betrachteten Intervall jeden beliebigen (reellen) Wert annehmen können. Ist dies nicht der Fall, so spricht man von einem *diskreten Merkmal.* Derartige nicht stetige oder diskrete Merkmale sind z. B. alle Größen, die nur ganzzahlig — für $n \geqq 2$ — auftreten, wie etwa Ergebnisse von Zählungen (Bevölkerung, Viehbestand, Zugfolge, Gebäude, Betriebe usw.).

Als *Beispiel für stetige und diskrete Merkmalsgrößen* soll folgende Zusammenstellung dienen:

Kontinuierliche Merkmale	diskrete Merkmale
Temperatur	Geschlecht
Grundwasserstand	Beruf
Alter	Anzahl der Fahrgelegenheiten
Ernteertrag in dt/ha	Familienstand

Schließlich unterscheidet man noch die Art der Ausprägung eines Merkmals. Danach gibt es *qualitative* und *quantitative Merkmale.* Läßt sich ein Merkmal durch numerische Werte kennzeichnen, so ist es quantitativ. Läßt es sich jedoch nur durch voneinander verschiedene Kategorien beschreiben, so gehört es zu den qualitativen Merkmalen. Viele der nicht stetigen oder diskreten Merkmale sind nur qualitativ zu erfassen, wie etwa Geschlecht, Familienstand, Beruf, Witterungscharakter, Vegetation usw.

Zur Festigung der Begriffe sollen folgende *Beispiele* dienen:

Merkmal	Art der Ausprägung	mögliche Ausprägungen	Art der Ausprägung
Ernteertrag pro ha	stetig	alle Werte zwischen 0,0 und 60,0 dt/ha	quantitativ
Lebensalter	nicht stetig	0— 5 Vorschulalter 5—15 Schulalter 15—65 Berufsalter (männlich) über 65 Rentenalter	qualitativ
	stetig	alle Jahre 0—110	quantitativ
Familienstand	nicht stetig	ledig verheiratet verwitwet geschieden	qualitativ
Viehbestand in Stück	nicht stetig	alle ganzzahligen Werte von 0 bis 1000 Stück	quantitativ

Merkmale, bei denen nur zwei qualitative Ausprägungen vorkommen können, wie vorhanden/nicht vorhanden oder beim Geschlecht männlich/weiblich, werden als *Alternativmerkmale* bezeichnet.

Die Begriffe diskret und stetig gewinnen Bedeutung bei der Darstellung von Wahrscheinlichkeitsverteilungen von Zufallsvariablen (Kap. 7., S. 202 ff.).

2.2.2. Merkmale, Messen, Maßeinheiten — die numerische Erfassung von Sachverhalten

Numerische Daten werden durch Messen oder Zählen gewonnen. Erst wenn Größenverhältnisse, Mengen, Abstände, Intensitäten oder Prozeßabläufe durch Zahlen gekennzeichnet werden, kann von der bloßen Beschreibung der Naturvorgänge und gesellschaftlichen Erscheinungen zur Auffindung der ihnen innewohnenden Regelhaftigkeiten und Gesetzmäßigkeiten (auch im stochastischen Sinne) übergegangen werden. Die verstärkte Quantifizierung im gesellschaftlichen Bereich führte dabei zu einer inhaltlichen Erweiterung des Prozesses der zahlenmäßigen Erfassung von Eigenschaften, Tatbeständen und Sachverhalten.

Die vielfältigen terminologischen Schwankungen bei solchen Begriffen, wie Messen, Bewerten, Zählen und Schätzen oder Größe, Kennziffer, Merkmal, Konstante und Maß bzw. auch bei relativ, normiert, bezogen, spezifisch und reduziert oder ähnlichen Begriffsgruppen, legen davon Zeugnis ab. Faßt man also den Begriff des „Messens“ etwas weiter, d. h.

— einerseits als Messen im engeren (physikalisch-technischen) Sinne mit stetiger Ausprägung und
— andererseits als Erhebung, Zählung mit diskreter Ausprägung,

kann man mit PFANZAGL (1962) wie folgt definieren:

„Das allgemeine Ziel des Messens besteht darin, jedem Element einer gegebenen Menge M eine reelle Zahl so zuzuordnen, daß man in möglichst weitgehendem Ausmaße aus der Relation zwischen den Meßzahlen Rückschlüsse auf korrespondierende Relationen zwischen den zugehörigen Elementen der Menge M ziehen kann.“

Noch allgemeiner, d. h. im philosophischen Sinne, stellt sich die Kategorie Maß als dialektische Einheit von Qualität und Quantität dar.

Für eine adäquate, repräsentative, numerische Charakterisierung eines mehr oder weniger komplexen Sachverhaltes, die eine hohe Relationstreue im Sinne der gegebenen Definition des Messens garantiert, sind folgende Aufgaben zu lösen:

— Die *zielgebundene* Wahl von Merkmal, Kennziffer oder Variabler (Meßgröße) zur Charakterisierung des zu untersuchenden Sachverhalts bzw. Phänomens,
— die *objektgebundene* Wahl oder Definition einer eindeutigen Zuordnungsvorschrift von der Menge der zu untersuchenden Objekte in die Menge der reellen Zahlen (Maßeinheit).

Die Kennziffernwahl

Versteht man unter *Kennziffern* zur Charakterisierung eines zu untersuchenden Sachverhalts meßbare Größen, mit denen in der Regel Richtung und Höhe von Abweichungen (bzw. Übereinstimmungen) zwischen den Untersuchungsobjekten registriert werden sollen, dann besteht eine der wesentlichsten Hauptaufgaben von geographischen Kennziffern darin, auf Grund des Lagebezugs der Objekte einen räumlichen Vergleich zu ermöglichen. Das zugrunde liegende theoretische Konzept, die Hypothesen oder als gültig anerkannte Zusammenhänge der zu untersuchenden Gegebenheiten sind notwendige Voraussetzung für die Wahl der Kennziffern.

Bei der Umsetzung des theoretisch formulierten wissenschaftlichen Konzepts in operationale Definitionen von Kategorien, mit deren Hilfe das theoretische Konzept erst empirisch getestet werden kann, treten zwei Probleme auf, um einen möglichst hohen Grad der Übereinstimmung zwischen theoretischem und operationalem Konzept zu erreichen. So wird es einerseits kaum gelingen, das theoretische Konzept in allen seinen Dimensionen, Varianten und Möglichkeiten operationalistisch voll zu erfassen, d. h., man muß sich über den Grad einer sinnvollen Annäherung im klaren sein. Zum anderen wird man in Abhängigkeit von den Untersuchungsobjekten nicht in allen Fällen die entsprechende (gewünschte, ideale) Kennziffer zur *direkten* Charakterisierung des Gesamtphänomens bilden können. Man ist somit gezwungen, zur *Messung von Teilaspekten* und zum *indirekten Messen* überzugehen.

Geht man zur *Messung von Teilaspekten* über, bieten sich Ansatzpunkte bei solchen Merkmalen, die sich auf

- Untersuchungsobjekte,
- Voraussetzungen bzw. Ursachen und
- Begleit- sowie Folgeerscheinungen

des zu untersuchenden Phänomens beziehen. Diese drei Sachverhalte bilden zusammen mit den Definitionen zur Bestimmung der Objekte und des Phänomens auch die inhaltlichen Komponenten der Kennziffernwahl.

Beim *indirekten Messen* verwendet man in der Regel Kennziffern, die zu anderen Zwecken erfaßt sind und damit einer Sekundäranalyse unterworfen werden, wie z. B. amtliche Statistiken, statistische Jahrbücher oder Daten aus Veröffentlichungen und Kartenwerken.

So verwendet man z. B. die Methode des indirekten Messens zur Bestimmung der ökonomischen Basis von Städten. Während bei einzelnen Städten in individuellen, monographischen Arbeiten unter schwierigen, kostspieligen, arbeits- und zeitintensiven Erfassungen des Nettoprodukts als Kennziffer der ökonomischen Basis eine direkte Messung möglich ist, kann man bei der Untersuchung einer größeren Anzahl von Städten diese Form nicht nachvollziehen. Hier muß man sich mit indirekten Kennziffern, den Beschäftigungszahlen, behelfen, die man der amtlichen Statistik entnehmen kann.

Es soll hier wenigstens auf zwei *Probleme des indirekten Messens* hingewiesen werden:

1. die indirekte Messung als Ursache für die unvollständige Erfassung des theoretischen Konzepts.

   Über die Erfassung von möglichst vielen Dimensionen, und diese wiederum durch mehrere Kennziffern, kann man dieser Tendenz entgegenwirken.
   Man sollte z. B. bei der Erfassung des Urbanisierungsgrades die Beschäftigungs- und Bevölkerungsstruktur, die Wohnverhältnisse, die Migration, besonders die Pendlerverhältnisse, Entwicklungs- und Dichtewerte u. a. heranziehen, jeweils durch mehrere Kennziffern charakterisiert.
2. Ein zweites Problem besteht in der Diskrepanz zwischen der Zuverlässigkeit der indirekten Kennziffern gegenüber der Qualität der genutzten Verfahren.

   Dies kann bei anspruchsvollen Verfahren zu einer „ritualisierten Wissenschaftsgläubigkeit“ (ETZONI/LEHMANN, 1972) führen, aber mit schlechten Ergebnissen. In solchen Fällen ist Vorsicht mit Prozentzahlen bei der Interpretation von Trenddaten geboten, und man sollte besser zu nominalen Klassen wie hoch — mittel — niedrig übergehen.

In beiden Fällen, der Messung von Teilaspekten und der indirekten Messung, spielt die Einschätzung, wie repräsentativ die ausgewählten Kennziffern in bezug auf Untersuchungsgegenstand und -objekt sind, eine wesentliche Rolle. Die Repräsentativität der Kennziffern gegenüber dem zu messenden Sachverhalt ergibt sich aus dem theoretischen Konzept, und erst daraus kann man Schlußfolgerungen über den Grad der Repräsentation in bezug auf die Untersuchungsobjekte ziehen. Methodisch ist es deshalb notwendig, den Repräsentationsgrad über empirische Tests des korrelativen Zusammenhangs zwischen den Kenziffern nud den Untersuchungsobjekten mit Hilfe verschiedener Korrelationsanalysen bzw. mehrdimensionaler Verfahren zu bestimmen.

Ein weiteres Problem ist das sogenannte „*bruchstückhafte*" *Messen* (fractional measurement) oder *Erfassen des theoretischen Konzepts*. Die folgenden fünf Schwerpunkte gehören zu den häufigsten Fehlerquellen bei der operationalen Umsetzung des theoretischen Konzepts:

— die inhaltliche Verstümmelung des theoretischen Konzepts durch Gleichsetzung des Konzepts mit dem operational Machbaren.

  Sie kann verhindert werden durch die Erfassung möglichst vieler Dimensionen des Konzepts, durch das Bewußtmachen der Kluft zwischen Konzept und operationaler Durchführung und durch eine umfangreiche äußere Kritik.

— die Beschränkung auf eine „Gesamtkennziffer" mit „höchster Repräsentanz".

  Sie kann die Vielschichtigkeit der meisten Phänomene nicht abdecken, ermöglicht keine Kontrolle und Ergänzung, vernachlässigt Sachzusammenhänge (Interkorrelation) und entbehrt in den meisten Fällen einer dynamischen Betrachtung. Man sollte jedes umfangreichere Phänomen, gemessen durch nur eine Meßgröße, vorerst einmal anzweifeln.

— die Vernachlässigung der qualitativen Dimension gegenüber der quantitativen Dimension auf Grund der größeren Mühe beim numerischen Erfassen.

  Nur die konsequente Frage nach möglichen qualitativen Dimensionen im theoretischen Konzept und ihre operationale Umsetzung verschafft hier Abhilfe.

— „die Ritualisierung der Mittel".

  Ähnlich wie beim Verhältnis zwischen qualitativer und quantitativer Dimension sind die Mittel zum Erreichen des konzeptionellen Zieles leichter zu messen als das Ziel selbst. Die Gefahr besteht hierbei darin, daß man die Mittel ziemlich schnell für die Ziele hält und somit zu „beabsichtigten Ergebnissen" kommt.

— eine zu starke Zielorientierung und damit verbundene Vernachlässigung der systemrelevanten Überlegungen.

  Während beim Zielmodell oft nur die Organisationsziele berechnet werden, erfordert das Erfassen des Systemmodells anspruchsvollere und aufwendigere Messungen und ein beträchtliches Wissen über die Funktionsweise.

Die Maßeinheiten

Wie bereits erwähnt, ist neben der zielgebundenen Merkmalsauswahl die objektgebundene Wahl oder Definition der Maßeinheit von ausschlaggebender Bedeutung für eine adäquate Widerspiegelung untersuchter Sachverhalte. Zur Bestimmung der Stellung von Maßeinheiten im numerischen Erfassungsprozeß ist von folgender Grundgleichung auszugehen:

$$\textit{Größe} = \textit{Zahlenwert} \cdot \textit{Einheit},$$

wobei Bender/Pippig (1986) die einzelnen Bestandteile wie folgt definieren:

„Eine *Größe* (physikalische Größe, meßbare Größe) ist ein Merkmal eines ... Objektes (Ding, Zustand oder Vorgang), 'das qualitativ charakterisiert und quantitativ bestimmt', also gemessen werden kann [1; 2; 3].

Die *Messung einer Größe* besteht in dem quantitativen Vergleich dieser Größe mit einer Größe gleicher Art, die durch eine Absprache (Konvention) als *Einheit* festgelegt ist. Zu dieser Festlegung gehören auch prinzipielle Angaben über das Verfahren, wie bei Größen der betrachteten Art ein quantitativer Vergleich zu erfolgen hat ...

Die Zahl, die angibt, wie oft die Einheit in der betrachteten Größe enthalten ist, heißt *Zahlenwert* der Größe."[1])

Auf diesem Grundgerüst kann man nun den gesamten Begriffsapparat aufbauen, wie z. B. Basisgrößenart, abgeleitete, spezielle oder allgemeine Größenart, Maß für eine Größe, Dimension, Größen-, Einheiten-, Zahlenwert- und Dimensionsgleichung, zugeschnittene Größengleichung oder Größengleichung mit Proportionalitätsfaktor, bezogene oder dimensionslose Größe u. v. a. m.

Da Einheiten nicht durch objektive Zusammenhänge vorgegeben sind, sondern durch Absprachen festgelegt werden, entstanden im Laufe der historischen Entwicklung für ein und dieselbe Größe die unterschiedlichsten Einheiten. Deren Gebrauch war einerseits regional begrenzt, andererseits oftmals auf einen bestimmten Wissens- oder Praxisbereich beschränkt. Die Vergleichbarkeit dieser Einheiten — die mit zunehmend interdisziplinären und internationalen Beziehungen von Wissenschaft, Technik und Handel immer wichtiger wurde — ist wegen der notwendigen Umrechnung nicht ohne weiteres gegeben. Um diesem Zustand abzuhelfen, initiierte die 9. Generalkonferenz für Maß und Gewicht (Conférence Générale des Poids et Mesures, CGPM) bereits 1948 eine Neuordnung der Einheiten im Meßwesen. Die 10. CGPM (1954) beschloß das „Praktische Einheitensystem", das bis auf geringfügige spätere Erweiterungen dem heutigen *Internationalen Einheitensystem* (Système International d' Unités, in allen Sprachen *abgekürzt „SI"*) entspricht und diese Bezeichnung 1960 von der 11. CGPM erhielt.

Der CGPM gehören die Delegierten aller Mitgliedstaaten der Meterkonvention an. Diese Staaten sind verpflichtet, den CGPM-Beschlüssen Gesetzeskraft zu verleihen. Das SI ist inzwischen — gefördert auch durch die weitestgehende Umstellung von nichtmetrischen auf metrische Einheiten — in den meisten Ländern der Welt eingeführt. In der DDR wurde der Übergang zum SI als gesetzlichem Einheitensystem mit der „Verordnung vom 31. Mai 1967 über die physikalisch-technischen Einheiten" (GBl. I, 1958 (Nr. 56) S. 647) und der „Anordnung vom 26. Nov. 1968 über die Tafel der gesetzlichen Einheiten" (GBl.-Sonderdruck 605 und Berichtigung in GBl. II, 1969 (Nr. 45) S. 291) eingeleitet. Dabei blieben zunächst die SI-fremden Einheiten für die Größenarten Kraft, Druck, Energie u. a. allgemein zulässig.

Ausgehend vom Ministerratsbeschluß vom 23. 3. 1978, regelt seit dem 1. 1. 1980 die TGL 31548 („Einheiten physikalischer Größen") vom März 1979 in Übereinstimmung mit dem RGW-Standard 1052-78 *verbindlich* die Benutzung von physikalisch-technischen Einheiten *im amtlichen und rechtsgeschäftlichen Verkehr*. Die Durchsetzung in anderen Bereichen, auch in der Literatur und vor allem im alltäglichen Gebrauch, kann naturgemäß nur schrittweise erfolgen. Besonders einschneidend ist dabei der Ersatz von Kalorie durch Joule, Kilopond durch Newton, PS durch Watt und von Torr u. a. Druckeinheiten durch Pascal.

Bei den *SI-Einheiten* sind drei Klassen zu unterscheiden: die *7 Basiseinheiten* (Entscheidung der 10. CGPM 1954 und — Ergänzung um die 7. Basiseinheit, das Mol, — der 14. CGPM 1971), die *abgeleiteten Einheiten* und die *2 ergänzenden Einheiten* (vgl. Tab. 1).

---

[1]) Hervorhebungen lt. Quelle; die dort zitierten Zweitquellen sind metrologische Standards.

Tabelle 1. Einheiten

Größe	Name der Einheit	Einheitenzeichen	Vorsätze für dezimale Vielfache und Teile*)		
1. *SI-Basiseinheiten:*			Exa	E	10^{18}
			Peta	P	10^{15}
Länge	Meter	m	Tera	T	10^{12}
Masse	Kilogramm	kg	Giga	G	10^{9}
Zeit	Sekunde	s	Mega	M	10^{6}
Stromstärke	Ampere	A	Kilo	k	10^{3}
Temperatur	Kelvin	K	Hekto	h	10^{2}
Stoffmenge	Mol	mol	Deka	da	10
Lichtstärke	Candela	cd	Dezi	d	10^{-1}
			Zenti	c	10^{-2}
			Milli	m	10^{-3}
			Mikro	μ	10^{-6}
			Nano	n	10^{-9}
			Piko	p	10^{-12}
			Femto	f	10^{-15}
			Atto	a	10^{-18}
2. *ergänzende SI-Einheiten:*					
ebener Winkel	Radiant	rad			
räumlicher Winkel	Steradiant	sr			
3. *Beispiele für abgeleitete SI-Einheiten:*			Beziehungen zu anderen SI-Einheiten		
Kraft	Newton	N	$1\ N = 1\ kg \cdot m/s^2$		
Druck	Pascal	Pa	$1\ Pa = 1\ N/m^2$		
Energie	Joule	J	$1\ J = 1\ N \cdot m$		
Leistung	Watt	W	$1\ W = 1\ J/s$		
4. *Beispiele für abgelöste Einheiten:*					
Kraft	Kilopond	kp			
Druck	techn. Atmosphäre	at			
	physik. Atmosphäre	atm			
	Torr	Torr			
Energie	Erg	erg			
	Kalorie	cal			
Leistung	Pferdestärke	PS			

*) Es soll darauf hingewiesen werden, daß damit auch solche Schreibweisen wie z. B. qcm für cm^2 zur Charakterisierung der Fläche nicht mehr zulässig sind.

Diese 3 Klassen bilden ein *kohärentes Einheitensystem* (vgl. Kap. 4.4.1., S. 121). Mit entsprechenden SI-Vorsätzen (Tab. 1) können *dezimale Teile und Vielfache von SI-Einheiten* gebildet werden, die selbst jedoch *nicht Bestandteile dieses kohärenten Systems* sind (Regeln für die Anwendung von Vorsätzen, für die abgeleiteten und die ergänzenden Einheiten: 11. CGPM 1960).

Die abgeleiteten Einheiten werden entsprechend den zwischen den zugehörigen Größen bestehenden mathematischen Beziehungen als Produkte bzw. Quotienten der Basiseinheiten dargestellt. Einige dieser Einheitenkombinationen können (auch weiterhin) mit besonderem Namen bezeichnet werden (z. B. als Krafteinheit Newton für Kilogramm mal Meter durch Sekundenquadrat), die ihrerseits mit SI-Einheiten kombiniert werden dürfen (z. B. als Einheit für die Oberflächenspannung Newtonmeter).

Bei den *SI-fremden Einheiten* ist entsprechend den genannten Standards zunächst einmal zu unterscheiden zwischen *nicht mehr zulässigen* (vgl. einige abgelöste Einheiten in Tab. 1), *befristet zulässigen*[1]), *in Spezialgebieten zulässigen* und *allgemein zulässigen* SI-fremden Einheiten. Zur letzteren Kategorie gehören im RGW-Rahmen *nur* noch die folgenden Einheiten:

— für die Zeit	Minute (min)
	Stunde (h)
	Tag (d)
— für den ebenen Winkel	Grad (°)
	Minute (′)
	Sekunde (″)
— für das Volumen	Liter (l bzw. L)
— für die Masse	Tonne (t)
— für die Temperatur	Grad Celsius (°C).

Entsprechend ihrer unterschiedlichen Entstehung, Zweckgebung usw. ist es darüber hinaus sinnvoll, die SI-fremden Einheiten zu folgenden Gruppen zusammenzufassen:

Die erste Gruppe bilden *Einheiten aus anderen Einheitensystemen* (z. B. technisches Maßsystem, CGS-Systeme; nichtmetrische anglo-amerikanischen Einheiten). Diese Einheiten sind im Sinne der TGL 31548 nicht mehr zulässig; für die Arbeit mit einschlägiger Literatur ist ihre Kenntnis jedoch durchaus noch erforderlich. (Hinsichtlich ausführlicherer Darstellung dazu und zu den anderen SI-fremden Einheiten sei noch einmal auf das Buch von Bender und Pippig verwiesen.)

Die Gruppe der *systemfreien Einheiten* umfaßt Einheiten, die keinem Einheitensystem angehören. Die meisten von ihnen entstanden historisch bedingt für eine spezielle Versuchsanordnung und wurden, nachdem die entsprechende SI-Einheit definiert war, entsprechend neu definiert (z. B. die — inzwischen abgelöste — Druckeinheit Torr). Beispiele für in Spezialgebieten weiterhin zulässige systemfreie Einheiten sind

— in der Astronomie die Zeiteinheiten siderisches Jahr (a_{sid}), tropisches Jahr (a_{tr}), anomalistisches Jahr (a_{anom}), die Winkeleinheiten Stunde (^{h}), Minute (^{m}), Sekunde (^{s}) und die Längeneinheiten Lichtjahr (ly), astronomische Einheit (AE) und Parsec (pc) — nur für letztere sind Vorsätze zulässig —,

— in der Geodäsie die Winkeleinheit Gon. (Die synonyme Bezeichnung „Neugrad“ und das Kurzzeichen „^{g}“ sind für die DDR befristet gültig, also möglichst bereits zu vermeiden. Vorsätze zu „^{g}“ sind nicht zulässig. Zum Einheitenzeichen „gon“ sind Vorsätze zulässig; Gon und gon gelten für die Geodäsie unbefristet.)

---

[1]) Der Termin für die Ablösung wird festgelegt, sobald entsprechende internationale Beschlüsse vorliegen.

Da sie für die Geographie von Interesse ist, soll an dieser Stelle auch die Druckeinheit Bar (bar) erwähnt werden, obwohl sie nur scheinbar systemfrei ist (CGS-System!). Während das Torr mit dem 1. 1. 1980 abgelöst wurde, ist das Bar noch befristet zulässig. Internationale Empfehlungen und die weltweit zu beobachtende Tendenz gehen dahin, die SI-Einheit Pascal bevorzugt zu verwenden. Das gilt mittlerweile auch für die Meteorologie — die Zahlenwerte ändern sich beim Übergang von den „traditionellen" Millibar zu Hektopascal ohnehin nicht.

Als „Kalendereinheiten" wurden in die TGL 31548 außerdem die im täglichen Leben und in der Statistik angewendeten Einheiten Woche (Wo.), Monat (Mon.) und Jahr (a; J.) aufgenommen.

Als *Sondereinheiten* kann man eine weitere Gruppe von Einheiten ansehen, die bereits an ihrem Namen oder ihrem Kurzzeichen einen speziellen Bezug erkennen lassen. Die Zuordnung von Einheiten in diese Gruppe ist z. T. recht willkürlich. Außerdem sind *alle Sondereinheiten entbehrlich,* da ein spezieller Bezug sinnvoller mit Hilfe der entsprechenden *Größe, nicht der Einheit* dargestellt werden kann. In Gleichungen sollten Sondereinheiten, um Fehler zu vermeiden, grundsätzlich nicht verwendet werden.

Deshalb sind nur wenige dieser Einheiten noch gesetzlich zulässig bzw. international empfohlen. Als Beispiel einer solchen Sondereinheit kann der Grad Celsius für die Temperatur (keine Vorsätze zulässig!) aufgefaßt werden. Für die Angabe einer Celsius-Temperatur ($\vartheta = T - T_0$ mit $T_0 = 273{,}15$ K) ist die Einheit °C nicht nur zulässig, sondern sogar gefordert. Bei der Angabe von Temperaturdifferenzen dagegen ist bevorzugt die SI-Einheit Kelvin zu verwenden; die Angabe in „grd" ist nicht mehr zulässig.

Sondereinheiten wie Festmeter und Raummeter sind durch die SI-Einheiten zu ersetzen; der spezielle Bezug ist bei der Größe oder in anderer geeigneter Weise deutlich zu machen (GBl.-Sonderdruck 761/1).

In der Statistik treten darüber hinaus solche Sondereinheiten auf wie laufendes Meter, Bahn-, Luft- und Straßenkilometer, Brutto- und Nettoregistertonnen.

Abschließend soll noch auf eine besondere Gruppe von Einheiten, die *Zähleinheiten,* hingewiesen werden, die vor allem in der Statistik und damit in der gesellschaftswissenschaftlich orientierten geographischen Forschung von grundlegender Bedeutung sind. Dazu muß man von der allgemeinen Größe zu Zählgrößen übergehen, welche durch Zählen gemessen werden und zur quantitativen Kennzeichnung von Mengen dienen. Als Zählobjekte können Körper, Stücke, Eigenschaften, zeitlich aufeinanderfolgende Ereignisse und vieles mehr auftreten. Man kann auch die Zählgröße als

Zählgröße = Zahlenwert · Zähleinheit[1])

darstellen, nur mit der Besonderheit, daß hier die natürlichen Zahlen in ihrer Eigenschaft als Kardinalzahlen (neben der als Ordinalzahlen) zur Charakterisierung von Mengen mit einer vereinbarten Anzahl von Elementen, also als Zähleinheit, auftreten, wie z. B.

1	— Stück	60	— Schock
2	— Paar	100	— i. H.
12	— Dutzend	144	— Gros
15	— Mandel	1000	— i. T.

Auf Grund solcher Besonderheiten der Zählgrößen, wie vielfältigerer, stärkerer und spezieller Sachbezug, geht dieser meist in den Namen oder das Zeichen der Zähleinheiten

[1]) Im vorangegangenen Abschnitt wurden entsprechend der Sprachregelung in den Standards stets die Begriffe „Zahlenwert" und „Einheit" benutzt. Im folgenden verwenden wir der Deutlichkeit halber immer dann, wenn es um Meßgrößen geht, die Bezeichnungen „Maßzahl" und „Maßeinheit".

mit ein, ja verdrängt sogar oft die eigentliche Zähleinheit ganz, so daß in der Praxis Einheiten auftreten wie Einwohner (Ew.), Umdrehungen (U) und ähnliche Termini.

Inwieweit man solche Einheiten als Sondereinheiten zur Zähleinheit 1 oder als selbständige Zähleinheiten auffaßt, ist terminologisch nicht geregelt. Auf jedem Fall sollten Sonder- und Zähleinheiten nur dort eingesetzt bzw. neu definiert werden, wo dies durch den Sachbezog zweckmäßig erscheint und die Angaben — vor allem in Gleichungen — eindeutig und richtig (Dimension; Umrechnungsfaktoren u. ä.!) bleiben.

Terminologische Unsicherheiten treten — wie bereits auf S. 36 erwähnt — insbesondere auch bei der Bezeichnung von Verhältnisgrößen, bezogenen Größen usw. auf. Diese Begriffsschwankungen wirken sich entsprechend auf die zugehörigen Sonder- oder Zähleinheiten aus. Deshalb soll — vor allem im Hinblick auf Neubildungen — an dieser Stelle auf einige Empfehlungen für Wortzusammensetzungen mit den Wörtern Zahl, Faktor, Grad u. ä. (DIN 5485, Mai 1977) sowie für den Gebrauch der Wörter bezogen, spezifisch, relativ, normiert und reduziert (DIN 5490, April 1974) hingewiesen werden:

— *... zahl:* für Verhältnisgrößen, vorzugsweise in der Verwendung als Stoffkenngrößen (Vergleich einer Eigenschaft von Stoff und Vergleichsmedium), bzw. für Kenngrößen im Rahmen von Ähnlichkeitstheorien (Beschreibung von Zustand oder Verhalten von Stoffen oder Strukturen)

— *... faktor:* statt „-zahl“ für eine Verhältnisgröße, mit der eine Größe multipliziert werden muß, um ihre Abweichung von einer Ausgangsgröße zu berücksichtigen

— *... grad:* statt „-zahl“ für Verhältnisgrößen, deren Größtwert höchstens 1 (100%) ist

— *bezogen:* Bezogene Größen sind Quotienten aus zwei Größen, die bei *einem* Sachverhalt, Körper usw. auftreten. (Begrifflicher Schwerpunkt auf der im Zähler stehenden Größe; eine „Bezugsgröße“ im Nenner. Zu beachten ist die unterschiedliche Art und Dimension von Zähler, Nenner und Quotient!)

— *spezifisch:* für bezogene Größen, wenn sie eine Stoffeigenschaft beschreiben und auf die Masse bzw. geometrische Größen bezogen sind (für Neubildungen nur noch Masse-Bezug empfohlen)

— *relativ:* für Verhältnisgrößen, bei denen im Nenner eine festgelegte Bezugsgröße steht

— *normiert:* statt „relativ“, wenn Bezugsgröße von Fall zu Fall wechselt (oft fälschlicherweise als „reduziert“ bezeichnet)

— *reduziert:* Eine Größe ist reduziert, wenn ihr Wert auf einen vereinbarten Zustand oder auf vereinbarte Bedingungen umgerechnet oder umgewertet worden ist.

Dabei werden als *Verhältnisgrößen* (auch „*Kennzahlen*“) abgeleitete Größen bezeichnet, die als Quotient zweier Größen gleicher Art definiert sind.

Die Erfassung und Verarbeitung von Meßwerten

Da heute in vielen Bereichen vor allem der Meteorologie und Hydrologie zum Einsatz automatischer Meßstationen übergegangen wird, muß sich auch der Geograph mit den Konsequenzen auseinandersetzen, die sich dadurch für die Auswertung der Daten (vgl. Abb. 5) ergeben. Es ist einerseits damit möglich, die anfallenden Datenmengen wesentlich zu steigern, und andererseits — und das dürfte noch wesentlicher sein —, die Auswertungsverfahren weitgehend zu automatisieren, um allmählich die zeitaufwendige manuelle Datenaufbereitung und -auswertung mehr und mehr zurückzudrängen. Aber auch beim Einsatz der EDV bedarf es vorläufig noch zumeist manueller Zwischenschritte, um die Daten auf maschinell lesbare Datenträger zu übertragen. Fernübertragung und „On-line"-Betrieb mit entsprechenden Prozeßrechnern soll dies künftig in Wegfall bringen.

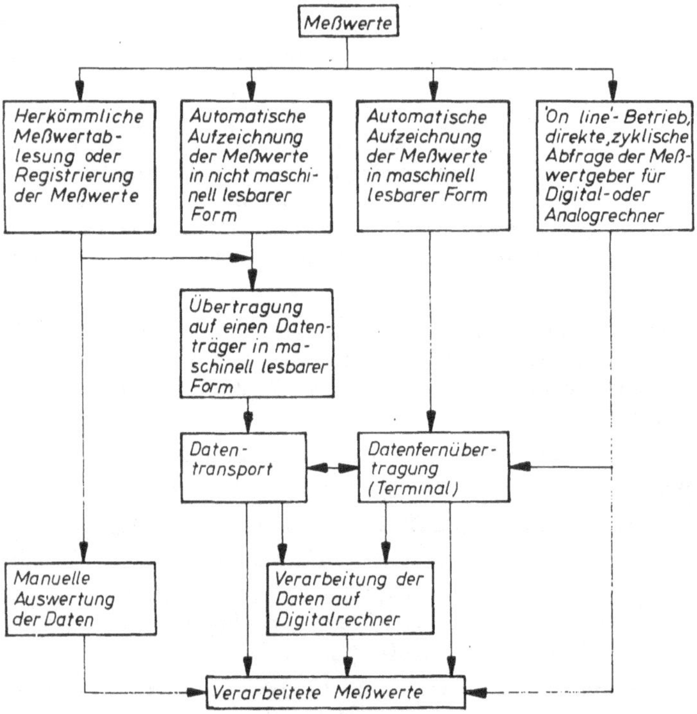

Abb. 5. Schema der Meßwertverarbeitung

Der Kennziffernkatalog

Während man sich in der *Physischen Geographie* bei der Erfassung naturwissenschaftlicher Erscheinungen auf das *physikalisch-technische Messen*, d. h. auf die oben erläuterten Einheiten des Internationalen Einheitensystems und die zulässigen systemfremden oder systemfreien Einheiten, stützen kann, müssen sich die gesellschaftswissenschaftlich orientierte Ökonomische und Sozialgeographie im wesentlichen auf die oben definierten Zählgrößen beschränken. Die Schwierigkeiten bestehen also für die Physische Geographie in der Auswahl und im technischen Ablauf des Messens der den zu untersuchenden Sachverhalt charakterisierenden physikalischen und chemischen Eigenschaften. In der *Ökonomischen Geographie* hingegen wird auf Grund der Kostspieligkeit auf eigene Erhebungen und Zählungen weitestgehend verzichtet und die *analytische Arbeit* im wesentlichen über die *Sekundäranalyse bereits erfaßter Daten* bestritten. Als Hauptquellen hierfür dienen umfangreiche *Zählungen* (VBWGZ = Volks-, Berufs-, Wohnraum- und Gebäudezählung) sowie deren jährliche Fortschreibungen und jährliche Berichtsbogen der Staatlichen Zentralverwaltung für Statistik. Die Ergebnisse werden in den *Statistischen Jahrbüchern* veröffentlicht. Um computermäßige Verarbeitung und einen schnellen Zugriff zu gewährleisten, sind die meisten Daten in zentralen oder territorialen Datenbanken bzw. z. T. bei der Staatlichen Plankommission und der Bauakademie EDV-mäßig gespeichert. Aus den gleichen Gründen existiert eine analoge Datenbank von Meßwerten für einige Probleme der Physikalischen Geographie in Eberswalde (GEMDAT).

Im folgenden wird als *Beispiel* in Tabelle 2 ein *Kennziffernkatalog* für die gesellschaftswissenschaftlich orientierte geographische Forschung vorgestellt. Er ist nach sachlichen Gesichtspunkten aufgebaut und zeigt das weite Spektrum der vorhandenen Daten und ebenso, wie durch eine bestmögliche Auswahl der Kennziffern den bereits dargelegten Problemen der Sekundäranalyse begegnet werden kann. Die Grundlage lieferten die Auswertungsprogramme der VBWGZ und eigene Erfassungen am Institut für Geographie und Geoökologie der AdW der DDR.

Auf Grund der rein sachlichen Aufzählung der Zählgrößen machen sich einige Anmerkungen erforderlich, um die Nutzungsmöglichkeiten dieser Datenspeicher wenigstens annähernd zu umreißen. So ergeben sich eine Reihe weiterer Nutzungsmöglichkeiten einmal durch *Kombination* der angegebenen *Grundkennziffern*, wie z. B. die Beschäftigtenstruktur nach Altersgruppen u. ä. Varianten. Dazu muß im einzelnen in den Auswertungsprogrammen der VBWGZ bzw. in den Statistischen Jahrbüchern nachgesehen werden, welche Kombinationen möglich sind. Zum anderen kann man über einfache mathematische Operationen (wie Addition, Subtraktion, Multiplikation, Division und Prozentrechnung), die man noch zur Datenerfassung zählt, eine Reihe weiterer abgeleiteter Kennziffern berechnen und zur Analyse heranziehen. Komplizierter zu berechnende, meist auf einer Theorie beruhende, komplexere Indikatoren, wie Indikatoren der Assoziation, Kompaktheit, Kontinuität, Konzentration, Standortqualität, Typisierung, Zentralität und andere mehr sollen hier nicht behandelt werden, da sie bereits schon Formen der Datenaufbereitung, wenn nicht sogar Ergebnisse anspruchsvoller mathematischer Verfahren darstellen. Im folgenden sollen einige *in der Geographie relevante abgeleitete Kennziffern* besprochen werden.

Geht man von der einfachsten mathematischen Operation, der *Addition*, aus, so verbirgt sich dahinter meist eine das Datenmaterial besser überschaubar machende *Datenaggregation*, wie z. B.:

- bei der Altersstruktur vom Jahrgang über die Altersgruppen zur inhaltlich belegten Unterteilung in Kinder, Arbeitsfähige und Rentner,
- bei der territorialen Aggregierung von Gemeinde über Kreis und Bezirk bis zur DDR insgesamt,
- die oft vorgenommene inhaltliche Unterteilung der wirtschaftlich Tätigen nach Industrie und Bauwirtschaft, Land- und Forstwirtschaft sowie sonstige Bereiche, die aus einer Aggregation der Wirtschaftsbereiche hervorging.

Eine ebenfalls häufig genutzte Operation ist die *Subtraktion zur Bildung des Saldos*, besonders wenn Überschüsse oder ein Defizit bestimmt werden sollen, wie z. B.:

- Geburtendefizit,
- Lebendgeborenen- bzw. Sterbefallüberschuß,
- Pendlersaldo,
- Wanderungssaldo, d. h. Wanderungsgewinn oder- verlust.

Wohl am häufigsten benutzt wird die *Division*, da sie in vieler Hinsicht zur Verfeinerung inhaltlicher Aussagen beiträgt. So führt sie einmal zu einer Art *Normierung*,

Tabelle 2. Beispiel für einen Kennziffernkatalog

1.	*Bevölkerungsstruktur*
1.1.	Alter: — nach Altersjahrgängen — nach Altersgruppen allgemein — Kinder/Arbeitsfähige/Rentner
1.2.	Geschlecht: — männlich/weiblich
1.3.	Familienstand: — ledig/verheiratet/verwitwet/geschieden — verheiratet nach Eheschließungsjahren — in der Ehe geborene Kinder verheirateter Frauen
1.4.	Haushaltsstruktur: — Einpersonen-/Mehrpersonenhaushalte/ —nach 2, 3, ..., 9, über 10 Personen — zum Haushalt gehörende Kinder/Rentner
1.5.	Beschäftigung: — wirtschaftlich bzw. nicht wirtschaftlich Tätige, — nach Wirtschaftsbereichen, -sektoren und -zweigen
1.6.	Einkommen: — nach wirtschaftlicher Tätigkeit: Beruf/Rente ... — nach nichtwirtschaftlicher Tätigkeit: Lehrlingsentgeld/Rente/Stipendium/Sozialfürsorge ...
1.7.	Bildung:
1.7.1.	Bildungsabschluß: — 8./10./12. Klasse/Fach-/Hochschule — Facharbeiter/Meister/Ingenieur
1.7.2.	Abschlußjahr
1.7.3.	Lehrberufe
1.8.	Pendlerverhalten: — Nicht-/Ein-/Auspendler
2.	*Infrastruktur*
2.1.	technische Infrastruktur
2.1.1.	Gebäudeausrüstung
2.1.1.1.	Baujahrsgruppen
2.1.1.2.	Bauzustandsstufen: 1/2/3/4
2.1.1.3.	Geschoßzahl: 1/2/3/4/5/6—9/10—16/17 u. m.
2.1.1.4.	Wohnungsanzahl: 1/2/3/4—5/10—19/20—49/50—99/100 u. m.
2.1.1.5.	Ausstattung
2.1.1.5.1.	Fernheizung
2.1.1.5.2.	Gasanschluß: öffentlich/eigener/sonstiger

Fortsetzung Tabelle 2

2.1.1.5.3. Wasserversorgung: öffentlich/eigene/sonstige

2.1.1.5.4. Abwasserbeseitigung: öffentlich/eigene/sonstige

2.1.1.6. Zweck:
— Wohnung/Behelfsunterkunft/Gewerberaum

2.1.1.7. Eigentumsformen:
—privat/genossenschaftlich/volkseigen

2.1.1.8. Mietstatus:
— Eigentümer/Hauptmieter/Teilhauptmieter/Untermieter

2.1.2. Verkehrswesen

2.1.2.1. Straßen:
—Autobahn/Fernstraßen 1./2./3. Ordnung

2.1.2.2. Straßenentfernungen:
— zur Kreis-/Bezirksstadt

2.1.2.3. KOM-Linien

2.1.2.4. Kraftfahrzeuge:
— nach Kräder/PKW/LKW
— nach Fahrzeugtypen

2.1.2.5. Eisenbahn
— nach Haupt- und Nebenstrecken,
— nach D- und E-Zughalten

2.1.2.6. Entfernung zum nächsten Bahnhof

2.1.2.7. Fahrgelegenheiten

2.1.2.8. Reisezeiten
— nach PKW/ÖPNV/ ...
— nach Bus/Bahn
— zur Kreis-/Bezirksstadt ...

2.2. soziale Infrastruktur

2.2.1. Wohnungswesen

2.2.1.1. Größe der Wohnung

2.2.1.1.1. Anzahl der Wohnräume

2.2.1.1.2. Wohnungsfläche

2.2.1.1.3. Zimmerfläche

2.2.1.2. Arten:
— Wohnung/Kellerwohnung/Dachwohnung/Behelfswohnung

2.2.1.3. Ausstattung
— Fern-/Zentral-/Ofenheizung
— Elektro-/Gas-/Öl-/Kohleheizung,
— Bad/Dusche/ ...
— IWC/AWC/Trockentoilette

2.2.1.4. Belegung

2.2.1.5. Eigentumsformen

Fortsetzung Tabelle 2

2.2.1.6.	Haushalte
2.2.1.7.	Nutzung
2.2.2.	Bildungseinrichtungen – nach POS/EOS/Fach-/Hochschule
2.2.3.	Medizinische Einrichtungen – nach Poliklinik/Krankenhaus/Ambulanz – nach Bettenanzahl – nach Ärzte, Heil- und Pflegepersonal
2.2.4.	Kulturelle Einrichtungen – Theater/Museen/Kinos/ ... – vorhandene Plätze – verkaufte Karten – Rundfunk-/Fernsehgenehmigungen
3.	*Siedlungsstruktur*
3.1.	Siedlungsart – nach Wohnplatz/Ortsteil/Gemeinde/Stadt – nach Siedlungskategorien
3.2.	Einwohnerzahl
3.3.	Siedlungsfläche
3.4.	Versorgung – Einzelhandelsbranchen – hauswirtschaftliche Dienstleistungen – Bildungseinrichtungen – medizinische Einrichtungen – kulturelle Einrichtungen
4.	*Wirtschaftsstruktur*
4.1.	Agrarstruktur
4.1.1.	Flächennutzung: nach Bodennutzungsarten
4.1.2.	Ernteerträge: nach Anbauarten
4.1.3.	Viehbestand: nach Tierarten
4.1.4.	Betriebsfläche
4.1.5.	Technische Ausrüstung: – nach Mähdrescher/Kombines/Elektromotoren
4.1.6.	Beschäftigtenstruktur (vgl. 1.5. und 1.7.)
4.2.	Industriestruktur
4.2.1.	Betriebsgrößengruppen
4.2.2.	Betriebsergebnisse
4.2.3.	Investitionen
4.2.4.	Grundfonds

d. h. zur Eliminierung von Größenfaktoren wie Fläche oder Einwohner, die automatisch durch die Bestimmung der Objekte in die Erfassung mit eingingen. Als Beispiel könnte man hier fast alle Dichtewerte anführen, wie

— Einwohnerdichte,
— Schüler pro Klasse oder Lehrkraft,
— Krankenhausbetten, Kino- oder Theaterplätze pro Einwohner.

Eine weitere Form der Division stellen die *Anteilswerte* (*Quoten*) zur Charakterisierung bestimmter Proportionen dar, wobei die Anteile sich auch inhaltlich zu einem Ganzen ergänzen lassen, wie

— bei der Geschlechtsstruktur in Form von Frauenanteilen oder Frauenbeschäftigungsgrad,
— Ein- bzw. Auspendlerquote,
— Agrarquote.

Dabei erhält man die Anteilswerte bei Multiplikation mit 100 in Prozent (%) bzw. bei 1000 in pro mille (‰).

Schließlich erweitert sich auf Grund der bereits erwähnten *Dreidimensionalität der Daten* das inhaltliche Spektrum der Auswertungsmöglichkeiten nochmals um ein Vielfaches. So erschließt die *zeitliche Dimension* über die damit erkennbare Dynamik, Entwicklung oder Evolution eine wesentliche Seite der Erforschung von Prozessen. Neben den Terminen der VBWGZ (1950, 1964, 1971) enthalten von allem die jährlichen Berichtsbögen die Untersuchungen von Entwicklungen. Während einige Kennziffern die Dynamik durch Differenzbildung der Werte zu unterschiedlichen Erfassungsterminen charakterisieren, wie

— Bevölkerungsentwicklung,
— Veränderung des Rentneranteils,
— Veränderung der Agrarquote,

charakterisieren andere die Entwicklung direkt, d. h., sie können nicht an einem bestimmten Stichtag erfaßt werden, sondern nur über einen bestimmten Zeitraum hin, zumeist ein Jahr, wie

— Geburten, Sterbefälle und damit der natürliche Zuwachs,
— Zu- und Wegzüge, somit auch der Wanderungssaldo,
— Bautätigkeit.

Den für die Geographie wohl wesentlichsten Untersuchungsaspekt verkörpert jedoch die *örtliche Dimension der Daten*, indem sie räumliche Betrachtungen gestattet. Die meisten der angeführten Kennziffern liegen nämlich auf Gemeindebasis vor sowie auf den Aggregationsstufen: Gemeinden größer 5000 bzw. 10000 Einwohner, Gemeindegrößengruppen, Kreise, Bezirke und DDR insgesamt.

2.3. Skalierungsmethoden und die Verarbeitung qualitativer Daten

Eine notwendige Voraussetzung für die Anwendung mathematisch-statistischer Methoden ist die *Quantifizierbarkeit der Merkmale*. Die Ergebnisse von Erhebungen, Befragungen oder Erkundungen liegen aber nicht immer nur als numerische Daten vor. Auf

Fragebögen werden häufig Sachverhalte durch Alternativfragen wie vorhanden/nicht vorhanden oder ja/nein ermittelt, oder es wird nach Zustandsstufen gering/mäßig/stark etc. gefragt. Doch auch solche Daten lassen sich statistisch bearbeiten. Man muß nur ein geeignetes *Skalierungsverfahren* heranziehen.

Alle bei Untersuchungen auftretenden qualitativen Merkmale lassen sich mittels eines solchen Verfahrens in einen der mathematisch-statistischen Analyse zugänglichen Zustand überführen. Bei benannten Zahlen gilt es, die angegebene Bezugseinheit zu beachten, worauf bereits hingewiesen wurde (vgl. Kap. 2.2.2., S. 41). Auch Gruppen können als Bezugsbasis der Daten auftreten, wie je 1000, je Zählquadrat, je Familie, je Kombinat und ähnliche. Andere Daten wiederum sind auf Zeitintervalle bezogen, wie: die Niederschläge während der Vegetationsperiode, die im Jahr 1977 Geborenen usw. Schließlich können auch administrative Einheiten in Frage kommen (Gemeinde, Kreis, Bezirk).

In diesem Zusammenhang spielen die stetigen und diskreten Zufallsvariablen eine Rolle (vgl. Kap. 2.2.1., S. 34f.). Erstere stellen das Ergebnis von Messungen dar, während diskrete Werte meist bei Erhebungen und Befragungen gewonnen werden. Die Unterscheidung zwischen diskret und stetig ist bei statistischen Untersuchungen für die Auswahl der Rechenverfahren von Bedeutung. Bei einer sehr großen Datenmenge fallen jedoch begangene Fehler kaum ins Gewicht, wenn man diskrete Veränderliche wie kontinuierliche Größen behandelt. Oft liegen die Daten teilweise nur in qualitativer Form vor. Um eine Überführung in einen quantifizierten Zustand vornehmen zu können, existieren verschiedene Skalierungsmöglichkeiten, die im folgenden kurz charakterisiert werden sollen.

2.3.1. Die Nominalskala

Die elementarste Form der Gruppierung qualitativ gegebener Größen ist die *Nominalskala.* Es finden Merkmale (Variable) Verwendung, deren Ausprägungen sich nur dem Charakter nach unterscheiden lassen (*klassifikatorische Merkmale*). Für sie werden mehrere Kategorien oder Klassen festgelegt, in die sie eingeordnet werden können. Innerhalb der Klassen kann dann die jeweilige Häufigkeit ermittelt werden, mit der das betreffende Merkmal auftritt. Die Klassen (Kategorien) können mit Namen (daher die Bezeichnung „Nominalskala") oder mit Zahlen bezeichnet werden. Dabei stehen die letztgenannten nicht in einem „größer/kleiner"-Verhältnis, noch ist ein Abstandsmaß zwischen den Klassen definiert. Das Zählen ist also die einzige zugelassene Rechenoperation. Da jede Klasse eine selbständige Menge darstellt, ist es z. B. sinnlos, statistische Repräsentativwerte, wie Mittel oder Streuungen, zwischen den Klassen zu berechnen. Innerhalb einer Klasse hat jedoch die Bestimmung des Dichtemittels in gewissen Fällen Bedeutung.

Zur Erläuterung soll ein *Beispiel der Flächennutzung* nach einer siebenteiligen Skala mit leicht überschaubaren Zahlen dargestellt werden (siehe Seite 51).
Die gewählten Einheiten (Kategorien) sind so verschieden, daß eine arithmetische Mittelbildung keinen Sinn hat. Dagegen kann man den Umfang der einzelnen Nutzungstypen zahlenmäßig erkennen und miteinander vergleichen. Durch die Prozentbildung, bezogen auf die Fläche des gesamten Untersuchungsgebietes, treten die relativen Häufigkeiten klar hervor. Man kann etwa ablesen: über die Hälfte der Fläche wird landwirtschaftlich genutzt (Summe der Klassen 1—3), knapp ein Drittel ist mit Wald bestanden (Klasse 4). Das Dichtemittel (Modalwert) liegt in der Klasse „Acker",

Klassen-Nr.	Art der Flächennutzung (Kategorie)	Fläche in ha	in %
1	Acker	1050	42
2	Grünland	325	13
3	Gärten/Rebgelände usw.	100	4
4	Wälder und Forsten	750	30
5	Gewässer	125	5
6	Öd- und Unland	100	4
7	Überbautes Gelände	50	2
	gesamt	2500	100

ein sekundäres in der des „Waldes". In ähnlicher Weise kann die „Beschäftigtenstruktur nach Industriezweigen", die „Produktionsstruktur", der „Verkehr nach Verkehrsträgern" und ähnliches veranschaulicht werden. Besonders bei soziologischen Untersuchungen, die auf Befragungen beruhen, treten sehr häufig Nominalskalen auf.

Als Spezialfall der Nominalskala ist die *Alternativskala* anzusehen, bei der nur zwei Klassen — ja/nein bzw. vorhanden/nicht vorhanden — vorkommen. Man spricht auch von *dichotomer Gruppenbildung* und ordnet den Klassen die Symbole 0 und 1 zu. Hierunter fallen Gliederungen nach der geschlechtlichen Zugehörigkeit, z. B. bei Einwohnern, Beschäftigten, Pendlern usw. Doch auch wenn man Einrichtungen der Infrastruktur erfassen möchte, wie Wohnung mit Bad, Zentralheizung, Gasanschluß etc., verwendet man Alternativskalen. Weisen die klassifikatorischen Merkmale mehr als zwei Ausprägungen auf, ist es in gewissen Fällen möglich, diese durch „Dichotomisierung" auf eine Alternativskala zurückzuführen. Dabei tritt jedoch immer ein beträchtlicher Informationsverlust auf.

2.3.2. *Die Ordinalskala*

Eine weitere Möglichkeit bietet die *Ordinal- oder Rangskala*. Sie ermöglicht die Aufstellung einer Rangordnung oder Reihenfolge. Die einzelnen Glieder stehen zueinander im Verhältnis einer „größer/kleiner"-Beziehung und folgen einer sich monoton entwickelnden Funktion, wobei allerdings kein Abstandsmaß zwischen den Gliedern definiert ist (komparative Variable). Derartige Ordinalskalen werden besonders bei ökonomischen und gesellschaftlichen Erhebungen vielfach verwendet, wo es um Größenklassen, Qualitätsnoten oder Intensitätsstufen geht.

In der Geographie finden sie bei Gemeinde- und Gebietstypisierungen Anwendung. Auch bei ihnen ist die Quantifizierbarkeit beschränkt. Metrische Mittelwerte und Streuungen haben keinen Sinn. Außer dem Dichtemittel spielen der Medianwert und andere Quantile eine Rolle. Nur darf der hier angesprochene Skalentyp nicht mit metrischen Rangskalen verwechselt werden. Viele bei geographischen Untersuchungen verwendete Skalen lassen eine Reihenfolge erkennen, wie die Ordnung der Siedlungen nach ihrer Einwohnerzahl oder die Erreichbarkeit einer Stadt von ihrem Umland aus in km Entfernung oder in Minuten Fahrzeit. Skalen dieser Art sind nicht gemeint, denn sie werden durch exakte Zahlen und nicht nur durch die „größer/kleiner"-Beziehung unterschieden.

Als *Beispiel einer Ordinalskala* im hier behandelten Sinne können die Siedlungskategorien der DDR dienen, wie sie gegenwärtig bei der Planung allgemein Verwendung finden. Es werden 7 Größenklassen[1]) unterschieden:

I — Großstädte
II — Große Mittelstädte
III — Kleine Mittelstädte
IV — Kleinstädte
V — Große Dörfer
VI — Kleine Dörfer und Wohnplätze
VII — Kleinstsiedlungen.

Bei dieser Einteilung ist nicht die Einwohnerzahl das allein Entscheidende für die Zuordnung zu den einzelnen Kategorien. Vielmehr ist es eine Vielzahl von Funktionen, die oft nur in qualitativen Angaben vorliegen, deren Vorhandensein oder Fehlen aber für die Zuordnung zu einer bestimmten Klassifikationsgruppe ausschlaggebend ist. Demzufolge sind hier metrisch gebildete Mittelwerte sinnlos. Gegenüber der Nominalskala ist nun als neue Qualität die Rangfolge (hierarchische Ordnung) hinzugekommen. Neben dem Dichtemittel können daher zur Charakterisierung auch der Zentral- oder Medianwert und unter Umständen auch gewisse Perzentilwerte verwendet werden. In einem Bezirk wäre es z. B. denkbar, daß 75% der Siedlungen den Klassen V bis VII angehören, während nur 12% den Klassen I bis III zuzurechnen sind.

2.3.3. *Die Intervallskala*

Die zwei weiteren, hier zu behandelnden Skalen sind *streng metrisch*, d. h., sie stützen sich auf *quantitative Daten*. Die Intervallskala ist wohl die am häufigsten in der Geographie verwendete Skala. Die Meß- oder Beobachtungswerte sind in Klassen von konstanter Größe eingeteilt. Man spricht auch von *äquidistanter Klassenbreite*. Außer der bloßen „größer/kleiner"-Beziehung läßt sich hier der exakte quantitative Unterschied zwischen zwei Werten feststellen, d. h., es ist ein Abstandsmaß definiert. Als Ausgangspunkt der Skala wird entweder der Nullpunkt angenommen, oder er wird willkürlich nach der Verteilung des Datenmaterials unter Berücksichtigung der Variationsbreite (Spannweite) festgelegt. Sämtliche elementar-statistischen Repräsentativwerte, die sog. Lageparameter und die Streuwerte, lassen sich berechnen, und auch Prüftests sind durchführbar.

Zunächst soll in diesem Zusammenhang ein *Beispiel* vorgestellt werden, das sich *für eine statistische Weiterverarbeitung nicht eignet*, da die Forderung nach äquidistanten Größenklassen nicht erfüllt ist (siehe Seite 53).
Wollte man aus diesen unterschiedlich großen Klassen Mittelwerte und Streuungen berechnen, so müßte man erst mittels Wichtungen mühsam Korrekturfaktoren bestimmen und würde trotzdem in vielen Fällen keine zufriedenstellenden Ergebnisse erzielen. Befriedigende Resultate sind nur dann zu gewinnen, wenn gleichgroße Klassen verwendet werden, beispielsweise von 100 zu 100, 500 zu 500 usw.

Die Bestimmung der *günstigsten Klassenzahl* hängt in erster Linie von der Anzahl der zu verarbeitenden Werte (*Umfang des Kollektivs*) ab. Zur Abschätzung werden in

---

[1]) Nach KLUGE, K.: Die Bedeutung der Siedlungskategorien für die Planung der Siedlungsstruktur. Petermanns Geogr. Mitteilungen, **118** (1974) 4.

Siedlungsgrößen nach der Einwohnerzahl	
Klasse	Wertintervall
1	über 2000
2	1000–2000
3	500–1000
4	200– 500
5	100– 200
6	50– 100
7	unter 50

der Literatur verschiedene Formeln vorgeschlagen, von denen hier nur eine, die wenig Aufwand erfordert, erwähnt werden soll:

$$k = 5 \cdot \log n,$$

wobei k die Klassenzahl und n die Anzahl der Werte des Kollektivs bedeuten. Danach ergeben sich für einige der häufig vorkommenden Datenumfänge folgende Klassenzahlen, die im Intervall zwischen 5 und 25 liegen:

n	50	100	500	1000	10000	Werte
k	8	10	13	15	20	Klassen

Wenn k berechnet worden ist, kann man die Klassenbreite d aus der Variationsbreite (range) der zu bearbeitenden Daten nach folgender Formel bestimmen:

$$d = \frac{x_{\max} - x_{\min}}{k}.$$

Ein weiterer *Vorteil* der Intervallskala ist, wie bereits erwähnt wurde, die *Beweglichkeit des Nullpunktes*. Dies wird z. B. bei der Festlegung der Reduktionslage von Histogrammen (vgl. Kap. 4.2., S. 104ff.) ausgenutzt. Sollen z. B. städtische Siedlungen untersucht werden, so kann im allgemeinen die Skala bei 2000 Einwohnern als der unteren Grenze der ersten Klasse begonnen werden; die charakterisierenden Merkmale können stetig oder diskret sein.

2.3.4. Die Verhältnisskala

Bei Problemen, bei denen die Frage zu beantworten ist, ob ein Effekt die doppelte oder die sechsfache Wirkung hervorbringt, oder ob während eines Zeitraums das Wachstumstempo einer Erscheinung zu- oder abgenommen hat, spielt die *Verhältnis- oder Ratioskala* (*Quotientenskala*) eine Rolle. Sie ist jeweils auf einen genau festgelegten Nullpunkt bezogen. Als Maßeinheit der Skalierung werden häufig auch logarithmische oder exponentielle Skalen zugrunde gelegt. Neben dem arithmetischen Mittel sind hier auch das geometrische (logarithmische) und das harmonische Mittel verwendbar.

Zur Veranschaulichung wird ein willkürlich gewähltes *Beispiel* über die *Verteilung des Pro-Kopf-Einkommens* vorgestellt.

Im *ersten Fall* soll von einem mittleren Monatseinkommen von 500,– M ausgegangen und festgestellt werden, wieviel Prozent einer angenommenen Bevölkerung ein Mehrfaches davon oder

Einkommens-Klassen	unter 500	500	1000	1500	2000	2500	3000 ... M
Bevölkerungs-Quote	7	49	28	12		4	... %

Einkommens-Klassen	unter 600	600	1200	1800	2400	3000	3600 ... M
Bevölkerungs-Quote	26	42	23	8		1	... %

weniger verdienen. Im *zweiten Fall* werden 600,— M als mittleres Monatseinkommen angesetzt und die entsprechenden Ermittlungen angestellt. Man sieht, daß sich die Proportionen in der Ratioskala entsprechend der zugrunde gelegten Quote des Pro-Kopf-Einkommens verschieben.

Eine tabellarische Übersicht stellt die *wichtigsten statistischen Skalentypen* zusammen:

Skala	Empirische Hauptoperationen	Mögliche statistische Maßzahlen
Nominalskala	Abzählbarkeit	Dichtemittel (Modalwert)
Ordinalskala	Ermittlung des „Größer-/Kleinerseins" benachbarter Werte	Modalwert, Median, Quantile
Intervallskala	Metrische Zuordnung, quantitative Gruppenbildung	Arithmetisches Mittel, Standardabweichung
Verhältnis- (Ratio-) Skala	Ermittlung der Gleichheit von Quotienten	Geometrisches Mittel, Harmonisches Mittel, prozentuale Variabilität

Bei allen umfassenden mathematischen Auswertungen ist darauf zu achten, daß die verwendeten Daten stets in der gleichen Skalierung vorliegen.

2.4. Wesen der Stichprobe und Auswahltechniken

Bei *Teil- oder Partialerhebungen*, die in der Geographie eine sehr entscheidende Rolle spielen, wählt man aus der Grundgesamtheit N (Universum) eine Teilmenge n aus. Von dieser Teilgesamtheit, auch als *Stichprobe* bezeichnet, wird gefordert, daß sie ein möglichst wahrheitsgetreues Abbild bzw. Modell der Grundgesamtheit darstellt. Mit anderen Worten verlangt man, daß die *Stichprobe repräsentativ* sein muß. Das bedeutet, daß die Auswahl von Elementen aus der Gesamtmenge im Sinne der Statistik rein zufällig vorgenommen werden muß. Weiterhin darf die Stichprobe im Verhältnis zur Grundgesamtheit nicht zu klein sein. Hervorzuheben sind folgende zwei *Charakteristiken einer Stichprobe:*

— Die Auswahl der Elemente aus der Grundgesamtheit muß nach Zufallsprinzipien erfolgen. Eine Zufallsauswahl liegt dann vor, wenn für jedes Element der Grundgesamtheit eine bestimmte, errechenbare Wahrscheinlichkeit existiert, in die Stichprobe aufgenommen zu werden.

— Da die Stichprobe nur einen Teil der Grundgesamtheit bildet, ist sie naturgemäß mit Fehlern behaftet. Dieser Fehlerbereich der Stichprobe muß exakt bestimmbar sein und sich in vorgegebenen Grenzen halten.

Techniken der Stichprobenauswahl

Nicht alle bei geographischen Untersuchungen angestellten Erhebungen und Meßreihen sind echte Stichproben im Sinne der Statistik (vgl. Abb. 6).

Bei einer Stichprobenerhebung möchte man eine Information über die Grundgesamtheit erhalten, d. h., die aus der Stichprobe errechneten Meßzahlen — wie Verhältniszahlen, Durchschnitte oder Streuungen — sollen Rückschlüsse auf die gleichen Größen der Grundgesamtheit zulassen. Man will beispielsweise aus einer Stichprobe der ländlichen Gemeinden eines Kreises etwas über den durchschnittlichen Bauzustand der Gebäude ermitteln oder aus der Untersuchung von Betrieben den Pendleranteil eines Industriezweiges und ähnliches feststellen.

Dieser Schluß von der Stichprobe auf die zugehörige höhere Einheit wird als *Repräsentationsschluß* oder Rückschluß, auch indirekter Schluß, bezeichnet. Die entgegengesetzte, weit seltener vorkommende Schlußweise von der Grundgesamtheit auf die Stichprobe heißt *Inklusionsschluß* oder direkter Schluß. Der Repräsentationsschluß wird, wie bereits erwähnt, durch sogenannte Schätzverfahren realisiert. Im folgenden sollen die Verfahren angegeben werden, nach denen Stichproben ausgewählt werden können.

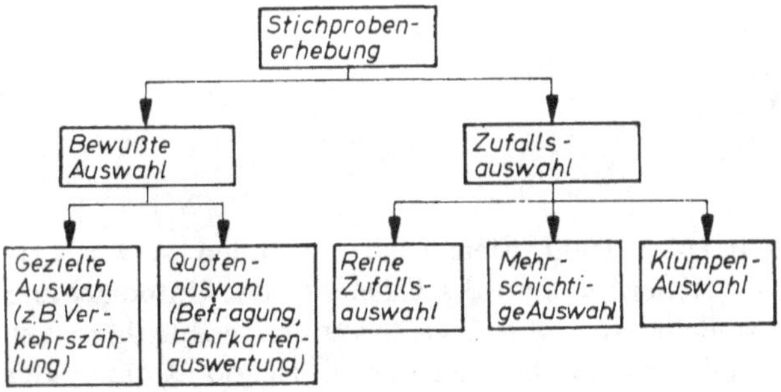

Abb. 6. Arten der Stichprobenerhebung

Die bewußte Auswahl

Häufig werden sog. *gezielte Erhebungen* angestellt. Sie sind zwar für bestimmte Fragestellungen sinnvoll und bringen gute Ergebnisse, genügen jedoch den statistischen Anforderungen nicht. Der Vollständigkeit halber sollen sie hier mit erwähnt werden, da ihnen in der geographischen Erhebungstechnik große Bedeutung zukommt. Bei einer Untersuchung des Verkehrsaufkommens, um ein Beispiel anzuführen, werden zu bestimmten Tageszeiten an ausgewählten Punkten des Straßennetzes einer Stadt Zählungen angestellt. Es ist offensichtlich, daß eine solche Auswahl nicht rein zufällig erfolgt, sondern der Untersucher geht auf Grund seiner Sachkenntnis und bestimmter Anforderungen, die er gezielt vorgibt, subjektiv vor. Damit sind aber die mathematisch-statistischen Rechenmethoden, die für echte Stichproben entwickelt wurden, mit ihren Kennziffern, wie Mittelwerten, Streuungsmaßen oder Korrelations- und Regressionskoeffizienten, nicht anwendbar.

Die reine Zufallsauswahl

Das am häufigsten angewendete Auswahlverfahren ist die *reine Zufallsauswahl*. Es bestehen mehrere Möglichkeiten, die Auswahl vorzunehmen, jedoch kommen nicht alle davon für geographische Untersuchungen in Frage. Beispielsweise ist das *Lotterieprinzip* kaum anwendbar. Dabei werden eine beliebige Anzahl von Elementen aus der Grundgesamtheit herausgegriffen. Wichtige Voraussetzung ist aber, daß die Grundgesamtheit gut durchmischt ist, damit das Herausziehen der Elemente wirklich zufällig erfolgen kann. Diese Bedingung ist bei geographischen Kollektiven nur selten erfüllt. Ebensowenig kommt eine Auswahl nach dem *Buchstaben- oder Termin- (Geburtstags-) Prinzip* in Frage. Hingegen ist gelegentlich die sog. systematische Zufallsauswahl von Bedeutung. Um z. B. die Gemeinden eines Bezirkes zu untersuchen, kreuzt man auf einer Liste jede zehnte an, um aus den 800 Gemeinden für die vorgesehene Stichprobe 80 Gemeinden zu erhalten.

Ferner ist für viele Zwecke die *Verwendung von Zufallszahlen* (random numbers) zu empfehlen. Die Anwendung ist verhältnismäßig einfach. Man benötigt dazu eine Zufallszahlentabelle, wie sie nachfolgend auszugsweise dargestellt worden ist. Sie läßt sich auch rasch auf einem Computer anfertigen.

Auszug aus einer vierstelligen Zufallszahlentabelle

2876	5729	4636	3434
8417	3675	3894	0226
3979	6433	5632	6838
3693	1816	6461	1160
8094	8259	1455	4224

Umfaßt das Untersuchungs-Kollektiv $N = 1000$ Elemente und sollen $n = 10$ als Stichprobe herausgegriffen werden, so numeriert man die Elemente der Untersuchung (etwa Gemeinden, Betriebe, Haushaltungen usw.) von 1 bis 1000 und wählt dann aus einer Spalte von Zufallszahlen drei Stellen aus, wobei gleichgültig ist, ob es die ersten oder letzten Ziffern sind. Dann schreibt man sich die entsprechenden Zahlen heraus und würde folgende erhalten, wenn man die letzten drei Ziffern der gegebenen Zufallszahlentabelle verwendet:

876, 417, 979, 693, 094, 729, 675 usw.

Danach können die entsprechend numerierten Gemeinden, Betriebe usw. in die Stichprobe einbezogen werden. Ist der Umfang der Grundgesamtheit nur $N = 700$, so sind alle Zufallszahlen oberhalb 700 wegzulassen. Im folgenden Beispiel lautet dann die Folge:

417, 693, 094, 675 usw.

Falls Zufallszahlen doppelt auftreten, was auf Grund der Bildungsbedingungen möglich ist, dürfen sie nur einmal gezählt werden. Das wichtigste Kriterium für jedes Element bei der reinen Zufallsauswahl ist darin zu sehen, daß es die *gleiche Wahrscheinlichkeit* hat, in die Stichprobe aufgenommen zu werden. Ein weiterer Vorteil ist die leichte Berechnung des Stichprobenfehlers, wie später noch gezeigt wird.

Die geschichtete Auswahl

Zeigt das zu untersuchende Merkmal zu starke Abweichungen vom Durchschnittswert (Variabilität), so ist es nicht ratsam, nach dem Zufallsprinzip auszuwählen, da dann die Stichprobe unter Umständen nicht mehr repräsentativ ist. Unter den Gemeinden eines Bezirks befinden sich beispielsweise eine Großstadt oder Ballungszentren. In einem solchen Falle muß man die Grundgesamtheit N in eine Anzahl einander nebengeordneter *Teilgesamtheiten* $N_1, N_2, \ldots, N_n$ aufgliedern. Die Siedlungen der DDR könnte man z. B. nach den 10 amtlichen Gemeindegrößengruppen gliedern, möglicherweise aber auch einige Gruppen unter sich zusammenfassen. Die so gewonnenen Teilgesamtheiten bezeichnet man als *Schichten.*

Aus jeder *Schicht* (Teilgesamtheit) werden nunmehr unabhängig voneinander, nach Zufallsprinzipien, die Elemente für die Stichprobe ermittelt. Dabei gilt die folgende Beziehung: ebenso wie sich die Grundgesamtheit N als Summe der Schichten ergibt,

$$\sum_{i=1}^{n} N_i = N_1 + N_2 + \ldots + N_n = N,$$

so erhält man den Umfang der Stichprobe aus

$$\sum_{i=1}^{n} n_i = n_1 + n_2 + \ldots + n_n = n.$$

Die Anzahl der Stichprobenelemente je Schicht muß im Verhältnis des Umfangs der betreffenden Schicht zum Gesamtkollektiv stehen, so daß sich die Anzahl der Stichprobenelemente der k-ten Schicht nach folgender Formel errechnen läßt:

$$n_k = \frac{N}{n} N_k \quad \text{für} \quad k = 1, \ldots, n.$$

Die ausgewählten Merkmale werden als *Schichtungsmerkmale* bezeichnet, zu denen Gemeindegrößen, Alter, Berufszugehörigkeit, Grundstücksgrößen und ähnliche gehören.

Mehrstufige Auswahlverfahren

Oftmals ist es schwierig, die Stichprobe auf direktem Wege aus der Grundgesamtheit zu entnehmen. Dies kann an der Art der Aufbereitung des Datenmaterials liegen, aber auch daran, daß sich die Daten auf ein räumlich zu ausgedehntes Gebiet beziehen, wie z. B. die Verteilung der Bevölkerung der DDR. Im genannten Falle wird man die Grundgesamtheit zunächst bezirksweise (1. Stufe) aufteilen. Aus der Teilauswahl der Bezirke werden anschließend durch Zufallsauswahl einige Landkreise (2. Stufe) herausgegriffen, aus denen in gleicher Weise eine bestimmte Anzahl Gemeinden (3. Stufe) ermittelt wird. Schließlich werden innerhalb der Gemeinden durch Zufallsauswahl die zu untersuchenden Elemente (Einwohner, Beschäftigte, Gebäude usw. = 4. Stufe) ausgewählt. So ergibt sich eine *vierstufige Auswahl* mit folgenden Stufen:

1. Stufe: Bezirksebene
2. Stufe: Kreisebene
3. Stufe: Gemeindeebene
4. Stufe: Untersuchungsmerkmal (Person, Sache).

Die mehrstufige Auswahl besteht aus ineinandergeschachtelten Teilgesamtheiten. Diese sind auf jeder Stufe untereinander homogen, von Stufe zu Stufe sind sie hingegen heterogen, d. h., hier können die Werte große Schwankungen (Variabilität) aufweisen.

Das Klumpenauswahlverfahren

Zu den mehrstufigen Auswahlverfahren gehört auch die Klumpenauswahl. Hier wird auf der letzten Stufe eine Vollerhebung unter Einbeziehung sämtlicher Elemente vorgenommen. Die auf der vorletzten Stufe festgelegten Auswahleinheiten werden als *Klumpen* bezeichnet. Das Verfahren wird immer dann verwendet, wenn derartige Klumpen bereits aus sachlichen Erwägungen heraus gegeben sind, wie etwa bei Gemeindeverbänden, Kombinaten, KAPs usw. Wichtig ist wiederum, daß die innerhalb der Klumpen auftretenden Wertestreuungen groß sind, während sie zwischen den Klumpen nicht weiter in Erscheinung treten. So darf z. B. das durchschnittliche Einkommen pro Haushalt zwischen den Gemeinden nicht sehr stark streuen, während innerhalb der Gemeinden sehr wohl hohe und niedrige Einkommen vorkommen können.

Die Quotenauswahl

Ein weiteres, sehr häufig bei geographischen Untersuchungen verwendetes „willkürliches" Stichprobenverfahren ist die *Quotenauswahl*. Für sozialökonomische Zwecke werden beispielsweise unter der Bevölkerung Befragungen angestellt. Da es in solchen Fällen unmöglich ist, eine Totalerhebung durchzuführen, gehen die Befrager dabei so vor, daß sie z. B. stadtteilweise je 20 Personen befragen oder daß sie in Warenhäusern eine Anzahl Käufer ansprechen oder auf Bahnhöfen eine bestimmte Anzahl Fahrkarten bzw. alle eines bestimmten Tages auswerten. Wie leicht zu erkennen ist, liegt in keinem der angeführten Fälle eine echte Zufallsauswahl vor. Dem Untersucher bleibt es immer überlassen, aus welchen Elementen er seine Stichprobe zusammenstellen will. Eine solche freizügige Auswahl gibt jedoch für eine repräsentative Stichprobe keine Gewähr. Daher sollte man derartige „*Auswahlverfahren nach Gutdünken*" nur dann anwenden, wenn aus zwingenden Gründen die exakteren Methoden nicht anwendbar oder zu aufwendig sind (vgl. Abb. 6).

2.5. Charakteristik der wichtigsten Datenträger

2.5.1. Allgemeiner Überblick

Zum Abschluß der Betrachtung über die Erfassung der Daten soll überblicksweise noch auf die wesentlichen Datenträger eingegangen werden. *Datenträger* dienen zum Festhalten der Daten für die weitere Bearbeitung und Auswertung. Man gliedert:

Datenträger

Primärdatenträger	Sekundärdatenträger
— handschriftlicher Beleg	— Lochkarte
— Fragebogen	— Lochstreifen (auch -band)
— Beobachtungsprotokoll	— Magnetband
— Produktionsnachweis	— Magnetplatte
— Zählliste	

Zu den *Primärdatenträgern* gehören überwiegend *nicht-maschinenlesbare Datenträger*. Sie erfassen manuell, d. h. handschriftlich oder mit Schreibmaschine, die im Verlauf einer Erhebung oder einer Beobachtungsreihe — statistischer Versuche im weitesten

Sinne — anfallenden Werte. Derartige Daten werden auch als Original- oder Urdaten bezeichnet. Die Form und die Art der Anordnung sind bei Primärdatenträgern im allgemeinen nicht genormt. Die weitere Aufbereitung muß von Hand vorgenommen werden. Über die Verwendung von Tabellen und genormten Vordrucken wird an späterer Stelle noch zu sprechen sein (Kap. 3).

Für die EDVA (elektronische Datenverarbeitungsanlagen) sind die zweite Art der Datenträger, die *Sekundärdatenträger*, wichtig. Sie enthalten die Daten in *maschinenlesbarer Form*, den sog. *EDV-Belegen.*

2.5.2. *EDV-Belege als Datenträger — Lochkarte, Lochstreifen, Magnetband*

Im folgenden sollen aus der Sicht der Rechentechnik einige grundlegende Bemerkungen zu diesen Problemen gemacht werden. Für die *Dateneingabe* bestehen zwei Möglichkeiten. Man kann die Daten *direkt in den Rechner* eingeben oder die einzugebenden Werte zuerst *auf* einem *maschinenlesbaren Datenträger zwischenspeichern* und von diesem dann dem Rechner übermitteln. Obwohl die erste Variante dem ersten Anschein nach besser zu sein scheint, da hier die Herstellung von maschinenlesbaren Datenträgern entfällt, läßt sie sich an Großrechnern kaum durchführen. Das liegt darin begründet, daß die Geschwindigkeit, mit der die Daten im Rechner verarbeitet werden, wesentlich höher ist als die, mit der dieselben eingegeben werden können. Die Rechenkapazität würde bei einem solchen Vorgehen nur ungenügend genutzt, und die Arbeitsweise wäre höchst uneffektiv. Die *Methode der direkten Eingabe der Daten* über die Tastatur des Rechners wird vor allem *bei Kleinrechnern* angewendet, wenn die Daten nur für eine einzige Berechnung benötigt werden oder parallel zur Rechnung ein maschinenlesbarer Datenträger erstellt wird (Lochstreifen oder Magnetband).

In den meisten Fällen ist man jedoch gezwungen, die Daten zuerst in eine maschinenlesbare Form zu bringen. *Maschinenlesbare Datenträger* sind die *Lochkarte*, der *Lochstreifen* (auch *Lochband*), *Magnetplatten* und *Magnetbänder*. Diese zeichnen sich dadurch aus, daß die Dateneingabe sehr schnell erfolgt.

Vergleich der Eigenschaften der 3 bekanntesten EDV-Sekundärdatenträger

	Lochkarte	Lochband	Magnetband
Maximale Speicherkapazität	80 Zeichen je Karte	100 Zeichen je Zoll	200, 556 oder 800 Zeichen je Zoll
Maximale Eingabegeschwindigkeit in den Rechner pro Sekunde	1333 Zeichen	1500 Zeichen	60000 Zeichen
Löschbarkeit	nicht löschbar	nicht löschbar	löschbar

Für die Dateneingabe werden Lochstreifen oder Lochkarte und in zunehmendem Maße Magnetbänder verwendet. Eine prinzipiell andere Möglichkeit der Dateneingabe bietet sich bei der Verwendung von Datenträgern, die sowohl vom Rechner als auch vom Anwender direkt gelesen werden können: *Markierungsbelege, Klarschriftleser.* Da dafür im allgemeinen ein erheblicher Mehraufwand auf gerätetechnischer Seite

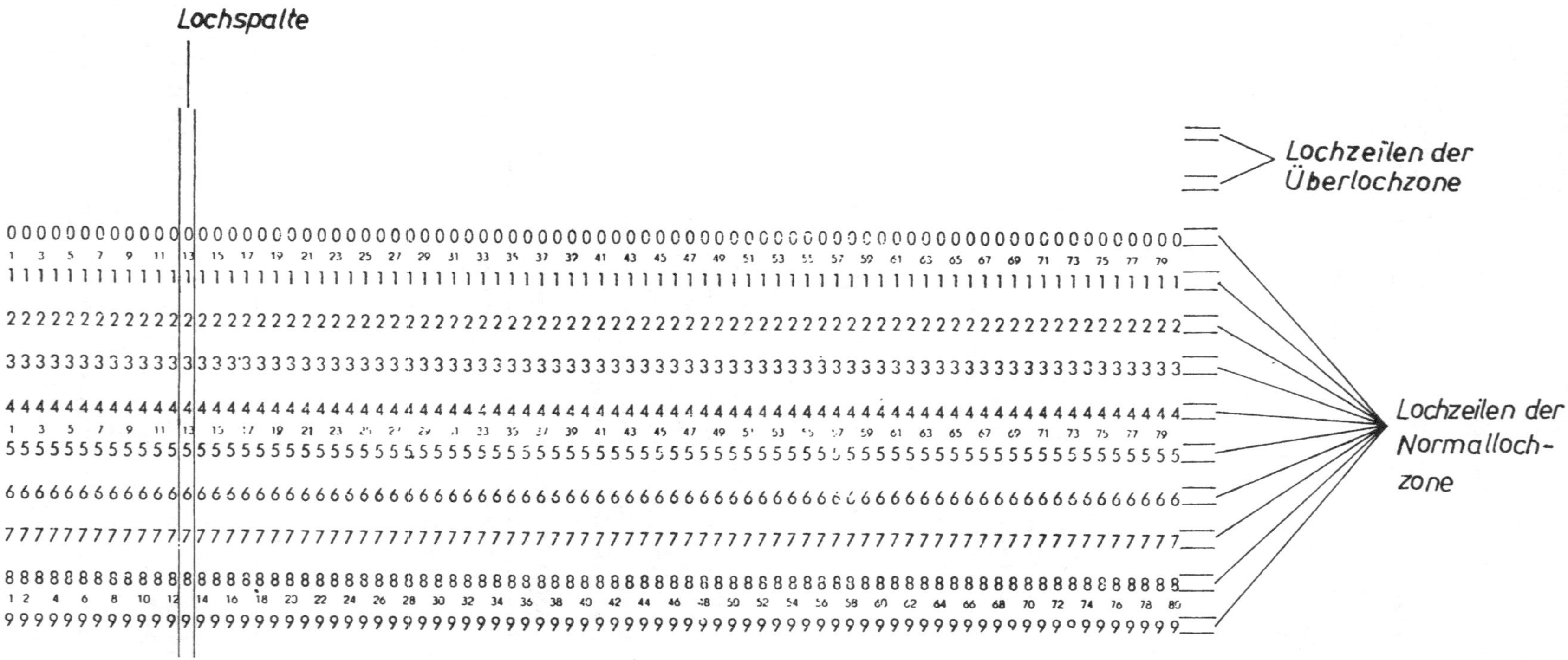

Abb. 7. Aufbau einer 80spaltigen Lochkarte

notwendig ist, läßt sich diese Form der Dateneingabe nicht in großem Umfang realisieren. Auch ist die Entwicklung auf diesem Gebiet noch längst nicht abgeschlossen.

Die *Wahl des Eingabedatenträgers* wird im allgemeinen vom verwendeten Programm bestimmt, so daß der Nutzer darauf wenig Einfluß nehmen kann. Für ihn ist die Art des maschinenlesbaren Datenträgers aber dennoch wichtig, da davon die Form, in der die Ausgangsdaten vorliegen müssen, bestimmt wird. Um das näher erläutern zu können, muß man auf den Aufbau des jeweiligen Datenträgers eingehen, was im folgenden für Lochkarte und Lochstreifen geschehen soll.

Eine *Lochkarte* (Abb. 7) besteht aus einem Stück Spezialkarton mit festen Abmessungen, auf dem in 80 Spalten jeweils die Ziffern 0 („Ø") bis 9 in je einer von zehn Zeilen aufgedruckt sind (*Normallochzone*). Darüber ist Platz für zwei weitere Lochzeilen (*Überlochzone*) vorhanden. In jeder Spalte kann genau *ein Zeichen* (Ziffer, Buchstabe, Sonderzeichen) verschlüsselt werden. Das geschieht bei *Ziffern* dadurch, daß in der betrachteten Spalte in der Zeile, die dieser Ziffer entspricht, eine Lochung erfolgt.

Die Darstellung von *Buchstaben* und *Sonderzeichen* (z. B. Punkt, Komma, Plus, Minus usw.) ist abhängig vom jeweiligen Lochkartencode und wird so realisiert, daß in einer Spalte zwei oder drei Lochungen angebracht werden. Dabei können auch die Zeilen in der Überlochzone eine Lochung erhalten. Die Lochungen werden im allgemeinen mit einem Motorlocher in die entsprechende Spalte gestanzt, wobei bei einigen gleichzeitig am oberen Kartenrand das in der betreffenden Spalte codierte Zeichen geschrieben wird (Schreiblocher). Dadurch ist es möglich, die gelochte Information auch visuell leicht zu erkennen.

Sollen auf einer Lochkarte bestimmte Informationen gespeichert werden, so muß man sich die Karte in entsprechende Bereiche einteilen, in denen dann die Werte von bestimmten Merkmalen gelocht oder alphanumerische Informationen (z. B. Namen von Objekten) codiert werden.

Das soll im folgenden an einem *Beispiel*, einer gewissen *Zahl von Meßstellen*, erläutert werden, für das nachstehende Angaben vorhanden sind:

- Name des Meßpunktes,
- Nummer des Meßpunktes (z. B. laufende Nummer),
- Koordinaten des Standortes (Hoch- und Rechtswert der GAUSS-Normalverteilung),
- Höhe über NN (in m),
- Lage (Neigungswinkel und -richtung),
- monatliche Meßwerte (für 5 Jahre),
- mittlere Temperatur,
- Niederschlagssumme,
- für 8 Windrichtungen (N, NO, O, SO, S, SW, W, NW) den Anteil am gesamten Wind in % und die durchschnittliche Windstärke in m/s,
- Monatssumme der Staubsedimentation,
- mittlerer SO_2-Gehalt der Luft.

Alle diese Daten kann man nicht auf einer Lochkarte unterbringen. Man müßte für jeden Meßpunkt — entsprechend Abb. 7 — folgende Karten (vgl. Tab. 3) herstellen, um alle Informationen speichern zu können:

Alle Karten, die zu einem Meßpunkt gehören, besitzen in den Spalten 1—4 die gleiche Lochung (Nummer des Meßpunktes). Die Spalten 5—9 dienen zur Unterscheidung der Karten, die zum gleichen Standort gehören. Dabei ist in den Spalten 5—8 der Monat verschlüsselt, und die Spalte 9 dient zur Unterscheidung der beiden Karten,

Tabelle 3. Beispiel für den inhaltlichen Aufbau von Lochkarten zur rechentechnischen Erfassung von Meßwerten

Lochkarte	Spalten (max. 80)	Merkmale
1.		*Charakterisierung des Meßpunktes*
	1–4	Nummer des Meßpunktes
	5–9	'00000' bzw. keine Lochung
	10–30	Name oder Beschreibung des Meßpunktes
	31–40	Hochwert } der GAUSS-KRÜGER-Koordinaten
	41–50	Rechtswert } der GAUSS-KRÜGER-Koordinaten
	51–60	Höhe über NN in Metern
	61–70	Neigungswinkel
	71–80	Neigungsrichtung: 0 := keine Neigung 1 := Nord (N) 2 := Nordost (NE) 3 := Ost (E) ⋮ 8 := Nordwest (NW)
2.		*Monatlich erhobene Meßwerte*
	1–4	Nummer des Meßpunktes
	5–8	Monat (z. B. 0365 := März 1965)
	9	'1' =: 1. Meßwertkarte 'Windverhältnisse'
	10–13	Anteil aus Windrichtung N
	14–17	Anteil aus Windrichtung NE
	18–21	Anteil aus Windrichtung E
	⋮	⋮
	38–41	Anteil aus Windrichtung NW
	42–45	mittlere Windstärke aus N
	46–49	mittlere Windstärke aus NE
	50–53	mittlere Windstärke aus E
	⋮	⋮
	70–73	mittlere Windstärke aus NW
3.		*Monatlich erhobene Meßwerte* (Forts.)
	1–4	Nummer des Meßpunktes
	5–8	Monat (vgl. 2. Karte)
	9	'2' := 2. Meßwertkarte '...'
	10–19	mittlere Temperatur
	20–29	Niederschlagssumme
	50–59	Staubsedimentationswert
	71–80	SO_2-Wert

die zu jedem Monat gehören. Die Karte, auf der sich die konstanten Angaben (Name, Koordinaten usw.) für jeden Meßpunkt befinden, besitzt in diesen Spalten die Lochung „00000". Die Belegung der ersten neun Spalten aller Lochkarten ermöglicht es, jede Karte eindeutig zu identifizieren, d. h., man kann aus der Kenntnis dieser Zahlen feststellen, welche Werte für welchen Meßpunkt auf dieser Karte gelocht sind. Die Lochungen (Spalte 1—9) können außerdem dazu benutzt werden, die Lochkarten nach verschiedenen Gesichtspunkten anzuordnen.

Es können beispielsweise alle Karten mit Angaben zu den Standorten (Name, Koordinaten usw.) aussortiert und so angeordnet werden, daß sie nach Meßpunktnummern in aufsteigender Folge sortiert vorliegen. Um solche und ähnliche Möglichkeiten zu schaffen, kann man die ersten Spalten der Lochkarten natürlich auch nach anderen Gesichtspunkten mit Werten belegen und dadurch eventuell mit weniger als neun Spalten auskommen. Wenn die Reihenfolge der Lochkarten nicht interessiert, kann man auf derartige Kennzeichnungen der Karten verzichten. Die Aufteilung der Lochkarten sollte so realisiert werden, daß man mit möglichst wenig Karten auskommt, um eine minimale Eingabezeit zu erreichen.

Um eine dem Kartenschlüssel entsprechende Darstellung der Daten auf den Lochkarten zu garantieren, ist es notwendig, die Ausgangsdaten in spezielle Formulare einzutragen und zum Lochen zu geben. Diese Formulare besitzen wie die Lochkarten 80 Spalten. Die Zeilenzahl liegt im allgemeinen zwischen 20 und 25. Die Daten werden zeilenweise dem Lochkartenschlüssel entsprechend in die jeweiligen Spalten eingetragen. Der Inhalt einer Zeile kann gerade auf einer Lochkarte untergebracht werden. Neben ihrer Verwendung als maschinenlesbarer Datenträger zur Eingabe von Daten in den Rechner wird die Lochkarte auch zum Sortieren nach bestimmten Merkmalen genutzt.

Der *Lochstreifen* bietet eine weitere Möglichkeit zur Speicherung von Daten auf maschinenlesbaren Datenträgern. Hierbei dient ein bis zu 300 m langer Streifen aus Spezialpapier mit fest vorgegebener Breite als Speichermedium. Dieser Streifen wird in sog. *Kanäle* unterteilt, die parallel zur Längsrichtung verlaufen. Je nach Anzahl unterscheidet man 5-, 6-, 7- und 8-Kanal-Streifen. Dabei sind die mit 5 oder 8 Kanälen die gebräuchlichsten. Im allgemeinen besitzen Lochstreifen eine Transportlochung, die zwischen zwei Kanälen verläuft, wie Abb. 8 zeigt. Die Speicherung von Informationen auf dem Lochstreifen wird dadurch realisiert, daß in sogenannten Spalten je Kanal eine Lochung angebracht wird oder nicht. Dabei ist für jedes darstellbare Zeichen genau eine Lochkombination reserviert. Diese Darstellung ist von der Kanalzahl des Lochstreifens und dem verwendeten Lochstreifencode abhängig. Abb. 8 zeigt einen 8-Kanal-Lochstreifen. Bei der Dateneingabe in Großrechner ist es heute im allgemeinen nicht notwendig, einen ganz bestimmten Lochstreifencode zu verwenden, da die meisten Geräte die wahlweise Benutzung eines beliebigen Codes erlauben.

Die einzelnen *Merkmalswerte* werden auf dem Lochstreifen nacheinander abgelocht. *Jeder Wert* wird *als ein Wort bezeichnet* und vom darauffolgenden *durch* eine *Wortmarke getrennt*. Mehrere Wörter, die eine logische Einheit bilden, können zu Sätzen zusammengefaßt werden. Ganz analog bildet man aus Sätzen Gruppen, aus Gruppen Blöcke und aus Blöcken Dateien. Jede Einheit wird dabei durch die entsprechende Marke abgeschlossen, d. h., nach jedem Wort steht eine Wortmarke, nach jedem Satz eine Satzmarke usw. Der Aufbau und die Benutzung der entsprechenden Marken soll an dem oben verwendeten Beispiel demonstriert werden.

Ein Meßpunkt bildet eine Gruppe, die aus 61 Sätzen besteht. Der erste Satz jeder Gruppe enthält die charakteristischen Merkmale des Standortes (Nummer, Name, Koordinaten, Höhe über NN, Neigung); die folgenden Sätze haben alle den gleichen Aufbau. Pro Satz sind die für einen Monat ermittelten Werte enthalten. Der nachstehende Aufbau betont die zeitliche Struktur der

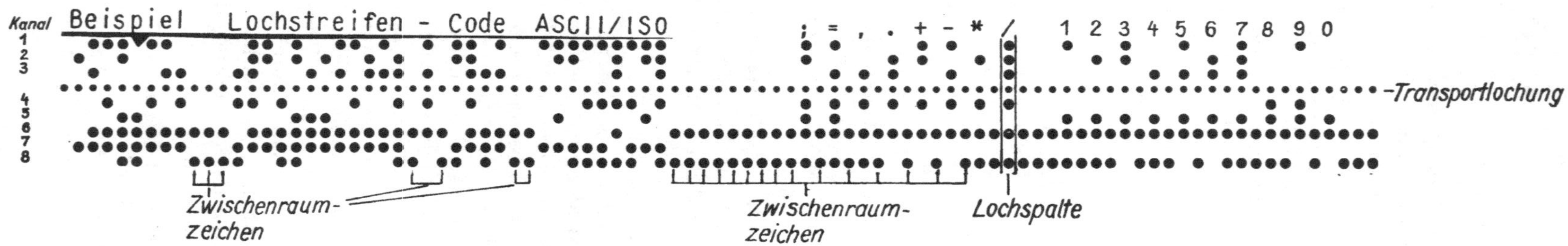

Abb. 8. Beispiel eines Lochstreifens mit ASCII/ISO-Code

Tabelle 4. Beispiel für den inhaltlichen Aufbau eines Lochstreifens zur rechentechnischen Erfassung von Meßwerten

Räumliche Gliederung	Zeitliche Gliederung	Merkmale
Gruppe 1	**Satz 1**	Nr. des 1. Meßpunktes
1. Meßpunkt	zeitneutrale Charakteristik des Meßpunktes	Name des 1. Meßpunktes
		Hochwert } der GAUSS-KRÜGER-Koordinate
		Rechtswert } der GAUSS-KRÜGER-Koordinate
		Höhe über NN in m
		Neigungswinkel
		Neigungsrichtung
	———	Satzmarke
	Satz 2	Nr. des 1. Monats
	Meßwertvektor des 1. Monats	mittlere Temperatur
		Niederschlag
		Staubsedimentationswert
		SO_2-Wert
		Windanteil aus Nord (N)
		Windanteil aus Nordost (NE)
		⋮
		Windanteil aus Nordwest (NW)
		mittlere Windstärke aus N
		mittlere Windstärke aus NE
		⋮
		mittlere Windstärke aus NW
	———	Satzmarke
	Satz 3	Nr. des 2. Monats
		⋮
	———	Satzmarke
	⋮	
	———	Satzmarke
	Satz 61	Nr. des 60. Monats
		⋮
———	———	Gruppenmarke
Gruppe 2		
2. Meßpunkt		
⋮		

Meßwerte stärker. Jeder Meßpunkt bildet einen Block, der sich aus 6 Gruppen aufbaut. Die 1. Gruppe jedes Blockes besteht aus einem Satz, der wieder die charakteristischen Merkmale des Standortes (je ein Wort) enthält. Die übrigen 5 Gruppen jedes Blockes, die jeweils einem Jahr entsprechen, bestehen aus je 12 Sätzen, die dann als Worte die Ergebnisse der monatlichen Messung enthalten, wie die Zusammenstellung in Tab. 4 zeigt.

Jeder in Klammern eingefaßte Wert entspricht einem Wort und muß durch eine Wortmarke abgeschlossen werden; jeder Satz muß durch eine Satzmarke und die gesamte Gruppe durch eine Gruppenmarke beendet werden. Die Gruppen für weitere Meßpunkte schließen sich mit gleichem Aufbau an.

Die gewählte Struktur wird hauptsächlich von der Art der weiteren Verarbeitung der Daten bestimmt. Eine wesentliche Erleichterung für den Nutzer besteht darin, daß es für die Herstellung von Lochstreifen im allgemeinen nicht notwendig ist, spezielle Datenlisten auszufüllen. Eine gut gegliederte Tabelle (Matrix), aus der der Aufbau (Struktur) des zu erstellenden Lochstreifens eindeutig hervorgeht, genügt meist als Beleg zur Herstellung eines Lochstreifens.

Abschließend sollen die *Vor- und Nachteile der Lochkarte und des Lochstreifens* gegenübergestellt werden.

Der entscheidende *Vorteil*, den die *Lochkarte* gegenüber dem Lochstreifen bietet, besteht darin, daß sich Lochkarten *sortieren und mischen* lassen. Dadurch ist es möglich, immer nur diejenigen Karten einzulegen, deren Werte gerade benötigt werden. Dieser Vorteil ist *vor allem bei kleineren Rechnern* von Bedeutung, da auf diese Weise Rechenzeit eingespart werden kann. Bei modernen Großrechnern ist dieser Vorteil der Lochkarte nicht mehr von so großer Bedeutung, da hier nach einmal erfolgter Dateneingabe und Zwischenspeicherung der Werte auf Magnetband oder -platte ebenfalls diese Möglichkeit besteht. Den Vorteil der Sortiermöglichkeit der Lochkarten muß man sich jedoch mit einem Verlust von Lochspalten erkaufen, die nicht zur Speicherung der eigentlich interessierenden Daten genutzt werden können (vgl. im Beispiel zur Lochkarte die Belegung der Spalten 1—9, insbesondere Spalten 1—4 mit der Meßpunktnummer, die auf jeder Lochkarte erscheint).

Beim *Lochstreifen* ist diese ständige Wiederholung von konstanten Werten, die nur einmal benötigt werden, nicht erforderlich. Hier werden alle Werte, die z. B. für eine vollständige Gruppe gelten, nur an einer Stelle abgelocht (vgl. die Meßpunktnummer, die im Beispiel für jeden Meßpunkt nur einmal erscheint, und zwar stets als erstes Wort im ersten Satz).

Bei der Verwendung von *Lochkarten* ist man stets an die konstante Zahl von maximal 80 Zeichen pro Satz gebunden. Kann man die Werte, die auf Grund der Datenstruktur eigentlich einen Satz bilden müßten, nicht auf einer Karte unterbringen, so ist man gezwungen, eine oder mehrere Nachfolgekarten zu benutzen, die zu sehr umfangreichen Kartenstapeln führen.

Beim *Lochstreifen* besteht diese Schwierigkeit nicht, da sich ein Satz hier aus einer beliebigen Zahl von Wörtern aufbauen kann. Dadurch, daß die Daten beim Lochstreifen ohne Zwischenraum hintereinander stehen, wird eine *größere Datenmenge auf gleichem Raum gespeichert*. Dieser Umstand ist besonders dann zu beachten, wenn die Datenträger über größere Strecken transportiert werden müssen.

Ein *Nachteil*, der beiden beschriebenen Datenträgern eigen ist, besteht in der umständlichen Art, *Fehler zu korrigieren*. Sind diese erst einmal gelocht, so kann man die gelochten Werte nicht mehr ändern. Fehlerhaft gelochte Datenträger müssen entweder neu erstellt oder durch zusätzliche Dateneingaben (Nachsatz) korrigiert werden.

Neben Lochkarte und Lochstreifen hat das *Magnetband* immer mehr an Bedeutung gewonnen. Es wird meist mit 8 Kanälen codiert, wobei der achte Kanal als sog. Taktspur dient. Die Zeichen werden durch Kombinationen von magnetisierten und nicht magnetisierten Stellen analog den Lochungen auf den beiden behandelten Datenträgern dargestellt. Gegenüber Lochkarte und Lochstreifen bietet das Magnetband folgende *Vorteile:*

- eine wesentlich größere Speicherkapazität;
- eine raschere Lesegeschwindigkeit;
- wiederholte Verwendbarkeit, da es löschbar ist.

So erweist sich der Magnetbandbetrieb auch als billiger, zumal neuerdings auf vielen Kleinrechnern auch die üblichen Tonbandkassetten verwendet werden können.

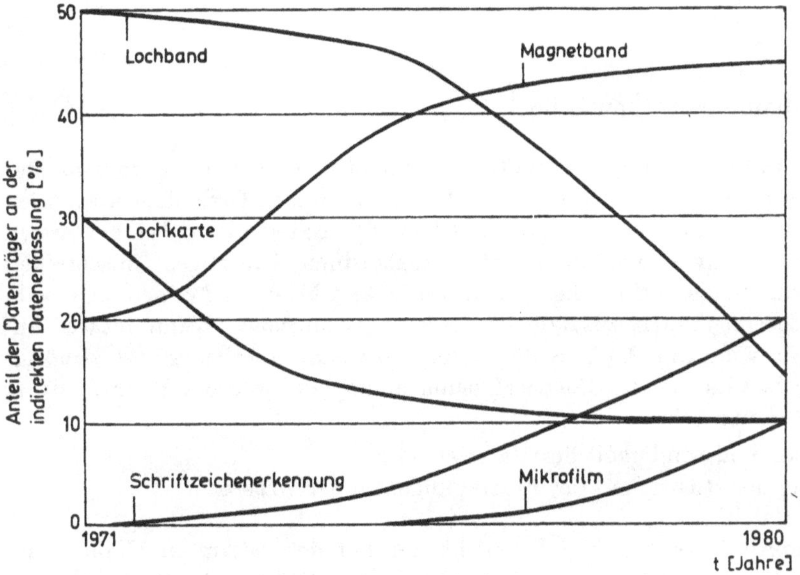

Abb. 9. Perspektive der EDV-Datenträger
Quelle: „Datenerfassung im System der EDV, Berlin 1971, S. 155

Aus einer Einschätzung über die Entwicklung der EDV-Datenträger aus dem Jahre 1970 (Abb. 9) geht hervor, daß man seinerzeit damit rechnete, daß sowohl die Lochkarte als auch der Lochstreifen durch das Magnetband allmählich verdrängt und die neuen EDV-Datenträger, wie z. B. der Mikrofilm, bereits gegen Ende des Jahrzehnts eine bedeutende Rolle spielen würden. Die tatsächliche Entwicklung ist anders gelaufen. Zwar hat das Magnetband als idealer EDV-Sekundärspeicher beträchtlich an Einfluß gewonnen, doch gibt es viele Anwendungsgebiete der Rechentechnik, auf denen nach wie vor die Lochkarte ihre Bedeutung hat. Auch der Lochstreifen wird noch vielfältig verwendet.

Die hier vorangestellten, sehr allgemeinen Bemerkungen sollen den Leser auf einige grundlegende Probleme aufmerksam machen, die sich bei der Herstellung von maschinenlesbaren Datenträgern ergeben, damit diese bereits bei der Sammlung und Zusammenstellung von Daten, die mit Hilfe der EDV ausgewertet werden sollen, Beachtung finden.

3. Die Aufbereitung der Daten

3.1. Zum Aufbau der Datentabelle

In der Regel ist die Datenerfassung und die Datenaufbereitung nicht streng voneinander zu trennen. Bereits beim Sammeln des Materials wird man sich Gedanken über seine weitere Verarbeitung machen und daher versuchen, die Daten gleich bei der ersten Aufnahme möglichst sinnvoll und übersichtlich anzuordnen. Unnötiges Umschreiben von Daten ist nicht nur zeitaufwendig und kostet Arbeitskraft, es können sich beim wiederholten Abschreiben auch zusätzliche Fehler einschleichen. Wenn maschinenlesbare Datenträger (vgl. Kap. 2.5.2., S. 59ff.) für die weiteren Arbeitsgänge benötigt werden, sollte das bereits bei der Datenerfassung eingeplant werden. Wichtig ist es ferner, in diesem Stadium schon

— die Kontrolle der Vollständigkeit des Materials und
— die Überprüfung der Richtigkeit der Eintragungen in der Urliste

vorzunehmen.

Diese *Vollständigkeit* bezieht sich dabei nicht nur auf den gesamten Umfang der Daten, sondern es ist darüber hinaus zu prüfen, ob zu jedem Objekt oder Beobachtungstermin auch alle geforderten Angaben eingetragen worden sind, beispielsweise zu jeder Gemeinde 29 Merkmalsvariable oder zur Tagesbeobachtung einer Klimastation 7 Klimaelemente mit je 3 Terminen, einschließlich Tagesmittel, Maximum, Minimum und Tagesschwankung.

Weit schwieriger und oft außerordentlich mühsam ist es, die Daten auf ihre *Richtigkeit* hin zu prüfen. Bei Produktions- und Bevölkerungszahlen wird man den Wert des Vor- und des Folgejahres zu Rate ziehen, bei meteorologischen und klimatologischen Beobachtungen benachbarte Stationen, wobei berücksichtigt werden muß, daß deren Lage der der Beobachtungsstation annähernd entspricht. Anormale Sprünge in den Werten sollten immer Anlaß zu einer Überprüfung sein.

Ganz allgemein wird unter Aufbereitung das *Ordnen und Verdichten der gesammelten Daten* verstanden, um sie für die weiteren Verarbeitungsschritte vorzubereiten. Die oei einer Untersuchung anfallenden Originaldaten sind in der Regel zunächst ungebrdnet.

Kleine Zahlenmengen von nur wenigen Daten lassen sich ohne weiteres in einen Textzusammenhang einfügen. Bei einer größeren Anzahl von Daten empfiehlt es sich, die Werte in Form einer *Tabelle* anzuordnen, die eine bessere Übersicht bietet. Daraus lassen sich zumeist bereits wichtige Schlüsse über die Struktur der zu untersuchenden Datenmenge ziehen.

Bei einer *Tabelle* (vgl. Abb. 10) sind zu unterscheiden:

— Überschrift (Nummer und Bezeichnung der Tabelle),
— Kopfleiste der Tabelle (Tabellenkopf),
— Vorspalte (am linken Rand),
— eigentlicher Zahlenteil.

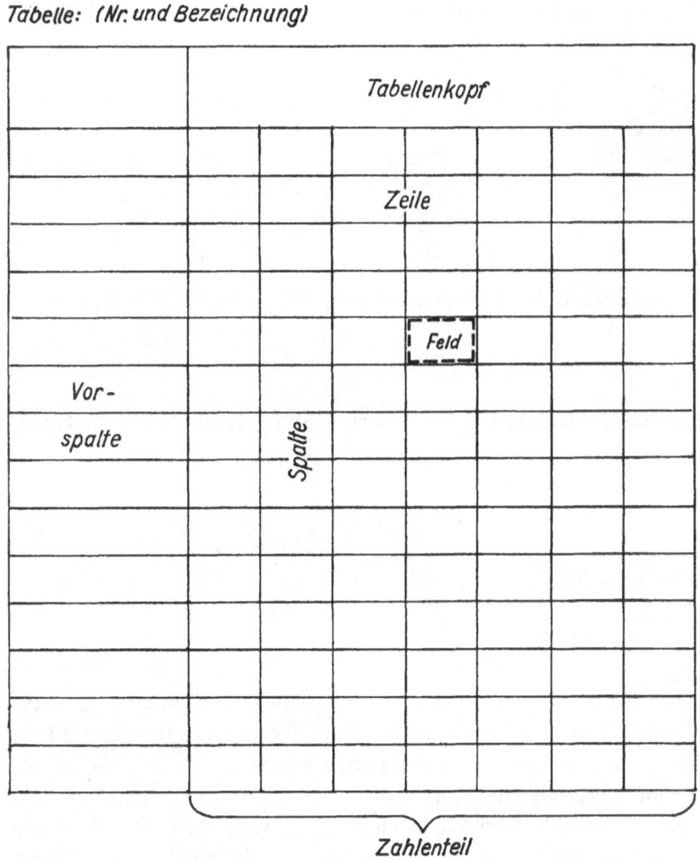

Abb. 10. Grundschema einer Tabelle

Die *Überschrift* einer Tabelle sollte außer der Kennzeichnung des sachlichen Inhaltes auch den Zeitpunkt bzw. die Zeitperiode der Erfassung sowie einen Orts- (Lokalitäts-) Hinweis enthalten, also z. B. „Die Beschäftigten im Bauwesen des Bezirks Leipzig nach der VBWGZ vom 1. 1. 1971" oder „Mittlere monatliche Abflußspenden der Werra im Zeitraum von 1950—1975, gemessen am Pegel X".

Tabellenkopf und *Vorspalte* dienen der inhaltlichen Kennzeichnung der Tabelle. Die Vorspalte charakterisiert die Meßgrößen (Variablen) der Zeilen, während im Tabellenkopf diejenigen Größen, die in den Spalten enthalten sind, Erläuterung finden. Beispielsweise werden die Zeilen der Vorspalte mit den Namen oder Kennziffern der untersuchten Objekte gefüllt, während im Tabellenkopf die zugehörigen Variablen (Merkmale bzw. Merkmalsausprägungen) erscheinen. Will man Beobachtungstermine kennzeichnen, so bringt man diese in der Regel im Tabellenkopf unter, während die zugehörigen Zeilen der Vorspalte die Objekte bzw. die Merkmale (z. B. Klimaelemente) enthalten.

Sämtliche quantitativen Angaben der Tabelle werden im *Zahlenteil* in dem entsprechenden *Feld* untergebracht. Der zahlenmäßige Inhalt einer Tabelle läßt sich auch als eine $n \cdot m$-*Matrix* A_{ij} auffassen. Wenn n die Anzahl der in der Vorspalte ausgewiesenen Objekte ist, dann bedeutet m die Anzahl der in den Spalten stehenden Merkmale, wobei der Laufindex i von 1 bis n und j von 1 bis m läuft.
So entsteht die Matrix

$$\boldsymbol{A}_{ij} = \begin{bmatrix} a_{11}\ a_{12} \ldots a_{1j} \ldots a_{1m} \\ a_{21}\ a_{22} \ldots a_{2j} \ldots a_{2m} \\ \cdots\cdots\cdots\cdots\cdots \\ a_{i1}\ a_{i2} \ldots a_{ij} \ldots a_{im} \\ \cdots\cdots\cdots\cdots\cdots \\ a_{n1}\ a_{n2} \ldots a_{nj} \ldots a_{nm} \end{bmatrix}. \tag{1}$$

Hierin lassen sich die sämtlichen Merkmale eines bestimmten Objektes i als Zeilenvektor darstellen:

$$\boldsymbol{a}_{ij} = (a_{i1}, a_{i2}, \ldots, a_{ij}, \cdots, a_{im}) \qquad \text{für} \qquad i = 1, \ldots, n. \tag{2}$$

Andererseits läßt sich z. B. das j-te Merkmal in seiner Ausprägung an sämtlichen n Objekten durch einen Spaltenvektor veranschaulichen:

$$\boldsymbol{a}_{ij} = \begin{Bmatrix} a_{1j} \\ a_{2j} \\ \vdots \\ a_{ij} \\ \vdots \\ a_{nj} \end{Bmatrix} \quad \text{für} \quad j = 1, \ldots, m.$$

Diese Vektoren lassen sich als Punkte in n- bzw. m-dimensionalen Räumen deuten. Geometrisch anschaulich läßt sich jedoch nur der Fall zweier Komponenten durch eine entsprechende „Punktwolke“ (Streuungs- oder Regressionsdiagramm) darstellen. Für den mehrdimensionalen Fall kann eine geometrische Darstellung nur über eine Überführung in eine zweidimensionale Abbildung verwirklicht werden. Dabei wird der n- bzw. m-dimensionale Raum auf verschiedene zweidimensionale Ebenen projiziert. Praktisch wird dies bei der multivariaten Statistik angewendet.

3.2. Zur Transformation von Meßwerten

Bevor Daten, die man aus Messungen oder Erhebungen erhalten hat, näher untersucht werden, ist es oft zweckmäßig, diese zu transformieren. Das kann aus den verschiedensten Gründen geschehen. Zum Beispiel ist eine Vereinheitlichung der Werte für die Aufstellung von Korrelationsmatrizen sinnvoll, wenn die Eingangsgrößen sehr große und sehr kleine Zahlen umfassen. Mittels Verwendung geeigneter Transformationsfunktionen kann man sich die zur Auswertung notwendige Rechen- und Interpretationsarbeit vereinfachen. Manche Verfahren lassen sich überhaupt erst dann sinnvoll anwenden, wenn die Ausgangsdaten einer bestimmten Transformation unterzogen wurden.

Im folgenden soll auf einige vielverwendete Transformationsvorschriften und deren Eigenschaften eingegangen werden. Es bezeichnen die Werte x_i $(1 \leqq i \leqq N)$ immer die ursprünglichen Daten, dagegen z_i $(1 \leqq i \leqq N)$ die transformierten Werte. Zwischen den ursprünglichen und den transformierten Werten besteht dabei die Beziehung

$$z_i = \varphi(x_i). \tag{1}$$

Von der Transformationsfunktion fordert man, daß sie wenigstens in dem Intervall, in dem alle Werte x_i liegen, eindeutig ist. Diese Voraussetzung sichert, daß jeder Wert x_i nur einem Wert z_i zugeordnet ist und daß zwei verschiedene Werte $x_i \neq x_j$ auch zwei verschiedenen Werten $z_i \neq z_j$ entsprechen.

Man kann *zwei Gruppen von Transformationsfunktionen* unterscheiden, die *linearen* und die *nichtlinearen*.

Lineare Transformationen

Alle linearen Transformationen lassen sich in der Form

$$z_i = \varphi(x_i) = a \cdot x_i + b \tag{2}$$

schreiben. Sie unterscheiden sich lediglich durch die Werte der Transformationskonstanten a und b. Die entscheidende Eigenschaft der linearen Transformationen besteht darin, daß zwischen den Abständen der transformierten Werte z_i die gleichen Relationen bestehen wie zwischen den Abständen der ursprünglichen Werte x_i, d. h., wenn z. B.

$$(x_1 - x_2) = 2(x_3 - x_4),$$

so ist auch

$$(z_1 - z_2) = 2(z_3 - z_4).$$

Diese Eigenschaft besitzen die nichtlinearen Transformationen nicht. Eine *lineare Transformation* kann man als *Änderung der Maßeinheit* interpretieren, wie sie z. B. beim Übergang von °C zu °F auftritt: $\frac{T}{°\mathrm{F}} = \frac{9}{5}\frac{T}{°\mathrm{C}} + 32$. Dabei kann es jedoch durchaus der Fall sein, daß den transformierten Werten keine Maßeinheit zuzuordnen ist. Man erhält dimensionslose Größen. Da lineare Transformationen meistens der Erlangung von Rechenvorteilen oder der Vergleichsvereinfachung dienen, ist dies als nützlich anzusehen.

Bei statistischen Untersuchungen haben lineare Umformungen den Vorteil, daß Stichprobenparameter der ursprünglichen Werte x_i durch die Transformation in die entsprechenden Parameter der transformierten Werte z_i übergehen. Das gilt z. B. für Mittelwerte, Quantile sowie Streuungen, und für deren Standardabweichungen ergibt sich $s_z = a \cdot s_x$. Die Schiefe und der Exzeß einer Zufallsgröße sowie der Korrelationskoeffizient bei bivariaten Daten bleiben bei linearen Transformationen unverändert. Lineare Transformationen ändern die Art der Verteilungsfunktion einer Zufallsgröße nicht.

Man kann also bei statistischen Untersuchungen die ursprünglichen Werte einer linearen Transformation unterziehen und alle Berechnungen mit den transformierten Werten durchführen. Die Ergebnisse können zum Teil sofort interpretiert werden (Schiefe, Exzeß, Korrelation), oder sie müssen vorher rücktransformiert werden (Mittelwert, Streuung, Quantile). Daß ein solches Vorgehen Rechenerleichterungen schaffen kann, erkennt man, wenn z. B. der Mittelwert von großen Zahlen, die sich jedoch nur in den Stellen nach dem Komma unterscheiden, gebildet werden soll. Da ist es beim manuellen Rechnen einfacher, nur mit den Stellen nach dem Komma zu rechnen und anschließend die konstante Zahl vor dem Komma wieder zu addieren. Dieses oder ein ähnliches Verfahren wird wohl jeder, der manuell mit Zahlen rechnet, sicher schon angewendet haben (z. B. in Form des provisorischen arithmetischen Mittels). Diesem Rechengang entspricht aber gerade eine lineare Transformation der ursprünglichen Werte mit den Konstanten $a = 1$ und $b = -$ (konstante Zahl vor dem Komma). Solche Rechenerleichterungen haben heute nicht mehr die Bedeutung wie zu der Zeit, als es noch keine Computer gab; jedoch bei Überschlagsrechnungen oder bei weniger umfangreichem Datenmaterial wird man doch darauf zurückgreifen.

Eine andere Anwendungsmöglichkeit von linearen Transformationen besteht darin, durch eine geeignete Umformung der Ausgangsdaten einen visuellen Vergleich mit anderen Größen zu erleichtern und einen Eindruck von der Verteilung der betrachteten Variablen zu erlangen. Dabei stellen sich meistens auch Vorteile bei der graphischen Darstellung der Werte ein. Darauf soll bei der Betrachtung von speziellen Transformationsformeln eingegangen werden. Unabhängig vom Zweck, der mit der Transformation verfolgt wird, bestimmt man die Transformationskonstanten a und b im allgemeinen in Abhängigkeit von den speziellen ursprünglichen Werten x_i.

Zu den linearen Transformationen, auf die hier eingegangen wird, gehören *Zentrierung*, *Normierung*, *Standardisierung* und *Transformation in das 0—1-Intervall.*

Zentrierung

In der mathematischen Statistik bezeichnet man eine Zufallsgröße als zentriert, wenn sie den Mittelwert 0 hat. Beliebige Werte x_i lassen sich durch die folgende Vorschrift zentrieren:

$$z_i = x_i - \bar{x}. \tag{3}$$

Dabei bezeichnet

$$\bar{x} = \frac{\sum_{i=1}^{N} x_i}{N} \tag{4}$$

den Mittelwert aller N Werte x_i.

Die transformierten Werte z_i haben die gleiche Maßeinheit wie die ursprünglichen Werte x_i. Eine Zentrierung kann man dann vornehmen, wenn man die Abweichungen vom Mittelwert für die Werte einer Meßreihe beurteilen oder mehrere parallele Meßreihen einer Meßgröße bezüglich der Abweichungen der einzelnen Meßergebnisse vom jeweiligen Mittelwert vergleichen will. Ein Beispiel dafür ist der Vergleich der Abweichung der Mittagstemperatur vom monatlichen Mittelwert der Mittagstemperatur von mehreren Stationen. Ein weiterer Vorteil besteht darin, daß die z_i im allgemeinen kleiner sind als die x_i.

Normierung

In der mathematischen Statistik wird eine Zufallsgröße als normiert bezeichnet, wenn deren Standardabweichung gleich eins ist. Für beliebige Werte x_i erreicht man durch folgende Transformation eine Normierung:

$$z_i = \frac{x_i}{s_x}. \tag{5}$$

Hier bezeichnet

$$s_x = \sqrt{\frac{1}{N-1}\sum_{i=1}^{N}(x_i - \bar{x})^2} \tag{6}$$

die Standardabweichung der Werte x_i ($\bar{x}$ = Mittelwert). Die transformierten Werte z_i sind dimensionslos, da die Standardabweichung s_x die gleiche Maßeinheit wie die x_i besitzt, so daß diese sich kürzen läßt. Man kann in Formel (5) den Nenner s_x auch durch einen anderen Wert ersetzen. In diesem Falle wird dann zwar die Streuung der Werte z_i im allgemeinen nicht gleich eins sein, aber man kann so einen anderen Wert auf eins abbilden. Es kann in bestimmten Fällen nützlich sein, s_x durch $\bar{x}$ oder $x_{\max} = \mathrm{Max}(x_1, x_2, \ldots, x_N)$, d. h. das Maximum aller x_i; $1 \leqq i \leqq N$, zu ersetzen und dadurch erreichen, daß $\bar{z}$ bzw. $z_{\max}$ gleich eins wird.

Die Normierung bietet sich vor allem dann an, wenn die ursprünglichen Werte x_i auf einer Verhältnisskala liegen, da dann die z_i ebenfalls verhältnisskaliert (vgl. Formel (2)) sind. Bei linearen Transformationen mit $b \neq 0$ (Formel (2)) werden aus verhältnisskalierten Ausgangsdaten x_i durch die Transformation intervallskalierte, d. h., es tritt ein Informationsverlust ein. Die Normierung verwendet man vor allem dann, wenn man sehr große und sehr kleine Werte x_i auf eine gewisse Einheitsgröße bringen will. Dadurch wird auch ein Vergleich von Meßwerten verschiedener Merkmale erleichtert, wie es z. B. bei Korrelationsmatrizen erforderlich ist.

Standardisierung

Wenn man gegebene Werte x_i sowohl zentriert als auch normiert (mit s_x), so bezeichnet man die daraus resultierenden Werte z_i als standardisiert. Die Transformationsvorschrift lautet dafür:

$$z_i = \frac{x_i - \bar{x}}{s_x} = \frac{1}{s_x} x_i - \frac{\bar{x}}{s_x}. \tag{7}$$

Die Werte für $\bar{x}$ und s_x werden dabei nach den Formeln (4) und (6) bestimmt. Die Werte z_i besitzen dann den Mittelwert $\bar{z} = 0$ und die Standardabweichung $s_z = 1$. Es sind dimensionslose Werte und geben an, wie stark jede Messung i bezüglich der Standardabweichung aller Messungen vom Mittelwert aller Werte abweicht. Besondere *Bedeutung* besitzt die Standardisierung *in der Wahrscheinlichkeitsrechnung und mathematischen Statistik,* insbesondere *im Zusammenhang mit der Normalverteilung.* Ein Vergleich von empirischen Verteilungen mit der Normalverteilung läßt sich mit standardisierten Werten leichter durchführen als mit anderen.

Für standardisierte Werte vereinfachen sich außerdem die Formeln für die Kovarianz und Korrelation zwischen zwei Meßreihen, da die Werte für $\bar{z}$ und s_z dann nicht berücksichtigt zu werden brauchen. Bei zwei oder mehreren Meßreihen kann man sich durch Vergleich der standardisierten Werte leicht einen Überblick über mögliche Zusammenhänge verschaffen.

Die standardisierten Werte z_i werden stets um den Nullpunkt liegen, wobei Zahlen, die größer als 10 sind, sehr selten auftreten. Dies gestaltet auch die Rechnungen recht übersichtlich.

Transformation in das 0—1-Intervall

Als letzte lineare Transformation soll hier die *0—1-Transformation* angeführt werden. Die Formel für diese hat die Form:

$$z_i = \frac{x_i - x_{\min}}{x_{\max} - x_{\min}} = \frac{1}{x_{\max} - x_{\min}} x_i - \frac{x_{\min}}{x_{\max} - x_{\min}}. \qquad (8)$$

Dabei bezeichnet $x_{\min}$ das Minimum und $x_{\max}$ das Maximum aller Werte x_i; die Differenz $(x_{\max} - x_{\min})$ entspricht der Variationsbreite (Spannweite). Die Werte z_i sind dimensionslos und liegen alle zwischen 0 und 1, wobei $x_{\min}$ auf 0 und $x_{\max}$ auf 1 abgebildet wird.

Diese Transformation kann man ebenfalls anwenden, wenn mehrere Merkmale mit verschiedenen Maßeinheiten und unterschiedlich großen Werten miteinander verglichen werden sollen. Die auf diese Weise transformierten Werte z_i für die verschiedenen Merkmale lassen sich auch graphisch in einer Zeichnung darstellen, wodurch ein visueller Vergleich der Verteilung der Werte jedes Merkmals ermöglicht wird. Im Gegensatz zur Standardisierung, wo alle Meßwerte x_i zur Bestimmung der Transformationskonstanten a und b (a und b gemäß Gleichung (2)) herangezogen werden, gehen bei der 0—1-Transformation nur das Minimum und das Maximum ein, wodurch sich hier einzelne sehr große oder sehr kleine Werte („Ausreißer") besonders stark bemerkbar machen können.

Nichtlineare Transformationen

Lineare Transformationen wird man vor allem dann anwenden, wenn man sich bei der manuellen Auswertung von Untersuchungen, wie bereits erwähnt, Rechen- und Interpretationserleichterungen verschaffen will. Sie beeinflussen die Art der Verteilungsfunktion von Zufallsgrößen nicht und haben demzufolge auch keinen Einfluß auf die Art und die Straffheit von Zusammenhängen, die zwischen mehreren Merkmalen bestehen. Das zeigt sich besonders daran, daß der Korrelationskoeffizient zwischen zwei Variablen durch lineare Transformationen nicht beeinflußt wird. Jedoch wird sich dieser ändern, wenn man eine oder auch beide Variablen einer nichtlinearen Transformation unterzieht. Hier liegt eines der hauptsächlichen Anwendungsgebiete für nichtlineare Transformationen. Man verwendet sie, wenn zwischen Variablen eine nichtlineare Abhängigkeit besteht und diese durch eine Regressionsgleichung beschrieben werden soll.

Eine andere Anwendungsmöglichkeit von nichtlinearen Transformationen, die an anderer Stelle beschrieben werden soll, besteht darin, daß durch solche Umformungen die Verteilungsfunktion von Zufallsgrößen verändert werden kann, beispielsweise für die Anpassung an eine Normalverteilung (vgl. Kap. 7.2.4., S. 222ff.).

Abschließend sollen einige häufig verwendete *nichtlineare Transformationsvorschriften* angeführt werden. Das geschieht hier nur, um einen Vergleich mit den linearen zu ermöglichen. Auf spezielle Eigenschaften und Voraussetzungen der einzelnen Vorschriften wird erst dort eingegangen, wo dieselben benötigt werden.

Abb. 11 enthält die oben beschriebenen linearen Transformationen sowie die folgenden *nichtlinearen Transformationen:*

— *Logarithmusfunktion*

$$z_i = \log_c x_i \tag{9}$$

(speziell der natürliche Logarithmus ln mit $c = \mathrm{e} = 2{,}718\ldots$)

— *Exponentialfunktion*

$$z_i = c^{x_i} \tag{10}$$

(speziell wieder mit $c = \mathrm{e}$)

— *Potenzfunktion*

$$z_i = (x_i)^r \tag{11}$$

(speziell für $r = 2$ (quadratische Funktion) und $r = 1/2$ (Wurzelfunktion); allgemein ist r eine rationale Zahl mit $r \neq 0$).

Die Exponentialfunktion stellt die Umkehrfunktion des Logarithmus (bei gleicher Basis c) dar. Die Umkehrfunktion zur Potenzfunktion mit dem Exponenten r ist wieder eine Potenzfunktion, und zwar mit dem Exponenten $1/r$. Die Kenntnis der Umkehrfunktionen ist von Bedeutung, wenn die Ergebnisse, die man für die transformierten Werte erhalten hat, für die ursprünglichen Werte interpretiert werden sollen.

In Abb. 11 wird die Wirkung der beschriebenen Transformationsvorschriften an fünf frei gewählten Werten demonstriert. Für jede der beschriebenen Transformationen sind die Werte der transformierten Ausgangsdaten angegeben. Zusätzlich wird die Lage der Werte zueinander auf einem Abschnitt der Zahlengeraden gezeigt. Die Skalierung ist dabei so gewählt, daß der kleinste und der größte Wert für alle Transformationen jeweils auf gleicher Höhe liegen. Dadurch ist leicht der grundlegende Unterschied zwischen linearen und nichtlinearen Transformationen zu erkennen. Während bei den linearen Transformationen auch die sich entsprechenden anderen Werte auf einer Höhe liegen, werden diese bei den nichtlinearen mehr oder weniger nach oben oder unten verschoben in bezug auf die Lage der ursprünglichen Werte.

Neben den Werten x_i sind auch deren Mittelwert $\bar{x}$ und Standardabweichung s_x entsprechend der jeweiligen Transformationsvorschrift abgeändert worden. Eine Transformation der Standardabweichung ist dabei nur bei linearen Transformationen sinnvoll.

Zum Vergleich mit diesen Werten wurden auch die Mittelwerte $\bar{z}$ und Standardabweichungen s_z für die transformierten Werte z_i berechnet. Man erkennt, daß bei den linearen Transformationen diese Werte mit den transformierten Werten von $\bar{x}$ und s_x übereinstimmen, während das bei den nichtlinearen Transformationen nicht zutrifft. Die geringen Abweichungen bei Vergleich der linearen Transformationen beruhen auf Rundungsfehlern. In der Abb. 11 sind die Werte $\bar{z}$ mit $\lhd$ und die Werte $\bar{x}$ mit $\rhd$ markiert.

Das Beispiel veranschaulicht die allgemeinen Eigenschaften von linearen und nichtlinearen Transformationen.

i	x_i	$x_i - \bar{x}$	x_i/s_x	$\frac{x_i - \bar{x}}{s_x}$	$\frac{x_i - x_{\min}}{x_{\max} - x_{\min}}$	$\ln x_i$	e^{x_i}	x_i^2	$\sqrt{x_i}$
1	1,26	−0,40	4,286	−1,361	0,000	0,231	3,525	1,588	1,122
2	1,49	−0,17	5,068	−0,578	0,303	0,399	4,437	2,220	1,221
3	1,71	0,05	5,816	0,170	0,592	0,536	5,529	2,924	1,308
4	1,82	0,16	6,190	0,544	0,736	0,599	6,172	3,312	1,349
5	2,02	0,36	6,871	1,224	1,000	0,703	7,538	4,080	1,421
$\bar{x}$	1.66	0,00	5,646	0,000	0,526	0,507	5,259	2,756	1,288
s_x	0,294	0,294	1,000	1,000	0,387	—	—	—	—
$\bar{z}$	—	0,000	5,646	−0,0002	0,526	0,4936	5,4402	2,8248	1,2842
s_z	—	0,294	1,001	1,0012	0,387	0,1835	1,5507	0,9641	0,1160

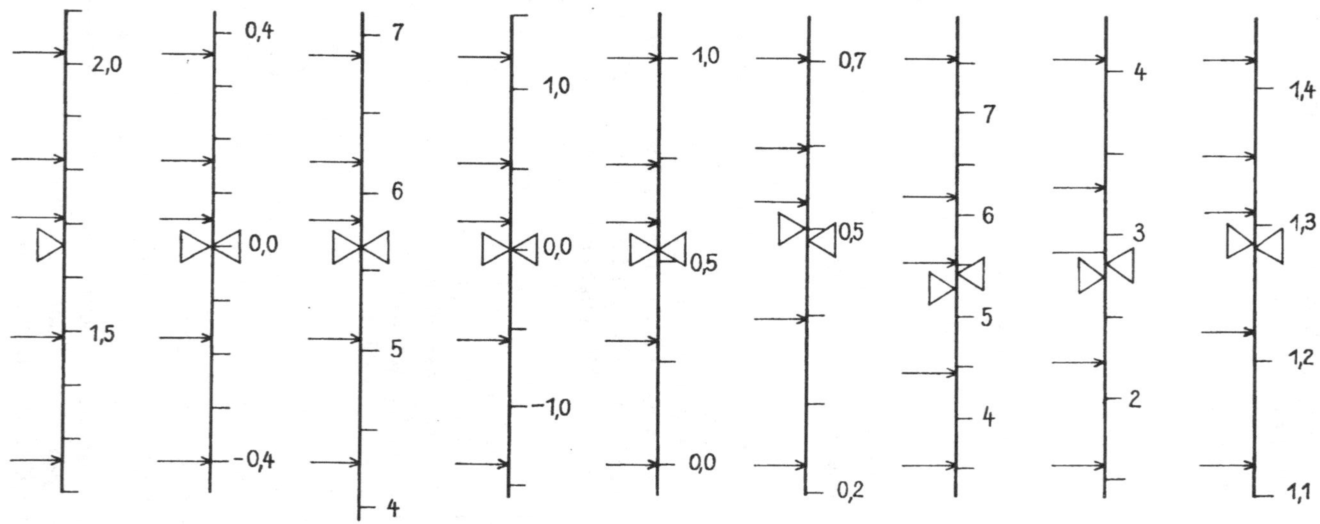

Abb. 11. Vergleich der verschiedenen Meßwerttransformationen

3.3. Von der Strichliste zur Gruppenbildung

3.3.1. Die Aufstellung einer Strichliste

Ehe die eigentliche Auswertung beginnen kann, ist es zur Erleichterung der weiteren Arbeit zumeist notwendig, das gesammelte Urmaterial nach bestimmten, durch die Problemstellung gegebenen Gesichtspunkten zu ordnen. Die zunächst ungeordneten Werte müssen in eine Reihenfolge gebracht oder zu Gruppen zusammengefaßt werden, um zugrunde liegende Ordnungen oder Gesetzmäßigkeiten der Verteilung erkennen zu können. Man geht im allgemeinen so vor, daß man die gegebenen Werte der Häufigkeit nach zu *repräsentativen Gruppen* oder *Größenklassen* vereinigt. Eine so gewonnene Tabelle läßt sich durch ein *Säulendiagramm*, ein sog. *Histogramm*, graphisch veranschaulichen (vgl. Kap. 4.2., S. 104ff.).

Die *Urbelege*, die in Form von Fragebogen, Erkundungsprotokollen, Meßwertreihen usw. als sog. *Urlisten* vorliegen, werden meist zunächst in *Strichlisten* übertragen. Diese einfachste Art der Auswertung erfolgt manuell. Man bereitet dafür Listen mit den untersuchten Merkmalen vor, wobei wiederum die grundlegenden Gesichtspunkte der Untersuchung zu beachten sind:

— Art und Ziel der Untersuchung,
— der zu bearbeitende Materialkomplex (Stichprobe),
— gezielte Auswahl der wesentlichen Merkmale und ihrer Ausprägungen,
— zeitliche und räumliche Einordnung der Untersuchung.

Auf Grund der in der Urliste enthaltenen Werte werden nun in der Strichliste hinter den entsprechenden Merkmalen Striche gesetzt. Durch anschließendes Auszählen dieser Striche gelangt man zu einer *empirischen Häufigkeitsverteilung*, die man in der Statistik auch als *primäre Verteilungstafel* bezeichnet.

Am *Beispiel* einer *Bewertung von stadtnahen Rekreationsgebieten* nach einer 10stufigen Skala soll das Vorgehen erläutert werden.

Urliste: *Bewertung von 70 Naherholungsgebieten nach den Qualitätsstufen 1 bis 10*

2	9	4	3	4	4	8	5	6	3
5	6	6	3	2	3	5	5	9	4
3	5	4	6	4	8	6	3	4	5
9	4	10	1	3	2	4	2	5	6
4	3	6	4	5	3	3	9	4	5
8	4	2	3	5	4	6	4	3	3
5	3	4	3	2	6	3	1	4	6

Man geht zunächst von einer Urliste aus, in der in der Reihenfolge des Anfallens die Stufenwerte für die 70 überprüften Objekte vorliegen.

Die *Strichliste* enthält in der Vorspalte die Bewertungsstufen, nach steigenden Werten von 1 bis 10 geordnet. Nunmehr werden aus der Urliste die Werte übertragen, indem man bei jedem Wert hinter der entsprechenden Stufe der Strichliste einen Strich setzt und diese Strichlichste anschließend für jede Bewertungsstufe zusammenzählt.

Strichliste oder primäre Verteilungstafel

Bewertungsstufen		absolute Häufigkeit
1	II	2
2	~~IIII~~ II	7
3	~~IIII~~ ~~IIII~~ ~~IIII~~	15
4	~~IIII~~ ~~IIII~~ ~~IIII~~ II	17
5	~~IIII~~ ~~IIII~~ II	12
6	~~IIII~~ IIII	9
7	—	—
8	III	3
9	IIII	4
10	I	1
		70

Während also die Urliste die bei der Untersuchung beobachteten Werte in willkürlicher Reihenfolge enthält, ist in der Strichliste bereits eine arithmetische Ordnung zu erkennen, und die so erhaltene primäre Verteilungstafel ist übersichtlicher als die Urliste.

3.3.2. Grundlagen der Klassenbildung

Eine primäre Verteilungstafel läßt, wie das gegebene Beispiel zeigt, bereits gewisse strukturelle Grundzüge der Verteilung der Elemente erkennen. Ist jedoch die verarbeitete Datenmenge umfangreicher und gleichzeitig die Streubreite zwischen höchstem und niedrigstem Wert größer, so bleibt das Ergebnis doch recht unübersichtlich. In diesem Falle wird die Darstellung dadurch verbessert, daß man mehrere aufeinanderfolgende Werte zu einer *Gruppe* oder *Klasse* zusammenfaßt; die dabei entstehende Tabelle wird als *sekundäre Verteilungstafel* bezeichnet.

Eine *Klasse* kann auf zweierlei Weise charakterisiert werden:

— mittels ihrer unteren und oberen Klassengrenze,
— durch die Klassenmitte und die Klassenbreite d.

Die *Klassenbreite* (auch *Klassengröße*) d errechnet sich als Differenz zwischen der oberen und der unteren Klassengrenze. Für die Festlegung der günstigsten Klassenbreite gibt es kein starres Schema, wohl aber gewisse, auf empirischen Erfahrungen beruhende Empfehlungen:

— die *Klassenzahl* k soll nach Möglichkeit *zwischen 5 und 20* liegen,
— eine gute Annäherung liefert die bereits bei Erläuterung der Intervallskala (vgl. Kap. 2.3.3., S. 52f.) erwähnte Formel

$$k = 5 \cdot \log n,$$

wo k die Klassenzahl und n die Anzahl der Werte der betrachteten Datenmenge bedeuten. Bei wachsendem n ergeben sich folgende Klassenzahlen k:

n	50	100	500	1000	10000	Werte
k	8	10	13	15	20	Klassen

Die *Klassenbreite* d erhält man, sobald k bekannt ist, als Quotient aus der Variationsbreite (der Differenz zwischen höchstem und niedrigstem Wert) und der Klassenzahl k:

$$d = \frac{x_{\max} - x_{\min}}{k}.$$

Die *Klassenzahl* k muß zum gesamten Wertebereich, der vom tiefsten ($x_{\min}$) bis zum höchsten Merkmalswert ($x_{\max}$) des Datenmaterials reicht, in günstigem Verhältnis stehen. Ist die Klassenzahl nämlich zu niedrig, so können gewisse Schwankungen der Werte nicht erfaßt werden. Ist sie dagegen zu hoch, so steigt der Rechenaufwand unnötig an — ohne Gewinn von zusätzlicher Information. Außerdem kann es in diesem Falle vorkommen, daß eine oder mehrere Klassen leer bleiben, d. h. keine Elemente enthalten. In der graphischen Darstellung würde sich das so auswirken, daß das betreffende Polygon oder Histogramm in Teile zerfiele. Normalerweise gehen die Klassenzahlen selten über 20 hinaus, so daß man sein Programm von vornherein auf $k = 20$ begrenzen kann.

Ferner kommt es darauf an, die gewählten Klassen günstig in den Wertebereich einzupassen. Zur Vereinfachung der Rechnungen wählt man die Klassengrenzen in der Regel so, daß sie mit ganzen Zehnern, Hunderten usw. zusammenfallen. Die untere Begrenzung der niedrigsten Klasse wird als Reduktionslage x_0 bezeichnet. Sie braucht nicht unbedingt mit dem Nullpunkt der gewählten Skala zusammenzufallen. Ist z. B. der niedrigste Wert 16, so ist es oft vorteilhafter, $x_0 = 10$ zu setzen, wenn auch dadurch unter Umständen das Gesamtintervall der benutzten Klassen verschoben wird. Beim Vergleich ist unbedingt darauf zu achten, daß die Klassenbreiten d und die Reduktionslagen x_0 einheitlich gewählt werden, da sonst die Bilder der Histogramme recht verschieden ausfallen können.

Mit der Bestimmung der günstigsten Klassenbreite ist auch die *Festlegung der Klassengrenzen* eng verbunden. Es soll an dieser Stelle nochmals darauf hingewiesen werden, daß für statistische Auswertungen die Klassen unbedingt gleich groß sein, d. h. die Klassengrenzen einen äquidistanten Abstand voneinander haben müssen. Bei der Bestimmung der Klassengrenzen muß gleichzeitig in eindeutiger Weise vereinbart werden, wie sich die Werte auf die Klassen verteilen, vor allem, wie solche Werte zu behandeln sind, die mit Klassengrenzen zusammenfallen.

Es gibt dafür folgende *Möglichkeiten:*

A: *Diskrete und ganzzahlige Werte:*

1. Die Klassengrenzen selbst bleiben unbezeichnet, z. B.

   30—34
   35—39
   40—44
   ....

   Jeder ganzzahlige Wert (integer) läßt sich eindeutig einer Klasse zuordnen. Die exakten Grenzen der Klasse wären

   29,5—34,5
   34,5—39,5
   39,5—44,5
   ....

Sie könnten bei ganzzahligen Werten aber auch lauten:

29,9—34,9
34,9—39,9
39,9—44,9
....

2. Die Klassengrenzen tragen ganzzahlige Bezeichnungen und gehören jeweils 2 aneinanderstoßenden Klassen an, z. B.

   30—35
   35—40
   40—45
   ....

   In diesem Falle sind Werte, die mit Klassengrenzen zusammenfallen, jeweils zur Hälfte den beiden aneinandergrenzenden Klassen zuzuordnen. Der Wert 35 würde z. B. zur Hälfte auf die Klasse „30—35" und zur Hälfte auf „35—40" entfallen.

3. Um zu vermeiden, daß infolge des Halbierens innerhalb der Klassenhäufigkeiten gebrochene Zahlen auftreten, wird bei der Definition des Klassenintervalls oft mit dem Ausdruck „bis unter" operiert, z. B.

   30—unter 35
   35—unter 40
   40—unter 45
   ....

B: *Stetige und reelle Werte*

1. Wird z. B. eine Genauigkeit von 2 Kommastellen zugrunde gelegt, so kann man ähnlich wie unter A1 verfahren, z. B.

   5,41—5,50
   5,51—5,60
   5,61—5,70
   ....

2. Sollen hingegen die Grenzen der Klassen ganzzahlig sein, so ist das unter A3 geschilderte Verfahren anzuwenden.

   100—unter 120
   120—unter 140
   140—unter 160
   ....

Bei stetigen quantitativen Merkmalen, insbesondere wenn die Beobachtungs- oder Meßwerte als reelle Zahlen auftreten, ist es nötig, sog. *exakte Klassengrenzen* anzugeben, wie es beispielsweise bei A1 (S. 79) geschehen ist und nachfolgend verdeutlicht wird:

exakte Klassengrenze		exakte Klassengrenze		exakte Klassengrenze
	kum. 30—34		kum. 35—39	
29,5	32	34,5	37	39,5
	Klassenmitte		Klassenmitte	

Die *Klassenmitte* wird als arithmetisches Mittel der Klassengrenzen bestimmt. Oft dient sie als Repräsentant für die betreffende Klasse.

Gelegentlich tritt am oberen oder unteren Ende einer Beobachtungsreihe eine *„offene" Klasse* auf, um einige wenige Werte, die unter Umständen stark streuen (sog. *„Aus-*

reißer"), unterzubringen. Da sie nach oben bzw. nach unten nicht begrenzt sind, kann man für sie *weder* eine *Klassenbreite noch* eine *Klassenmitte* angeben. Hat man beispielsweise eine Altersverteilung der Bevölkerung in Klassen von je 10 Jahren, so könnte die am oberen Ende auftretende offene Klasse heißen „älter als 80 Jahre". In dieser finden sich vielleicht 7 Werte, von denen man nicht sagen kann, ob sie im Intervall „80 bis 90 Jahre", „90 bis 100 Jahre" oder gar darüber liegen. Nach Möglichkeit sollten daher die Glieder offener Klassen, da sie die Extremwerte der betreffenden Verteilung darstellen, an irgendeiner Stelle mit ihrem genauen Wert angegeben werden. Offene Klassen haben den Nachteil, daß sie sich zur Berechnung statistischer Repräsentativwerte, wie des arithmetischen Mittels oder der Standardabweichung, nicht eignen.

3.3.3. Die gruppierte und die kumulative Häufigkeitsverteilung

Nach einigen grundlegenden Bemerkungen über die Klassenbildung sollen jetzt Beispiele von Häufigkeitsverteilungen mit gruppierten Werten vorgestellt werden. Derartige Verteilungen erfüllen stets 2 Bedingungen:

- Jeder einzelne Meß- oder Beobachtungswert ist einer bestimmten Klasse zugeordnet, d. h., die Gruppierung oder Klassifikation ist vollständig oder erschöpfend.
- Da jeder Wert nur einer einzigen Klasse zugeteilt werden kann und die einzelnen Klassen einander ausschließen, ist die Klassifizierung auch streng eindeutig.

Es lassen sich 2 Arten von Häufigkeiten unterscheiden, die absolute und die relative Häufigkeit.

Die *absolute Häufigkeit* (h_{abs}) gibt die auf die jeweilige Klasse k_i entfallende Anzahl der Fälle n_i an:

$$h_{abs} = n_i .$$

Die *relative Häufigkeit* (h_{rel}) kennzeichnet den Anteil der Fälle n_i einer Klasse k_i bezüglich der Gesamtzahl der Fälle n, die bearbeitet wurden:

$$h_{rel} = \frac{n_i}{n} .$$

Die relative Häufigkeit gehört zu den Gliederungszahlen und kann daher als Dezimalbruch (z. B. 0,185) oder als Prozentangabe (z. B. 18,5 %) geschrieben werden.

Als *Beispiel* wurde die *Reisezeit mit öffentlichen Verkehrsmitteln* gewählt, die man benötigt, um aus dem Umland ein städtisches Zentrum zu erreichen. Derartige verkehrsgeographische Erhebungen werden bei der Untersuchung von Stadt-Umland-Beziehungen gern verwendet. Anstelle der Entfernung wird die Reisezeit in Minuten angegeben. Die Klassen sind äquidistant von 10 zu 10 Minuten gewählt (vgl. Abb. 12). Zur Aufbereitung des Materials wurde ein im Handel erhältlicher Vordruck benutzt. Außer der Klasseneinteilung und der Strichliste sind darauf noch einige weitere Spalten vorgesehen, so daß man leicht die wichtigsten elementarstatistischen Repräsentativwerte — wie arithmetisches Mittel, Varianz und Standardabweichung, Variationskoeffizient — und die Konfidenzbereiche, die sämtlich zur näheren Charakterisierung einer Verteilungskurve gehören, bestimmen kann.

Man erkennt bereits aus der Häufigkeitsverteilung, daß die Anordnung der Werte sehr asymmetrisch ist. Infolgedessen fällt der Modalwert (Dichtemittel) nicht mit dem arithmetischen Mittel zusammen. Es liegt also keine Normalverteilung vor. Streng genommen handelt es sich um eine

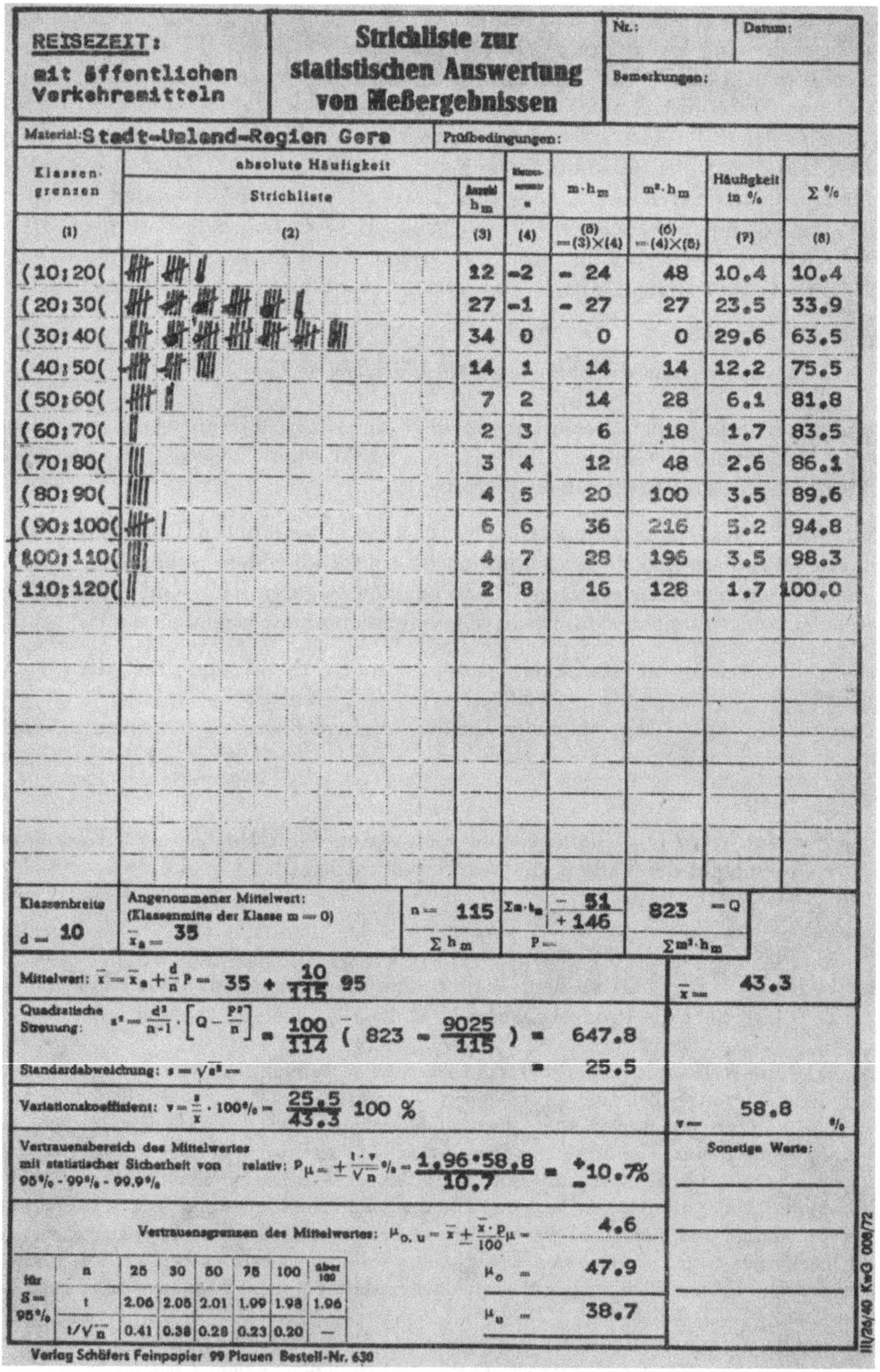

REISEZEIT: mit öffentlichen Verkehrsmitteln

Strichliste zur statistischen Auswertung von Meßergebnissen

Nr.: Datum:

Bemerkungen:

Material: Stadt-Umland-Region Gera Prüfbedingungen:

Klassengrenzen	absolute Häufigkeit Strichliste	Anzahl h_m	Klassenmerkmal m	$m \cdot h_m$	$m^2 \cdot h_m$	Häufigkeit in %	Σ %
(1)	(2)	(3)	(4)	(5) = (3)×(4)	(6) = (4)×(5)	(7)	(8)
(10;20(		12	-2	- 24	48	10.4	10.4
(20;30(		27	-1	- 27	27	23.5	33.9
(30;40(		34	0	0	0	29.6	63.5
(40;50(		14	1	14	14	12.2	75.5
(50;60(		7	2	14	28	6.1	81.8
(60;70(		2	3	6	18	1.7	83.5
(70;80(		3	4	12	48	2.6	86.1
(80;90(		4	5	20	100	3.5	89.6
(90;100(		6	6	36	216	5.2	94.8
(100;110(		4	7	28	196	3.5	98.3
(110;120(		2	8	16	128	1.7	100.0

Klassenbreite $d = 10$

Angenommener Mittelwert: (Klassenmitte der Klasse m = 0) $\bar{x}_a = 35$

$n = \Sigma h_m = 115$

$\Sigma m \cdot h_m$: -51, $+146$; $P =$

$823 = Q = \Sigma m^2 \cdot h_m$

Mittelwert: $\bar{x} = \bar{x}_a + \frac{d}{n} P = 35 + \frac{10}{115} 95$ $\bar{x} = 43.3$

Quadratische Streuung: $s^2 = \frac{d^2}{n-1} \cdot \left[Q - \frac{P^2}{n}\right] = \frac{100}{114} \left(823 - \frac{9025}{115} \right) = 647.8$

Standardabweichung: $s = \sqrt{s^2} = 25.5$

Variationskoeffizient: $v = \frac{s}{\bar{x}} \cdot 100\% = \frac{25.5}{43.3} 100\%$ $v = 58.8\%$

Vertrauensbereich des Mittelwertes mit statistischer Sicherheit von 95% - 99% - 99.9% relativ: $p_\mu = \pm \frac{t \cdot v}{\sqrt{n}} \% = \frac{1.96 \cdot 58.8}{10.7} = \pm 10.7\%$

Sonstige Werte:

Vertrauensgrenzen des Mittelwertes: $\mu_{o,u} = \bar{x} \pm \frac{\bar{x} \cdot p_\mu}{100} = 4.6$

$\mu_o = 47.9$

$\mu_u = 38.7$

für S = 95%	n	25	30	50	75	100	über 100
	t	2.06	2.05	2.01	1.99	1.98	1.96
	$t/\sqrt{n}$	0.41	0.38	0.28	0.23	0.20	—

Verlag Schäfers Feinpapier 99 Plauen Bestell-Nr. 630 III/26/40 KwG 008/72

Abb. 12. Strichliste zur statistischen Auswertung von Meßergebnissen
Beispiel „Reisezeit mit öffentlichen Verkehrsmitteln“

doppelgipflige Verteilung oder gemischte Verteilung, die aus 2 Normalverteilungen zusammengesetzt ist. Weiterhin geht aus der Verteilung hervor, daß sich sämtliche Werte auf 11 Klassen, die zwischen 10 und 120 Minuten liegen, verteilen. Die Klasse 0—10 bleibt leer, ebenso alle Klassen, die oberhalb 120 Minuten liegen.

Die Schreibweise 10;20 soll andeuten, daß die Werte von „10 bis unter 20" in die betreffende Klasse gehören. Die obere Grenze rechnet also immer bereits zur folgenden Klasse, so daß eine Mehrfachzählung von Beobachtungsobjekten oder Meßwerten ausgeschlossen ist. Die *günstigste Anzahl der Klassen* kann nach der auf S. 78 gegebenen Formel bestimmt werden. Im angeführten Beispiel ergibt sich für $n = 115$: $n = 5 \cdot \log 115 = 5 \cdot 2{,}0607 = 10{,}304$.
Es wurden 11 Klassen mit $d = 10$ Klassenbreite gewählt.

Häufigkeitsverteilungen, auch kurz „Verteilungen", sind von grundlegender Bedeutung für viele deskriptiv-statistische Untersuchungen. Bei der Überlegung, ob derartige Verteilungen manuell oder mit Hilfe der EDV aufbereitet werden sollen, muß man davon ausgehen, ob die verwendeten ungeordneten Originaldaten noch für weitere Berechnungen benötigt werden. Soll nur eine Ableitung der gruppierten Häufigkeitsverteilung erfolgen, ist auch bei umfangreicherem Material der manuelle Weg als der wesentlich kostensparendere zu empfehlen. Im anderen Fall sind die Daten zunächst auf Lochkarten oder -streifen zu übertragen, ehe mit dem eigentlichen Rechenprogramm begonnen wird. Dieser Aufwand von Zeit, Kosten und Material lohnt jedoch nur, wenn mit den abgelochten Eingangsdaten noch andere Rechnungen durchgeführt werden.

Eine weitere Darstellungsform von Häufigkeitsverteilungen ist die *Kumulierung* (Summenbildung). Sie ist bei allen quantitativen Merkmalen mit stetiger oder diskreter Skalierung anwendbar. Im gegebenen Beispiel „Reisezeit mit öffentlichen Verkehrsmitteln" ist in Abb. 12, Spalte (8), die sog. *Summenhäufigkeit* enthalten. Sie entsteht aus der einfachen Häufigkeit dadurch, daß die Werte jeder Klasse fortlaufend aufsummiert werden. Jede auf diese Weise gewonnene Klasse enthält somit die Summe sämtlicher Werte der Klassen unterhalb einschließlich des Wertes der betrachteten Klasse selbst. Auch hier können die Angaben in *absoluter* oder *relativer Häufigkeit* erfolgen.

Kumulative Verteilungen können auf zweierlei Weise gebildet werden:

— von unten her als sog. aufsteigende Verteilung,
— vom oberen Ende als sog. absteigende Verteilung.

Im *Beispiel* wird eine aufsteigende Verteilung dargestellt. Ob man die Kumulierung schrittweise vom unteren oder vom oberen Ende der Verteilung aus vornimmt, hängt davon ab, was man mit der Aussage erreichen will. Aus dem Beispiel läßt sich ohne weiteres ablesen, daß $^1/_3$ der Bevölkerung innerhalb der 20-Minuten-Zone, $^2/_3$ innerhalb der 40-Minuten-Zone und $^3/_4$ innerhalb des 50-Minuten-Bereichs vom Zentrum wohnen. Ein anderes Vorgehen von außen nach innen würde in diesem Falle wenig aussagen.

3.4. Einige Bemerkungen zum numerischen Rechnen

3.4.1. Zur Planung und Anlage einer mathematischen Untersuchung

Sobald ein Problem genügend tiefgründig und umfassend analysiert worden ist und die für die Untersuchung wesentlichen Fragestellungen klar formuliert wurden, kann mit der mathematischen Bearbeitung begonnen werden — unter der Voraussetzung, daß das benötigte Zahlenmaterial bereits aufbereitet vorliegt. Hinweise hierfür wurden bereits im Kap. 3.1. u. 3.2., S. 68ff., gegeben.

Ziel der mathematischen Bearbeitung soll es sein, bestimmte Aussagen und erkannte Gesetzmäßigkeiten quantitativ zu unterbauen und damit gleichzeitig zu präzisieren. Leider bleibt die Anwendung mathematischer Verfahren noch immer in sehr vielen Fällen, in denen sie lohnen würde, ungenutzt. Die Gründe dafür können sehr verschiedener Art sein. Häufig ist es zweifellos die Unkenntnis der entsprechenden quantitativen Methoden und ihrer Aussagefähigkeit, auf die bereits hingewiesen wurde. Die vorliegende Darstellung will ihren Teil dazu beitragen, hier Abhilfe zu schaffen.

Bisweilen handelt es sich aber auch um eine ausgeprägte Abneigung und Scheu vor der Mathematik, die weit schwerer zu überwinden ist, da sie sich bei vielen bis in die Schulzeit zurückdatieren läßt und oft auf einer unzulänglichen Einführung in die Anfangsgründe der Mathematik beruht. Deshalb besteht das Bemühen im folgenden in einer möglichst anschaulichen Darstellung der zu behandelnden mathematischen Methoden, ohne immer auf eine letzte Schärfe der mathematischen Beweisführung Wert zu legen. Es soll ein Verständnisniveau erreicht werden, das keine besondere mathematische Vorbildung voraussetzt und sich im wesentlichen auf die in der Schule erworbenen Kenntnisse stützt. Trotzdem sind gewisse Fähigkeiten im numerischen Rechnen von großem Vorteil. Sollten diese nicht vorhanden sein, so kann man sie sich durch Üben rasch aneignen und entsprechend vervollkommnen.

Zuweilen wird von einer mathematisch-statistischen Untersuchung Abstand genommen — und das ist gar nicht so selten —, weil man glaubt, daß der Aufwand an Zeit und Arbeitskraft nicht zu vertreten sei. Dieser Einwand ist selbst noch im Zeitalter der elektronischen Datenverarbeitung anzutreffen.

Das liegt oftmals weniger daran, daß man den Wert einer mathematischen Auswertung unterschätzen würde, als vielmehr daran, daß man nicht in der Lage ist, die rechnerische Bewältigung eines umfangreichen Datenmaterials vom Technischen her richtig überschauen zu können. Da werden teilweise belanglose Rechnungen auf EDV-Anlagen durchgeführt und kommen unverhältnismäßig teuer, wo man mit einfachen Rechenhilfsmitteln und -schemata bereits erste Überblicksberechnungen erledigen kann. Rasche Überblicksanalysen unterbleiben, weil die hierfür zweckmäßigen graphischen Verfahren nicht bekannt sind. Und schließlich muß festgestellt werden, daß beim derzeitigen Entwicklungsstand zumindest die relativ leicht zugänglichen und einfach zu handhabenden Taschenrechner für erste mathematisch-statistische Untersuchungen genutzt werden sollten.

Das heißt also, je nach Beschaffenheit und Umfang des vorliegenden Datenmaterials und der in Aussicht genommenen mathematischen Analysemethoden sind die entsprechenden Rechenhilfsmittel einzusetzen, um eine wirklich optimale Effektivität zu erzielen.

Im folgenden soll gezeigt werden, in welch reichem Maße Möglichkeiten bestehen, mit möglichst geringem Aufwand selbst ein umfangreiches Zahlenmaterial aussagekräftig zu bearbeiten. Sehr vieles kann auch heute noch ohne Hilfspersonal und Hochleistungsrechenanlagen, wie sie einem Institut meist nicht zur Verfügung stehen, bewältigt werden.

Die richtige Organisation und Technik ist das A und O bei der Durchführung mathematischer Untersuchungen und dem zweckmäßigen Einsatz der EDV. Dazu bedarf es vor allen Dingen zunächst eines klaren und übersichtlichen Ablaufplanes der gesamten Rechnung. Das gilt in ganz besonderem Maße für umfangreichere und kompliziertere Berechnungen, die zunächst in eine Anzahl aufeinanderfolgender Elementarschritte zerlegt werden sollten. So muß das Rechenverfahren in die Form eines übersichtlichen Schemas gebracht werden, an dem die einzelnen, aufeinanderfolgenden Teilschritte ablesbar sind. Es braucht nicht besonders betont zu werden, daß jeweils dasjenige mathematische Verfahren zu wählen ist, das der betreffenden Problemlage am besten gerecht wird. Doch gibt es zweifellos Fälle, in denen diese Entscheidung nicht ganz leicht ist und man unter Umständen doch mehrere Methoden zur gegenseitigen Kontrolle verwenden muß. Auf die sinnvolle Aufschlüsselung des Zahlenmaterials, seine Verarbeitung zu einer mehr oder minder stark aufgegliederten Tabelle oder auch zu einer graphischen Darstellung, die bestimmte Zustandsstufen (Termine, Lokalitäten) oder auch die Entwicklung innerhalb eines bestimmten Zeitraumes wiedergibt, soll hier nur hingewiesen werden.

Je schematischer der Gang einer Rechnung bis in alle Einzelheiten festgelegt ist, um so mehr kann sich der Bearbeiter auf die Vermeidung von Fehlern konzentrieren und um so weniger rasch wird er ermüden. Sofern auf EDV verzichtet werden muß, sind für gewisse Rechenverfahren — wie die Bestimmung von FOURIER-Koeffizienten oder die Integration von Differentialgleichungen — zum schematischen Vorgehen besondere Schablonen entwickelt worden. Bei der Verwendung fertig vorgegebener Formeln muß sich der Anwender nicht nur über deren Aussage völlig im klaren sein, sondern er muß auch die Grenzen ihrer Anwendung genau kennen und wissen, wann ihr Einsatz nicht in Frage kommt. Oft kann man sich durch Überschlagsrechnungen informieren, ob sie im betreffenden Fall zu vernünftigen Lösungen führen.

In Anlehnung an Darlegungen, die bei FLASKÄMPER (1953) und v. SANDEN (1951) zu finden sind, sollen hier die *wichtigsten Regeln über die Durchführung und Anlage von Zahlenrechnungen* kurz vorgestellt werden:

- Die Aufeinanderfolge der Rechenoperationen ist in allen Einzelheiten am besten in Form eines übersichtlichen Schemas festzulegen. Dabei sind sämtliche Nebenrechnungen mit laufenden Ziffern zu versehen und nach Möglichkeit auf demselben Formular unterzubringen, damit man sie jederzeit — auch nachträglich — überprüfen kann. Es ist von großem Vorteil, wenn an einigen Stellen in den Gang der Rechnung Rechenkontrollen eingebaut werden. Die Wirtschaft der „losen Zettel" sollte unter allen Umständen vermieden werden.
- Der Ablauf der Rechnung soll gut durchdacht und so übersichtlich angeordnet sein, daß man die Durchführung gegebenenfalls auch Hilfskräften anvertrauen kann. Es ist daher zweckmäßig, in knappen Stichworten die einzelnen Schritte der Rechnung schriftlich niederzulegen, um auf diese Weise Uneingeweihten jederzeit eine rasche Orientierung über den Rechenablauf bzw. eine Überprüfung desselben zu ermöglichen.
- Übersichtlichkeit und Klarheit in jeder Beziehung sind oberstes Gebot. Es darf keine Schwierigkeiten bereiten, die 1 von einer 7, die 4 von der 9 oder die 6 von der 0 zu unterscheiden! Falsche Ziffern sollte man nach Möglichkeit ausradieren, damit die Formulare oder Tabellen bei enger Beschriftung nicht unleserlich werden. Daß man bei der Addition und Subtraktion die Ziffern sauber untereinandersetzt, bedarf nicht besonderer Erwähnung, wobei sich ein kleiner Zwischenraum nach jeweils 3 Stellen, z. B. 12 234 789, als nützlich erwiesen hat.
- Außer den bereits erwähnten eingearbeiteten Proben, die eine Kontrolle der Rechnung ermöglichen, sollte man sich von der Richtigkeit des Endergebnisses, aber auch von Zwischenergebnissen durch eingeschaltete Überschlagsrechnungen überzeugen. Sie erlauben vor allem, die richtige Größenordnung der Resultate festzustellen. Bei der Verwendung eines logarithmischen Rechenstabes ist dies besonders wichtig.
- Es gibt eine Vielzahl von Rechenvorteilen und abgekürzten Rechenverfahren, von denen man nach Möglichkeit Gebrauch machen sollte. Unter den abgekürzten Rechenverfahren sind

hier nicht solche zu verstehen, die zu Näherungswerten führen; vielmehr liefern sie das gleiche Ergebnis wie die ausführliche Rechnung, nur auf rascherem Wege. Oft bedeutet bereits ein geschicktes Gruppieren der Werte eine wesentliche Zeitersparnis. Ferner muß man sich darüber im klaren sein, daß man Rechenvorteile nur dann ausnutzen kann, wenn man die Regeln vollkommen beherrscht und rein mechanisch anzuwenden versteht.

— Die Beherrschung von Auf- und Abrundetechniken ist erforderlich, da sonst hierbei beträchtliche Fehler entstehen können, beispielsweise wenn unter Verwendung gerundeter Zahlen statistische Verhältniszahlen, Quoten oder Indizes abgeleitet werden.

Obwohl die Hinweise für eine sinnvolle Organisation von numerischen Berechnungen vor allem für das manuelle Rechnen, d. h. mit „Zettel“ und „Bleistift“, gedacht sind, sollte man sie — in entsprechend modifizierter Form — auch dann beachten, wenn man z. B. einen leistungsfähigen *Taschenrechner* nutzt. In diesem Falle kann bei einer konkreten Berechnung das Rechenschema im allgemeinen dadurch entlastet werden, daß man Zwischenresultate, die im Rechner gespeichert werden können, nicht zu protokollieren braucht oder daß beim Vorhandensein entsprechender Funktionstasten ($\sum$-Taste für statistische Maßzahlen) ganze Teilaufgaben durch einen Tastendruck realisiert werden können.

Trotzdem sollte man die hier angeführten Regeln berücksichtigen und insbesondere bei umfangreicheren Berechnungen ein übersichtliches, gut durchdachtes Rechenschema zugrunde legen, welches auch die Leistungsfähigkeit des jeweiligen Taschenrechners voll ausnutzt. Wer in der Lage ist, für seine jeweiligen Aufgaben derartige Abarbeitungsalgorithmen zu erarbeiten, wird auch keine prinzipiellen Schwierigkeiten haben, für einen programmierbaren Tisch- oder Taschenrechner ein entsprechendes Programm aufzustellen.

Unter ähnlichen Gesichtspunkten sind die folgenden Betrachtungen zu sehen. Die Problematik der Genauigkeit beim numerischen Rechnen besteht bei der Verwendung von Taschenrechnern oder EDV-Anlagen ebenso wie beim manuellen Rechnen.

Dem Nutzer entsprechender technischer Hilfsmittel ist es oft gar nicht bewußt, daß vom Rechner gelieferte Resultate auf Grund der endlichen Stellenzahl der internen Zahlendarstellung oder im Ergebnis von Fehlerfortpflanzungen nur Näherungswerte mit bestimmter Genauigkeit sind. Gerade unter diesem Aspekt sollten die Ausführungen des folgenden Abschnitts auch bei der Benutzung von Taschenrechnern berücksichtigt werden.

3.4.2. Über die Genauigkeit beim Zahlenrechnen

Bei der Verarbeitung von Datenmengen läßt es sich in der Regel nicht vermeiden, daß die verwendeten Zahlen einen unterschiedlichen Grad der Genauigkeit aufweisen. Das hat für das Endergebnis oft weitreichende Konsequenzen; denn es läßt sich meist nicht erreichen, alle vorhandenen Zahlen auf die höchste gegebene Genauigkeitsstufe zu bringen. Aber man muß sich wenigstens darüber im klaren sein, ob die erreichbare Genauigkeit für das anstehende Problem genügt bzw. wie sich die durch den zu geringen Genauigkeitsgrad gewisser Daten bedingten *Fehler* auf das Endergebnis auswirken.

Jeder Ziffer kommt bekanntlich innerhalb einer Zahl ein ganz bestimmter *Stellenwert* zu. Die als richtig verbürgten Ziffern werden als *geltende Ziffern* oder Wertziffern bezeichnet. Von ihrer Anzahl ist der Genauigkeitsgrad einer Zahl abhängig. Die *abgekürzte*

Zahl ist ein für den betreffenden Zweck hinreichend genauer Näherungswert mit einer begrenzten Stellenzahl. Die Darstellung numerischer Zahlen erfolgt im *Dezimalsystem*, für Spezialzwecke — wie zur Verwendung von EDV-Anlagen — auch im *Dualsystem*.

Jede *mathematische Zahl* ist in ihrem System eindeutig definiert. Dies trifft auch auf Zahlen zu, die sich nicht mit einer endlichen Stellenzahl angeben lassen, wie etwa π oder $\sqrt{3}$. Die Anzahl der gegebenen Wertziffern bestimmt also die jeweilige Genauigkeit. Die Zahl π wurde z. B. bereits auf mehr als 700 Wertziffern errechnet. Indessen ist es sinnlos, mit einer derartigen Genauigkeit praktisch zu rechnen, weil die höheren Wertziffern den Betrag der Zahl kaum noch beeinflussen, d. h. für die Praxis keine Bedeutung haben und den Rechengang nur unnötig erschweren. Seit alters bedient man sich daher für π der Näherungswerte. Im Papyrus Rhind z. B. um etwa 2000 v. u. Z. wird π mit $(16/9)^2 \approx 3{,}16$ angegeben, und ARCHIMEDES (287—212 v. u. Z.) bedient sich des Wertes $22/7 \approx 3{,}1429$. Bei technischen Berechnungen genügt oft schon $\pi = 3{,}14$. Andere Näherungen für π sind $333/106 = 3{,}141\,509$ und $355/113 = 3{,}141\,592$. Die heutigen elektronischen Taschenrechner arbeiten je nach der benötigten Genauigkeit mit Werten zwischen 3,1416 bis hin zu 3,1415927. In ähnlicher Weise kann man $\sqrt{3}$ zu 1,73 runden und bei Bedarf mit der Genauigkeit von 1,7320508 verwenden.

Die Rechnung auf einem *Rechenstab* liefert in der Regel 3 Wertziffern. Diese Genauigkeit ist für die üblichen, in der Praxis vorkommenden Überschlagsrechnungen zumeist ausreichend, für eingehendere Analysen jedoch zu grob.

Zahlen, die aus Messungen und Zählungen hervorgehen, werden *empirische Zahlen* genannt. In ihnen sind mehr oder minder Fehler enthalten. Diese beruhen nicht nur auf falschen Ablesungen oder Ungenauigkeiten, die beim Messen auftreten, sondern es gibt auch sog. *systematische Fehler*, die von der Genauigkeit des Meßverfahrens oder Eigenheiten des Beobachters abhängen.

Die halblogarithmische Schreibweise

Wenn sich in einer tabellarischen Übersicht die Zahlen in der Größenordnung sehr stark voneinander unterscheiden, wird diese Tabelle unübersichtlich und schwer lesbar. Um dem abzuhelfen, hat es sich als zweckmäßig erwiesen, die Zehnerpotenz der jeweiligen Zahl von den Wertziffern zu trennen. Außerdem läßt man die geltenden Ziffern stets mit einer Stelle vor dem Komma beginnen. Ähnlich verfährt man bekanntlich auch bei der sog. *Gleitkommadarstellung* der elektronischen Datenverarbeitung. Man schreibt also

$$\begin{array}{lll} 7{,}3012 \cdot 10^2 & \text{statt} & 730{,}12 \\ 3{,}7798 \cdot 10^1 & ,, & 37{,}798 \\ 3{,}457 \cdot 10^{-4} & ,, & 0{,}0003457. \end{array}$$

Diese Normierungsforderung lautet allgemein: Eine Zahl x wird geschrieben als $x = k \cdot 10^n$ mit $n \in \Gamma$ und $1 \leq k < 10$. In Anlehnung an die Rechnung mit Logarithmen wird k als Mantisse bezeichnet.

Ganz allgemein lassen sich naturwissenschaftliche Kennwerte, wie Dichte, elektrische Leitfähigkeit, Saugspannung und ähnliche, mit wesentlich höherer Genauigkeit angeben als Zahlen aus dem sozialökonomischen Bereich. Bei der Angabe der Einwohnerzahl einer Stadt zum Zeitpunkt einer bestimmten Volkszählung kann z. B. die Einerstelle nicht mehr garantiert werden. Ähnliches gilt auch für alle Daten von sozialen und ökonomischen Massenerscheinungen. So lassen sich Geburtenziffer oder Lebenshaltungsindex nicht mit der Genauigkeit einer physikalischen Größe vergleichen.

Zur schärferen *Fixierung des Genauigkeitsbegriffes* unterscheidet man daher

- *materiell unrichtige oder ungenaue Zahlen*, die mit vermeidbaren Fehlern, die vom Meß- oder Erhebungsverfahren bzw. vom Beobachter herrühren, belastet sind und
- *formal-arithmetisch ungenaue Zahlen*, die durch Stellenbeschränkung oder Rundung eine geringere Genauigkeit aufweisen. Man spricht auch von *gerundeten* oder *abgekürzten Zahlen.*

Bei den letzteren geht es um eine absichtlich vorgenommene Beschränkung der Genauigkeit. Solche Zahlen werden in allen Bereichen der praktischen Mathematik verwendet. Dabei liegt der Gedanke zugrunde, möglichst rationell vorzugehen und daher die Genauigkeit einer Rechnung nicht weiterzutreiben, als es in einem gegebenen Zusammenhang sinnvoll ist und der Genauigkeit der verwendeten Eingangsdaten entspricht.

Über das Runden von abgekürzten Zahlen

In statistischen Erhebungen findet man *gerundete Zahlen* sehr häufig, oft schon *innerhalb der noch nicht weiter verarbeiteten Eingangsdaten*, wie es in den verwendeten Maß- bzw. Zähleinheiten bereits zum Ausdruck kommt, z. B. Ernteerträge in 100 dt, Einwohner in 1000, die Flächengröße eines Staates in km² usw. Vor allem aber verwendet man das Auf- bzw. Abrunden bei *abgeleiteten statistischen Größen*, wie Verhältnis- und Indexzahlen, die infolge der Ungenauigkeit des zugrunde liegenden Zahlenmaterials nur bis zu einer bestimmten Stellenzahl vertrauenswürdig sind.

Soll eine Zahl bis zu einer gewissen Stelle gerundet werden, beispielsweise eine auf Tausendstel vorliegende Zahl ist auf Zehntel zu runden, so werden in diesem Falle die 2 überschießenden Stellen gestrichen. Außerdem wird die Zehntelstelle um eine Einheit erhöht, falls die folgende Stelle bei 5 oder höher liegt. Zum Beispiel wird 852,146 zu 852,1 abgerundet, jedoch 852,172 auf 852,2 aufgerundet.

Im *Kopf von Tabellen* ist nach Möglichkeit die *Rundungsgenauigkeit* anzugeben, etwa „Einwohner in 1000", „Getreide in 100 dt", „Temperatur in 0,1 °C" usw.

Gelegentlich werden zur besseren Unterscheidung die durch Abrundung entstandenen Nullstellen kleiner geschrieben, also 221~000~ im Gegensatz zu 221000; oder man wählt die Schreibweise in Zehnerpotenzen für die gerundeten Stellen, also $221 \cdot 10^3$. Wenn man rundet, muß man sich bewußt bleiben, daß die genaue Zahl dann in einem Intervall liegt, das um eine halbe Einheit um die gerundete Stelle nach beiden Seiten streut; z. B. würde für $221 \cdot 10^3$ dieses Intervall von 220500 bis 221500 reichen oder anders geschrieben: $220500 < 221000 < 221500$. Die Zahl 0,34 läge entsprechend zwischen $0{,}335 < 0{,}34 < 0{,}345$, so daß also die *gerundete oder abgekürzte Zahl* jeweils die *Mitte des Genauigkeitsintervalls* bildet.

Zur *Rundung der 5* ist noch folgende Regel zu beachten: Da bei durchgängiger Rundung der 5 nach oben bei einem größeren Datenmaterial ein zu einseitiger Überschuß im Sinne zu hoher Werte entsteht, hat sich die Gepflogenheit herausgebildet, daß man die 5 nur dann erhöht, wenn ihr eine ungerade Ziffer vorausgeht. Ist die vorangehende Ziffer jedoch gerade, dann wird nicht erhöht, z. B. 12,15 wird aufgerundet zu 12,2 aber 12,25 wird abgerundet auf 12,2.

Beim schrittweisen weiteren Runden muß man ferner beachten, ob eine 5 nicht schon durch einen Aufrundeprozeß entstanden ist, so daß man eine „echte 5“ und eine „unechte 5“ unterscheidet. Um dies auch äußerlich zu kennzeichnen, wird eine derartige unechte 5 durch einen Punkt oder einen Strich unter der Ziffer markiert, z. B. 2,915 bzw. 2,915. Eine solche 5 darf im weiteren Rechenprozeß nicht noch einmal zu einer Rundung nach oben benutzt werden. Im angeführten Beispiel wird bei weiterem Runden auf 2 gültige Stellen der Wert 2,91 erhalten.

Beispielhaft sollen folgende Zahlen *schrittweise bis auf eine einzige Stelle* gerundet werden:

84,625 – 84,62 – 84,6 – 85 – 80
172,5471 – 172,547 – 172,55 – 172,5 – 172 – 170 – 200
636,6 · 10^3 – 637 · 10^3 – 64 · 10^4 – 6 · 10^5
0,00249 – 0,0025 – 0,002 oder 2 · 10^{-3}.

Die absolute und relative Genauigkeit von Zahlen

Das im vorangegangenen Abschnitt definierte Intervall, in dessen Mitte eine gerundete Zahl liegt, bestimmt den Genauigkeitsspielraum dieser Zahl. Es erstreckt sich um je 0,5 Einheiten der letzten geltenden Stelle nach oben und nach unten. Dieses Maß wird als die *absolute Genauigkeit* bezeichnet. Sie ist also um so größer, je kleiner das ausgewiesene Intervall ist, oder anders ausgedrückt, je niedriger der Stellenwert der letzten gültigen Stelle ist, z. B.

Zahl	1500	1580	1582	1582,6
absolute Genauigkeit	10^2	10	1	0,1
oder	±50	±5	±0,5	±0,05

Außerdem gibt es eine Maßzahl für die *relative Genauigkeit*. Sie wird bestimmt als Verhältnis der absoluten Genauigkeit (d. h. der Einheit der letzten geltenden Stelle) zu der Gesamtzahl in Prozent. Man kann auch sagen, die relative Größe des Genauigkeitsspielraums einer abgekürzten Zahl ist gleich dem reziproken Wert dieser Zahl.

Folgende Zahlen ergeben die darunter stehenden relativen Genauigkeiten:

Zahl	1500	1580	1582	1582,6	1582,64
relative Genauigkeit	6,67	0,63	0,063	0,0063	0,0006%

Zahlen mit gleicher absoluter Genauigkeit können eine sehr unterschiedliche relative Genauigkeit haben, wenn sich ihre Stellenzahl unterscheidet:

Zahl	17	517	6517
Absolute Genauigkeit bei allen 1 oder ±0,5			
relative Genauigkeit	5,88	0,19	0,015%

In den Tabellen der statistischen Jahrbücher sind die abgekürzten Zahlen im allgemeinen mit gleicher absoluter Genauigkeit angegeben. Die relative Genauigkeit kann dabei sehr verschieden sein, ist aber gerade beim Rechnen mit abgekürzten Zahlen von großer Bedeutung.

Beispiele für absolute und relative Genauigkeit

1. Man beurteile die *Genauigkeit der folgenden Wägungen:*

   a) 276,3 mg, b) 0,2763 g, c) 2,763 kg, d) 0,02763 dt

   Lösung:

   Die absolute Genauigkeit der Wägungen a) und b) ist gleich und beträgt 0,1 mg bzw. ±0,05 mg, die der Wägungen c) und d) ist ebenfalls gleich und beläuft sich auf 1 g bzw. ±0,5 g. Die relative Genauigkeit ist bei sämtlichen Wägungen gleich und beträgt 1/2763 oder 0,036%.

2. Man ordne die Zahlen 6,0957; 41; $74615 \cdot 10^4$; 0,14; $3{,}2 \cdot 10^{-2}$ nach a) ihrer absoluten und b) ihrer relativen Genauigkeit.

   Lösung:

   a) Ordnung nach der absoluten Genauigkeit

$74615 \cdot 10^4$	41	0,14	$3{,}2 \cdot 10^{-2} = 0{,}032$	6,0957
Genauigkeit 10^4	1	0,01	0,001	0,0001

   b) Ordnung nach der relativen Genauigkeit

Zahl	0,14	$3{,}2 \cdot 10^{-2}$	41	6,0957	$74615 \cdot 10^4$
Genauigkeit	7,14	3,12	2,44	0,0016	0,0013%

3. Im Statistischen Jahrbuch der DDR (1976) finden sich folgende Angaben:

   Erdoberfläche 510,1 Mio km²
   Bevölkerung der Erde (1974) 3890 Mio Menschen

   Welche der beiden Angaben ist genauer?

   Lösung:

   a) Die absolute Genauigkeit der beiden Zahlenangaben kann nicht miteinander verglichen werden, da es sich um benannte Zahlen handelt, deren Einheiten nicht durch Transformation ineinander überführt werden können und somit nicht vergleichbar sind.

   b) Der relative Genauigkeitsspielraum ist bei der Flächenangabe höher, da die Prozentzahl am kleinsten ist, nämlich 1/5101 oder 0,02% gegenüber 1/389 oder 0,257%.

4. Aus der internationalen Bevölkerungsstatistik für 1950 wurden fortgeschriebene oder geschätzte Einwohnerzahlen einiger Länder (in 1000) entnommen:[1])

1. Albanien	1200
2. Spanien	28287
3. Ägypten	20439
4. Äthiopien	15000
5. Saudi-Arabien	6000
6. Transjordanien	619
7. Grönland	23

   Es ist die absolute und die relative Genauigkeit anzugeben.

   Lösung:

   Der Genauigkeitsspielraum beträgt bei

	1.	2.	3.	4.	5.	6.	7.
absolut	10^5	10^3	10^3	10^6	10^6	10^3	10^3
relativ (%)	8,3	0,004	0,005	6,7	16,7	0,16	4,3

   Die Bevölkerungszahl von Albanien hat beispielsweise eine größere absolute, aber eine geringere relative Genauigkeit als die von Äthiopien.

[1]) Quelle: Flaskämper, P.: Statistische Aufgaben. Hamburg 1953.

Über die Fehlerfortpflanzung beim Rechnen mit abgekürzten Zahlen

Die folgenden Hinweise sollen vor allem dazu dienen, die Rechengenauigkeit bei hohen Stellenzahlen nach dem Komma, wie sie sich heute bei den elektronischen Rechnern leicht erreichen läßt, nicht überzubewerten. Die absolute Genauigkeit eines Ergebnisses ist in jedem Falle von der Genauigkeit der Eingabegrößen abhängig und kann niemals genauer als diese ausfallen.

Die Genauigkeit bei der Addition und Subtraktion von gerundeten Zahlen

Es ist falsch anzunehmen, daß bei den elementaren Rechenoperationen die Genauigkeit immer die gleiche sei, da die verwendete Stellenzahl auch stets dieselbe bleibt. Bei der Addition oder Subtraktion mehrerer gerundeter Zahlen wird auch deren jeweiliger Genauigkeitsspielraum addiert bzw. subtrahiert, so daß das Ergebnis in der letzten Stelle ungenauer ist als die Ausgangszahlen. Betrachtet man 2 Zahlen a und b, so gilt bei gerundeten Zahlen $(a \pm 0{,}5)$ und $(b \pm 0{,}5)$, und damit ergibt sich bei der Addition bzw. Subtraktion eine Schwankung des Ergebnisses zwischen $(a \pm b) + 1$ und $(a \pm b) - 1$, d. h., der Genauigkeitsspielraum beträgt statt 1 nunmehr das Doppelte.

Beispiel:

Sollen die beiden gerundeten Zahlen 34,7 und 17,4 addiert werden, so liegt das Ergebnis zwischen den Grenzen $(34{,}65 + 17{,}35) \leqq S < (34{,}75 + 17{,}45)$ oder $52{,}00 \leqq S < 52{,}20$ und somit ist die Zehntelstelle unsicher.

Mit wachsender Gliederzahl nimmt jedoch die Ungenauigkeit nicht ständig zu, da der entstehende Fehler um den genauen Wert nach beiden Seiten streut und sich somit die Wahrscheinlichkeit des Ausgleiches immer mehr vergrößert. Der wahre Wert bildet sozusagen den Grenzwert, der bei hinreichend hohem n gut approximiert wird.

Für den praktischen Gebrauch läßt sich die *Regel* ableiten, daß *bei Addition und Subtraktion abgekürzter Zahlen* die *letzte Stelle unberücksichtigt* bleiben sollte bzw. anders ausgedrückt, wenn man das Ergebnis bis zu einer bestimmten Stelle genau haben möchte, so müssen die Ausgangsdaten mindestens eine Stelle mehr aufweisen.

Beispiel:

Wenn man relative Häufigkeiten kumuliert, die insgesamt 1,00 bzw. 100,0% ergeben sollen, darf vorher nicht gerundet werden, da sonst vielfach im Ergebnis 99,9 oder 100,1 oder gar 100,2 auftritt. Die vorliegende, auf 2 Kommastellen genaue Reihe von Summanden, die gerade 100 ergeben, wurde auf eine Stelle nach dem Komma gerundet, und damit wurde das Ergebnis verfälscht, da in der Zahlenfolge nur einmal aufgerundet, in allen übrigen Fällen abgerundet wurde:

25,19	25,2
8,14	8,1
13,73	13,7
20,41	20,4
14,20	14,2
18,33	18,3
100,00	99,9

Die Genauigkeit bei der Multiplikation und Division gerundeter Zahlen

Die Multiplikation stellt bekanntlich die fortgesetzte Addition eines gleichen Summanden dar. Deshalb können die auftretenden Ungenauigkeiten nicht wie bei der gewöhnlichen Addition ausgeglichen werden, da der Fehler nicht um den wahren Wert streut, sondern sich in einem bestimmten Sinne ständig vergrößert.

Geht man von der Annahme aus, daß nur der eine Faktor eines Produktes eine abgekürzte Zahl sei, der andere jedoch eine genaue, so gilt:

$$(a \pm 0{,}5) \cdot b,$$

und der Genauigkeitsspielraum beträgt

$$\left(ab - \frac{b}{2}\right) \leqq z < \left(ab + \frac{b}{2}\right).$$

Er macht also b Einheiten der letzten Stelle des ungenauen Faktors aus.

Beispiel:

Es soll das Produkt $38{,}4 \cdot 7$ auf Genauigkeit geprüft werden, wobei 38,4 die gerundete Zahl, 7 die genaue ist.

Das genaue Resultat liegt zwischen den Grenzen

$$(38{,}35 \cdot 7 \leqq z < (38{,}45 \cdot 7) \text{ oder } 268{,}45 \leqq z < 269{,}15.$$

Die Differenz beträgt also 7 Einheiten der Zehntelstelle. Man kann auch schreiben $268{,}8 \pm 0{,}35$. Sind beide Faktoren ungenaue Zahlen, so vergrößert sich die Ungenauigkeit des Endergebnisses. Aus $(a \pm 0{,}5)$ $(b \pm 0{,}5)$ ergibt sich $(\mathrm{ab} \pm (\mathrm{a} + \mathrm{b})/2 + 0{,}25)$. Das Genauigkeitsintervall beträgt in diesem Falle demnach $(\mathrm{a} + \mathrm{b})$, und die Ergebniswerte liegen für das Beispiel $24{,}7 \cdot 12{,}4$, wobei beides gerundete Zahlen sein sollen, zwischen den Grenzen

$$(24{,}65 \cdot 12{,}35) \leqq z < (24{,}75 \cdot 12{,}45)$$

oder

$$304{,}4275 \leqq z < 308{,}1375.$$

Das Genauigkeitsintervall ist 3,7; d. h., waren die Ausgangszahlen auf Zehntel gerundet, so ist das Ergebnis bereits in der Einerstelle unsicher. Man kann auch schreiben $306{,}28 \pm 1{,}85$.

Beim Dividieren sind die Ungenauigkeiten ähnlich hoch wie bei der Multiplikation. Soll ein Ergebnis auf n Stellen genau sein, so müssen Dividend und Divisor ebenfalls n genaue Stellen haben. Ist der Dividend wertmäßig kleiner als der Divisor, muß er entsprechend mehr gültige Stellen haben, um die gleiche Genauigkeit zu erzielen. Besonders beachten sollte man, daß die *Genauigkeit eines Quotienten im ungünstigen Falle um 2 Stellen geringer* ist *als die der Ausgangszahlen*. Es ist demzufolge sinnlos, bei Verhältniszahlen nach dem Komma noch möglichst viele Stellen zu berechnen!

Da bei den meisten Rechnungen alle Grundrechnungsarten in ständigem Wechsel auftreten, ist den notwendigerweise auftretenden Ungenauigkeiten besondere Sorgfalt zu widmen. Dabei ist besonders darauf zu achten, daß nur die verbürgten Ziffern (unter Umständen zusätzlich einer Schutzstelle) verarbeitet werden. Unnötige „Überstellen" in der Rechnung mitzuführen, bedeutet nur zusätzliche Belastung und trägt nicht zu einer größeren Genauigkeit bei. Daraus ergibt sich die Forderung, alle in eine

Rechnung eingehenden Zahlen in der gleichen Anzahl von Stellen nach dem Komma zu halten. Das gilt auch für die Aufstellung von Matrizen, Tabellen, Auflistungen und ähnliches — und schließlich auch für die entstehenden Zwischenergebnisse. Es vereinfacht übrigens die maschinelle Durchführung von Rechnungen, wenn die vorkommenden Zahlen insgesamt von gleicher Größenordnung sind.

3.4.3. Überschlägiges Rechnen (Abschätzung)

Oft möchte man nur einen ungefähren Näherungswert oder die Größenordnung eines Rechenergebnisses wissen, um z. B. das Komma richtig setzen zu können. Oder man möchte sich überzeugen, ob Computerergebnisse, die mit hoher Stellengenauigkeit ermittelt wurden, der Realität entsprechen und bis zu welcher Ziffer sie verwendet werden sollten. In allen diesen Fällen ist eine Überschlagsrechnung am Platze, bei der man von gerundeten Zahlen ausgeht. In der Regel genügt es, die verwendeten Zahlen auf eine, höchstens 2 Wertziffern abzurunden und als Zehnerpotenzen zu schreiben.

Einige *Beispiele* sollen dies verdeutlichen:

1. Das Speichervermögen eines nahezu rechteckigen Rückhaltebeckens von 417 m Länge, 48 m Breite und einer maximalen Stauhöhe von 3,8 m soll überschlägig ermittelt werden. Der genaue Rauminhalt beträgt

$$V = 417 \cdot 48 \cdot 3{,}8 \text{ m}^3 = 76060{,}80 \text{ m}^3.$$

Im Überschlag würde man mit gerundeten Zahlen erhalten:

$$V \approx 4 \cdot 10^2 \cdot 5 \cdot 10 \cdot 4 \text{ m}^3 \approx 8 \cdot 10^4 \approx 80000 \text{ m}^3.$$

2. Die Masse der Erde soll angenähert ermittelt werden, wobei man die Erde durch eine Kugel mit dem Radius $r = 6370$ km approximiert. Die mittlere Dichte der Erde wird mit $\varrho = 5{,}5 \text{ gcm}^{-3}$ vorgegeben.
Mit dem Rechenstab erhält man die Ziffern 595. Wie muß der richtige Zahlenwert der Größe in t lauten?

Lösung:

Da der Inhalt einer Kugel nach der Formel $V = (4/3)\,\pi r^3$ zu berechnen ist, erhält man als Masse der Erde $M_e = (4/3)\,\pi r^3 \varrho$ und kann nun mit stark gerundeten Zahlen rechnen. Es ergibt sich mit $\pi \approx 3$:

$$M_e \approx \frac{4}{3} \cdot 3 \cdot (6 \cdot 6) \cdot 10^{8^3} \cdot 6 \cdot 10^8 \cdot 6 \text{ g} \approx 4 \cdot (36 \cdot 6) \cdot 10^{24} \cdot 6 \text{ g}$$

$$\approx 4 \cdot 250 \cdot 10^{24} \cdot 6 \text{ g} \approx 6 \cdot 10^{27} \text{ g} = 6 \cdot 10^{24} \text{ kg} = 6 \cdot 10^{21} \text{ t} = 6000 \text{ Trillionen t.}$$

Der Zahlenwert des Rechenstabes in t lautet demzufolge $5{,}95 \cdot 10^{21}$.

3. Entsprechend ist die Gewichtskraft der Lufthülle überschlägig zu bestimmen unter der Annahme, daß die Lufthülle auf die Erdoberfläche den Normdruck von $1{,}013 \cdot 10^5$ Pa ausübt. Ein vorliegendes Computer-Ergebnis lautet $G_L = 5{,}167\,233\,148 \cdot 10^{19}$. Ist es richtig, und mit welcher Genauigkeit ist es zu verantworten?

Lösung:

Bei Verwendung der Formel für die Kugeloberfläche $O = 4\pi r^2$ und Umrechnung der Fläche auf m^2 ergibt sich als Gewichtskraft der Lufthülle mit gerundeten Zahlen

$$G_L = 4 \cdot \pi \cdot 6{,}37^2 \cdot 10^{12} \cdot 1{,}013 \cdot 10^5 \text{ N} \approx 4 \cdot 3 \cdot 40 \cdot 10^{12} \cdot 1 \cdot 10^5 \text{ N} \approx 480 \cdot 10^{17} \text{ N}$$

$$\approx 5 \cdot 10^{19} \text{ N}.$$

Das oben angeführte Ergebnis ist also richtig, sollte aber nur bis auf 2 Ziffern nach dem Komma verwendet werden, also $G_L = 5{,}17 \cdot 10^{19}$ N.

3.4.4. Rechenpläne, Rechenschemata

Um umfangreiche und kompliziertere Rechnungen recht rentabel und ökonomisch durchführen zu können und um zu vermeiden, daß ungewollt Fehler in die Rechnung einfließen, müssen größere Rechenleistungen gut vorbereitet und nach Möglichkeit weitgehend schematisiert werden. Das hat den Vorteil, daß der Bearbeiter sich während der Rechnung nicht um den Ablauf der einzelnen Teilschritte zu kümmern braucht und seine ganze Konzentration auf die Rechenoperationen — wie Einstellen oder Aufsuchen der Zahlen, Ablesen und Aufschreiben — richten und somit Fehler vermeiden kann. Ferner ist von vornherein zu klären, mit welchen *Rechenhilfsmitteln* (Rechenstab, Logarithmen- und Funktionstafeln, Nomogrammen und Funktionspapieren, Taschen- oder Tischrechnern) gearbeitet werden soll.

Sämtliche Zwischenrechnungen und -ergebnisse sind *in* den *Rechenplan einzubeziehen.* Außerdem ist es von Vorteil, wenn am Schluß oder nach umfangreicheren Teilblöcken der Rechnung *Rechenkontrollen* eingeschaltet werden, die ebenfalls dem Ausschließen möglicher Fehler dienen sollen.

In dieser Art sollte jede größere Aufgabe erst rechentechnisch durchdacht und geplant werden, bevor man sie numerisch durchrechnet. Die strenge Ordnung unter Einhalten eines starren Schemas garantiert fehlerfreie Ergebnisse.

Als *Beispiel für einen einfachen Rechenplan,* der mit Rechenstab oder Taschenrechner bewältigt werden kann, soll die Berechnung einer Ellipse mit vorgegebenen Halbachsen $a = 4$ und $b = 3$ für die Werte $x = 2; 2{,}5; 3; 3{,}5$ dienen.

Es wird von der Ellipsengleichung

$$\frac{x^2}{a^2} + \frac{y^2}{b} = 1$$

oder

$$y = \frac{b}{a}\sqrt{(a^2 - x^2)} \quad \text{mit} \quad a^2 = 16 \quad \text{und} \quad \frac{b}{a} = \frac{3}{4}$$

ausgegangen und der nachstehende Rechenplan verwendet.

Rechenplan: Punktweise Berechnung einer Ellipse

Eingabe	①		x	2	2,5	3	3,5
Rechnung	②	$①^2$	x^2	4	6,25	9	12,25
	③	16 − ②	$a^2 - x^2$	12	9,75	7	3,75
	④	$\sqrt{③}$	$\sqrt{a^2 - x^2}$	3,46	3,12	2,65	1,94
Ergebnis	⑤	$\frac{3}{4}$ ④	y	2,60	2,34	1,99	1,46
Kontrolle	⑥	5^2	y^2	6,76	5,46	3,96	2,13
		$= \left(\frac{3}{4}\right)^2$ ③	$= \left(\frac{3}{4}\right)^2 (a^2 - x^2)$	= 6,75	5,48	3,95	2,11

Es ist üblich, sämtliche Zeilen durchzunumerieren und die Ziffern durch Kreise oder Quadrate einzurahmen.

In Spalte 4 wird der Gang der Rechnung dargestellt und mit den entsprechenden Termen (Formelteilstücken) erläutert, wie er zwischen der Eingabe der Ausgangsdaten und dem Ergebnis abläuft. Die gesamte Rechnung muß so weit in Teilschritte aufgelöst werden, daß keine Zahlenwerte von Zwischenergebnissen auf Nebenzetteln notiert zu werden brauchen.

Der Rechenplan wird im vorliegenden Falle zeilenweise abgearbeitet, so daß ein routinemäßiger Rechenablauf zustandekommt. Man hätte aber ebenso folgerichtig die Eingabedaten spaltenweise anordnen können, wie das stets bei sehr großen Datenmengen geschieht. Dann wäre die Tabelle Spalte um Spalte, von links nach rechts fortschreitend, aufzurechnen. Schließlich ist es von Vorteil, am Schluß eine Kontrollrechnung durchzuführen, um etwaige Rechenfehler auszuschließen. Für sehr häufig gebrauchte Rechnungen dieser Art lohnt es sich, Drucke der entsprechenden Rechenformulare herstellen zu lassen, wie es am Beispiel des Strichlisten-Vordruckes (Abb. 12) gezeigt wurde.

3.5. Zur Arbeit mit EDV-Anlagen

Die folgenden Ausführungen sollen den Leser mit den wesentlichen *Ein- und Ausgabemöglichkeiten von Daten bei modernen EDV-Anlagen bekanntmachen.* Auf den inneren Ablauf der Berechnungen (Darstellung der Daten im Rechner, Programmierung usw.) soll dabei nicht eingegangen werden.

Abb. 13 zeigt die Struktur des Datenflusses bei einer EDV-Anlage. Verschiedene dort angeführte Geräte sind bei größeren Anlagen meist mehrfach vorhanden. Bei kleineren und kleinsten Rechnern wird man dagegen nicht alle angeführten Ein- und Ausgabegeräte vorfinden. Die Effektivität der gesamten Anlage hängt aber entscheidend mit von diesen peripheren Geräten ab.

Den Kern der Anlage bildet die *Zentraleinheit* (auch *zentrale Verarbeitungseinheit*). In ihr laufen die gesamten Berechnungen ab, werden bestimmte Daten und das jeweilige Programm gespeichert und von hier werden von entsprechenden Programmen die Ein- und Ausgabegeräte gesteuert. Die Zentraleinheit besitzt für den Anschluß der peripheren Geräte verschiedene Ein- und Ausgabekanäle, an die die entsprechenden Geräte angeschlossen werden können. Diese Verbindungen, durch welche die Daten

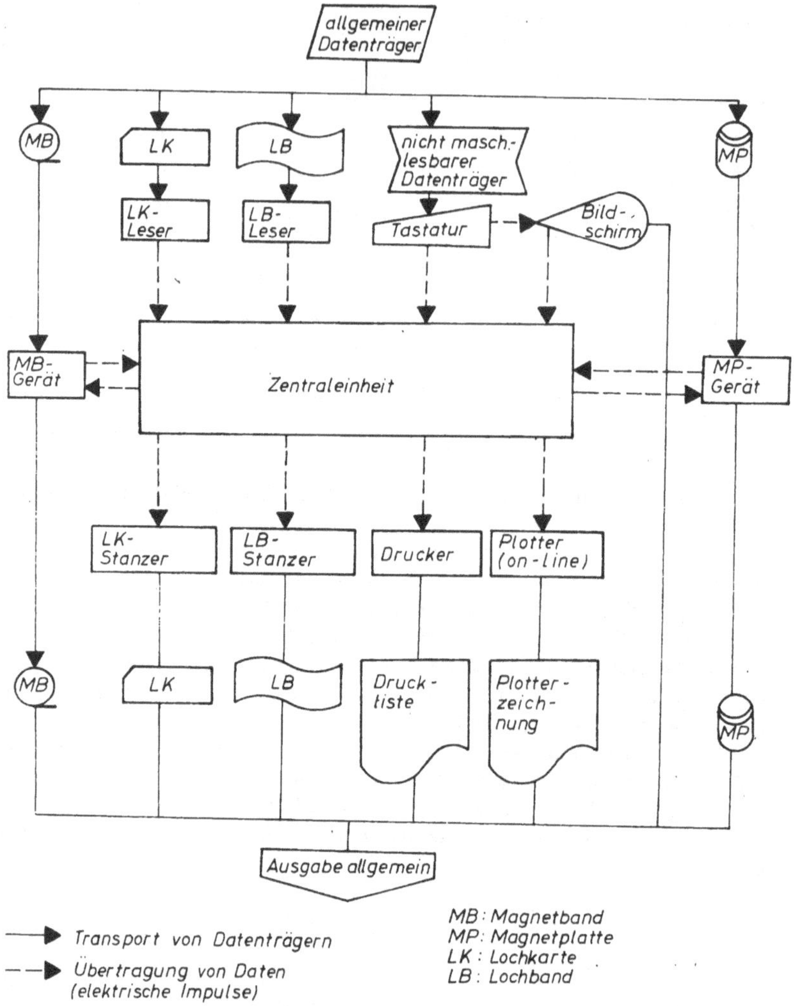

Abb. 13. Datenfluß bei der Arbeit mit EDV-Anlagen

in Form von elektrischen Impulsen übertragen werden, wirken in einer oder auch in beiden Richtungen (vgl. die Richtung der gestrichelten Pfeile in Abb. 13).

Mit *Lochkarten- und Lochbandlesegeräten* lassen sich Daten, die auf Lochkarten bzw. -band vorliegen, in den Rechner eingeben. Diese werden dann vom Rechner entweder im *Hauptspeicher* oder auf *externen Zusatzspeichern* (*Magnetband, Magnetplatte*) abgespeichert und von dort bei Bedarf zu Rechnungen herangeholt. Die Geschwindigkeiten, mit denen Lochkarten und -bänder in den Rechner eingelesen werden können, liegen meist weit unter denen von magnetischen Datenträgern, wie Magnetband oder Magnetplatte.

Die Möglichkeit, Daten mit der Hand über eine *Tastatur* einzugeben, ist nur bei Kleinrechnern vertretbar, und zwar dann, wenn diese Daten nur einmal benötigt werden oder dabei gleichzeitig mit der Rechnung ein maschinenlesbarer Datenträger erstellt wird. Bei Großrechnern ist diese Form der Dateneingabe (besser Informationseingabe) nur beim sogenannten Dialogbetrieb zu finden. Dabei werden vom Bediener an bestimmten Stellen eines Programmes, an denen der Rechner die Abarbeitung unterbricht, Entscheidungen über den weiteren Verlauf der Berechnung getroffen und diese über eine Tastatur in den Rechner eingegeben. Damit der Bediener erkennt, welche Entscheidung von ihm verlangt wird, kann der Rechner über die *optische Anzeigevorrichtung*, beispielsweise einen *Bildschirm*, Aufforderungen und Anfragen ausgeben. Die Entscheidung des Bedieners wird ebenfalls zur Kontrolle auf diesem Bildschirm dargestellt.

Ein solcher Dialogbetrieb läßt sich auch mit Hilfe einer *Schreibmaschine* realisieren. Hierbei werden die Anfragen und Antworten von der Schreibmaschine protokolliert. Der Dialogbetrieb, der allerdings bestimmte Anforderungen an das Betriebssystem (Dienstprogrammpaket) stellt, läßt sich z. B. bei Modellanpassungen einsetzen. In diesem Fall können an bestimmten Programmstellen vom Bediener gewisse Modellparameter abgeändert werden, um eine bessere Anpassung zu erreichen.

Im Gegensatz zu den bisher beschriebenen Geräten, mit denen nur eine Dateneingabe möglich ist, gestatten Magnetband- und Magnetplattengeräte sowohl die Dateneingabe als auch -ausgabe. Auf den entsprechenden Datenträgern kommen deshalb vor allem solche Daten zur Speicherung, die mehrmals in verschiedenen Rechnungen (Programmen) benötigt werden. Außerdem werden sie noch als externe Zusatzspeicher verwendet, wenn alle zur Rechnung notwendigen Eingangsdaten und Zwischenresultate nicht im Hauptspeicher untergebracht werden können.

Ergebnisse von Berechnungen, die für spätere Untersuchungen wieder benötigt werden, können auf Magnetband oder -platte ausgegeben werden. Sollen allerdings diese Ergebnisse auf Rechnern weiterverarbeitet werden, die diese magnetischen Datenträger aus irgendeinem Grund nicht lesen können, so wird man diese Werte auf Lochkarte oder -band ausgeben. Dazu stehen die *Lochkarten- und Lochbandstanzer* zur Verfügung. Werden die Ergebnisse der Rechnungen zu einer manuellen Auswertung und Interpretation benötigt, so müssen sie in entsprechender Form ausgegeben werden. Die am meisten verbreitete *Form der Ausgabe* ist dabei die *Auslistung über den Drucker.* Mit dem Drucker können Tabellen, Texte (insbesondere Überschriften und Erläuterungen) und auch graphische Darstellungen gedruckt werden.

Eine andere Form der Ausgabe, insbesondere von graphischen Darstellungen, bietet sich bei der Verwendung von *Zeichengeräten*, sog. *Plottern*, die, vom Rechner gesteuert (bei On-line-Betrieb), Zeichnungen erstellen. Die Zeichengeräte können zum Teil auch durch Lochstreifen, die dann meist einem Rechner entstammen, gesteuert werden (Off-line-Betrieb). Die graphischen Darstellungen, die mit Plottern hergestellt werden können, reichen von Diagrammen und Histogrammen über die Darstellung von funktionalen oder stochastischen Abhängigkeiten mittels Ausgleichskurven bzw. Regressionsfunktionen bis zur Herstellung von Karten. Solche Automatenkarten werden an anderer Stelle ausführlich diskutiert (vgl. Kap. 4.5.2., S. 133 ff.).

Abschließend wird anhand eines *Beispiels* das *Zusammenwirken der verschiedenen Teile einer EDV-Anlage bei der Abarbeitung eines Programmes* erläutert:
Es besteht die Aufgabe, für eine Meßstation und einen Monat statistische Maßzahlen für die mittlere Temperatur und die mittlere relative Feuchte sowie die Regressionsfunktion zu berechnen. Dazu sind Lochkarten mit den entsprechenden meteorologischen Meßwerten (Kap. 2.5.2., S. 61 ff.) vorhanden.

Ein *Programm*, welches die Berechnungen durchführen soll, arbeitet folgendermaßen: Die Lochkarten mit den notwendigen Werten (Kartenart 1) müssen nacheinander gelesen werden. Alle auf der Lochkarte vorhandenen Zahlen werden dabei vom Lochkartenleser ermittelt und zum Rechner übertragen. Dort werden dann die für die Rechnung wichtigen Werte der Temperatur und der Feuchte ausgesondert und weiterverarbeitet. Dazu werden das Produkt und die beiden Quadratzahlen gebildet und alle Werte in Summenregistern aufaddiert. Die Ausgangswerte und die berechneten Zahlen (Produkt, Quadrate) werden zusammen mit der Nummer des Tages an den Drucker übertragen und als Tabelle ausgedruckt.

Die Werte für Temperatur und Feuchte können darüber hinaus zum Plotter übertragen und dort der entsprechende Punkt in einem vorher vereinbarten Koordinatensystem (x — Temperatur, y — Feuchte) markiert werden.

Sind alle Lochkarten nach diesem Verfahren bearbeitet, so überträgt der Rechner die Werte der Summenzeile an den Drucker, und dieser druckt sie aus. Danach errechnet der Rechner nach den angegebenen Formeln die gesuchten statistischen Maßzahlen. Die so erhaltenen Zahlen werden dann ebenfalls zum Drucker übertragen und dort zusammen mit Buchstaben- und Zeichenkombinationen (Namen) ausgegeben. Die Namen weisen auf die Bedeutung jeder gedruckten Zahl hin (z. B. XQUER soll den Temperaturmittelwert für den Monat bezeichnen). Mit den Koeffizienten a und b der Regressionsgeraden, die ebenfalls berechnet wurden, können für den Plotter Anweisungen zum Zeichnen der Regressionsgeraden aufgestellt und diese dann zum Plotter übertragen werden.

Als Ausgabebelege liegen nach Beendigung des Programms die *Druckliste* und die *Plotterzeichnung* vor.

4. Die Darstellung von Daten

4.1. Allgemeiner Überblick

Zur Veranschaulichung von Strukturdaten, Entwicklungen und von Prozessen spielt die *graphische Darstellung* eine wichtige Rolle. Sehr häufig werden tabellarisch erfaßte Werte zusätzlich noch in Form von Kurven und Diagrammen zur Darstellung gebracht. Wenn die Tabelle auch die Einzelwerte mit größter Genauigkeit wiedergibt, so ist sie zur Herausstellung von Zusammenhängen, Entwicklungstrends und Abhängigkeiten meist wenig geeignet. Hier leistet das graphische Bild eine wertvolle Unterstützung und Ergänzung, indem es einen raschen und informativen Überblick über die strukturellen Verhältnisse sowie die zeitlichen Abläufe vermittelt, vor allem auch dann, wenn eine große Zahl von Daten überschaut werden muß. Ebenfalls zum Vergleich von Datengruppierungen ist die graphische Darstellung im allgemeinen der Tabelle überlegen.

Zu den graphischen Darstellungen werden in diesem Zusammenhang alle *linien- (kurven-) und flächenhaften sowie räumlichen Zeichnungen* gerechnet, *die Datenmengen oder Ergebnisse von Datenauswertungen in graphischer Form widerspiegeln* und bei denen die numerischen Wert dabei eindeutig bzw. eineindeutig auf Punkte, Strecken, Flächen oder räumliche Figuren abgebildet werden.

Im folgenden soll ein kurzer zusammenfassender Überblick über die wichtigsten in der Geographie verwendeten graphischen Verfahren gegeben werden, vor allem über

- Punktdiagramme,
- Linien- oder Streckendiagramme, Kurven,
- Flächendiagramme,
- Körperdiagramme,
- Kartogramme.

Ferner wird auf Schreibwerk- und Computerkarten verwiesen, ebenso wie bei den verschiedenen mathematischen Methoden auch jeweils die Möglichkeiten ihrer graphischen Veranschaulichung erörtert werden.

Hier sollen in erster Linie sogenannte *monovariable Verteilungen* (Probleme mit einer einzigen Veränderlichen) behandelt werden neben Beispielen mit mehreren Veränderlichen. Für viele praktische Zwecke ist es von Vorteil, zur Darstellung von Daten Funktionspapiere und sogenannte Wahrscheinlichkeitsnetze, wie sie im Handel erhältlich sind, zu verwenden. Auch dafür werden einige geographische Anwendungen aufgezeigt und in einem kurzen Abriß, wie er in diesem Rahmen vertretbar erscheint, Hinweise auf die Herstellung einfacher Nomogramme gegeben.

4.2. Die Wiedergabe von Häufigkeitsverteilungen durch Histogramme und Polygonzüge

Sekundäre Verteilungstafeln, wie sie bei der Aufbereitung von Daten (vgl. Kap. 3.3.3., S. 78) gewonnen werden, lassen sich in verschiedener Weise auch graphisch veranschaulichen. Hier soll der Fall der *monovariablen Häufigkeitsverteilung* auf der Grundlage eines rechtwinkligen Koordinatensystems betrachtet werden:

Auf der Abszissenachse (x-Achse), auch Merkmalsachse genannt, werden die Merkmalsausprägungen oder, wenn eine Zusammenfassung der Meßwerte zu Klassen erfolgt ist, die Klassengrenzen bzw. die Klassenmitten aufgetragen. Die zugehörigen Häufigkeiten werden auf der Ordinatenachse (y-Achse) abgebildet. Je nach der Art der Auswertung können absolute oder relative Häufigkeiten Verwendung finden. Relative Häufigkeiten besitzen den großen Vorteil, daß sie einen raschen Vergleich von mehreren Häufigkeitsverteilungen auch dann gestatten, wenn diese ganz unterschiedlichen Umfang haben.

Die Einheiten auf den beiden Achsen sollten so gewählt werden, daß das Diagramm im ganzen eine möglichst quadratische Form erhält, d. h. weder zu stark in Richtung der x-Achse zusammengezogen und in der y-Achse gestreckt, noch in Richtung der x-Achse auseinandergezogen bei flacher y-Verteilung erscheint.

Das Diagramm muß nicht unbedingt am Nullpunkt beginnen, auch können auf beiden Achsen verschiedene Maßeinheiten und unterschiedliche Wertintervalle verwendet werden. Wichtig ist jedoch, daß einwandfrei zu erkennen ist, ob die dargestellten Säulen oder Strecken in ihrer ganzen Länge oder nur zu bestimmten Teilabschnitten abgebildet werden. Dazu sind in der Praxis bestimmte Symbole, die die Unterbrechung andeuten sollen, für die Achsen und gleichermaßen für die Säulen (Abb. 14) gebräuchlich. Wird dies nämlich nicht berücksichtigt, so kommt man zu falschen Vorstellungen bezüglich der Größenverhältnisse der Schwankungen zwischen den einzelnen Klassen, da man diese zunächst unwillkürlich auf die Grundlinie des Diagramms bezieht, anstatt sie zur Gesamthöhe der Wertegruppen in Beziehung zu setzen.

Als eine *Form des Liniendiagramms* kann der *Polygonzug* angesehen werden. Er entsteht, wenn man bei stetigen Veränderlichen auf der Merkmalsachse (x-Achse) die Klassenmitten markiert und in diesen Punkten Lote errichtet, auf denen man die Klassenhäufigkeiten aufträgt. Die Ordinatenachse kann sowohl nach der absoluten wie auch nach der relativen Häufigkeit skaliert sein. Die gefundenen Endpunkte der Lote verbindet man durch einen gemeinsamen Linienzug, der als *Häufigkeitspolygon* bezeichnet wird. Dieses Polygon läßt anschaulich den Grad der *Asymmetrie der Verteilung* erkennen.

Durch eine geschickte Wahl der Maßeinheiten auf den Achsen soll ein möglichst objektives Bild entstehen, das frei von darstellungsbedingten Verzerrungen ist. Die Kurve beginnt und endet bei kontinuierlichen Veränderlichen stets auf der x-Achse. Handelt es sich jedoch um diskrete Variable, so braucht dies nicht der Fall zu sein. Hier beginnt der Linienzug am Endpunkt des Lotes der niedrigsten Klasse und endet am Endpunkt des Lotes der höchsten Klasse. Der Umfang der Häufigkeitsverteilung wird durch die Summe der Längen der Lote über sämtliche Klassen bestimmt.

Unter Verwendung des *Beispiels „Reisezeit mit öffentlichen Verkehrsmitteln“* (vgl. Kap. 3.3.3., S. 82) ergibt sich der Polygonzug in Abb. 15. Die Verteilung ist asymmetrisch und nach den niederen Klassengrößen hin verschoben, wie auch die Lage des

Modalwertes zeigt. Bei genauer Prüfung ist zu erkennen, daß es sich um eine doppelgipflige (bimodale) Verteilung handelt, die aus 2 Normalverteilungen zusammengesetzt ist.

Für diskrete Werte findet das *Streckendiagramm* Anwendung. Hier sind die Klassenhäufigkeiten durch Strecken wiedergegeben. Im Gegensatz zum Polygonzug werden jedoch die Endpunkte nicht zu einer geschlossenen Kurve miteinander verbunden. Die Achsen tragen entsprechende metrische Teilungen.

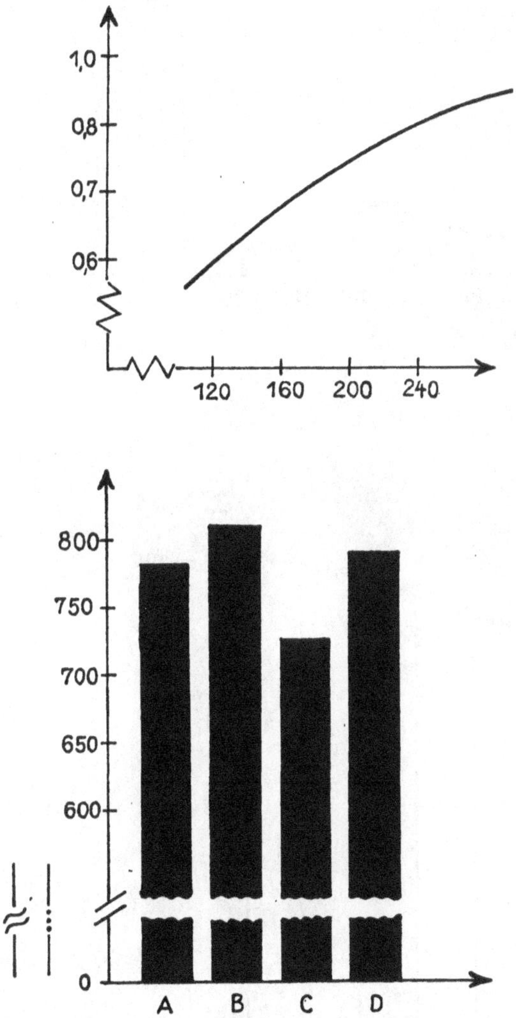

Abb. 14. Symbole zur Bezeichnung von Unterbrechungen in Diagrammen und Verteilungskurven

Die monovariablen Häufigkeitsverteilungen lassen sich nach *charakteristischen Kurventypen* gliedern. Einmal lassen sich *eingipflige* (unimodale) und *mehrgipflige* (multimodale) *Häufigkeitsverteilungen* unterscheiden, je nachdem, wieviel Häufigkeitsmaxima in der Kurve auftreten. Weiterhin ist der *Grad der Symmetrie bzw. Asymmetrie* von Bedeutung. Zu den symmetrischen Formen der eingipfligen Häufigkeitsverteilung

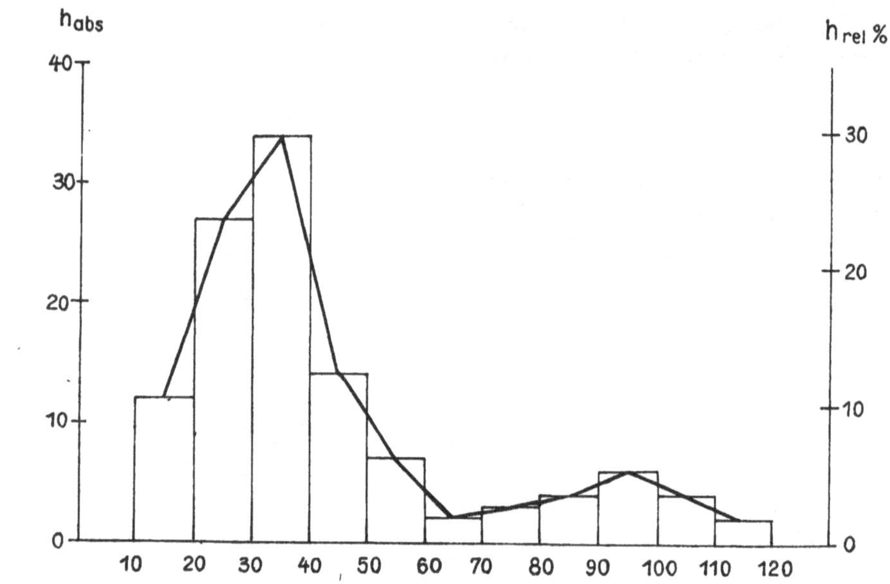

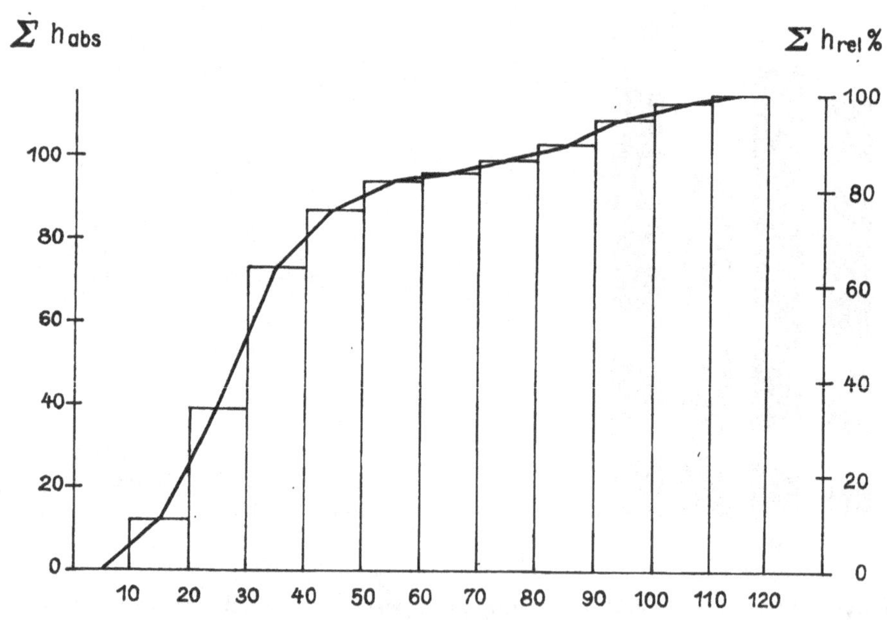

Abb. 15. Polygonzug und Histogramm samt Darstellung der Summenhäufigkeit

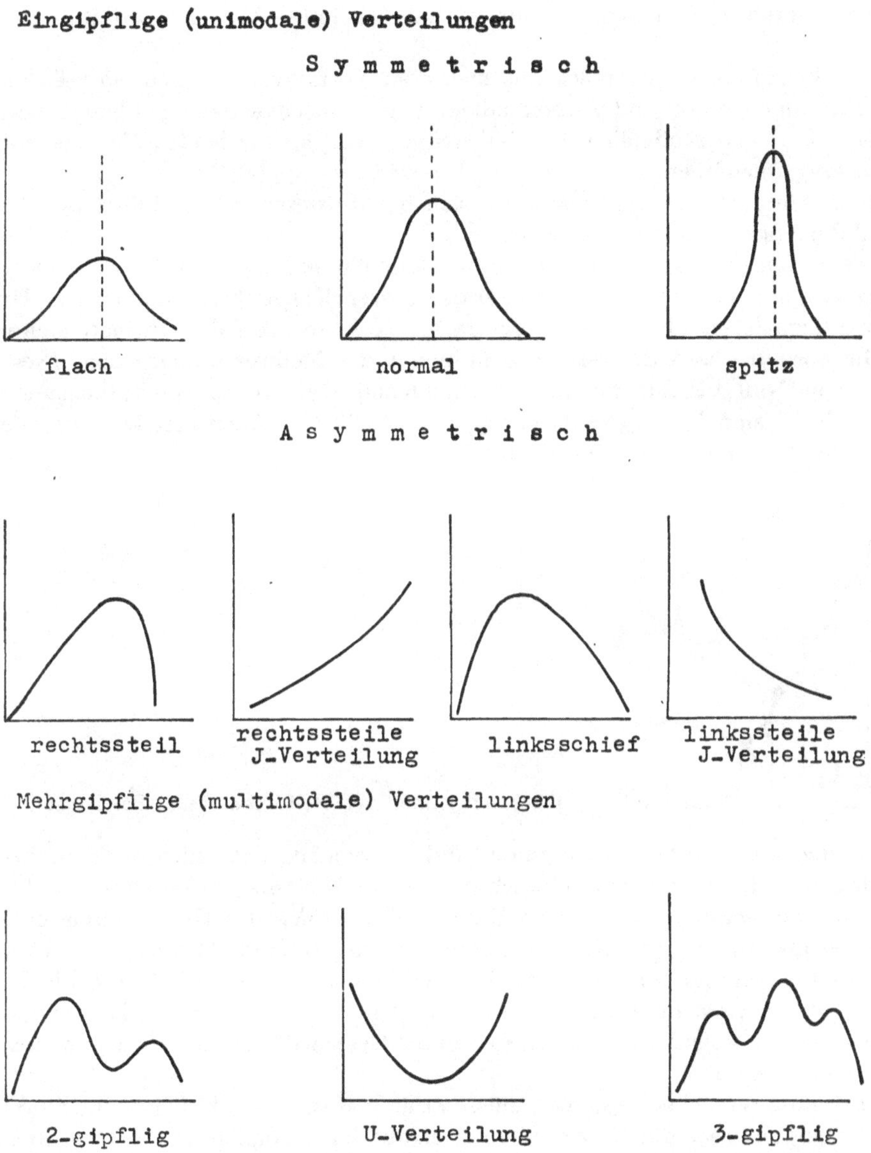

Abb. 16. Typen von Häufigkeitsverteilungen

gehören verschiedene Ausprägungen der GAUSSschen Normalverteilung (Glockenkurve; vgl. Kap. 7.2.2., S. 216ff.). Neben der typischen Normalform lassen sich *flachgipflige* und *spitzgipflige* Ausprägungen unterscheiden (vgl. Abb. 16).

Die *asymmetrischen eingipfligen (unimodalen) Häufigkeitsverteilungen* (Abb. 16) können in linksschiefe, auch linkssteile, und rechtsschiefe Formtypen gegliedert werden, je nachdem, ob der Häufigkeitsgipfel nach links oder rechts verschoben ist. Wenn ein eigentlicher Gipfel fehlt und der Höchstwert auf den Rand zu liegen kommt, spricht man von sogenannten *J-Verteilungen*. Auch sie können links- bzw. rechtssteil ausgeprägt sein.

Mehrgipflige Verteilungen sind meist aus mehreren Normalverteilungen oder Teilen von solchen zusammengesetzt und werden daher auch als Mischverteilungen bezeichnet. Eine besondere Form ist schließlich die *U-Verteilung*, bei der die beiden Maxima mit den Rändern zusammenfallen.

Aus der Bewertung des Kurventyps lassen sich bereits wesentliche Schlüsse auf die Struktur und die Anordnung der Werte ziehen.

Eine mit dem Häufigkeitspolygon verwandte Darstellungsform ist das *Histogramm*, auch *Säulendiagramm* genannt. Hier sind über der ganzen Klassenbreite Säulen von der Höhe der jeweiligen Klassenhäufigkeit aufgetragen (Abb. 15). Auf der Ordinatenachse ist wieder die absolute bzw. die relative Häufigkeit der Meßwerte angegeben. Diese Skala reicht von Null bis zur maximal vorhandenen Häufigkeit. Im vorliegenden Beispiel in Abb. 15 sind $h_{\text{abs(max)}} = 34$ und $h_{\text{rel(max)}} = 29{,}6\%$. Auch hier kommen die beiden Gipfel der Verteilung gut zum Ausdruck.

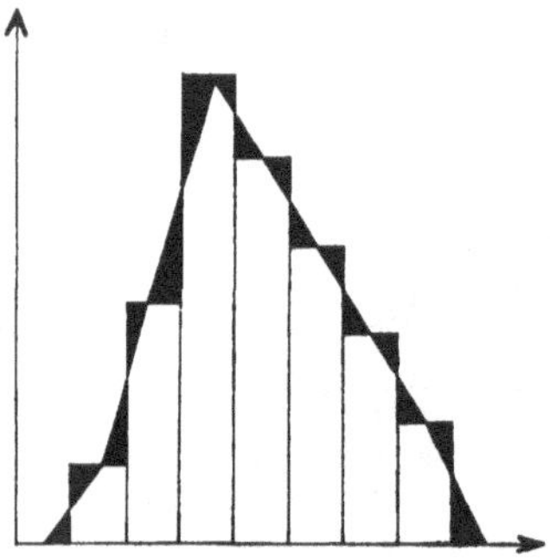

Abb. 17. Flächengleichheit von Histogramm und Polygonzug

Die Verwandtschaft zwischen Histogramm und Polygonzug tritt auch darin in Erscheinung, daß sich der Polygonzug einfach aus einem Histogramm entwickeln läßt. Man hat nur die Seitenmitten der oberen Kanten aller Säulen des Histogramms miteinander zu verbinden, um das Häufigkeitspolygon zu erhalten. Wenn man diesen Polygonzug bis zur x-Achse verlängert, bleibt, wie Abb. 17 erkennen läßt, die Fläche des Histogramms erhalten, denn die durch den Polygonzug abgetrennten bzw. angefügten Dreiecke sind jeweils flächengleich, so daß die Gesamtfläche unverändert bleibt. Beide Figuren sind isomorph.

Bei der Aufstellung von Histogrammen müssen die in Kap. 3.3.2. u. 3.3.3., S. 78—83 dargelegten Prinzipien über die Klassenbildung erfüllt sein, wenn man effektive Aussagen erzielen will. An den folgenden 3 Beispielen soll gezeigt werden, welche Abweichungen an einem Histogramm auftreten, wenn man die grundlegenden Parameter Reduktionslage, Klassenbreite und Klassenzahl variiert. Dies sollte bei der Programmierung von Histogrammen stets beachtet werden.

Nach der Eingabe der Daten hat der Computer folgende Größen zu ermitteln:

N — die Anzahl der zu bearbeitenden Meß- oder Beobachtungswerte

x_{min} — den niedrigsten vorkommenden Wert

x_{max} — den höchsten vorkommenden Wert

$(x_{\text{max}} - x_{\text{min}})$ — die Variationsbreite als den vom Histogramm zu erfassenden Merkmalsbereich.

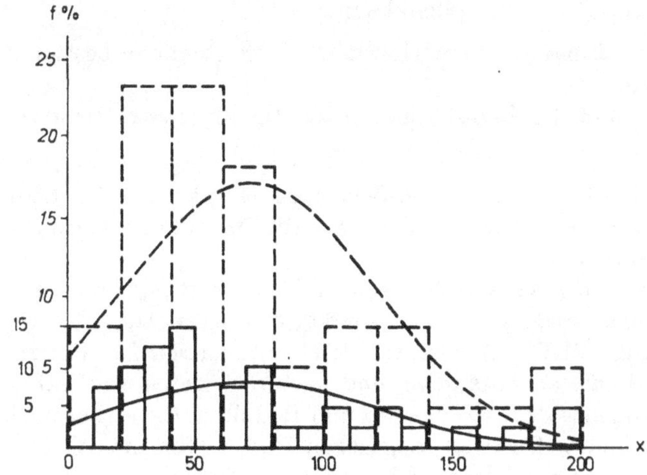

a) Histogramme mit verschiedenen Klassenzahlen und Klassenbreiten und mit der Reduktionslage $x_0 = 0$

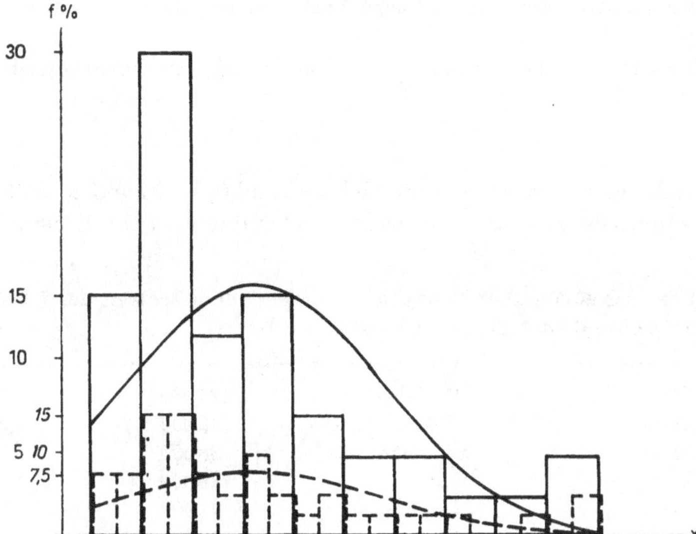

b) Histogramme mit verschiedenen Klassenzahlen, veränderter Reduktionslage und veränderten Klassenbreiten

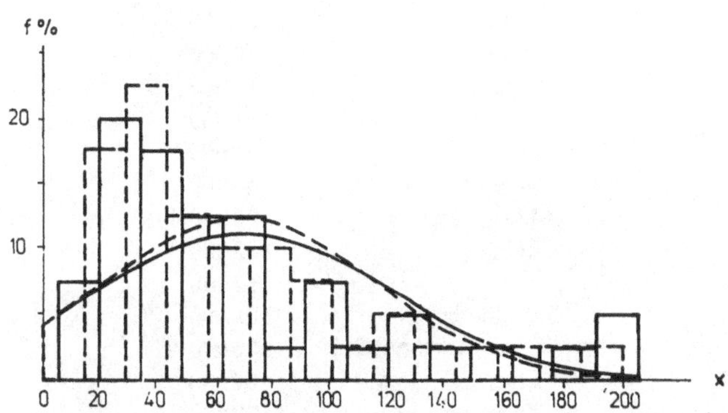

c) Histogramme mit konstanten Klassenzahlen, variierten Reduktionslagen und Klassenbreiten

Abb. 18. Variation der Parameter bei der Histogrammkonstruktion

Für die weitere Auswertung sind *2 Varianten* denkbar:

1. Vorgabe der Anzahl der Klassen k und der Reduktionslage x_0. Der Computer bestimmt die zugehörige Klassenbreite d.
2. Vorgabe der Klassenbreite d und der Reduktionslage x_0. Der Computer ermittelt die Klassenzahl k.

Wenn mit der EDV-Anlage ein Plotter (Koordinaten-Zeichengerät) gekoppelt ist, kann anschließend das Histogramm sofort gezeichnet werden. Die Abb. 18 ist nach dem Plotterausdruck umgezeichnet worden.

Für die 3 dargestellten *Varianten der Konstruktion eines Histogramms* (vgl. Abb. 18a bis c) wurde einheitliches Datenmaterial (Tab. 5) verwendet, das der Volks-, Berufs-, Wohnraum- und Gebäudezählung (VBWGZ) vom 1. 1. 1971 entnommen ist. Die für den Aufbau der Histogramme benutzten Parameter sind nach den Daten von Tab. 5 in Tab. 6 aufbereitet. Außer Klassenzahl, Klassenbreite und Reduktionslage sind auch arithmetisches Mittel, Varianz und χ^2-Testwert angegeben, da sie für quantitative Vergleiche zwischen den Histogrammen wichtig sind. Auf die statistischen Methoden zur Berechnung der genannten Parameter soll an dieser Stelle nicht näher eingegangen werden.

Es wurden folgende *Abwandlungen* bei der Konstruktion *der Histogramme* berücksichtigt:

Fall 1

In Abb. 18a sind zwei Darstellungen mit verschiedener Klassenzahl $k_1 = 10$ und $k_2 = 20$ gewählt worden. Die Reduktionslage $x_0 = 0$ ist in beiden Fällen dieselbe. Die Klassen-

Tabelle 5. Anzahl der Einwohner der 40-Minuten-Zone von 40 ausgewählten Zentren der DDR (ohne Einwohner der Zentren) nach dem Stand vom 1.1. 1971

Berlin	75000	Weißenfels	123000
Greifswald	29000	Wittenberg	42000
Rostock	51000	Eisenach	38000
Stralsund	47000	Erfurt	126000
Wismar	27000	Nordhausen	73000
Güstrow	19000	Weimar	36000
Schwerin	56000	Gera	62000
Neubrandenburg	25000	Jena	32000
Brandenburg	26000	Meiningen	42000
Potsdam	55000	Suhl	17000
Frankfurt	16000	Bautzen	81000
Cottbus	101000	Dresden	191000
Senftenberg	34000	Görlitz	44000
Halberstadt	136000	Altenburg	76000
Magdeburg	111000	Leipzig	152000
Stendal	40000	Aue	47000
Bitterfeld	69000	Freiberg	31000
Dessau	95000	Karl-Marx-Stadt	196000
Eisleben	77000	Plauen	62000
Halle	101000	Zwickau	179000

Tabelle 6. Die für Histogramme benötigten Kenngrößen nach den Daten von Tabelle 5: Klassenzahl, Klassenbreite, Reduktionslage, arithmetisches Mittel, Varianz und χ^2-Wert zu den Abbildungen 18a—c (für $\Sigma f\,\%$ steht aus Platzgründen nur Σ)

K.-Nr.	Fall 1 (Abb. 18a)						Fall 2 (Abb. 18b)						Fall 3 (Abb. 18c)					
	$k = 20$, $d = 10$			$k = 10$, $d = 20$			$k = 20$, $d = 9{,}5$			$k = 10$, $d = 19$			$k = 14$, $d = 15$			$k = 14$, $d = 13{,}571$		
	f	$f\,\%$	Σ	f	$f\,\%$	Σ	f	$f\,\%$	Σ	f	$f\,\%$	Σ	f	$f\,\%$	Σ	f	$f\,\%$	Σ
1	—	—	0	3	7,5	7,5	3	7,5	7,5	6	15,0	15,0	—	—	0	3	7,5	7,5
2	3	7,5	7,5	9	22,5	30,0	3	7,5	15,0	12	30,0	45,0	7	17,5	17,5	8	20,0	27,5
3	4	10,0	17,5	9	22,5	52,5	6	15,0	30,0	5	12,5	57,5	9	22,5	40,0	7	17,5	45,0
4	5	12,5	30,0	7	17,5	70,0	6	15,0	45,0	6	15,0	72,5	5	12,5	52,5	5	12,5	57,5
5	6	15,0	45,0	2	5,0	75,0	3	7,5	52,5	3	7,5	80,0	4	10,0	62,5	5	12,5	70,0
6	3	7,5	52,5	3	7,5	82,5	2	5,0	57,5	2	5,0	85,0	4	10,0	72,5	1	2,5	72,5
7	3	7,5	60,0	3	7,5	90,0	4	10,0	67,5	2	5,0	90,0	3	7,5	80,0	3	7,5	90,0
8	4	10,0	70,0	1	2,5	92,5	2	5,0	72,5	1	2,5	92,5	1	2,5	82,5	1	2,5	82,5
9	1	2,5	72,5	1	2,5	95,0	1	2,5	75,0	1	2,5	95,0	2	5,0	87,5	2	5,0	87,5
10	1	2,5	75,0	2	5,0	100,0	2	5,0	80,0	2	5,0	100,0	1	2,5	90,0	1	2,5	90,0
11	2	5,0	80,0				1	2,5	82,5				1	2,5	92,5	1	2,5	92,5
12	1	2,5	82,5				1	2,5	85,0				1	2,5	95,0	—	—	92,5
13	2	5,0	87,5				1	2,5	87,5				1	2,5	97,5	1	2,5	95,0
14	1	2,5	90,0				1	2,5	90,0				1	2,5	100,0	2	5,0	100,0
15	—	—	90,0				1	2,5	92,5				1	2,5				
16	1	2,5	92,5				—	—	92,5									
17	—	—	92,5				—	—	92,5									
18	1	2,5	95,0				1	2,5	95,0									
19	—	—	95,0				—	—	95,0									
20	2	5,0	100,0				2	5,0	100,0									
	40	100,0		40	100,0		40	100,0		40	100,0		40	100,0		40	100,0	
x_0	0			0			10			10			0			10		
Reduktionslage	0—200			0—200			10—200			10—200			0—210			10—200		
χ^2	43,787			17,773			47,473			23,84			25,278			33,849		
$\chi^2_{\text{Tab.}}$	40,79			24,32			40,79			24,32			31,26			31,26		
Freiheitsgrad	17			7			17			7			11			11		

breiten betragen $d_1 = 20$ und $d_2 = 10$. Es ist deutlich zu erkennen, daß die beiden Histogramme recht verschiedene Bilder ergeben. Bei der großen Klassenzahl zerfällt das Histogramm, da im Bereich der hohen Merkmalswerte einige Klassen leer bleiben. Die niedrigere Klassenzahl $k = 10$ ist in diesem Falle vorzuziehen.

Fall 2

Gegenüber der Abb. 18a ist in Abb. 18b die Reduktionslage auf $x_0 = 10$ gesetzt. Die Klassenzahlen werden wieder zu $k_1 = 10$ bzw. $k_2 = 20$ gewählt. Es ergeben sich jedoch andere Klassenbreiten, nämlich $d_1 = 19$ und $d_2 = 9{,}5$, wenn der vorgegebene Wertebereich voll ausgeschöpft werden soll. Bereits bei visueller Betrachtung erkennt man die Andersartigkeit der Histogramme gegenüber dem Fall 1. Die zweite Säule der zehnteiligen Gruppierung hebt sich beispielsweise in Abb. 18b stark heraus, während in Abb. 18a die 2. und die 3. Säule gleichgroß erscheinen, dafür aber der Unterschied zwischen der 1. und der 2. wesentlich schroffer ist.

Fall 3

Im 3. Beispiel (Abb. 18c) bleibt die Anzahl der Klassen konstant, jedoch wird die Reduktionslage variiert zu $x_0 = 0$ und $x_0 = 10$. Wenn auch die Unterschiede beider Histogramme im ganzen gering sind, so ergeben sich doch sichtbare Abweichungen.

Vom Plotter werden auch, sofern dies programmiert wurde, über jedem Histogramm die errechneten Normalverteilungskurven eingezeichnet, und man kann meist bereits visuell die Abweichung von der symmetrischen GAUSSschen Normalverteilung erkennen. Präziser wird die Aussage durch die Angabe des χ^2-Wertes, welchen man mit dem aus Tafelwerken entnommenen Testwert vergleichen kann. Bekanntlich gilt: Wenn der ermittelte χ^2-Wert größer ist als der Tafelwert, so liegt eindeutig keine Normalverteilung vor.

Doch auch, wenn keine Rechenanlage zur Verfügung steht, um rasch den χ^2-Test durchzuführen, gibt es ein graphisches Verfahren, das ohne große Mühe angewendet werden kann, um die *Normalität einer Verteilung bzw. die Abweichung davon* zu zeigen. Man bestimmt dafür zunächst nach der Häufigkeitstabelle des Histogramms noch die Summenhäufigkeit, die durch Aufsummierung der einzelnen Klassenhäufigkeiten (vgl. Kap. 3.3.3., S. 81) gewonnen wird. Die Zahlenwerte sind in Tab. 6 in den entsprechenden Spalten angegeben. Dann trägt man diese Werte in ein Koordinatennetz mit halblogarithmischer Teilung ein. Eine GAUSSsche Normalverteilung, der eine Exponentialfunktion zugrunde liegt, wird auf diesem Papier als gerade Linie abgebildet. Je stärker die aufgetragene Linie von der Geraden abweicht, um so höher ist die Signifikanz des betreffenden Histogramms.

Histogramme vermögen zunächst nur Strukturen zu veranschaulichen, d. h., sie geben ein Bild vom Zustand der dargestellten Erscheinung zu einem bestimmten Zeitpunkt wieder. Die getroffene Aussage ist somit rein statischer Natur. Darüber hinaus ist es aber auch möglich, mittels Histogrammen Entwicklungen innerhalb eines bestimmten Zeitraumes darzustellen. Jedoch werden dabei nur der Anfangs- und Endzustand des betrachteten Zeitintervalls erfaßt. Man kann nämlich die für diese Termine gewonnenen Histogramme ineinanderzeichnen und gewinnt so ein anschauliches Bild von der Veränderung der einzelnen Säulen (Klassenhäufigkeiten) im betrachteten Zeitintervall.

Als *Beispiel* ist in Abb. 19 die *Entwicklung der Bevölkerung der DDR nach Gemeindegrößengruppen im Zeitraum von 1950 bis 1973* dargestellt worden. Man erkennt deutlich eine Bevölkerungsabnahme bei den kleinen Gemeinden (unter 10000 Einwohner) und eine Zunahme bei den großen Gemeinden (über 20000 Einwohner), vor allem bei den Großstädten, worin sich auch der Konzentrationsprozeß durch die Zusammenlegung kleiner Gemeinden und die Gründung von Gemeindeverbänden ausdrückt. Somit kommt in dieser Darstellung der gegenwärtig noch anhaltende Entwicklungstrend zur Konzentration der Bevölkerung in Zentren — auch als Ballungseffekt bezeichnet — deutlich zum Ausdruck. Für die graphische Veranschaulichung von Entwicklungsvorgängen gibt es jedoch geeignetere Verfahren. Sofern Zeitreihendarstellungen nicht genügen, geben Liniendiagramme im allgemeinen einen besseren Überblick als der Vergleich von Flächen, wie es beim Histogramm der Fall ist.

Mit dem Histogramm ist eine sehr anschauliche und einfach zu handhabende Darstellungsmethode für den Vergleich von Häufigkeiten gegeben, die sich ebenfalls für Kartogramme eignet und somit zu den Standardverfahren der angewandten Geographie gehören sollte.

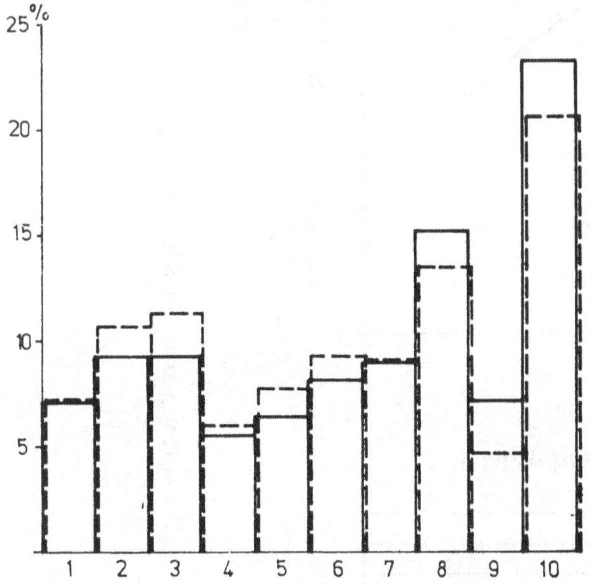

Abb. 19. Histogrammvergleich: Bevölkerung der DDR nach Gemeindegrößen 1950 (gestrichelte Linie) und 1973 (voll ausgezogene Linie)

Auch *Summenhäufigkeiten* lassen sich durch *Polygonzüge und Histogramme* darstellen. Welcher *Darstellungsart* man im Einzelfalle den Vorzug gibt, ist zumeist *von der Struktur der zugrunde liegenden Datenmengen abhängig.* Fallen z. B. die Werte von vornherein in stark unterschiedlichen Mengen an, wie etwa Niederschläge, so wird man die Histogrammdarstellung bevorzugen, um den diskreten Charakter der Verteilung zu unterstreichen. Sind die Werte im Ablauf sehr kontinuierlich, wie beispielsweise Temperaturverteilungen, dann sind Polygonzüge angezeigt. Diese werden vielfach zu „*Summenlisten*" geglättet und ausgeglichen. Die Elementarstrecken von Punkt zu Punkt werden durch eine homogene Kurvenlinie (vgl. Abb. 20) ersetzt. Die in der Wasserwirtschaft gebräuchlichen Ganglinien des Abflusses sind derartige ausgeglichene Polygonzüge der Summenhäufigkeit.

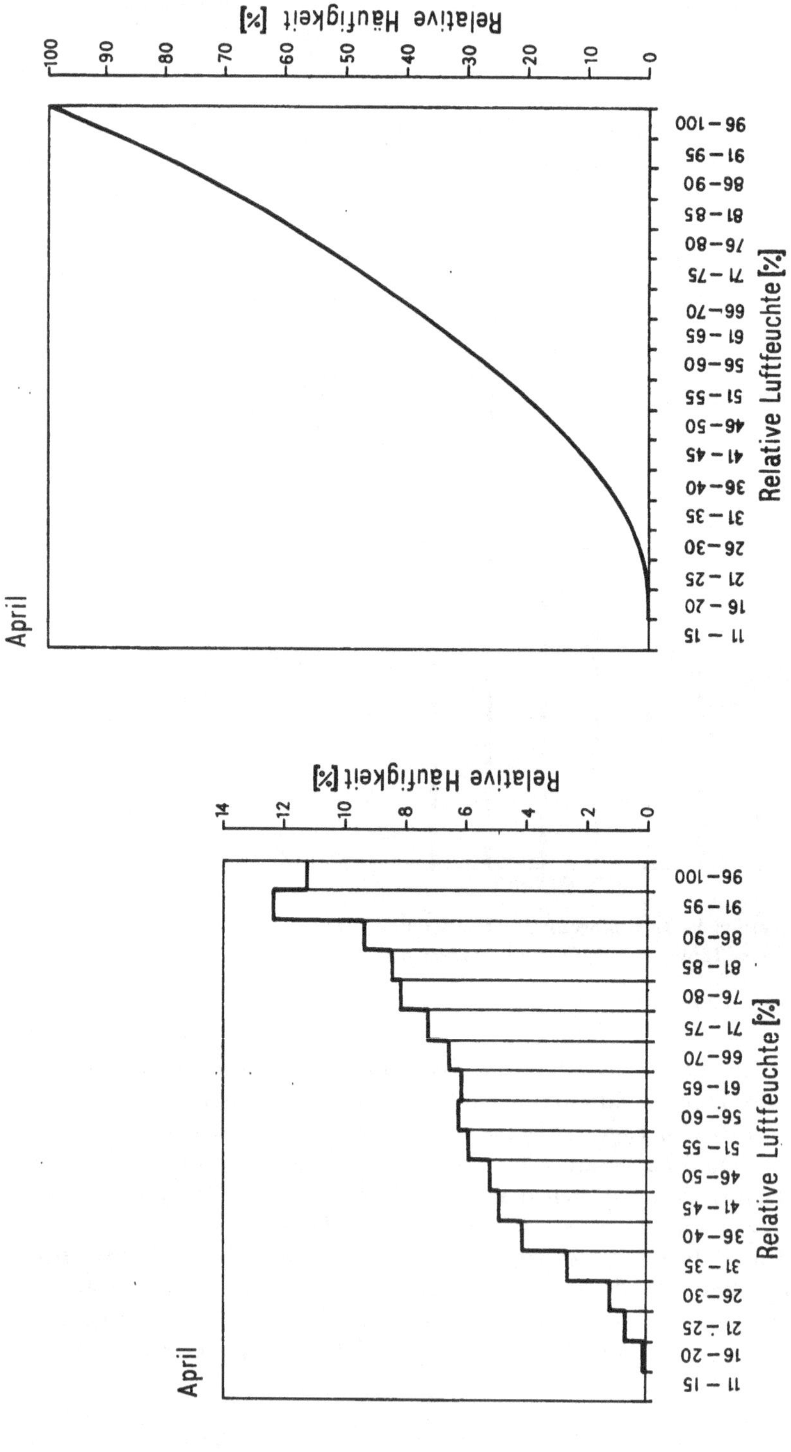

Abb. 20a

Abb. 20. Summenhäufigkeit der relativen Luftfeuchtigkeit in Histogramm und Summenlinie

a) April 1901—1950 in Potsdam

b) November 1901—1950 in Potsdam

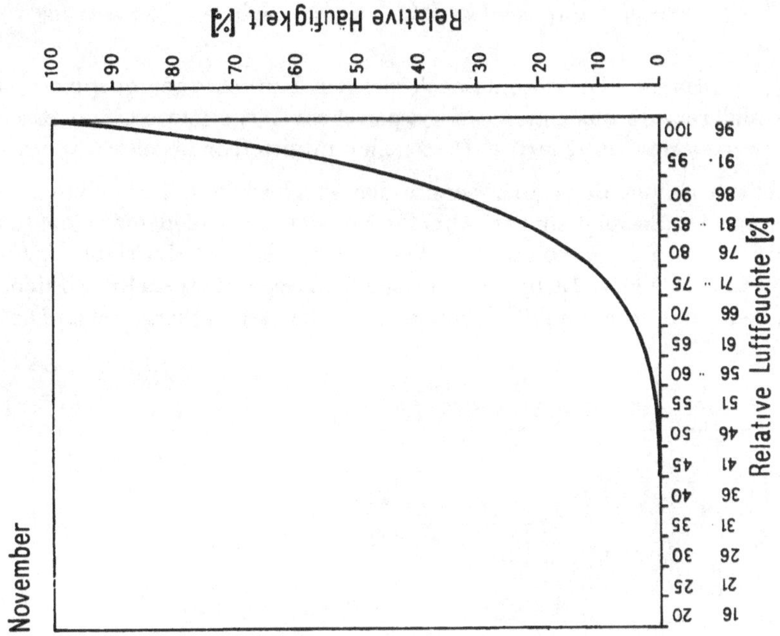
November
Relative Häufigkeit [%]
Relative Luftfeuchte [%]

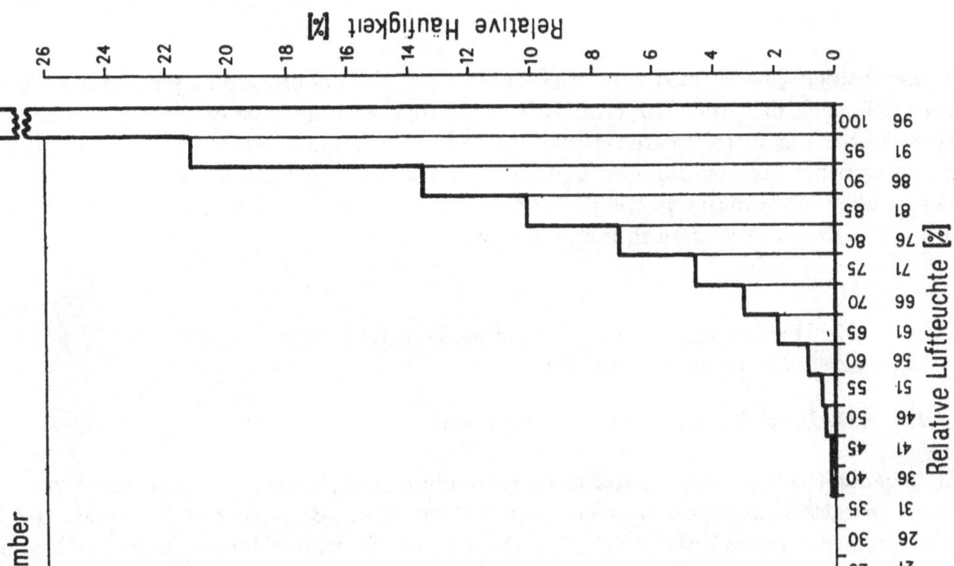
November
Relative Häufigkeit [%]
Relative Luftfeuchte [%]
36,8

Abb. 20b

Diagramme der Summenhäufigkeit eignen sich *zur Typisierung und Klassifikation*, weil

— einerseits die Diagramme nach gleichen Kurventypen gruppiert werden und
— andererseits aus ihnen auf graphischem Wege gewisse statistische Repräsentativwerte (Median, Quartile, Perzentile) unmittelbar abgelesen werden können.

Vielfach genügt dazu aber bereits der Vergleich von Darstellungen der Einzelhäufigkeiten. Als Beispiel sind in Abb. 20 von zwei verschiedenen Monaten (a) April und b) November) für Potsdam die Werte der relativen Luftfeuchtigkeit des 50jährigen Zeitraums (1901—1950) in Häufigkeitsklassen dargestellt worden. Es sind jeweils Einzel- und Summenhäufigkeiten einander gegenübergestellt. Die eine Darstellung

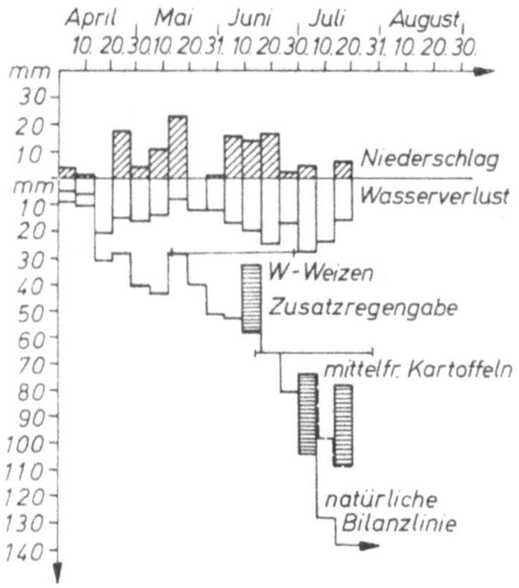

Abb. 21. Ableitung einer Bilanzkurve aus Säulendarstellungen von Niederschlag und Wasserhaushalt

benutzt Säulen, gehört also zum Histogrammtyp, die andere geglättete Summenlinien. Es ist offensichtlich, daß bereits die Einzelhäufigkeiten gewisse charakteristische Züge der Struktur der betreffenden Monatsverteilung erkennen lassen. Die Summenkurve erlaubt darüber hinaus, die oben genannten Parameter zu bestimmen.

Schließlich kann man aus Histogrammen durch Differenzbildung auch *Bilanzierungskurven* ableiten und graphisch darstellen, wie Abb. 21 zeigt.

4.3. Die Darstellung von qualitativen Daten: Diagramme, Kartogramme, Stereogramme

4.3.1. Die Darstellung von qualitativen Daten

Im folgenden sollen einige graphische Darstellungsmöglichkeiten beschrieben werden, die es gestatten, auch qualitative Daten abzubilden. Bei den quantitativen Größen im vorangegangenen Abschnitt fanden immer 2 Dimensionen Berücksichtigung, nämlich die Größe der Meßwerte, die durch die entsprechende Merkmalsklasse der x-Achse zugeordnet wurde, und die absoluten bzw. relativen Häufigkeiten jeder Klasse, auf der Ordinatenachse abgetragen. Qualitative Daten dagegen haben keine Größenklassen, allenfalls Rangordnungen, zumeist sind Häufigkeiten vorgegeben. Eine der beiden Achsen entfällt also.

Es werden vor allem *3 Darstellungsarten* verwendet:

— das Streifendiagramm oder Staffelbild,
— das Kreisdiagramm,
— das Bilddiagramm oder Piktogramm.

Die angeführten Darstellungsmöglichkeiten von qualitativen Daten lassen sich in Kartogrammen bei der Gestaltung thematischer Karten verwenden.

4.3.2. Darstellungen von Daten im zweidimensionalen Raum

Bereits beim Histogramm wurden Flächen zur Veranschaulichung von absoluten oder relativen Daten benutzt. Es entstehen *Flächendiagramme. Rechteckige Flächen* werden *bei* den *Säulen-, Balken- oder Stabdiagrammen* verwendet, die man auch als *Staffelbilder* bezeichnet. Auch *Quadrate* und *Kreise* oder andere *regelmäßige Polygone* kann man benutzen. Zumeist wird der Flächeninhalt des gewählten Polygons proportional der Gesamtmenge des dargestellten Kollektivs (Universum, Population) gesetzt und eine Zerlegung der ganzen Fläche nach der relativen Häufigkeit der Untermengen in Teilbereiche — Streifen oder Sektoren — vorgenommen. Diese flächengliedernden Darstellungsformen eignen sich auch zum Eindruck in thematische Karten als *Kartogramme.*

Als *2 Beispiele für Streifendiagramme* werden die Aufteilung der Flächennutzung zweier Gemeinden sowie die Beschäftigtenstruktur eines Kreises wiedergegeben (vgl. Abb. 22).

Flächennutzung in %

	Gemeinde A	Gemeinde B
Landwirtschaftliche Nutzfläche	46	34
Wald und Forst	23	26
Gärten, Spezialkulturen	10	4
Gewässer	2	3
Überbautes Gelände	14	27
Öd- und Unland	5	6

Beschäftigtenstruktur eines Kreises in %

Industrie	43
Bauwesen	7
Land- und Forstwirtschaft	22
Verkehrs- und Nachrichtenwesen	9
Tertiärer Sektor/Verwaltung	19

Dabei können die Säulen der Staffelbilder senkrecht oder waagerecht angeordnet sein. Sie werden im Verhältnis der relativen Häufigkeiten der einzelnen Flächennutzungsarten bzw. der Beschäftigtengruppen unterteilt. Durch verschiedene Schraffuren oder Farben, unter Umständen auch durch eingedruckte Flächensymbole, erfolgt eine Unterscheidung der einzelnen Komponenten (Kategorien) voneinander. Die relativen

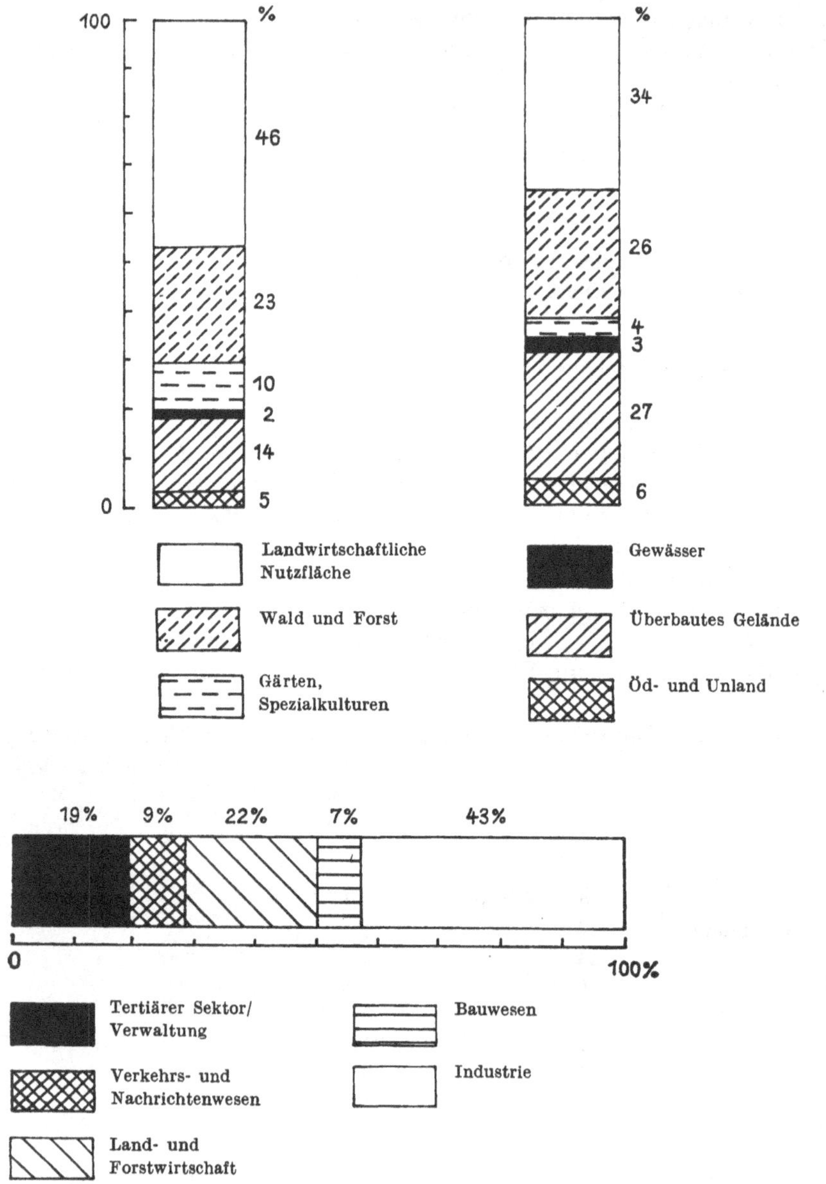

Abb. 22. Streifendiagramme der Flächennutzung und der Beschäftigtenstruktur

Häufigkeiten werden entweder in die Fläche oder an den Rand gesetzt, oder sie lassen sich an einer längs des Randes angebrachten Maßstabsleiste ablesen.

Die Breite der einzelnen Streifen ist beliebig. Der Übersicht halber grenzen sie nicht unmittelbar aneinander; die Zwischenräume sollten allerdings auch nicht allzu breit sein. Die Diagramme werden so nebeneinander oder untereinander angeordnet, daß man die einzelnen Rubriken gut miteinander vergleichen kann, d. h., die Nullpunkte der Skalen müssen auf einer gemeinsamen Anfangsgeraden liegen.

Kreisdiagramme

Auch das Kreisdiagramm eignet sich zur Darstellung prozentualer Häufigkeiten. Besonders anschaulich kommt der sektorale Anteil der einzelnen Komponenten an der Gesamtheit zum Ausdruck. Die unterschiedlichen Gesamtmengen können, wie bereits erwähnt, durch die entsprechende Größe der Kreisfläche wiedergegeben werden. Wegen seiner flächenmäßigen Ausgewogenheit und Anschaulichkeit wird das Kreisdiagramm besonders gern als Kartogramm für thematische Karten verwendet.

Der Entwurf eines solchen Diagramms ist verhältnismäßig einfach. Der Gesamtumfang des Kreises bzw. der Winkel von 360° werden gleich 100% gesetzt. Die einzelnen Sektoren entsprechen den Größen der einzelnen relativen Häufigkeiten der Komponenten. Somit wird der Zentriwinkel α jedes einzelnen Sektors nach der Proportion

$$h_{rel} : 100 = \alpha° : 360°$$

berechnet. Daraus ergibt sich

$$\alpha° = h_{rel} \cdot 3{,}6°.$$

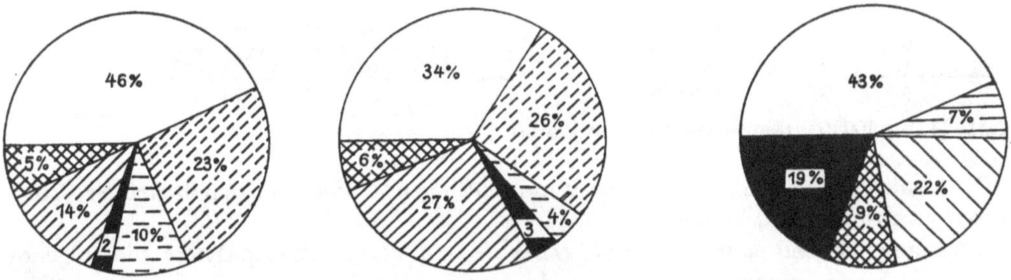

Abb. 23. Kreisdiagramme der Flächennutzung und der Beschäftigtenstruktur

Auch hier lassen sich die einzelnen Sektoren durch verschiedene Farben, Raster oder Schraffuren trennen. Die Daten der Zusammenstellungen auf S. 113 würden in Kreisdiagrammform ein Aussehen erhalten, wie man es aus Abb. 23 erkennt. Es ist darauf zu achten, daß die Anzahl der zu berücksichtigenden Merkmale nicht zu groß wird und damit die Sektoren nicht zu schmal ausfallen, da sonst die Übersichtlichkeit des Diagramms nicht gewahrt bleibt und die Genauigkeit der Darstellung meist zu wünschen übrig läßt.

Streckendiagramme

Streckendiagramme brauchen sich nicht auf Staffelbilder zu beschränken. Sie werden sehr häufig verwendet, um die Belegung von Verkehrstrassen (Straßen, Bahnstrecken, Wasserwege) zu kennzeichnen. Auch innerhalb von zusammenhängenden Graphen können sie zur Anwendung kommen.

Als ein in der Geographie nicht unbekanntes Beispiel sei noch die *Häufigkeitswindrose* erwähnt, wie sie in der Klimatologie eine große Rolle spielt. Es werden, wie die Abb. 24 zeigt, gleichzeitig die Richtungshäufigkeiten für die 8 Hauptwindrichtungen und die Windstillen sowie die relativen Häufigkeiten des Vorkommens bestimmter Geschwindigkeitsstufen dargestellt. Auch das Auftreten von Immissionen — wie Schwebstaub oder

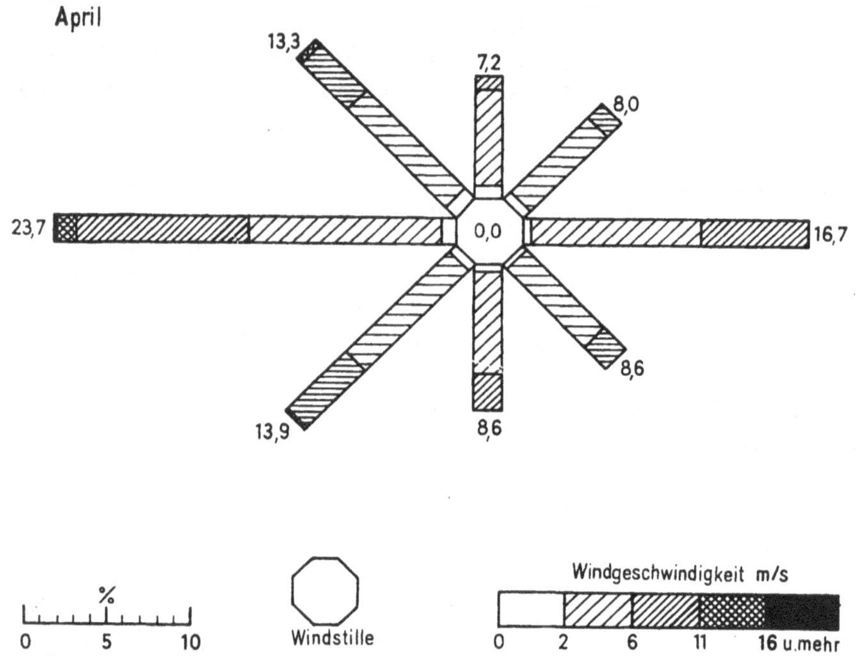

Abb. 24. Streifendiagramm: Häufigkeitswindrose

SO_2-Gehalt der Luft bei bestimmten Windrichtungen — kann mittels derartiger Windrosen veranschaulicht werden.

Zusammenfassend läßt sich *nach Datenart und Merkmalsausprägung* die folgende Übersicht für die jeweilige Anwendung der einzelnen *Diagrammtypen* zusammenstellen:

Zur Anwendung der Linien- und Flächendiagramme
(nach Lohse/Ludwig 1973)

Datenart	Merkmal			
	stetig		nicht stetig	
	Ausprägung quantitativ	qualitativ	Ausprägung quantitativ	qualitativ
Meßwerte	Histogramm Häufigkeits-polygon	—	Strecken-diagramm	—
Rangdaten	Streifen-diagramm Staffelbild Kreisdiagramm	—	Streifen-diagramm Staffelbild	—
Kategorien (Nominaldaten)	—	Streifen-diagramm Staffelbild Kreisdiagramm	—	Streifen-diagramm Staffelbild Kreisdiagramm

Bilddiagramme (Piktogramme)

Zum Abschluß seien der Vollständigkeit halber noch die Piktogramme erwähnt, ohne in diesem Zusammenhang näher darauf eingehen zu können. In populärwissenschaftlichen Schriften und entsprechenden Karten, die für eine breitere Öffentlichkeit bestimmt sind, werden oft statt der nüchternen und abstrakten Balken- oder Streckendiagramme anschaulichere Symbole benutzt, die zu dem dargestellten Inhalt in Beziehung stehen. Für das Staffelbild der Beschäftigtenstruktur verwendet man z. B. eine Reihe gleichartiger männlicher bzw. weiblicher Personen, von denen jede eine bestimmte Anzahl (z. B. 500 Beschäftigte) veranschaulicht. Auf Karten muß die Größe der Figuren mit dem Maßstab in Einklang gebracht werden. Wegen ihrer leichten Lesbarkeit kommt diesen Darstellungen ein hoher Informationswert zu.

4.3.3. Darstellung von Daten im dreidimensionalen Raum

Bivariable Meßwerte werden im zweidimensionalen Raum durch sogenannte *Punktdiagramme* dargestellt. Jedes Wertepaar wird durch einen Punkt in einem zweidimensionalen, rechtwinkligen Koordinatensystem festgelegt. Die zugehörigen Merkmalsskalen sind auf den beiden Koordinatenachsen aufgetragen. Die Datenmenge erzeugt eine sogenannte *Punktwolke* oder ein *Streuungsdiagramm,* das über die Struktur der Verteilung der Daten Aufschluß gibt. Bei *Korrelations-* und *Regressionsdiagrammen* wird häufig davon Gebrauch gemacht. Punktdiagramme dienen aber auch zur Veranschaulichung dreidimensionaler Zusammenhänge. Es wird ein dreiachsiges, rechtwinkliges Koordinatensystem zugrunde gelegt, und man erhält eine Abbildung des dreidimensionalen Kontinuums.

Zur Darstellung einer Häufigkeitsverteilung von 2 Veränderlichen, einer *bivariablen Verteilung,* werden auf den beiden in der horizontalen Ebene gelegenen Achsen die Variablen X und Y aufgetragen und auf der senkrechten Achse die absoluten oder relativen Häufigkeiten f. Diagramme zur Darstellung dreidimensionaler Sachverhalte heißen *Stereogramme.* Wird dabei ein rechtwinkliges kartesisches Koordinatensystem verwendet, ist die Bezeichnung *axonometrisches Stereogramm* gebräuchlich. Über den Entwurf einer solchen Graphik, der nicht ganz einfach und zumeist recht zeitaufwendig ist, können hier keine Einzelheiten mitgeteilt werden.

Als *Beispiel* soll hier ein *Stereogramm* zur Veranschaulichung der *Bevölkerungsdichte Norditaliens* (Cole und King 1968) angeführt werden (vgl. Abb. 25):

Die Zahlen des Gitternetzes der Horizontalebene bedeuten die Werte der Bevölkerungsdichte der jeweiligen administrativen Einheit und werden als Säulen über den entsprechenden Gitterquadraten aufgetragen. Die Höhen der perspektivisch gezeichneten Säulen entsprechen der Dichte, welche sich an einer am Rand angebrachten Skala ablesen läßt. Die Darstellung ist von hoher Anschaulichkeit. Die oberitalienischen Großstädte ragen als steile Türme über ihre Umgebung hinaus.

Eine weitere, häufig auch in der Geographie verwendete Stereogrammdarstellung ist die der *Häufigkeitsflächen,* die oft auch „Häufigkeitsgebirge“ genannt werden. Sie gestattet, die komplexe Häufigkeit, die von 2 Veränderlichen abhängt, graphisch zu veranschaulichen. Als erläuterndes *Beispiel* ist die Darstellung für die *Häufigkeits-*

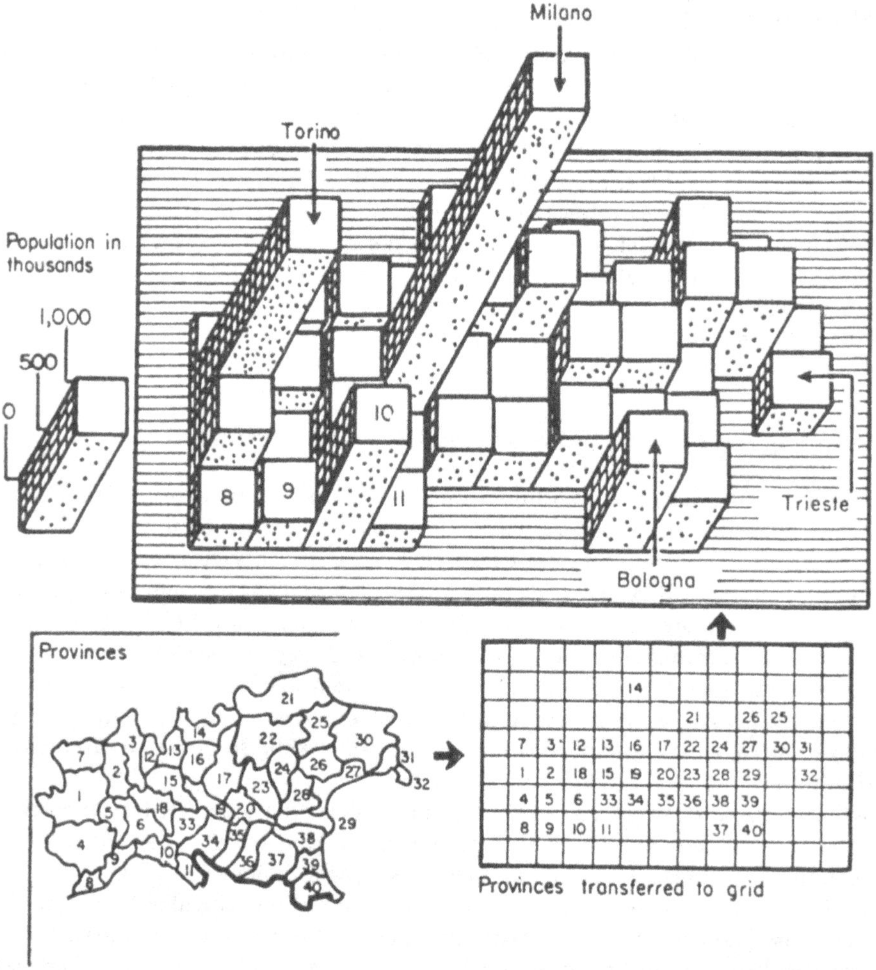

Abb. 25. Stereogramm: Bevölkerungsdichte Norditaliens (nach J. P. Cole und C. A. M. King 1968)

verteilung von Lufttemperatur und relativer Luftfeuchtigkeit von Potsdam in den Monaten *August* und *Dezember* in Abb. 26a) und b) ausgewählt worden.

Die dargestellten Häufigkeitswerte errechnen sich aus Beobachtungswerten des Zeitraums 1901 bis 1950. In der horizontalen Fläche sind die beiden Veränderlichen dargestellt. Auf den Achsen wurden die benötigten Zahlenwerte der relativen Feuchtigkeit und der Lufttemperatur aufgetragen. Man erkennt, daß die benutzten Intervalle für die ausgewählten Monate verschieden sind, d. h., man braucht bei der jeweiligen Monatsdarstellung nicht sämtliche im Jahr vorkommenden Werte zu berücksichtigen.

Die als Rückwand verwendete senkrechte Fläche enthält am linken Rand die absolute und rechts die relative Häufigkeit. Anstelle der über jedem Gitterquadrat der Grundfläche errichteten quadratischen Säulen, wie sie im vorangegangenen Beispiel gezeigt wurden, sind hier jeweils auf der Quadratmitte schmale Leisten aufgesetzt, über denen die Häufigkeitsverteilung als Polygonzug aufgetragen worden ist. So entstehen reihenweise hintereinander angeordnete, räumlich erscheinende Häufigkeitsflächen, die den Eindruck von „Gebirgsrücken" machen. Auf diese Weise

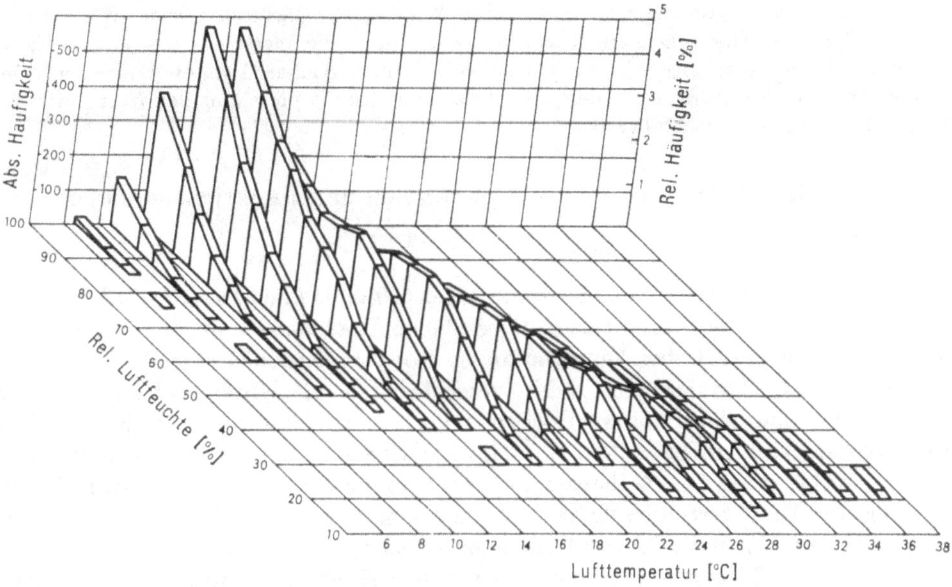

a)

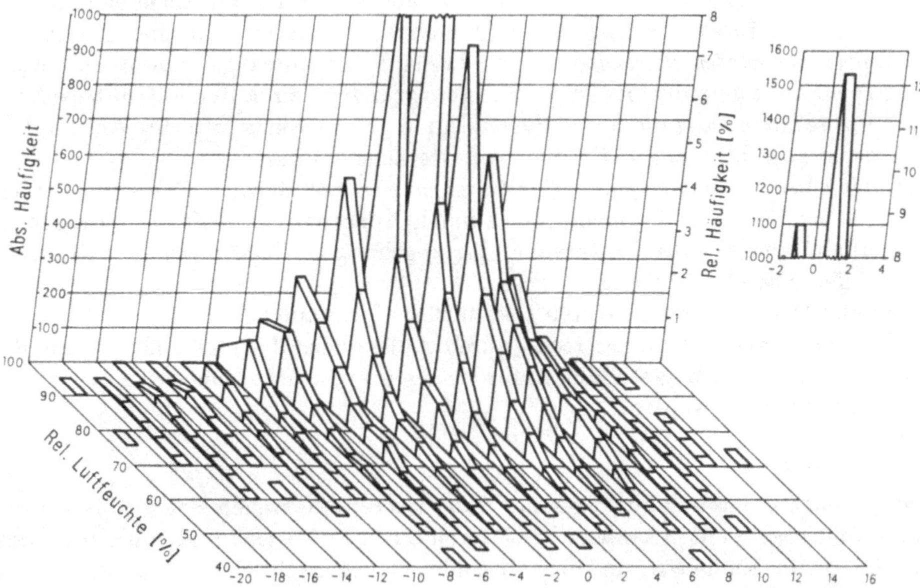

b)

Abb. 26. Stereogramm: Lufttemperatur und relative Luftfeuchte

a) August 1901–1950 von Potsdam

b) Dezember 1901–1950 von Potsdam

tritt die Struktur der Verteilung des betreffenden Monats sehr plastisch hervor. Während im Beispiel der Dezember eine sehr steile Verteilung zeigt, d. h., die Werte sind auf engem Raum stark gehäuft, ist die Verteilung des Monats August im ganzen flacher, d. h., die Werte sind über einen größeren Bereich verteilt. Außerdem tritt die asymmetrische Verteilung der Werte zwischen 12 und 16 °C im August deutlich hervor.

4.4. Über die Verwendung von Nomogrammen und Funktionspapieren

4.4.1. Prinzipien der Nomographie

Oft kommt es bei quantitativen geographischen Untersuchungen vor, daß für eine große Anzahl von Daten verhältnismäßig einfache Routinerechnungen durchgeführt werden müssen, wie z. B. bei Umwandlungen von Dimensionen und Maßeinheiten, Reduktionen und Normierungen oder verschiedenen elementaren formelmäßigen Ansätzen. Steht eine elektronische Rechenanlage zur Verfügung, so ist das Problem zwar schnellstens zu lösen; trotzdem ist vielfach der benötigte Aufwand an Kosten und Zeit nicht gerechtfertigt. Die Rechenzeit ist zwar minimal, doch der Zeitaufwand für die Herstellung der EDV-gerechten Datenträger oder gar das manuelle Einspeichern ist nicht zu vertreten. Wenn die für das Endergebnis benötigte Genauigkeit nicht besonders groß ist, also beispielsweise nur eine Stelle nach dem Komma beträgt, so ist zu prüfen, ob *statt der EDV* nicht besser *nomographische Verfahren* herangezogen werden sollten.

Auf graphischem Weg werden *Funktionsleitern* oder *Funktionsnetze* für die gewünschten Umrechnungen oder Formeln entworfen und daraus auf den entsprechenden Achsen die Daten ermittelt. Ein Vorteil liegt darin, daß ein für bestimmte Zwecke entworfenes *Nomogramm immer wieder verwendbar* ist, so daß sich der einmalige hohe Aufwand an Zeit und Arbeitskraft auszahlt. Es ist jedoch stets gründlich zu prüfen, ob im betreffenden Problemzusammenhang die durch die zugrunde gelegte Skala erreichte *Genauigkeit* genügt. Dies ist ausschlaggebend für die Wahl des Zeichenformats.

Nomogramme sind also *graphische Darstellungen von numerischen Zusammenhängen und Gesetzmäßigkeiten*, d. h. Formeln, die es möglich machen, zu beliebigen Eingangsdaten innerhalb ausgewählter Intervalle die zugehörigen Ergebniswerte mit einer bestimmten Genauigkeit abzulesen.

Bei jeder graphischen Methode treten bekanntlich Ungenauigkeiten auf, die einerseits durch die Zeichnung selbst, andererseits durch Ablesefehler bedingt sind. Damit die erzielbare Genauigkeit den gestellten Anforderungen entspricht, müssen diese Fehler möglichst klein gehalten werden.

Zahlenwert und Einheit

Die darzustellenden Daten, ganz allgemein *Rechengrößen*, verstehen sich als Meß- bzw. Zählgrößen und sind somit gekennzeichnet durch einen *Zahlenwert* und eine *Maß- bzw. Zähleinheit*. Solche Einheiten sind bei ökonomisch-geographischen Untersuchungen beispielsweise Beschäftigte, Einwohner, Anbauflächen in ha, Ernteerträge in dt/ha; in der Physikalischen Geographie die Hangneigung in Grad, Reliefenergie in m/km^2, Niederschlagsmenge in mm, Evapotranspiration in mm, Strahlungsmenge in $J/(m^2 \cdot s)$ — in der Literatur häufig noch in $cal/(m^2 \cdot min)$ — usw.

Jede *Größe* ist darstellbar als *Produkt von Zahlenwert und Einheit* (vgl. Kap. 2.2.2., S. 38ff.). Wird die Einheit geändert, so ist also der Zahlenwert ebenfalls entsprechend zu verändern, damit das Produkt dasselbe bleibt.

Soll beispielsweise ein Ernteertrag von 54 dt/ha auf t/km² umgerechnet werden, so ergibt sich unter Berücksichtigung der entsprechenden Umrechnungsfaktoren,

$$1\ \mathrm{t} = 10\ \mathrm{dt}, \qquad 1\ \mathrm{km}^2 = 100\ \mathrm{ha},$$

die Umrechnungsgleichung

$$\frac{54\ \mathrm{dt}}{\mathrm{ha}} = \frac{54\ \mathrm{dt}}{\mathrm{ha}} \cdot \frac{1\ \mathrm{t}}{10\ \mathrm{dt}} \cdot \frac{100\ \mathrm{ha}}{1\ \mathrm{km}^2} = 540 \frac{\mathrm{t}}{\mathrm{km}^2}.$$

Hier wird ein weiterer Vorzug der Einheiten des Internationalen Einheitensystems deutlich: Die SI-Einheiten bilden ein sogenanntes *kohärentes Einheitensystem.* Das bedeutet, daß alle SI-Einheiten (also auch die abgeleiteten!) untereinander nur durch den Zahlenfaktor 1 verknüpft sind — Größengleichung und Zahlenwertgleichung stimmen formal überein. Diese maximale Vereinfachung aller Berechnungen nach konsequenter Durchsetzung des SI sollte man gerade dann im Auge behalten, wenn in der Übergangsphase naturgemäß Gewöhnungsschwierigkeiten auftreten.

In der Praxis ist dennoch der Fall häufiger, daß inkohärente Einheiten (z. B. zweckmäßige Sondereinheiten und zulässige SI-fremde Einheiten — vgl. Kap. 2.2.2., S. 41ff. — bzw. dezimale Teile oder Vielfache von SI-Einheiten) auftreten und somit bei der Aufstellung eines Nomogramms zunächst entsprechende Umrechnungen durchgeführt werden müssen.

Es gibt eine Vielzahl in der Praxis verwendeter Nomogramme, wie Leitertafeln, Fluchtliniendiagramme, Netztafeln oder die verschiedenen Arten kombinierter Nomogramme. Im folgenden soll nur eine kleine Auswahl von einfachen *Funktionsleitern* und *Funktionsnetzen* vorgestellt werden, die bei zahlreichen geographischen Untersuchungen erfolgreich einsetzbar sind und sich leicht konstruieren lassen, sofern man nicht auf die käuflichen Vordrucke zurückgreift. An einigen Beispielen soll ihre Anwendung gezeigt werden.

4.4.2. Die Funktionsleitern

Die einfachste Leiter ist eine Gerade, auf der die aus einer Wertetabelle entnommenen, einander entsprechenden Zahlenwerte von Meßgrößen aufgetragen sind, wie die Temperatur in Grad Celsius und Grad Fahrenheit oder Längen in Metern und englischen Meilen. Zugehörige Wertepaare stehen einander stets gegenüber. Gewünschte Zwischenwerte lassen sich durch Interpolation finden.

Wenn man z. B. Berghöhen, die zwischen 0 und 6000 m liegen, von feet auf Meter umrechnen will und die Höhenangaben auf Zehntel Meter genau sein sollen, so wird man statt der entstehenden, unhandlichen Leiter lieber eine Umrechnungstabelle verwenden. Braucht man hingegen die Höhen für einen ökologischen Höhenzonenvergleich nur auf 10—50 m genau, so ist eine Umrechnungsleiter am Platze. Ähnliches gilt für Temperaturumrechnungen. Oft benötigt man nur ein Werteintervall von 15 oder 20 Kelvin; dann sollte man sich eine Leiter entwerfen.

Die erreichbare *Genauigkeit* ist vom Maßstab der zugrunde gelegten Skala abhängig. Eine gerichtete Gerade wird demzufolge nach der Formel

$$X = l_x(x - x_0)$$

unterteilt. Man spricht von einer regulären Leiter. Die Gerade heißt Träger der Leiter und l_x *Maßstabsfaktor*. Dem Anfangswert entspricht die Stelle x_0 auf der Geraden.

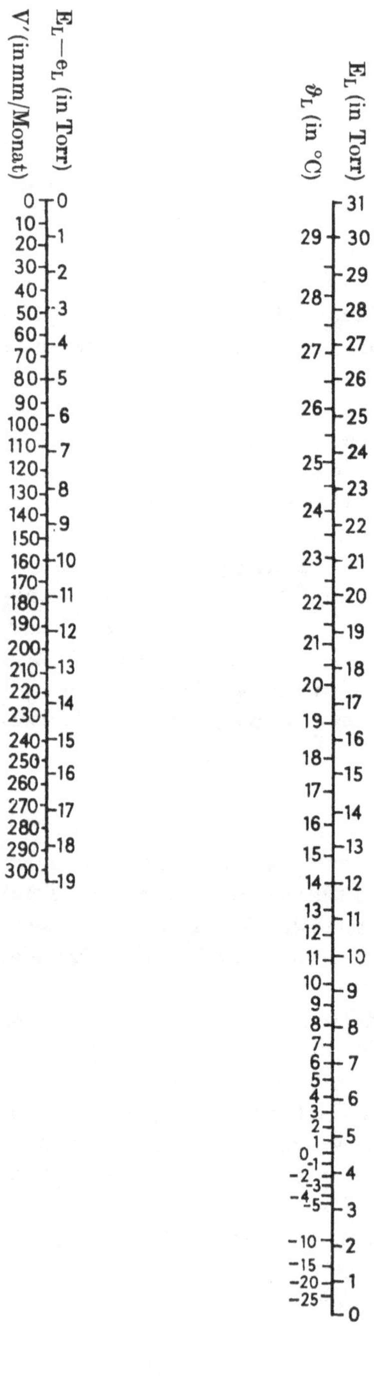

Abb. 27. Doppelleiter zur Bestimmung der potentiellen Verdunstung
(Doppelskala zur Berechnung von V', wenn ϑ_L und e_L gegeben sind)
Hinweis: Die Druckeinheit Torr ist nicht mehr zulässig. Beziehung zur SI-Einheit Pascal:
1 Torr = 1,333224 hPa

Der Maßstabsfaktor l_x wird auch als Zeicheneinheit (vgl. Maßeinheit in Kap. 4.2., S. 100) aufgefaßt und deshalb vielfach als „Einslänge" bezeichnet, da er dem Zuwachs der Variablen (Meßgröße) x um eine Einheit entspricht, d. h., wenn

$$x_2 - x_1 = 1,$$

so gilt

$$X_2 - X_1 = l_x.$$

Als anschauliches Beispiel der Leiterdarstellung wird die Bestimmung der mittleren monatlichen potentiellen Verdunstung V' auf Grund der Kenntnis des monatlichen Temperaturmittels ϑ_L und des mittleren Dampfdrucks e_L (Abb. 27) erläutert. Zunächst wird die rechte Leiter benutzt, um mit Hilfe der monatlichen Mitteltemperatur den zugehörigen mittleren Sättigungsdampfdruck E_L abzulesen. Da der mittlere monatliche Dampfdruck e_L bekannt ist, kann man leicht als Differenz $E_L - e_L$ das Sättigungsdefizit berechnen. Mit diesem Wert geht man nunmehr in die linke Leiterskala ein und kann hier zu jeder Dampfdruckdifferenz den Wert der mittleren monatlichen potentiellen Verdunstung in mm pro Monat ablesen.

Funktionsleitern

Gegenüber den regulären Leitern sind die Teilungsabschnitte einer Funktionsleiter nicht proportional zur Maßeinheit, sondern proportional zu den zugehörigen Funktionswerten. Eine solche Leiter ist z. B. die logarithmische Teilung des Rechenstabs.

Der Abstand zweier Teilpunkte

$$\Delta X = l_x[f(x_{n+1}) - f(x_n)]$$

ist veränderlich, so daß sich die Feinheit der Teilung in verschiedenen Bereichen der Leiter deutlich unterscheidet, wie es vom Rechenstab her bekannt ist. Die Leitern werden nach den zugrunde liegenden Funktionen eingeteilt.

Häufig verwendete Funktionen für solche Leitern sind:

Potenz- und Wurzelfunktion: $f(x) = x^n$ bzw. $f(x) =$ bzw $\sqrt[n]{x}$
Logarithmische Funktion: $f(x) = \log x$; $f(x) = \lg x$ bzw. $f(x) = \ln x$
Trigonometrische Funktionen: $f(x) = \sin x$; $f(x) = \cos x$; usw.

Logarithmische Leitern kommen wohl am häufigsten vor. Wegen

$$\lim_{x \to 0} \log x = -\infty$$

kann eine logarithmische Leiter nie mit $x = 0$ beginnen. Ferner stimmen die logarithmischen Teilungen zwischen 1 und 10, 10 und 100 etc. überein. Daher geht man beim Entwurf von logarithmischen Leitern von Intervallen zwischen jeweils 2 aufeinanderfolgenden Zehnerpotenzen, den sogenannten *Mantisseneinheiten*, aus. In der Praxis benötigt man logarithmische Leitern in den verschiedensten Größen. Daher ist die Konstruktion bzw. Benutzung einer *logarithmischen Harfe* zu empfehlen, wie sie Beilage 1 zeigt, aus der man die gewünschten Längen leicht entnehmen kann.

Mittels der senkrechten Zentralprojektion wird eine logarithmische Skala mit der Zeicheneinheit l_x auf eine gewünschte Zeicheneinheit l_x' verkleinert, sofern die neue

Teilung innerhalb der alten Teilung in der Projektionsrichtung liegt, bzw. vergrößert, wenn sie außerhalb liegt. Als Beispiel zweier Funktionsleitern wird die *nomographische Bestimmung des Variationskoeffizienten*

$$V = \frac{s}{\bar{x}} \cdot 100 \text{ (in \%)}$$

aus der Standardabweichung s und dem arithmetischen Mittel $\bar{x}$ gezeigt. Das bei statistischen Untersuchungen sehr oft gebrauchte Nomogramm ist im Handel als Schäfers Feinpapier, Plauen (Vogtl.), Bestell-Nr. 620 (vgl. Beilage 2 a), erhältlich.

Es besteht aus drei senkrechten Leitern, von denen die beiden linken das arithmetische Mittel $\bar{x}$ und die Standardabweichung s darstellen. Man sucht auf diesen beiden Leitern die berechneten Werte von $\bar{x}$ und s auf und verbindet diese Punkte miteinander. Die Verlängerung der Verbindungslinie in Rechtung zur dritten Leiter schneidet dieselbe im gesuchten Werte von V.

In der Beilage sind konkrete Zahlenwerte verwendet; die erzielte Genauigkeit ist für die üblichen praktischen Zwecke ausreichend.

4.4.3. Funktionsnetze und Funktionspapiere

Verwendet man die Achsen eines Koordinatensystems als Leitern und zieht zu den Teilungen der Leitern Parallelen, so entsteht ein *Netz*, auch *Netztafel* genannt. Derartige Funktionsnetze sind sehr vielseitig verwendbar, da noch mehr als 2 Kurvenscharen darin dargestellt werden können.

Millimeterpapier

Wird ein kartesisches Koordinatensystem zugrunde gelegt und auf den beiden Achsen in lineare, äquidistante Abschnitte unterteilt, so entsteht im einfachsten Fall das viel verwendete *Millimeterpapier*. Hier schneiden sich die Netzlinien senkrecht, und es liegen die Gleichungen

$$X = l_x(x - x_0),$$
$$Y = l_y(y - y_0)$$

zugrunde, wie in den Eingangsbetrachtungen bereits erwähnt wurde. Als Zeicheneinheiten können l_x und l_y zu 1, 2, 5, 10, 20, ... mm gewählt werden, was bei der Bezifferung der Achsen zu berücksichtigen ist.

Im Millimeternetz werden bekanntlich *alle linearen Funktionen* von der Form

$$y = ax + b$$

als *Gerade* abgebildet. Jedem Punkt des Netzes lassen sich 2 Zahlenwerte $P_i(x_i, y_i)$ zuordnen. Beim Entwurf der Netztafel ist zu beachten:

— Das Format richtet sich nach dem benötigten Wertebereich in X und Y. Es genügt, diesen in den entsprechenden Intervallen aufzutragen.

— Die zugrunde gelegten Zeicheneinheiten müssen der geforderten Ablesegenauigkeit entsprechen.

Funktionstafeln mit gekrümmten Netzlinien

Die Netzlinien brauchen nicht rechtwinklig und geradlinig zu sein. Sehr häufig werden gekrümmte Kurvenscharen verwendet, die sich jedoch rechtwinklig schneiden. Ein grundlegender Unterschied zwischen Funktionsnetzen und Funktionsleitern ist auch darin zu sehen, daß jedem Wert eines Arguments nicht nur ein Bildpunkt, sondern auch eine eindeutig bestimmte Bildkurve zugeordnet ist. Mindestens existieren in einer Netztafel 2 einander zugeordnete und sich schneidende Kurvenscharen, von denen jede einer der beiden Variablen X oder Y zugeordnet ist.

Für 2 streng monotone Funktionen f und k gelten dann die Achsengleichungen

$$X = l_x(f(x) - f(x_0))$$
$$Y = l_y(k(y) - k(y_0)),$$

wobei $P_0(x_0, y_0)$ der Koordinatenanfangspunkt ist.

Als *Beispiel einer einfachen Netztafel* soll eine *Multiplikationstafel* behandelt werden, die in einem rechtwinkligen, linearen Grundnetz entwickelt worden ist und der Gleichung

$$p \cdot v = c$$

genügt (Abb. 28).

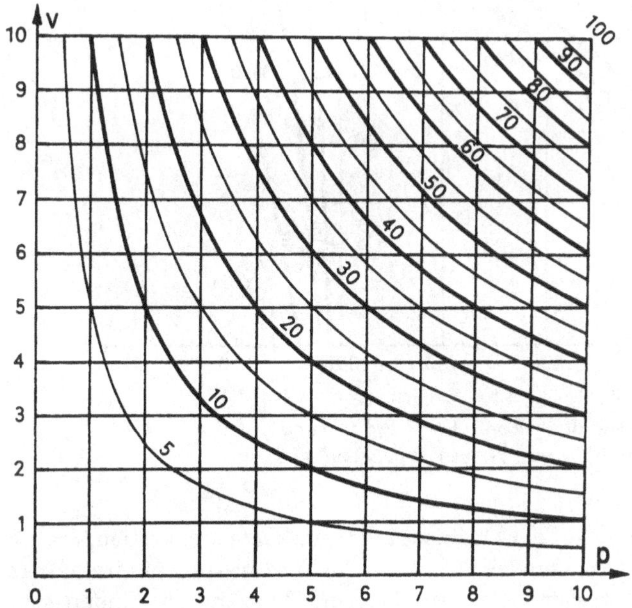

Abb. 28. Multiplikationstafel

Es entstehen 3 Kurvenscharen:

- die Schar der Parallelen zur Abszissenachse $v = \text{const}$
- die Schar der Parallelen zur Ordinatenachse $p = \text{const}$
- die Schar gleichseitiger Hyperbeln $c = \text{const}.$

Ist die Schar $c = \text{const}$ geradlinig, erhält man eine sogenannte *Diagonaltafel*. Die abgebildete Tafel (Abb. 28) ist für den Bereich 10 mal 10 dimensioniert, wobei die

Produktkurven (Hyperbeln) von 5 zu 5 eingezeichnet wurden. Zwischenwerte sind zu interpolieren, jedoch muß die Interpolation immer senkrecht zu den Kurven erfolgen.

Ein weiteres *Beispiel* einer Funktionstafel dient der *Berechnung der monatlichen potentiellen Verdunstung* (Abb. 29) aus der mittleren monatlichen Lufttemperatur und der mittleren relativen Luftfeuchtigkeit. Es liegt der Gedanke zugrunde: je höher die Lufttemperatur und je geringer die relative Luftfeuchtigkeit ist, um so mehr kann von einer Wasserfläche verdunsten. Die Netztafel ist so aufgebaut, daß die beiden senkrechten Achsen lineare Teilungen tragen. Auf der Ordinate ist die mittlere Monatstemperatur in °C und auf der Abszisse die mittlere monatliche potentielle Verdunstung in mm/Monat in Stufen von 50 zu 50 mm aufgetragen. Als hyperbolische Kurvenschar finden sich die Kurven der relativen Luftfeuchtigkeit in Abständen von 10%. Die Werte der potentiellen Verdunstung lassen sich auf 10 mm genau bestimmen. Beim Ablesen geht man mit dem bekannten Wert der mittleren Monatstemperatur waagerecht herüber bis zur ebenfalls bekannten relativen Feuchte und projiziert von diesem Punkt das Lot auf die Abszisse und kann hier die zugehörige potentielle Verdunstung ablesen, beispielsweise:

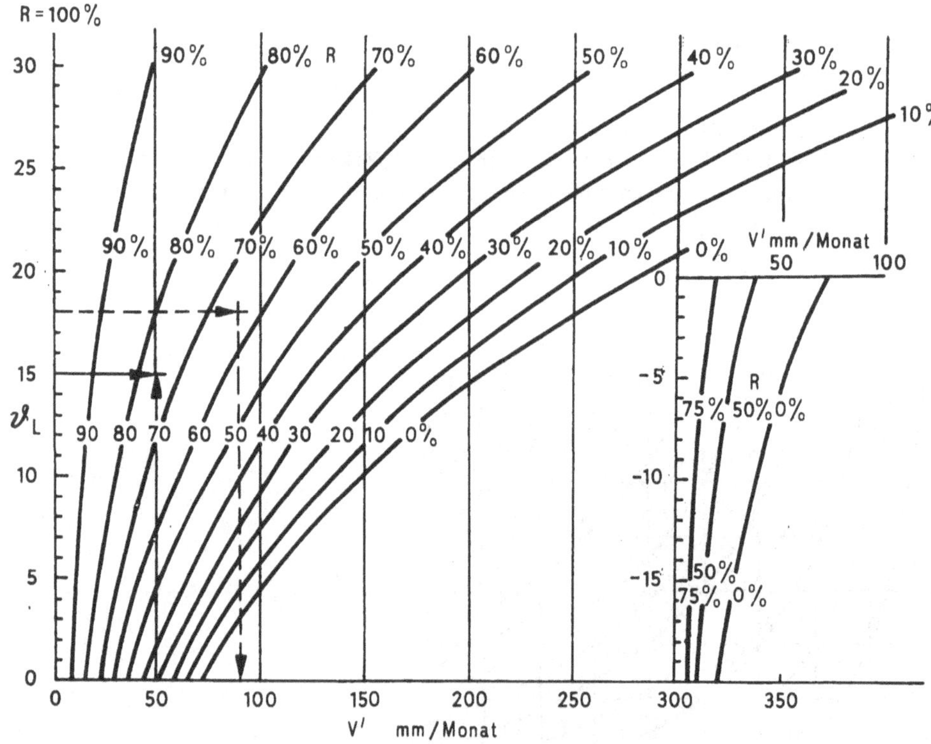

Abb. 29. Funktionsnetz zur Bestimmung der potentiellen Verdunstung (Kurven zur Berechnung von V', wenn ϑ_L und R gegeben sind)

$$\vartheta_L = 18\,°C, \quad R = 75\%, \quad V' = 90\,\text{mm}.$$

Logarithmische Funktionsnetze

Unter den Funktionspapieren spielen solche mit logarithmischen Teilungen eine besondere Rolle. Bekanntlich sind *logarithmische Unterteilungen* besonders dann von Vorteil, wenn

- in einer Entwicklungsreihe, z. B. den Wachstumskurven von Bevölkerung, Gemeinden, Produktion usw., *gleichgroße relative Veränderungen* veranschaulicht werden sollen. Lineare Teilungen zeigen demgegenüber nur absolute Veränderungen an.
- eine schiefe Verteilungskurve durch *Transformation* in eine symmetrische überführt werden soll. Dies soll an einem Beispiel näher erläutert werden.

Einfach-logarithmisches oder halblogarithmisches Funktionspapier

Eine Achse ist linear, die andere logarithmisch geteilt. Ist die Abszissenachse linear und die Ordinate logarithmisch, so lauten die Leitergleichungen

$$X = l_x (x - x_0)$$
$$Y = l_y (\log y - \log y_0) .$$

Nach den Hinweisen von Kap. 4.2., S. 100 ff. sind die Maßstabfaktoren l_x und l_y festzulegen.

Wählt man die Abszissenachse für die lineare Teilung und trägt auf der Ordinate den Logarithmus ab, so werden in einem solchen Papier *Exponentialfunktionen* von der Form

$$y = b \cdot a^x$$

als Gerade abgebildet. Man spricht daher auch von *Exponentialpapier*. Vermutet man von einer Meß- oder Beobachtungsreihe, daß ihr eine Exponentialfunktion zugrunde liegt, so braucht man die Zahlenwerte nur in ein einfachlogarithmisches Netz einzutragen und zu prüfen, ob die Punkte näherungsweise auf einer Geraden liegen. Außerdem kann man auch ohne Schwierigkeit die der betreffenden Wertefolge zugrunde liegende Exponentialfunktion auf graphischem Wege bestimmen.

Als *Beispiel* liegt die folgende Beobachtungsreihe vor:

x	2	5	10	14	177	20
y	3	4,2	8,5	14	22	32

Diese Wertepaare sind in ein *Exponentialpapier* einzutragen. Dazu wurde das im Handel erhältliche Schäfers Feinpapier, Plauen (Vogtl.), Nr. 497 (vgl. Beilage 2 b), verwendet. Seine Teilungen in mm betragen:

$$X = 10x \quad \text{für} \quad 0 \leqq x,$$
$$Y = 83{,}33 \log y \quad \text{für} \quad 1 \leqq y.$$

Eine Gerade der Form $Y = aX + b$ würde demzufolge lauten

$$83{,}33 \log y = 10ax + b,$$

wofür man nach den Umformungen

$$\log y = 0{,}12ax + 0{,}012b$$

$$y = 10^{0{,}12ax} + 0{,}012b$$

auch schreiben kann

$$y = C \cdot 10^{kx} \quad \text{mit} \quad C = 10^{0{,}012b} \quad \text{und} \quad k = 0{,}12a\,,$$

woran man sieht, daß es sich bei dem konkreten Funktionspapier um ein Exponentialpapier handelt.

Trägt man die Beobachtungswerte koordinatengerecht in das Funktionspapier ein, so erhält man mit guter Annäherung eine Gerade, von der die dieser Wertereihe zugrunde liegende Exponentialfunktion bestimmt werden soll. Dazu wird zunächst die eingezeichnete Gerade bis zum Schnitt mit der y-Achse verlängert. Der Schnittpunkt befindet sich bei 2,2. Somit ergibt sich $C = 2{,}2$. Nunmehr kann man durch Einsetzen in obige Gleichung die Größe k bestimmen. Der Einfachheit halber wird das Wertepaar (17;22) benutzt, doch könnte es auch jedes beliebige andere sein, und man erhält:

$$22 = 2{,}2 \cdot 10^{17k}$$

$$10 = 10^{17k}$$

$$k = \frac{1}{17} = 0{,}0588\,.$$

Somit lautet die gesuchte Exponentialgleichung

$$y = 2{,}2 \cdot 10^{0{,}59x}\,.$$

Die *Verbesserung der Symmetrie einer Verteilungskurve durch logarithmische Transformation auf* einem *Exponentialpapier* zeigt das folgende *Beispiel* für die monatlichen Summenwerte der Staubsedimentation, die zu 7 Häufigkeitsklassen zusammengefaßt sind (Intervallbreite jeweils 30 mg), wobei die Ausgangsreihe A durch logarithmische Transformation in die Reihe B überführt wurde.

Klasse	Reihe A		Reihe B	
	relative Häufigkeit in %	Summenhäufigkeit in %	relative Häufigkeit in %	Summenhäufigkeit in %
1	16,0	16,0	6,4	6,4
2	19,8	35,8	12,1	18,5
3	24,8	60,6	20,5	39,0
4	21,0	81,6	24,6	63,6
5	12,1	93,7	19,7	83,3
6	4,7	98,4	11,1	94,4
7	1,6	100,0	5,6	100,0

Zur Darstellung der Werte wird sogenanntes *Häufigkeitspapier* (Schäfers Feinpapier, Plauen (Vogtl.), Bestell-Nr. 606) verwendet. Dieses trägt auf der Abszissenachse eine lineare Teilung für die Merkmale, während auf der Ordinatenachse eine logarithmische Skala zum Auftragen der zugehörigen relativen (linke Seite) bzw. der absoluten Häufigkeiten (rechte Seite) vorgesehen ist (vgl. Beilage 3a). Beim Eintragen der beiden Reihen A und B wird ersichtlich, daß die Symmetrie der transformierten Reihe B (linke Seite) wesentlich besser gegenüber A ist. Bei der Darstellung der Summenhäufigkeiten (in der Beilage rechts) beider Reihen stellt die transformierte Reihe B eine bessere Annäherung an eine Gerade dar, d. h., die Normalitätsbedingung ist besser erfüllt.

Darüber hinaus gibt es auch einfach-logarithmische Funktionspapiere, bei denen die Ordinate die Linearteilung und die Abszissenachse die logarithmische Teilung trägt. Da bei ihnen Logarithmusfunktionen von der Form

$$y = a \cdot \log x + b$$

als Gerade abgebildet werden, tragen sie die Bezeichnung *Logarithmenpapier* (im Gegensatz zu den Exponentialpapieren).

Doppeltlogarithmisches oder loglog-Papier

Beide Achsen sind logarithmisch geteilt. Die Leitergleichungen lauten

$$X = l_x(\log x - \log x_0)$$
$$Y = l_y(\log y - \log y_0),$$

wobei meist $l_x = l_y$ gesetzt wird. Wenn man $l_x = l_y = l$ setzt, ergibt sich beim Einsetzen dieser Ausdrücke in die Gleichung einer Geraden von der Form $Y = a \cdot X + b$

$$\log y = a \cdot \log x + b$$
$$y = 10^{a \log x + b}$$
$$y = (10^{\log x})^a \cdot 10^b.$$

Falls $10^b = c$ gesetzt wird, ergibt sich

$$y = c \cdot x^a.$$

Dies ist die Gleichung einer Potenzfunktion vom Grade a. Der Exponent a gibt jeweils die Steigung der Geraden an, während der Faktor c den Achsenabschnitt auf der Ordinate charakterisiert, der unterhalb des Schnittpunktes der Geraden liegt. Im *doppeltlogarithmischen Netz* werden demzufolge *Potenzfunktionen als Gerade* abgebildet, d. h., Hyperbeln oder Parabeln werden zu geraden Linien transformiert. Zur Veranschaulichung wurde die nachstehende parabolische Wertefolge

x	2	4	6	8	10
y	6	20	39	56	81

in ein *doppeltlogarithmisches Funktionspapier* (Schäfers Feinpapier, Plauen (Vogtl.), Bestell-Nr. 491) eingetragen (vgl. Beilage 3 b). Durch die Punktfolge kann man mit guter Näherung eine gerade Linie legen, die erkennen läßt, daß den Werten eine Potenzfunktion zugrunde liegt. Um diese zu ermitteln, ist so vorzugehen:

1. Die Größe c ist die Koordinate des Kurvenschnittpunktes mit der Ordinatenachse und kann unmittelbar im Funktionspapier abgelesen werden: $c = 2$.

2. Der Exponent a, der ein Maß für die Steigung der Kurve ist, kann durch Einsetzen von Wertepaaren in die Gleichung $y = c \cdot x^a$ bestimmt werden, z. B.:

$6 = 2 \cdot 2^a$	oder	$81 = 2 \cdot 10^a$
$3 = 2^a$		$40{,}5 = 10^a$
$\log 3 = a \log 2$		$\log 40{,}5 = a \log 10$
$a = \log 3/\log 2$		$a = \log 40{,}5/\log 10$
$a = 1{,}59 \approx 1{,}6$		$a = 1{,}61 \approx 1{,}6$

Somit lautet die gesuchte Potenzfunktion $y = 2 \cdot x^{1,6}$.

Wahrscheinlichkeitspapier

Bei empirischen Untersuchungen kommt es oft vor, daß zu entscheiden ist, ob die gefundenen Häufigkeiten einer gruppierten Meß- oder Beobachtungsreihe einer GAUSSschen Normalverteilung entsprechen oder nicht. Will man diese Frage rechnerisch lösen, so wird man sich des χ^2-Testes bedienen. Graphisch kommt man jedoch in der Regel rascher zum Ziel, wenn man dazu *Wahrscheinlichkeitsdiagrammpapier* benutzt, das auch im Handel als Schäfers Feinpapier, Plauen (Vogtl.), Bestell-Nr. 485 und 500, erhältlich ist. Ein derartiges Papier enthält als Grundnetz ein rechtwinkliges Koordinatensystem, bei dem auf der Ordinatenachse die logarithmischen Werte der Verteilungsfunktion der standardisierten Normalverteilung $\Phi(u)$ gemäß dem GAUSSschen Fehlerintegral aufgetragen sind und die Abszissenteilung linear ist (vgl. Beilage 4).

Die Kurve der *Summenhäufigkeit einer normalverteilten Funktion* erscheint demzufolge in einem *Wahrscheinlichkeitsnetz als gerade Linie.* Aus der Streuung der eingetragenen Punkte um die eingetragene Gerade (*Ausgleichsgerade*) kann man auf die Güte der Normalität der betreffenden Meß- oder Beobachtungsreihe schließen. Die zum Verständnis dieser Zusammenhänge benötigten mathematischen Grundlagen werden in Kap. 7.2.2., S. 216ff., ausführlich dargestellt.

Am *Beispiel „Fahrzeit mit öffentlichen Verkehrsmitteln"*, das bereits mehrfach zur Veranschaulichung verwendet wurde (vgl. Beilage 4 und Abb. 15, S. 102), soll die Aussagefähigkeit des Wahrscheinlichkeitspapiers erläutert werden. Die entsprechende Verteilungskurve des gegebenen Beispiels ist, wie bereits das zugehörige Histogramm (Abb. 15) zeigte, zweigipflig, was auf die Zusammensetzung aus 2 Normalverteilungen hindeutet. Trägt man die Wertepaare koordinatengerecht in das *Wahrscheinlichkeitsnetz* (Beilage 4, *linke Seite*) ein, so ergibt sich keine durchgehende gerade Linie. Dagegen lassen sich 2 Gerade konstruieren, von denen die eine unter einem flacheren Winkel einfällt. Diese beiden Geraden lassen sich den beiden Normalverteilungen zuordnen, aus denen die Gesamtverteilungskurve zusammengesetzt ist, und zeigen, daß sich auch sogenannte Mischverteilungen sinnvoll deuten lassen.

Auf der *rechten Seite des Wahrscheinlichkeitspapiers* (Beilage 4) sind die beiden Wertereihen A und B des *Beispiels der monatlichen Staubsedimentationsverteilung* (entsprechend Zusammenstellung S. 128) aufgetragen. Reihe B ging bekanntlich durch logarithmische Transformation aus der Reihe A hervor. Beide Reihen werden als gerade Linien abgebildet; sie sind also normalverteilt, und auch durch die Transformation einer Reihe wird ihr Normalitätsgrad nicht verändert.

Der hier gegebene Überblick über die Anwendung von Nomogrammen und Funktionspapieren kann nur sehr allgemein sein und soll im wesentlichen als Anregung dienen, diese verhältnismäßig leicht zu handhabenden und anschaulichen Verfahren in größerem Umfang als bisher bei geographischen Untersuchungen einzusetzen.

4.5. Kartenautomatisation

4.5.1. Grundsätzliches über rechnergestützte Kartenherstellung

Die Darstellung wird heute in zunehmendem Maße von elektronischen Datenverarbeitungsanlagen übernommen. Es sind die verschiedensten Programmierungsmöglichkeiten ausgearbeitet worden, um *thematische Karten* vom Rechner im On-line- oder Off-line-Betrieb herstellen zu lassen. Für die Geographie ist hier noch ein fruchtbares Feld, das der Erschließung harrt und auf breiter Ebene weiterentwickelt werden sollte.

Die *Anwendung der EDV* ist besonders in den Fällen angezeigt:

— wenn sehr große Datenmengen kartographisch dargestellt werden sollen. Bei DDR-weiten Untersuchungen auf Gemeindebasis sind z. B. jeweils ca. 8000 Daten zu bewältigen,
— wenn die Daten ohnehin schon über den Rechner bearbeitet werden, wie es bei der Ableitung von Sekundärdaten, wie Häufigkeiten, Dichte, Besatz usw., der Fall ist,
— wenn die Daten in maschinenlesbarer Form — auf Lochstreifen oder Lochkarten — in den Datenbanken der DDR bereits vorliegen und zur Nachnutzung unmittelbar übernommen werden können (beispielsweise die Daten der Volks-, Berufs-, Wohnraum- und Gebäudezählung vom 1. 1. 1971).

Das *Format* und die *inhaltliche Ausgestaltung* der herzustellenden Karte hängen nicht nur vom verwendeten Rechner, sondern in stärkerem Maße von dessen *peripheren Zeicheneinrichtungen* ab. Es sind heute im wesentlichen die folgenden Varianten zu berücksichtigen:

— das *Schreibwerk* der Ausgabeschreibmaschine. Die Wagenbreite von ungefähr 41 cm bestimmt die Länge der Abszisse (x-Achse) und damit die eine Kartenseite.
— der angeschlossene *Plotter* (x-y-Koordinaten-Zeichengerät). Die Zeichenfläche hat, wie z. B. beim Hewlett-Packard-System (Kleinrechner) zumeist ungefähr das Format A 3.
— die *Großzeichengeräte*: Kartimat, Benson, Bull, Kingmatic usw. Der für die noch zu besprechende Isarithmendarstellung verwendete Digigraph hat einen Zeichentisch von 800 mm × 1000 mm.

Bereits mit programmierbaren Tisch- und Taschenrechnern lassen sich bei entsprechender Peripherie über Schreibmaschine oder Plotter DDR-Karten mit Bezirks- oder Kreisgrenzen herstellen, die für den Eindruck von Flächenkartogrammen oder Kartodiagrammen geeignet sind. Auch Karten auf der Grundlage eines völlig flächenneutralen Gitternetzes können für die verschiedensten Zwecke angefertigt werden.

Der *Kartenausdruck* erfolgt im

— *On-line-Betrieb*, d. h., direkt vom Computerprogramm gesteuert wird ein einmaliger Druck der Karte vorgenommen;
— *Off-line-Betrieb*, wenn zunächst für den Kartendruck ein Lochstreifen hergestellt wird. Von diesem sind dann beliebig viele Kartendrucke möglich.

Weiterhin sind folgende *technische Randbedingungen* zu beachten:

— die *Speicherkapazität des Rechners*. Sie läßt sich durch externe Magnetbandspeicher wirksam unterstützen.
— die *Zeichengeschwindigkeit des Plotters* oder anderen Zeichengerätes, wobei u. a. der Schreibgeräteabhub und die Farbumschaltung eine Rolle spielen.

Auch Lichtsatzgeräte wurden und werden in der DDR mit gutem Erfolg bei der automatischen Kartenherstellung verwendet.

Nach Detaillierung des Inhalts ist die *Wahl des Maßstabes* vorzunehmen. Am häufigsten werden die folgenden Maßstäbe benutzt:

Gesamtdarstellung der DDR

1. *Gitternetzkarten*
   in Maßstäben 1 : 2 Mill., 1 : 1,5 Mill., 1 : 1 Mill. mit eingedruckten Flächenkartogrammen oder Gitterwerten;
2. *Karten auf Bezirksbasis*
   Maßstab 1 : 2 Mill. mit Flächenkartogrammen oder bezirksbezogenen Kartodiagrammen oder Zahlenwerten und Symbolen;
3. *Karten auf Kreisbasis*
   Maßstab 1 : 1,5 Mill., 1 : 1 Mill. mit Flächenkartogrammen und kreisbezogenen Kartodiagrammen, Zahlenwerten, Symbolen.

Teilgebietsdarstellungen der DDR

1. *Gitternetzkarten*
   in Maßstäben größer als 1 : 1 Mill. bis 1 : 50000 mit eingedruckten gitterquadratbezogenen Kartogrammen;
2. *großmaßstäbliche Karten einzelner Bezirke auf Kreisbasis*
   in variablen Maßstäben 1 : 750000 bis 1 : 50000 mit kreisbezogenen Kartogrammen oder Isolinien;
3. *großmaßstäbliche Karten auf Gemeindebasis*
   in Maßstäben ab 1 : 750000 mit eingedruckten gemeindebezogenen Kartogrammen oder Isolinien;
4. *großmaßstäbliche Karten für Spezialuntersuchungen*
   (Testgebiete)
   a) *auf Gitternetzbasis*
      mit Eindruck von gitterquadratbezogenen Kartogrammen oder Wertziffern, Isolinien usw.,

b) *auf der Basis eines vorgegebenen Gefügemusters*
(chorische oder topische Einheiten) mit eingedruckten, auf die entsprechenden Einheiten bezogenen Kartogrammen, Wertziffern, Isolinien usw.

Der Arbeitsgang ist als *Ablaufplan* in Abb. 30 dargestellt. Das Programm für das Zeichnen der Karte mit dem Koordinatennetz und den einzuzeichnenden Grenzen wird über Lochstreifen eingegeben, während die Speicherung der darzustellenden Datenwerte auf Magnetband erfolgt. Je nach dem Charakter des Programms werden auf dem Plotter in die Karte

- Flächenkartogramme
- Zahlenwerte oder Einzelsymbole
- Kartodiagramme

eingetragen.

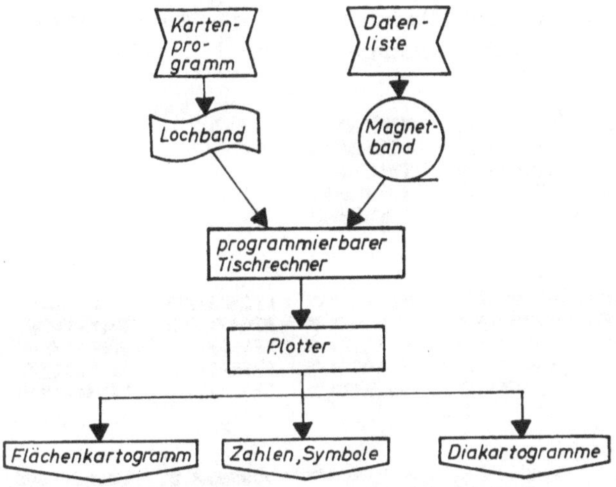

Abb. 30. Ablaufplan der automatischen Kartenherstellung (*statt* Diakartogramme *lies* Kartodiagramme)

4.5.2. *Plotter- und Schreibwerkkarten*

Die über die Ausgabeschreibmaschine oder den Plotter im On-line-Betrieb vom Rechner unmittelbar gesteuerten Karten lassen sich sehr rasch in den bereits erwähnten Maßstäben zwischen 1 : 500000 und 1 : 2 Mill. herstellen, so daß sie für die Forschung wie auch für territoriale Entscheidungen eine wertvolle und noch bei weitem nicht ausgeschöpfte Informationsquelle darstellen. Die *kurzfristige Herstellung* bedeutet einen enormen *Rationalisierungseffekt* gegenüber den herkömmlichen manuellen Methoden.

Zur *Programmierung der kartographischen Situation*:

- Landesgrenzen mit Gitternetz oder
- Landes-, Bezirks- und Kreisgrenzen oder
- Lagekoordinaten für Gemeinden usw.

ist einmalig ein größerer Zeitaufwand zu veranschlagen, um einen entsprechenden Datenbestand herzustellen, der immer wieder verwendet werden kann. Verschiedenartige Flächenraster oder -farben sowie Kartodiagramme können auf Grund der Eingabedaten entsprechend dem Programm koordinatenrichtig in der Karte plaziert werden.

Um die Größenordnung des *Zeitaufwandes für die Zeichnung* einer solchen Karte (ohne Programmierung!) zu veranschaulichen, sollen folgende Richtzahlen genannt werden: Der Plotter des Hewlett Packard 9810 A zeichnet eine Karte mit den Grenzen sämtlicher Bezirke und Kreise der DDR im Maßstab 1 : 1,5 Mill. in etwa einer Stunde. Das Eintragen der Flächensymbole in sämtliche Kreise erfordert je nach Kompliziertheit nochmals $^1/_2$—1 Stunde, so daß also eine derartige Automatenkarte in etwa $1^1/_2$—2 Stunden fertig vorliegt. Der Vorteil derartig rasch reproduzierbarer Karten ist offensichtlich: Man kann solche Karten *zur Entscheidungsfindung operativ einsetzen*, indem man sich vom Computer mehrere Varianten mit veränderten Parametern ausdrucken läßt. Auch Grenzbelastungen oder gewisse Schwellenwerte lassen sich kurzfristig in ihrer regionalen Verteilung kenntlichmachen. Dadurch wird die Automatenkarte künftig auch große Bedeutung für die Umweltforschung erlangen.

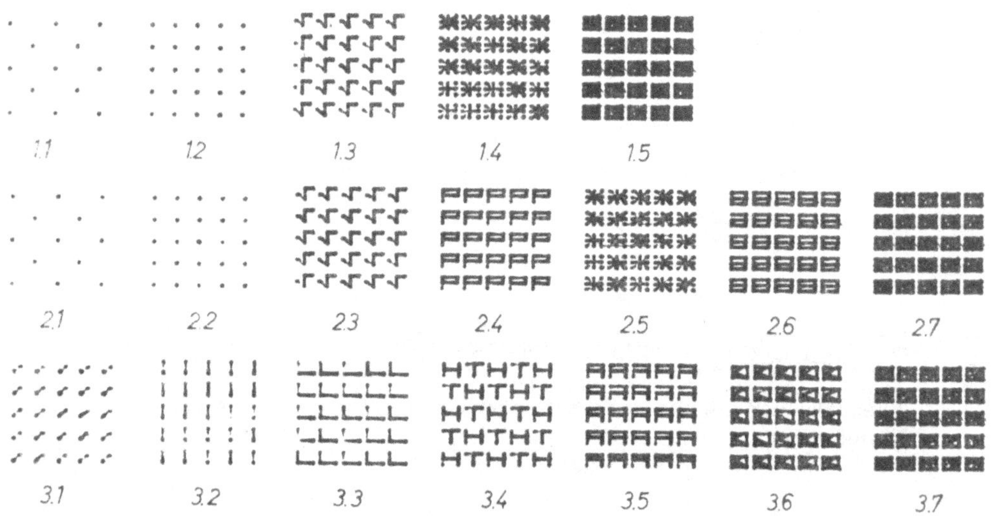

Abb. 31. Rastertypen

Das *Kartenbild* ist übersichtlich und leicht interpretierbar. Außerordentlich große Sorgfalt muß auf die *Auswahl der Legenden* gelegt werden. Es sind Skalen mit Abstufungen entsprechend der verwendeten Klassen einzusetzen. Dabei können die auf der Tastatur der Schreibmaschine vorhandenen Typenzeichen benutzt werden. Durch Übereinanderdruck mehrerer läßt sich ein höherer Schwärzungsgrad erreichen.

Bei Verwendung sämtlicher auf der Maschine vorhandener alphanumerischer Zeichen sind sehr viele *Rastertypen* möglich, und durch Übereinandertippen von 2 und mehr Zeichen lassen sich höhere Schwärzungsgrade erzielen. Trotzdem ist bei Verwendung nur einer Farbe, wobei in erster Linie das Schwarz in Frage kommt, eine umfangreichere Skala nur schwer möglich. Denn es muß gefordert werden, daß sich einerseits *sämtliche Raster einwandfrei unterscheiden* lassen und daß andererseits eine *steigende Folge mit zu-*

nehmender Sättigung zustande kommt, die sich objektiv-eindeutig trennen läßt. Mehr als 10stufige Skalen genügen zumeist nicht durchgängig den eben erwähnten Kriterien. Vom Zusammendruck von mehr als 2 Zeichen sollte im mittleren Bereich der Skala abgesehen werden, da die Schwärzungsgrade generell sehr einheitlich ausfallen.

Zur Veranschaulichung der genannten Kriterien sind in Abb. 31 drei verschiedene Raster dargestellt, von denen das erste 5 Stufen, die beiden übrigen 7 Stufen umfassen. Die beiden ersten beginnen mit Punktsignaturen, während das 3. Beispiel ausschließlich mit Strichtypen arbeitet. Die volle Schwarzstufe wurde durch den Übereinanderdruck von 4 Zeichen erreicht. Im einzelnen wurden die *Raster aus folgenden Zeichen oder Zeichenkombinationen* aufgebaut:

1. Skala	*2. Skala*	*3. Skala*
1.1. Punkt mit Leertaste	2.1. Punkt mit Leertaste	3.1. Doppelpunkt schräg (CLEAR X)
1.2. Punkt	2.2. Punkt	3.2. I
1.3. Wurzelzeichen	2.3. Wurzelzeichen	3.3. L
1.4. X über Plüszeichen	2.4. P	3.4. H neben T
1.5. B über N über U über Wurzelzeichen	2.5. X über Pluszeichen	3.5. A
	2.6. B	3.6. K über O
	2.7. B über N über U über Wurzelzeichen	3.7. B über N über U über Wurzelzeichen

Das *Beispiel* (Abb. 32) zeigt die drei Nordbezirke als Ausschnitt eines *Flächenkartogramms* auf der Grundlage der 219 Kreise der DDR. Das dargestellte Merkmal wurde einer Kreis-Problem-Datei mit Daten zur Flächennutzung entnommen und auf dem Plotter des programmierbaren Tischrechners EMG 666 mit Hilfe eines vom ESER-Rechner erstellten Merkmalsvektor-Lochbandes gezeichnet. Das Programm bietet die Möglichkeit, bis zu 18 Legendengruppen zu definieren und diesen eine bestimmte Schraffur zuzuordnen. Die Grenzen der Schwarz-Weiß-Darstellung sind jedoch bereits bei 9- bis 10stufigen Rasterskalen erreicht. Die verwendeten Symbole gestatten zwar eine eindeutige Trennung, sind aber bei unsauberem Ausdruck visuell nicht immer gut voneinander zu unterscheiden. Hier kann allerdings schon die Hinzunahme einer zweiten Farbe Abhilfe schaffen. Weiterhin kann der Maßstab und der zu bearbeitende Kartenausschnitt über Parameter gesteuert werden. Die Zeichenzeit für diese Abbildung betrug ca. 10 Minuten.

Derartige Karten sollen in erster Linie einer *allgemeinen Orientierung* dienen. Da sie verhältnismäßig rasch herzustellen sind, eignen sie sich vor allem *für operative Entscheidungsfindungen* und werden nicht nur in der Geographie, sondern auch in der Planungspraxis in dieser Weise genutzt. Es hieße allerdings die Genauigkeit einer solchen Darstellung zu verkennen, wollte man etwa in einer derartigen Karte Messungen durchführen. Durch die auf das zugrunde gelegte Gitternetz abgestimmte Konstruktion der Bezirks- und Kreisgrenzen gehen zwangsläufig Fehler ein, die beispielsweise beim Planimetrieren schwer ins Gewicht fallen würden. Auch die Vergrößerung solcher Karten ist aus den gleichen Gründen nur in begrenztem Umfang möglich.

Eine weitere Anwendung der Plotterkarte ist das *Kartodiagramm* oder das *plazierte Kartogramm* (Abb. 33). Als Unterdruck können hierbei Grundlagenkarten Verwendung finden. Mit Hilfe eines Koordinatennetzes lassen sich darin die Lokalitäten (Objekt-

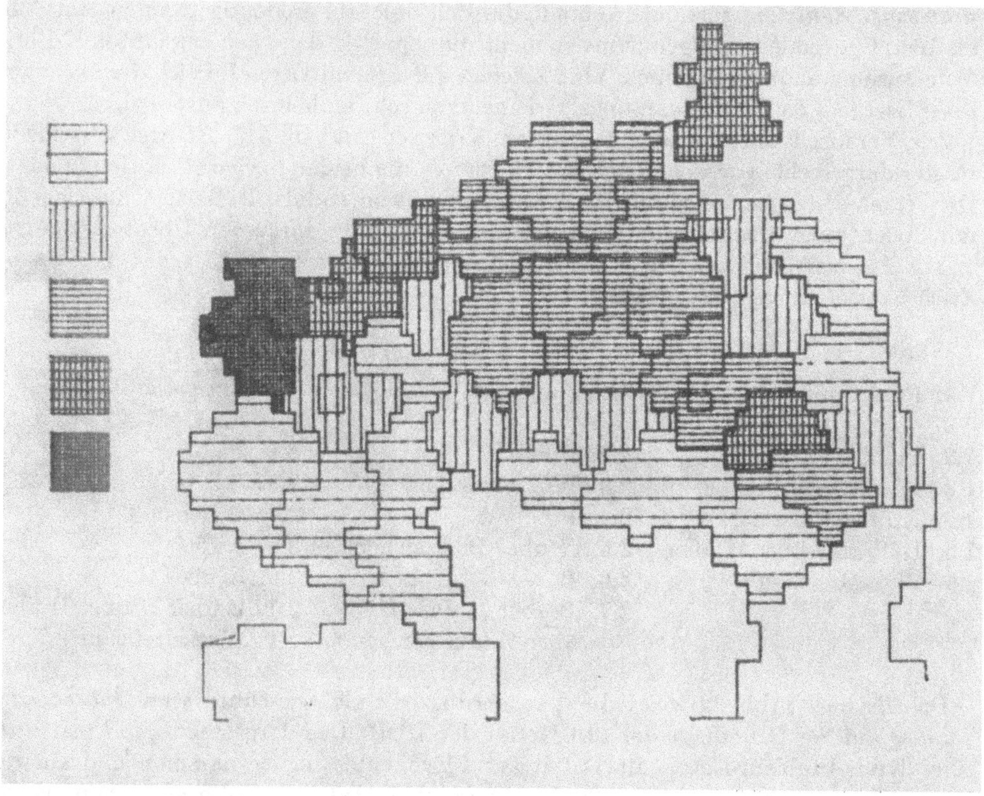

Abb. 32. Flächenkartogramm-Plotterkarte (Ausschnitt aus einer DDR-Karte auf der Grundlage eines Merkmals aus einer Kreis-Problem-Datei)

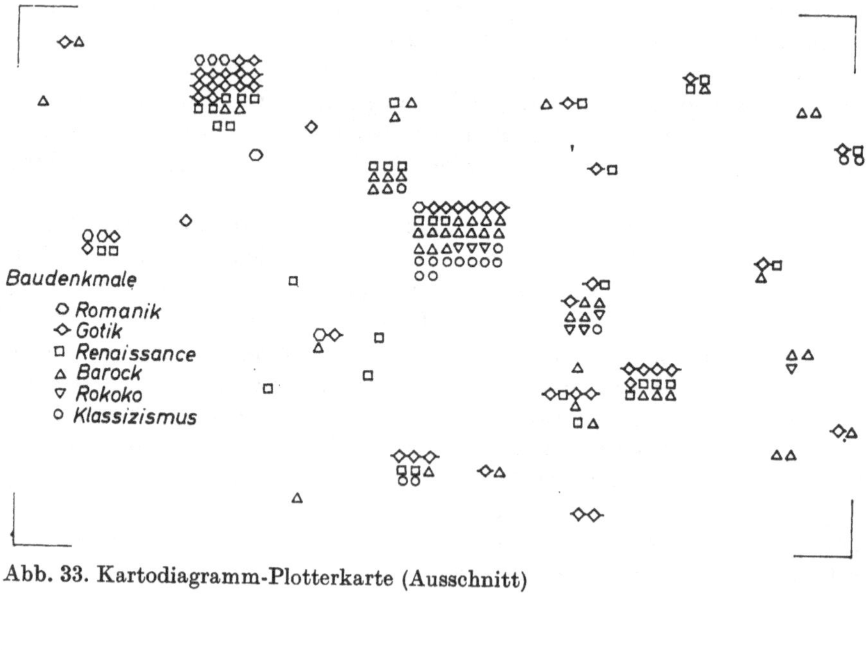

Abb. 33. Kartodiagramm-Plotterkarte (Ausschnitt)

standorte), an denen Kartogramme einzuzeichnen sind, durch ihren x- und y-Wert festlegen. An diesen Punkten werden dann vom Plotter die gewünschten Streifen- oder Kreisdiagramme, Histogramme, Symbole, Ziffern usw. eingetragen.

Das *Beispiel* (vgl. Abb. 33) enthält (ohne Unterdruck) einen Ausschnitt des *Dresdener Elbtales mit nach Stilepochen unterschiedenen Baudenkmalen* (Schlösser, Profanbauten, Kirchen, Parks). Die Anzahl der eingetragenen Symbole kennzeichnet die Zahl der am betreffenden Ort befindlichen Baudenkmale. Der Maßstab muß so gewählt werden, daß die Übersichtlichkeit gewahrt bleibt und die Zeichen nicht ineinanderlaufen. Die Möglichkeiten, die sich gerade auf diesem Gebiet der thematischen Kartographie bieten, sind noch bei weitem nicht ausgeschöpft.

4.5.3. Die Isolinien(Isarithmen)-Karte

Sowohl bei physisch-geographischen als auch bei ökonomisch-geographischen Untersuchungen kommt es vor, daß man unregelmäßig über die Fläche verteilte Werte durch das Eintragen von Isolinien ordnen möchte, indem man beispielsweise versucht, Gebiete gleicher Intensität der Erscheinung durch Linien miteinander zu verbinden, dabei die Gebiete der Höchst- und Tiefstwerte festzulegen und schließlich den Grad des Gefälles (Gradienten) zwischen hoch und tief zu bestimmen.

Ohne auf die für solche *Isarithmenkarten* benötigten Programme im einzelnen einzugehen, sollen hier nur die wichtigsten Grundsätze und die einzelnen Arbeitsetappen kurz gekennzeichnet werden:

Meist erfolgt die *Bearbeitung in zwei Teilschritten*:

- Von den unregelmäßig und ungleich über die Fläche verteilten vorgegebenen Werten wird zunächst eine Interpolation auf ein quadratisches Punktgitter vorgenommen und jedem Gitterpunkt ein Wert zugeordnet.
- Ausgehend von den nunmehr gleichmäßig auf die Gitterpunkte verteilten Werten wird die Konstruktion der Isolinien durchgeführt.

Zur Lösung bieten sich vor allem *3 Algorithmen* an:

- Ausgleichung mittels Polynomflächen gemäß der Trendanalyse (auch CHOLESKY-Verfahren genannt),
- Interpolation mit Hilfe von Potentialfunktionen,
- Mittelung durch Wichtung der Abstände, wobei dieses Verfahren die besten Ergebnisse liefert.

So ergibt sich als Isoliniengleichung

$$z = z(x, y) = \frac{\sum_{i=1}^{n} \frac{s_i}{r_i}}{\sum_{i=1}^{n} \frac{1}{r_i^2}}$$

mit $r_i^2 = (x - x_i)^2 + (y - y_i)^2$ für $i = 1, \ldots, n$. Dabei sind s_i die Zahlenwerte und r_i die Abstände der n in die Mittelung einbezogenen Punkte $P_i(x_i, y_i)$. Am besten hat sich die Punktzahl $n = 6$ bewährt.

Als *Beispiel* wurde die *Bevölkerungsverteilung für ein Testgebiet* gewählt (vgl. Abb. 34), deren Werte den Gitterpunkten eines quadratischen Punktegitters von 3 km × 3 km zugeordnet wurden. Wie die Abbildung zeigt, kann die Isoliniendarstellung wahlweise durch Koordinatenachsen und Gitternetz vervollständigt werden.

Die *Problematik der Isoliniendarstellung* besteht darin, daß entsprechend der Definition Isolinien als Linien aufzufassen sind, welche Punkte mit gleichen Werten eines Kontinuums miteinander verbinden. Dabei wird vorausgesetzt, daß sich die Merkmalswerte in georäumlicher Dimension *stetig* ändern. Diese Prämisse ist aber beispielsweise bei Rasterdaten, die durch Transformation aus administrativen Daten entstanden sind, nicht erfüllt, so daß u. a. die relativ eckigen Konturen der Isolinien entstehen. Deshalb sollte bei jeder Anwendung der Isolinienprogramme sorgfältig geprüft werden, ob die entsprechenden Voraussetzungen erfüllt sind.

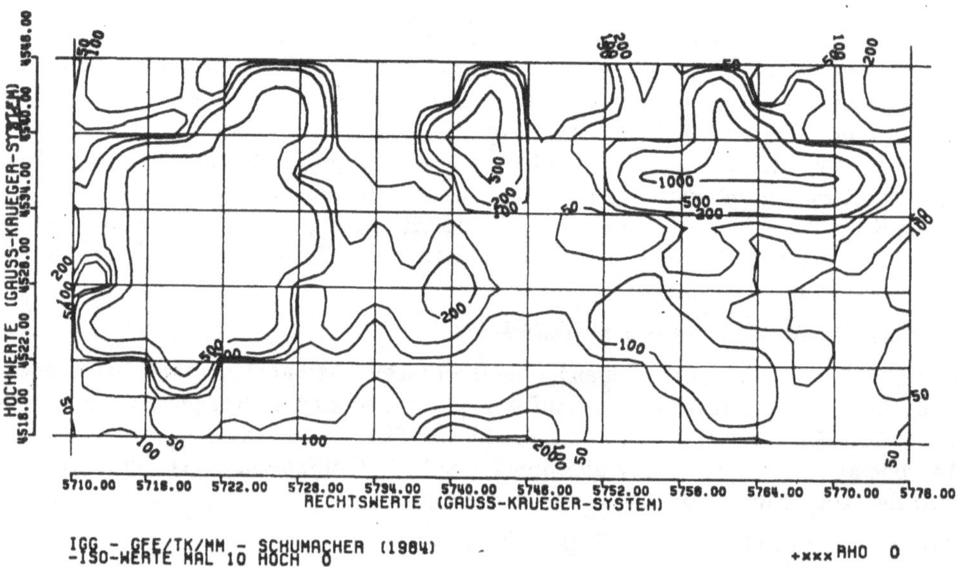

Abb. 34. Isolinien(Isarithmen)-Plotterkarte (Ausschnitt)

Die *Isarithmenmethode* bietet sich in diesem Falle besonders deshalb an, weil die durch das Gitternetz homogenisierten Werte dem Gravitations- bzw. Potentialkonzept entsprechend über den Raum verteilt sind und die Zentren als Anziehungspole hoher Intensität fungieren.

Zur Bewertung der Methode ist zu bemerken, daß der Computer die betreffende Isolinie festlegt, indem er punktweise die Abstandsmaße zu einer Anzahl Gitterpunkte miteinander vergleicht und durch Interpolation den Minimalwert heraussucht.

— Die EDV-interpolierten Werte sind den subjektiv-manuell gewonnenen Werten in den meisten Fällen überlegen hinsichtlich der Lagetreffsicherheit.
— Als technische Unzulänglichkeit ist in Kauf zu nehmen, daß der Plotter nur über Bewegungsimpulse in der x- und y-Richtung verfügt und daher oft eckige bzw. spitzwinklige Formen zeichnet, die nachträglich generalisiert werden müssen.

— Bei strak herausfallenden Werten kommt es zu unnatürlichen Isoliniendrängungen, da der Rechner sämtliche Werte — auch die sogenannten „Ausreißer“, die man normalerweise eliminiert — verarbeitet. Hier sind ebenfalls nachträgliche Korrekturen erforderlich.

Zur *Kennzeichnung der Isolinien* bzw. der zwischen ihnen liegenden Flächen gibt es verschiedene Verfahren, die jedoch nachträglich von Hand durchgeführt werden müssen:

— Die Werteziffern sind an die Isolinien (oder wenigstens an einige) zu schreiben.
— Gewisse Isolinien werden verstärkt, andere gebrochen gezeichnet.
— Die Intervalle zwischen den Isarithmen werden, wie es z. B. auf Klimakarten üblich ist, nach zunehmender Sättigung einer Farbe oder verschiedenfarbig koloriert. Es können auch Rasterskalen Verwendung finden.

Die computergestützten Isarithmendarstellungen sind für viele Zwecke einsetzbar, sie müssen methodisch jedoch in verschiedener Hinsicht noch verbessert werden.

5. Semiquantitative Verfahren für geographische Untersuchungen

5.1. Einführung

Im Zeitalter der EDV-Technik ist man daran gewöhnt, umfassende, stark spezialisierte mathematische Analyseverfahren einzusetzen und lehnt „anspruchslosere Methoden" von vornherein ab. Das hat dazu geführt, daß vielfach keinerlei quantitative Untersuchungen vorgenommen werden, da die einen Verfahren zu „primitiv", die anderen — vor allem hinsichtlich der Kosten — zu aufwendig oder im Einzelfalle nicht durchführbar sind, da geeignete Programme nicht zur Verfügung stehen.

Diesen Trend muß man jedoch als eine ganz natürliche Entwicklung ansehen. Unter dem Eindruck der modernen, mathematisch anspruchsvollen und durchdachten Verfahren verliert man den Glauben an die Aussagekraft der einfachen Methoden und läßt diese weitgehend fallen.

Es gibt aber u. a. auch in der geographischen Forschung Situationen, wo im ersten Stadium der Untersuchung *Initial- und Überblickinformationen* am Platze sind. Hier sollte man nicht gleich mit teuren Analyseverfahren beginnen, bei denen sich oft später erst herausstellt, daß sie nicht zum gewünschten Erfolg führen, wenn beispielsweise das ausgewählte Verfahren nicht das geeignete war. Daher sind vielfach für erste Überblicke die einfachen Methoden vorzuziehen, weil sie rasch zu Informationen verhelfen. EDV-Programme rechnen sich zwar sehr schnell, aber die notwendige Vorbereitung, die ja auch einbezogen werden muß, erfordert bekanntlich außerordentlich viel Zeit; denn selbst wenn das Programm vorliegt, muß das Datenmaterial erst erfaßt werden.

Es erscheint aus diesem Grunde angebracht, auf einige ältere Elementarverfahren einzugehen und ihre Brauchbarkeit bei entsprechenden Fällen zu demonstrieren. Es soll in diesem Zusammenhang von „*semiquantitativen Methoden*" gesprochen werden, da stets — wie noch zu zeigen sein wird — einige subjektive Entscheidungen, etwa bei der Schwellenwert- und Grenzbildung, eingehen, so daß alle diese Verfahren nur approximative Darstellungen ergeben und oft nur Rangfolgen vermitteln, bei denen die gegenseitigen quantitativen Beziehungen zwischen den Kennziffern nicht bestimmt werden können. Doch der letztgenannte Mangel ist bekanntlich auch mit manchem anspruchsvollem mathematischem Verfahren nicht zu beheben.

Im folgenden sollen in zwangloser Folge zunächst einige ordnende und gliedernde Verfahren vorgestellt werden, nämlich

— die Skalogramm-Analyse,
— das Polaritätsprofil,
— das Czekanowski-Diagramm,

an die sich solche anschließen, die Maße für die Konzentration, die Gestalt und für Beziehungen vermitteln.

5.2. Die Skalogrammanalyse

Wenn geographische Objekte (Standorte, Areale, Siedlungen, administrative Einheiten) nach Kennziffern beurteilt werden sollen, bietet das Skalogramm in sehr vielen Fällen eine wertvolle Hilfe. Die Auswahl der zu berücksichtigenden Kennziffern bleibt natürlich in gewissem Grade willkürlich. Sie sollte vorrangig nach der Problemstellung erfolgen und bekanntermaßen immer davon ausgehen, was für Datenmaterial vorhanden bzw. erhältlich ist. Man sollte darüber hinaus zumindest versuchen, offensichtliche Lücken im benötigten Informationsspektrum durch ähnliche oder problemmäßig benachbarte Kenngrößen zu füllen.

Zumeist lassen die ausgewählten Kennziffern keine eindeutige Rangordnung erkennen; doch ist vielfach eine solche immanent vorhanden, wenn man die Aussage gewisser Kennwerte in übergeordneten Kennziffern berücksichtigt. In diesen Fällen sollte man nicht unnötig viele Kennziffern in die Untersuchung einbeziehen, da dadurch die Analyse nichts an Güte gewinnt, oft nur aufwendiger und gleichzeitig meist unübersichtlicher wird. Und es ist stets zu bedenken, daß die Auswertung von Hand erfolgt.

Wichtig ist ferner, daß die ausgewählten Kennziffern das Problem möglichst vielschichtig und zugleich umfassend zu charakterisieren gestatten. Im gewählten Beispiel sollen die Gemeinden des Umlandes eines mittelstädtischen Zentrums auf ihre Unterschiede im Entwicklungsstand miteinander verglichen werden. Es wurden folgende *7 Kriterien* herangezogen:

— Bevölkerungsdichte,
— Bevölkerungsentwicklung,
— Industriebeschäftigte in Prozent der Gesamtzahl der Beschäftigten,
— Anzahl der Personenkraftwagen pro 100 Haushalte,
— Anzahl der Krankenhausbetten pro 10000 Einwohner,
— durchschnittliches Arbeitseinkommen,
— Zahl der täglichen Fahrgelegenheiten zum nächstgelegenen Zentrum.

Im 2. Schritt der Untersuchung erfolgte eine Unterteilung der ausgewählten Kennziffern in *3 Bewertungsintervalle*, wobei der jeweilige Bearbeiter einschätzen muß, was als unterschwellig entwickelt, normal bzw. über dem Durchschnitt liegend anzusehen ist. Um hierbei das subjektive Moment einzuschränken, wird man sich je nach der der Untersuchung zugrunde liegenden Fragestellung auf den Landes-, Bezirks- oder Kreisdurchschnitt beziehen und danach die Breite der Intervalle bestimmen. Am schwierigsten ist zweifellos die Abgrenzung der mittleren Bewertungsstufe, die den „Normalzustand" bezeichnen soll. Sie darf nicht zu eng gewählt werden, da sonst zu viele Fehlbewertungen der beiden Randgruppen auftreten. Eine zu große Breite der zentralen Gruppe kann andererseits einen insgesamt zu stark ausgewogenen Entwicklungsstand vortäuschen und die gewünschte Differenzierung verschleiern. Der Grad der Willkür bei der Abgrenzung der 3 Gruppen wird am ehesten dadurch gemildert, daß man Durchschnittswerte der amtlichen Statistik zugrunde legt.

Tab. 7 zeigt, wie im vorliegenden Beispiel bei der Trennung der *Kennziffernbereiche* vorgegangen worden ist. Die 3 Gruppen wurden als „positiv", „neutral" und „negativ" bezeichnet, um anzudeuten, daß der zugrunde gelegte Durchschnitt überschritten, erreicht bzw. unterschritten wurde.

Mit diesen Kennziffern-Bewertungsbereichen wird nun eine Rohtabelle für die

Tabelle 7. Bewertungsbereiche der ausgewählten Kennziffern

Kennziffern	positiv	neutral	negativ
1. Bevölkerungsdichte in Ew./km²	über 250	150–250	unter 150
2. Bevölkerungsentwicklung in ± %	0 bzw. geringe Zu-/Abnahme	1–3	über 4
3. Industriebeschäftigte in % der Gesamtbeschäftigten	über 35	30–35	unter 30
4. PKW pro 100 Haushalte	über 30	25–30	unter 25
5. Krankenhausbetten je 10000 Ew.	über 130	100–130	unter 100
6. Durchschnittliches Arbeitseinkommen von 750–950 M in %	über 60	40–60	unter 40
7. Anzahl der täglichen Fahrgelegenheiten zum nächsten Zentrum	über 10	6–10	unter 6

Skalogrammanalyse aufgestellt (vgl. Tab. 8). Sie enthält in der Vorspalte die zu bewertenden Gemeinden (im Beispiel gekennzeichnet durch A-F) und im Tabellenkopf die 7 Kennziffern, jeweils auf die 3 Bereiche „positiv", „neutral" und „negativ" verteilt. Die Reihenfolge sowohl der Gemeinden wie auch der Kennziffern ist in diesem Stadium der Bearbeitung noch willkürlich. Doch sollte man bereits hier darauf achten, daß Ähnliches und Verwandtes nebeneinander zu stehen kommt, da das die spätere Umgruppierung erleichtert.

Tabelle 8. Aufschlüsselung der Kennziffern auf die Bewertungsintervalle

Gemeinden	Kennziffern																				
	positiv							neutral							negativ						
	1	2	3	4	5	6	7	1	2	3	4	5	6	7	1	2	3	4	5	6	7
A		×	×									×		×	×			×		×	
B			×								×				×	×			×	×	×
C	×		×	×	×	×	×									×					
D								×	×	×			×					×	×		×
E	×	×					×				×	×	×				×				
F	×		×				×				×		×			×			×		

Für sämtliche Gemeinden liegen im Urmaterial die ausgewählten Kenngrößen in absoluten Zahlen vor. Bei der Übertragung in die Rohtabelle werden jedoch nicht die absoluten Zahlen verwendet, sondern diese werden auf der Grundlage von Tabelle 7 dem entsprechenden Bewertungsintervall zugewiesen. Daher erscheinen in der sogenannten Rohtabelle (vgl. Tab. 8) in der entsprechenden Spalte keine Zahlen sondern nur Kreuze. Die Aufstellung dieses Schemas stellt den dritten Bearbeitungsschritt der Skalogrammanalyse dar.

Aus dieser Rohtabelle lassen sich kaum irgendwelche allgemeinen Gesetzmäßigkeiten erkennen, da die Kreuze ziemlich unregelmäßig streuen. Es muß daher im vierten Bearbeitungsschritt noch eine Umordnung der Werte erfolgen (vgl. Tab. 9).

Tabelle 9. Umgeordnetes Skalogramm

Gemeinden	Kennziffern																				
	positiv							neutral							negativ						
	4	6	5	1	7	2	3	4	6	5	1	7	2	3	4	6	5	1	7	2	3
C	×	×	×	×	×		×													(×)	
F				×	×		×	×	×								(×)			(×)	
E				×	×	×		×	×	×											(×)
A						×	×			×		×			×	×		×			
B							×	×								×	×	×	×	×	
D									×		×		×	×	×		×		×		

Was kann damit erreicht werden? Am Ende der Umordnung sollen die Gemeinden eine hierarchische Ordnung erkennen lassen dergestalt, daß man eine Folge von solchen mit vorrangig positiver zu solchen mit immer stärker negativer Bewertung sofort ablesen kann. Dazu muß die Verteilung der Kreuze in der Tabelle im Idealfall die Gestalt eines von links oben nach rechts unten verlaufenden Parallelogramms annehmen. Dies bedeutet aber,

— die Gemeinden so umzuordnen, daß die oben gestellten Forderungen erfüllt werden und eine Bewertungsfolge erreicht wird;
— gleichzeitig aber auch die Kennziffern durch Vertauschen einiger Spalten miteinander in eine Reihenfolge zu bringen, die betont positive und negative Bewertungen in obiger Abfolge besser hervortreten läßt.

Bei umfangreichen Tabellen ist es oft unumgänglich, die Tabelle mehrmals umzuschreiben. Im gegebenen Beispiel wurde die Tabelle 9 in die Tabelle 10 überführt.

Wenn auch die Idealform des Parallelogramms nicht erreicht worden ist, so ist doch deutlich zu erkennen, daß die Kennziffern der ersten 3 Gemeinden überwiegend im Positiven, die der letzten 3 im Negativen liegen. Doch sind auch einige „Ausreißer“ festzustellen, Werte, die in Tab. 9 im oberen rechten Teil des Feldes liegen und durch Einklammern besonders gekennzeichnet wurden.

Abschließend ist zu fragen, ob die Auswahl der Kennziffern in der vorliegenden Form sinnvoll ist, ob alle aussagekräftig sind oder ob unter Umständen in diesem Zusammenhang die eine oder andere als unwesentlich weggelassen werden kann? Um dieses zu beurteilen, ist besonders auf die mittlere Spaltengruppe zu achten. Wenn nämlich von einer Kennziffer eine zu große Anzahl von Gemeinden als „normal“ eingestuft wird, so ist diese Kennziffer für die vorliegende Fragestellung offensichtlich zur Differenzierung nicht geeignet.

Im vorliegenden Beispiel trifft dies auf die Kennziffern 4 und 6 zu, die im Mittelfeld mit je 3 Kreuzen vertreten sind. Es handelt sich um die „Anzahl der PKW pro 100 Haushalte“ und das „durchschnittliche Arbeitseinkommen“. Gegenwärtig ist die Annäherung zwischen Stadt und Land in unserem Lande bereits soweit vorangeschritten, daß hinsichtlich der Lebensbedürfnisse und des Einkommens keine echten Gegensätze mehr bestehen, so daß derartige Kennziffern also für eine territoriale Differenzierung ungeeignet sind, während die Kenngrößen 7 (Fahrgelegenheiten zum nächsten Zentrum),

2 (Bevölkerungsentwicklung) und 3 (Anzahl der Industriebeschäftigten) als besonders aussagefähig erscheinen. Der Auswahl *geeigneter Kennziffern* ist daher besondere Aufmerksamkeit zu schenken. Unter Weglassung der Kennziffern 4 und 6 vereinfacht sich das dargestellte Skalogramm (Tab. 10) und basiert nunmehr auf insgesamt 5 Kennziffern.

Tabelle 10. Reduziertes Skalogramm (Endfassung des Skalogramms unter Weglassung der Kennziffern 4 und 6)

Gemeinden	Kennziffern														
	positiv					neutral					negativ				
	5	1	7	2	3	5	1	7	2	3	5	1	7	2	3
C	×	×	×		×									(×)	
F		×	×		×						(×)			(×)	
E		×	×	×		×									(×)
A				×	×	×		×				×			
B					×						×	×	×	×	
D							×		×	×	×		×		

Man muß sich darüber im klaren sein, daß man mit diesem „Schnellverfahren" nicht mehr als ein ordinales Gliederungsmaß gewinnt und die Rangfolge der Gemeinden bei umfangreicheren Untersuchungen keineswegs so eindeutig wie in dem obigen Beispiel ist. Die Methode wird immer dann problematisch, wenn die Anzahl der „Ausreißer" zu groß ist und auch nach der Umordnung die Werte über das ganze Feld gestreut erscheinen. Man hat deshalb als *Gütemaß* den sog. Reproduzierbarkeitskoeffizienten entwickelt. Er soll über die Abweichung des vorliegenden Skalogramms von der Parallelogrammform Auskunft geben und wird errechnet als

$$K_R = 1 - \frac{\text{Zahl der Ausreißer}}{\text{Gesamtzahl der Kreuze}}$$

Im gegebenen Beispiel ist $K_R = 1 - 4/30 = 1 - 0{,}13 = 0{,}87$. Die Grenze der Verwendbarkeit dürfte bei 0,75 liegen. Zur ersten Information kann die Skalogrammanalyse durchaus empfohlen werden. Doch vermag sie wegen der angeführten Mängel die exakten, aber auch wesentlich aufwendigeren Methoden nicht voll zu ersetzen.

5.3. Das Polaritätsprofil

Bei der Auswertung von Befragungen oder Kartierungen auf visueller Grundlage, die auf Stufenschätzungen beruhen, wird häufig eine halbquantitative Methode eingesetzt, die als *Polaritätsprofil* bezeichnet wird. Man versucht dabei, *begriffliche Gegensatzpaare von ausgewählten Kennziffern*, die zunächst nicht streng numerisch erfaßt sind, sondern nur Schätzintervallen zugeordnet werden, nachträglich einer quantitativen Auswertung zu unterziehen. Man bestimmt für die *Schätzstufen*, die als Häufigkeitsklassen behandelt werden, den arithmetischen Mittelwert und die Streuung σ^2 (bzw. die Standardabweichung σ), um die Gesamtaussage zu präzisieren.

Man muß sich freilich darüber im klaren sein, daß das subjektive Moment, das einer solchen Stufenschätzung anhaftet, durch statistische Rechnungen nicht beseitigt werden kann. Zweifellos ist aber der Informationswert des Ergebnisses größer als der der Eingangsinformation, und insofern läßt sich der notwendige Rechenaufwand rechtfertigen.

Die *Schätzungsintervalle* werden zunächst einer monoton steigenden bzw. fallenden Skala zugeordnet, die das betreffende Merkmal von „sehr mangelhaft" oder „unzureichend vorhanden" bis zu „gut entwickelt" bzw. „reichlich vorhanden" kennzeichnet. Diese Skala sollte wenigstens fünf Stufen — doch nach Möglichkeit mehr — enthalten. Da es in vielen Fällen schwierig ist, einen Normalzustand der betreffenden Erscheinung eindeutig zu definieren, sind mehrere mittlere Gruppen stets von Vorteil. Im vorliegenden Beispiel wurden 7 Stufen verwendet. Durch die anschließende Berechnung der arithmetischen Mittelwerte wird eine präzisere Zuordnung zu den Schätzstufen erreicht, eine sogenannte *Punktschätzung*. Die Streuungen wiederum sollen den Spielraum angeben, innerhalb dessen die Werte variieren können, und stellen somit ein Maß für das sogenannte *Konfidenzintervall* (Vertrauensgrenzen) dar.

Als anschauliches *Beispiel* dient die auf Grund von 50 einzelnen Einschätzungen, z. B. durch Befragung, ermittelte Rohtabelle des Polaritätsprofils einer Gemeinde (vgl. Tab. 11). Man könnte auch an eine visuelle Kartierung denken, bei der man z. B. stichprobenartig eine gewisse Anzahl von Straßenzügen getrennt bewertet und die gewonnenen Daten in einer Strichliste zusammenstellt.

Tabelle 11. Rohtabelle für die Berechnung der Polaritätsprofils einer Gemeinde nach 10 Kennziffern auf Grund von jeweils 50 Bewertungen

Merkmale	von	Schätzstufen							bis
		I	II	III	IV	V	VI	VII	
1 Bebauungsdichte	locker	—	—	—	24	18	5	3	gedrängt
2 Industriebesatz	gering	—	1	17	23	8	—	1	reichlich
3 Bauzustand	schlecht	1	4	12	21	6	6	—	gepflegt
4 Straßenzustand	schlecht	3	7	12	12	10	3	3	sehr gut
5 Druchgrünung	gering	—	4	6	9	19	12	—	reichlich
6 Infrastruktur	mangelhaft	—	20	14	10	6	—	—	ausreichend
7 Lageattraktivität	eintönig	—	—	—	9	15	20	6	vielgestaltig
8 Naherholungs-möglichkeiten	gering	1	4	6	8	10	10	11	vielfältig
9 Luftverschmutzung	gering	17	16	15	2	—	—	—	sehr stark
10 Lärmbelästigung	gering	14	20	13	1	2	—	—	sehr stark

Aus der Liste der aufgeführten 10 Merkmale (vgl. Tab. 11) ist zu ersehen, daß einige bei einer einzelnen Begehung nicht hinreichend beobachtet werden können. Die Luftverschmutzung beispielsweise ist in starkem Maße von der Wetterlage und der Jahreszeit abhängig. Die Lärmbelästigung wiederum ist in gewisser Weise einem tageszeitlichen Gang unterworfen. Die gesammelten Bewertungsziffern werden zunächst in einer Übersichtstabelle (Tab. 12) vereinigt. Die Reihenfolge der Kenngrößen ist grundsätzlich ohne Bedeutung. Man wird jedoch unter

Umständen auch besonders wesentliche Merkmale an den Anfang stellen. Andererseits ist aber zu vermeiden, daß durch die Anordnung der Kennziffern ein „suggestives Moment" in die Untersuchung eingeht.

Nunmehr erfolgt die *rechnerische Auswertung* der Tabelle. Das *arithmetische Mittel* wird nach der bekannten Formel

$$\bar{x} = \frac{1}{n} \sum_{i=1}^{k} x_i h_i \quad \text{für} \quad \sum_{i=1}^{k} h_i = n \quad \text{und} \quad i = 1, 2, \ldots, n$$

bestimmt, wobei x_i die Klassenzahl und h_i die absolute Häufigkeit der i-ten Klasse ist. Man erhält z. B. für Merkmal 5 (Durchgrünung):

$$\bar{x} = \frac{1}{50} (2 \cdot 4 + 3 \cdot 6 + 4 \cdot 9 + 5 \cdot 19 + 6 \cdot 12) = \frac{229}{50} = 4{,}58.$$

Sodann berechnet man die *Standardabweichung* nach der Formel

$$\sigma = \sqrt{\frac{1}{n-1} \sum_{i=1}^{k} (x_i - \bar{x})\, h_i} \quad \text{für} \quad i = 1, 2, \ldots, k,$$

wobei wegen der benötigten mittleren Genauigkeit für das arithmetische Mittel gerundete, ganzzahlige Werte verwendet werden können. Für Merkmal 5 (Durchgrünung) ermittelt man mit $\bar{x} \approx 5$

$$\sigma = \sqrt{\frac{1}{50-1} \cdot (3^2 \cdot 4 + 2^2 \cdot 6 + 1^2 \cdot 9 + 1^2 \cdot 12)} = \sqrt{\frac{81}{49}} = \sqrt{1{,}65} = 1{,}29.$$

So ergeben sich für die 10 Merkmale die in Tab. 12 zusammengestellten Werte für $\bar{x}$, σ^2 und σ, mit denen sich das Polaritätsprofil (Abb. 35) zeichnen läßt.

Abb. 35 verdeutlicht die große Anschaulichkeit einer solchen Darstellung, doch darf man sich nicht über die zahlreichen subjektiven Effekte, die in eine solche Bewertung eingehen, hinwegtäuschen. So ist z. B. die unterschiedliche Streuungsbreite der verschiedenen Kennziffern sehr aufschlußreich, aber es ist nicht immer leicht zu entscheiden, ob diese Streuung eine Eigenschaft der Erscheinung selbst ist oder nur die

Tabelle 12. Werte von $\bar{x}$, σ^2 und σ der 10 Merkmale für die Konstruktion des Polaritätsprofils

Merkmale	$\bar{x}$	σ^2	σ
1 Bebauungsdichte	4,74	0,84	0,91
2 Industriebesatz	3,84	0,78	0,88
3 Bauzustand	3,90	1,36	1,17
4 Straßenzustand	3,80	2,37	1,54
5 Durchgrünung	4,58	1,65	1,29
6 Infrastruktur	3,04	1,10	1,05
7 Lageattraktivität	5,46	1,08	1,04
8 Naherholungsmöglichkeiten	4,92	2,82	1,68
9 Luftverschmutzung	2,04	0,82	0,90
10 Lärmbelästigung	2,14	0,96	0,98

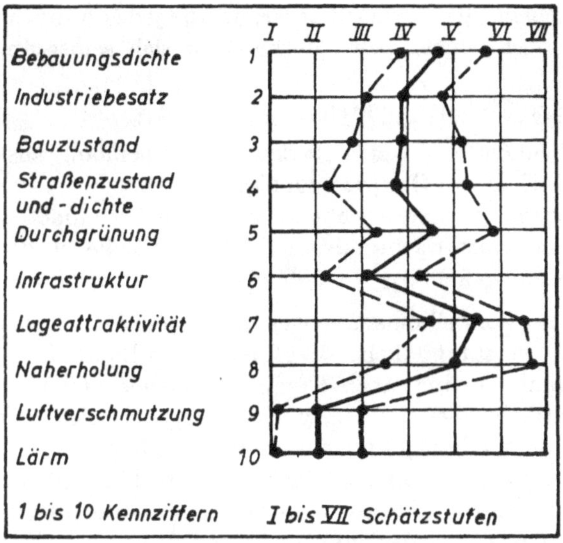

Abb. 35. Polaritätsprofil zur Bewertung einer Gemeinde nach 10 Merkmalen

sehr auseinandergehenden Schätzungen der Befragten bzw. der Kartierer widerspiegelt. Wie bereits das Skalogramm, so stellt auch das Polaritätsprofil ein „Schnellverfahren" dar, das bei der Erstinformation gute Dienste leisten kann.

5.4. Das Czekanowski-Diagramm

Als letztes soll ein Verfahren angeführt werden, daß zur Ordnung, Gliederung oder ganz allgemein zur Übersicht von *quadratisch-symmetrischen Matrizen* dienen kann. Es werden damit Datenzusammenstellungen untersucht, die bestimmte Beziehungen zwischen Objekten oder gewisse Zusammenhänge zwischen Merkmalen ausdrücken. Am häufigsten handelt es sich dabei um unterschiedlichste Formen von *Ähnlichkeitsmatrizen*, die z. B. als *Distanzmatrix* — die Lagebeziehungen der Untersuchungsobjekte im Merkmalsraum charakterisierend — oder als *Korrelationsmatrix* — den Zusammenhang ausgewählter Merkmale über eine bestimmte Menge von Beobachtungsobjekten darstellend — vorliegen können.

Im Gegensatz zu den vorangegangenen Verfahren werden hier weniger Ausgangsdaten, sondern meist Ergebnisse z. T. umfangreicherer Berechnungen (Korrelationsrechnungen, Berechnung von Abstandsmaßen u. ä.) weiterverarbeitet mit dem Ziel, entweder zu testen, ob sich weitere umfassende Berechnungen lohnen, oder geringere Datenmengen zu ordnen, für die ein Einsatz größerer Rechentechnik nicht in Frage kommt.

Der Vorteil des Czekanowski-Diagramms gegenüber einer Reihe anderer Verfahren zur Ordnung quadratisch-symmetrischer Matrizen, wie „Wrocław-Baum", „Szyrmer-Graph" (vgl. Schmidt/Margraf, 1976), der „elementary linkage analysis" und anderer mehr, liegt darin begründet, daß keinerlei Informationsverlust auftritt, da sich das Verfahren auf die Umordnung von Spalten und Zeilen der Matrizen beschränkt. Auf Grund der Symmetrie kann man sich dabei auf die *obere* oder *untere Dreiecksmatrix* beschränken. Ein weiteres Charakteristikum der betrachteten Matrizen ist die aus den höchstmöglichen

Ähnlichkeitswerten gebildete *Hauptdiagonale*, die auf der Forderung, die jedes Ähnlichkeitsmaß erfüllen muß, beruht, daß jedes Objekt bzw. Merkmal zu sich selbst am ähnlichsten ist.

Die *Umordnung* erfolgt unter folgenden Gesichtspunkten:

- Lokalisierung aller eine hohe Ähnlichkeit bzw. einen starken Zusammenhang ausdrückenden Werte so nah wie möglich an der Hauptdiagonale;
- in der unteren Dreiecksmatrix Anordnung der restlichen Werte möglichst monoton fallend innerhalb einer Spalte und monoton wachsend innerhalb einer Zeile (in der oberen Dreiecksmatrix entsprechend umgekehrt).

Etwas anschaulicher an das räumliche Vorstellungsvermögen angelehnt, d. h., den Ähnlichkeitsgrad durch „Höhenangabe" versinnbildlichend, sollten also im Endergebnis der Umordnung die auf Grund von Ähnlichkeiten einen Komplex bildenden Objekte oder Merkmale eine „*Hügelkette*" entlang der Hauptdiagonalen ergeben. Anhand dieser bildlichen Darstellung läßt sich auch der objektiv bzw. subjektiv determinierte Anteil am Ergebnis illustrieren. Während die einzelnen „Hügel" sich objektiv aus der Datenstruktur ergeben, sind die Anordnung der „Hügel" und deren konkrete Gestalt („Hangneigung") subjektiv durch den Nutzer des Verfahrens bestimmt.

Um diese Vielfalt der subjektiven Möglichkeiten einzuschränken und das Verfahren übersichtlicher zu gestalten, nimmt man in der Praxis einen geringen Informationsverlust in Kauf und geht zu entsprechend *symbolisierten Intervallen* über. Dieser Informationsverlust wird aber durch eine anschaulichere, symbolisierte Ähnlichkeitsstruktur wieder wettgemacht. Ähnlich wie bei den oben erläuterten Verfahren ist die Gruppenbildung stark subjektiv determiniert. Wege, diese Unterteilung zu objektivieren, sind von Fall zu Fall neu zu suchen. Bei einer *Korrelationsmatrix* könnte man z. B. vom Signifikanzniveau des Korrelationskoeffizienten ausgehen und die zu betrachtende Spanne in äquidistante Intervalle unterteilen. In anderen Fällen erscheint es sinnvoll, vom Mittelwert ausgehend, über die Standardabweichung die zu symbolisierenden Intervalle zu bestimmen. Berücksichtigen sollte man dabei aber stets, daß zu viele Intervalle den anzustrebenden guten optischen Eindruck wieder verwischen.

Im folgenden soll das Verfahren *beispielhaft* demonstriert werden. Den Ausgangspunkt bildet eine *Korrelationsmatrix über 17 ausgewählte Merkmale zur Umlandbedeutung von 197 Kreisstädten* (vgl. Tab. 13). Beim Übergang zur symbolischen Datenmatrix konnte das oben erwähnte Verfahren der Gruppenbildung nicht genutzt werden, da auf Grund der statistischen Masse (197 Städte) das Signifikanzniveau mit 0,23 zu niedrig war. Man hätte entweder zu viele Gruppen bilden müssen, oder die Breite der Intervalle wäre zu groß geworden. Deshalb wurden nur die Korrelationskoeffizienten $r \geqq |0,5|$ in Betracht gezogen und diese dezimal unterteilt (vgl. Abb. 36).

Wie man bei entsprechender Betrachtung der schwarzen Kästchen erkennt, mußten einige *Umordnungen* so vorgenommen werden,

- daß Merkmal 12 (Ew. Stadt + 20' Zone) direkt neben die Merkmale 1 und 2 (Ew. 1971, Beschäftigte) kommt und deren enge Verbindung zu den Merkmalen 9 bis 11 (Anbindung an das Eisenbahnnetz) illustriert wird;
- daß Merkmal 15 (Ew. Stadt + Landkreis) in seiner Zugehörigkeit zu dem Merkmalskomplex 3 bis 8 (Pendelverhältnisse, Gesundheits- sowie Hoch- und Fachschulwesen) und die Beziehungen dieses Komplexes zu den kleineren Komplexen der Merkmale 16/17 (Ew.-Verhältnisse des Umlandes einschließlich des Zentrums) dargestellt wird.

Tabelle 13. Korrelationsmatrix als Ausgangsmatrix für das CZEKANOWSKI-Diagramm

Merkmal		1	2	3	4	5	6	7	8	9	10	11	12	13	14	15	16	17
Einwohner (Ew.) 1971	1	1,00																
Beschäftigte der Bereiche 4—9	2	0,98	1,00															
Einpendler	3	0,73	0,74	1,00														
Pendlersaldo	4	0,60	0,63	0,97	1,00													
Ambulante Einrichtungen	5	0,56	0,56	0,88	0,86	1,00												
Krankenhausbetten	6	0,60	0,61	0,92	0,88	0,95	1,00											
Anzahl der Hoch- u. Fachschulen	7	0,75	0,74	0,83	0,73	0,85	0,84	1,00										
Zahl der Studenten	8	0,74	0,74	0,89	0,82	0,93	0,91	0,94	1,00									
Hauptstrecken der DR	9	0,82	0,84	0,62	0,51	0,46	0,50	0,65	0,60	1,00								
Haupt- u. Nebenstrecken	10	0,85	0,87	0,62	0,52	0,44	0,50	0,63	0,61	0,88	1,00							
Schnell- und Eilzug-Halte	11	0,84	0,85	0,64	0,52	0,48	0,52	0,70	0,65	0,88	0,84	1,00						
Ew.: Stadt + 20′-Zone	12	0,98	0,98	0,75	0,61	0,55	0,59	0,75	0,74	0,85	0,86	0,86	1,00					
Ew.: Stadt + 40′-Zone	13	0,78	0,78	0,63	0,51	0,52	0,50	0,62	0,65	0,72	0,74	0,74	0,84	1,00				
Ew.: Stadt + 60′-Zone	14	0,77	0,77	0,62	0,53	0,50	0,48	0,59	0,63	0,74	0,72	0,71	0,81	0,98	1,00			
Ew.: Stadt + Landkreis	15	0,58	0,58	0,92	0,87	0,93	0,95	0,85	0,89	0,48	0,47	0,51	0,59	0,47	0,46	1,00		
Ew.: 40′-Zone ohne Stadt	16	0,37	0,39	0,36	0,28	0,20	0,22	0,34	0,31	0,50	0,42	0,44	0,50	0,73	0,71	0,29	1,00	
Ew.: 60′-Zone ohne Stadt	17	0,43	0,44	0,41	0,37	0,23	0,24	0,31	0,34	0,50	0,45	0,43	0,52	0,74	0,81	0,31	0,87	1,00

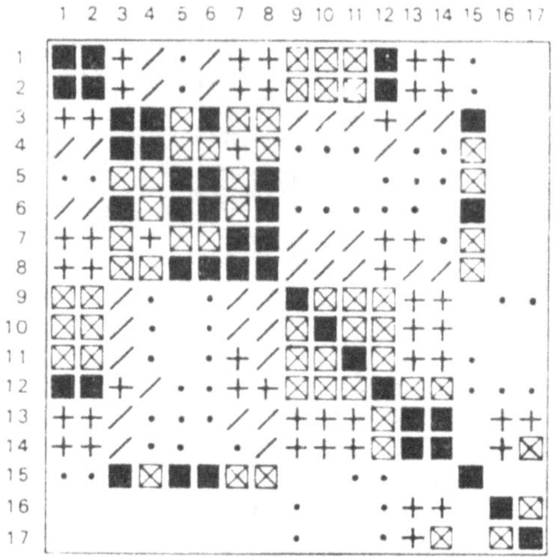

Abb. 36

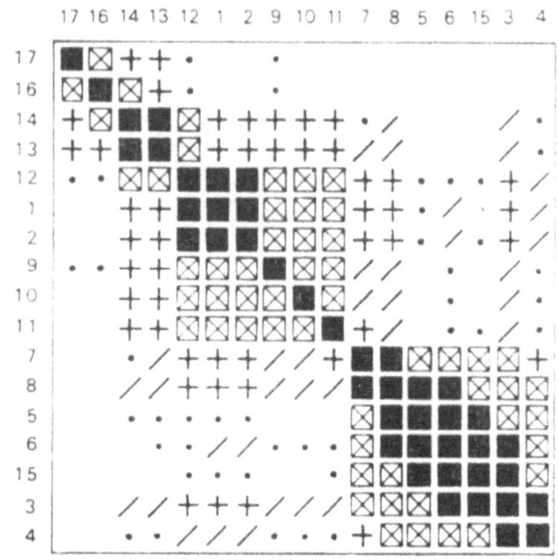

Abb. 37

Abb. 36. Czekanowski-Diagramm: Ausgangsmatrix

Abb. 37. Czekanowski-Diagramm: Umgeordnete Matrix

Aus dem Ergebnis der Umordnung (vgl. Abb. 37) kann man nun klarer die untereinander hochkorrelierten und damit stark linear voneinander abhängigen Merkmale in Form der sich zusammenballenden Merkmalskomplexe erkennen. Zum anderen zeigt sich gleichzeitig, daß die Merkmalskomplexe untereinander nicht unbedingt linear unabhängig sein müssen, was durch Ballungen außerhalb der Diagonalen angezeigt wird. Im vorliegenden Beispiel veranschaulicht z. B. Merkmal 3 (Einpendler) den Zusammenhang zwischen dem Merkmalskomplex 12, 1, 2, 9, 10, 11 (Ew. einschließlich engeres Umland, Beschäftigte, Anbindung an das Reichsbahnnetz) und dem Merkmalskomplex 3, 4, 5, 6, 7, 8, 15 (Pendelverhältnisse, Gesundheits- sowie Hoch- und Fachschulwesen, Ew. einschließlich Landkreis).

Geht man von der den Matrizen nicht immer anzusehenden Datenfülle aus (im Beispiel sind es immerhin 153 Zahlen, die für eine Interpretation der Matrix in Betracht gezogen werden müßten), so ist die Daseinsberechtigung solcher Verfahren leicht einzusehen. Gelingt es doch, mit diesem Verfahren die wesentlichsten Aussagen nicht nur sehr schnell herauszukristallisieren, sondern sie darüber hinaus auch graphisch anschaulich darzustellen.

5.5. Konzentrationsuntersuchungen in der Geographie

Die anschließend dargestellten Verfahren beschäftigen sich mit der Konzentration und der Gestalt räumlicher Erscheinungen und müssen ebenfalls zu den „semiquantitativen Methoden" gerechnet werden, obwohl dabei größtenteils mit Zahlenwerten gerechnet wird. Die gewonnenen Kennziffern sind jedoch weitgehend empirisch, da die ihnen zugrunde liegenden Voraussetzungen meist nur grobe Näherungen darstellen. Daher eignen sich die gewonnenen quantitativen Ergebnisse auch nur für ordinale Vergleiche, und jede Mittelbildung oder Bestimmung der Standardabweichung oder von Korrelationen[1]) und Regressionen kommen nicht in Frage. Der Vorteil dieser Methoden beruht in erster Linie auf ihrer *Bedeutung für eine rasche Überblicksinformation* und auf der großen *Anschaulichkeit* der zumeist graphischen Verfahren.

Der Begriff Konzentration wird nicht im einheitlichen Sinne verwendet. Je nach Forschungsziel und Betrachtungsweise legen Territorialökonomie, Geographie, Soziologie, Städtebau usw. diesem Begriff verschiedene, voneinander abweichende Bedeutungen bei. Grundsätzlich versteht man unter *Konzentration* eine *Anhäufung von Objekten oder Ballung bzw. Drängung um ein Zentrum.* In der Wirtschaft wird damit aber auch der Grad der Einheitlichkeit einer bestimmten Kennzifferverteilung bezeichnet.

Bisweilen wird der Begriff auch nur im Sinne eines Maßes für die Verteilungsdichte einer Erscheinung gebraucht. Doch soll gezeigt werden, daß Dichte keineswegs gleichbedeutend mit Konzentration ist. Selbst wenn die Dichtheit von Beobachtungen um einen mittleren Wert untersucht und dafür ein Dispersionsmaß aufgestellt wird, so ist das strenggenommen noch nicht gleichbedeutend mit Konzentration.

Wesentlich ist, daß ein *Konzentrationsmaß* das *Verteilungsmuster* bzw. das *Verteilungsgefüge von Objekten quantitativ zu charakterisieren gestattet.* Es soll nicht nur die räumliche Dichte dargestellt, sondern auch der Grad der Dichtheit zahlenmäßig gekennzeichnet werden. Bei der verbalen Beschreibung von Gefügemustern wird von einer gleichmäßigen Verteilung, einer Ballung oder Agglomeration und von einer regelmäßig oder unregelmäßig gestreuten Verteilung (vgl. Abb. 38) gesprochen.

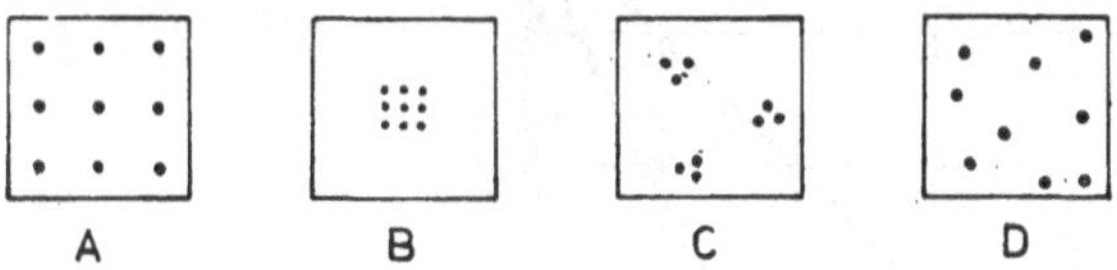

Abb. 38. Darstellung verschiedener Verteilungsmuster (A—D)

A: regelmäßig gestreut
B: regelmäßig geballt
C: unregelmäßig geballt
D: unregelmäßig gestreut

Ein besonders dankbares *Untersuchungsfeld für Konzentrationserscheinungen* ist das Siedlungsnetz. Dafür sind verschiedene Kennziffern der Konzentration entwickelt worden, die zumeist auf einen bestimmten Zweck oder auf eine spezifische Fragestellung hin ausgerichtet sind. Daher lassen sie sich zumeist nur schwer verallgemeinern. So gehen die Meinungen bereits darüber auseinander, was am besten als Bezugseinheit zu wählen ist. Weder die Fläche noch die Einwohnerzahl sind für alle Fälle zu empfehlen. So wurden von einzelnen Autoren die Anzahl der Gehöfte, die überbaute Fläche oder auch die Maschen eines quadratischen Gitternetzes vorgeschlagen. Eine Konzentrationscharakteristik, die eine etwas größere Bedeutung erlangt hat und auch heute noch oftmals Verwendung findet, bilden die LORENZ-Kurven.

---

[1]) Mit Ausnahme des SPEARMANschen Rangkorrelationskoeffizienten.

5.5.1. Das Konzentrationsmaß mittels der Summenhäufigkeitskurven von M. O. Lorenz

Will man die Konzentration eines einzelnen Merkmals, etwa der Beschäftigten, der Betriebe, der Produktion usw. untersuchen, so liefert die *Summenlinie der Häufigkeiten* ein erstes Hilfsmittel zur Charakterisierung. Ein gleichmäßig-geradliniges Ansteigen der Kurve unter einem Winkel von 45° deutet darauf hin, daß keinerlei Konzentration im gesamten Bereich des betreffenden Merkmals vorliegt. Jede Abweichung von dieser mittleren Lage, gleichgültig ob Versteilung oder intervallweise Abflachung, deuten auf Konzentrationserscheinungen im Merkmalsbereich hin.

Wesentlich aussagekräftiger wird das Konzentrationsmaß, wenn man 2 Merkmale zueinander in Beziehung setzt. Man verwendet dazu ein rechtwinkliges Koordinatennetz und trägt auf den beiden Achsen die ausgewählten Merkmale, die eine wechselseitige Abhängigkeit erkennen lassen müssen, in ihrer prozentualen Summenhäufigkeit auf (vgl. Abb. 39). Man erhält zu jedem zusammengehörigen Wertepaar der beiden Merkmale einen Punkt im Gitternetz.

Gehören zu den prozentualen, kumulierten Häufigkeiten des einen Merkmals jeweils gleichgroße Werte des anderen, so liegen die Punkte auf der Diagonalen, die vom Nullpunkt des Koordinatennetzes, also von links unten, nach der rechten oberen Ecke ansteigt. In diesem Falle ist keinerlei Konzentration bezüglich der Merkmale vorhanden,

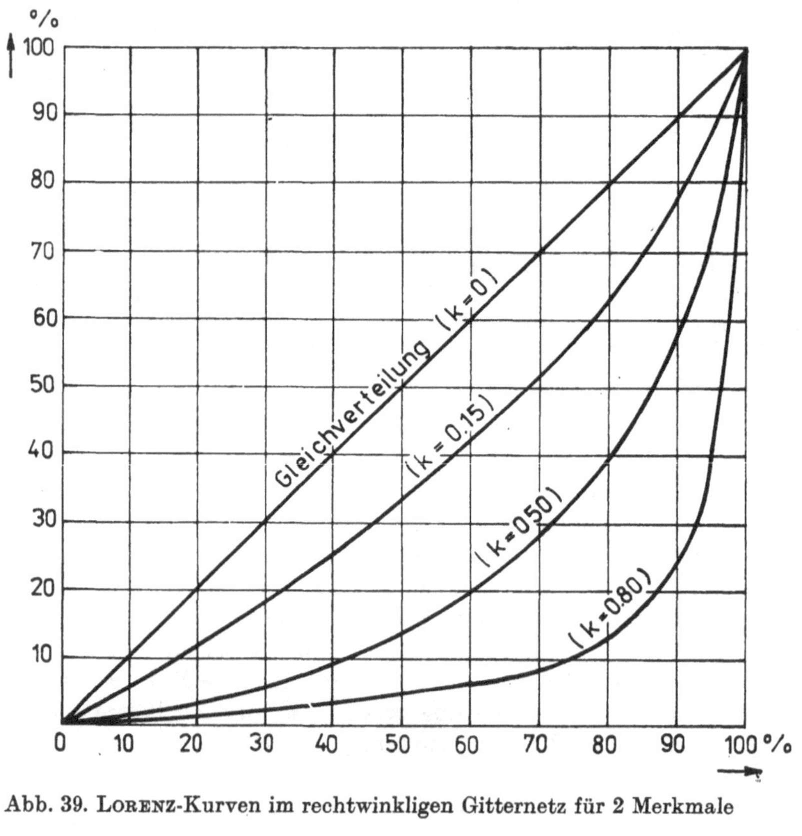

Abb. 39. Lorenz-Kurven im rechtwinkligen Gitternetz für 2 Merkmale

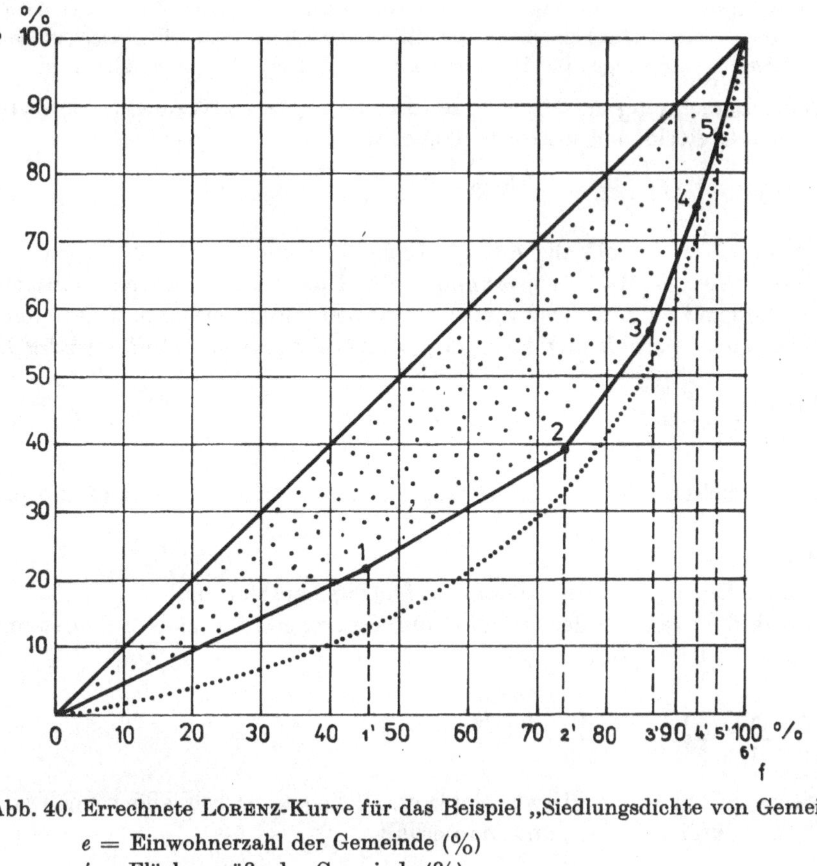

Abb. 40. Errechnete LORENZ-Kurve für das Beispiel „Siedlungsdichte von Gemeinden"
e = Einwohnerzahl der Gemeinde (%)
f = Flächengröße der Gemeinde (%)
punktierte Fläche zwischen der Diagonalen u. der LORENZ-Kurve ist ein Maß für die Konzentration, Kurve 1—2—3—4—5— = errechnete LORENZ-Kurve (K = 0,50 gepunktete Linie)

sondern es herrscht eine absolute Gleichverteilung (Äquipartition) vor, d. h., die Kennziffer nimmt den Wert Null an ($K = 0$).

In der Regel liegen aber die Punkte der zugeordneten Summenhäufigkeiten der beiden Merkmale unterhalb bzw. oberhalb dieser Diagonalen, und es läßt sich eine *Kurve* zeichnen, *die mit* der erwähnten *Diagonalen eine Fläche umschließt*. Ihr *Inhalt* kann als *Maß für die Konzentration* angesehen werden. Je größer die Fläche ausfällt, desto größer ist auch die Konzentration; der Grenzfall höchster Konzentration liegt dann vor, wenn das eine Merkmal den Wert 100%, das andere 0% annimmt. In diesem Falle wird die erwähnte Konzentrationsfläche durch das Dreieck unterhalb bzw. oberhalb der Diagonalen repräsentiert, das von je einer Achse und der rechten bzw. oberen Begrenzung gebildet wird.

Der *Inhalt der Fläche* läßt sich auf Grund elementarer geometrischer Überlegungen *errechnen*.

Man denkt sich die unterhalb der Kurve liegende Fläche, die von der x-Achse, der rechten Berandung und der Kurve begrenzt wird, in ein Dreieck und eine Reihe von Trapezen, deren Anzahl durch die Punkte der Kurve bestimmt wird, unterteilt (entsprechend Abb. 40), deren

Inhalt man zunächst einzeln berechnet und dann zur Gesamtsumme aufsummiert. Der so gefundene Wert wird von der Dreiecksfläche unter der Diagonalen abgezogen. Die Dreiecksfläche wird unter Zugrundelegung von jeweils 100 Einheiten auf jede Achse mit 5000 veranschlagt.

In Abb. 40 ist die Berechnung der abziehenden Fläche F_A veranschaulicht. Sie ergibt sich als Summe eines Dreiecks und mehrerer Trapeze:

$$F_A = \triangle 0{,}11' + ⏢1'122' + ⏢2'233' + \ldots + ⏢5'566'. \tag{1}$$

Die endgültige Kennziffer K soll allgemein vergleichbar und daher auf Werte des Intervalls von 0—1 bzw. 0—100% abgestimmt sein. Dazu führt man eine einfache Normierung durch, indem man sämtliche Werte verdoppelt und die errechnete Differenzfläche auf 10000 bezieht. So erhält man folgende Formel für den *Konzentrationsindex* K:

$$K = \frac{10000 - 2F}{10000} A. \tag{2}$$

Für das praktische Tabellenrechnen zur Bestimmung von K formt man sich die Formel (1) so um, daß

k die Anzahl der Klassen
f_i die relative Häufigkeit des auf der Abszisse aufgetragenen Merkmals
e_i die relative Häufigkeit des auf der Ordinate aufgetragenen Merkmals bedeutet und erhält für die Abzugsfläche F_A:

$$F_A = \frac{1}{2} \sum_{i=1}^{k} f_i \left(\sum e_{i-1} + \sum e_i\right). \tag{1'}$$

Damit die Werte von K im Intervall zwischen 0 und 1 liegen, ist schließlich noch eine Normierung mit 10^{-4} durchzuführen, und man erhält

$$K = 1 - 10^{-4} \cdot \sum_{i=1}^{k} f_i \left(\sum e_{i-1} + \sum e_i\right). \tag{2'}$$

LORENZ-*Kurven* mit unterschiedlichen Konzentrationsindizes sind für die Werte $K = 0$; 0,15; 0,50; 0,80 auf der Abb. 39 dargestellt. Man kann derartige Kurven zur Grundlage eines Nomogramms (vgl. Kap. 4.4.1., S. 120f.) verwenden. Wenn man in dieses die einander zugeordneten Wertepaare eines realen Beispiels einträgt und die Punkte miteinander verbindet, kann man daraus unmittelbar — ohne zusätzlichen Rechenaufwand — einen Näherungswert für die Konzentration K entnehmen. Die Ablesegenauigkeit ist natürlich beschränkt, da die eingezeichneten LORENZ-Kurven sämtlich für vollkommen symmetrische Verhältnisse entwickelt worden sind.

Ein praktisches *Beispiel für die Konzentration der Siedlungsdichte von Gemeinden* soll die Anwendung der Formel (2') näher erläutern:

Es werden 85 Gemeinden eines Bezirkes untersucht, die auf Grund ihrer Einwohnerzahl 6 Gruppen zugeordnet worden sind (vgl. Tab. 14). Um den Vergleich mit anderen Bezirken führen zu können, soll nun die Konzentrationsziffer K mittels der LORENZ-Kurven berechnet werden. Man muß also zunächst die relativen Summenhäufigkeiten der verwendeten Merkmale „Einwohnerzahl" und „Flächengröße der Gemeinde" bestimmen. Dabei wird von den 6 Gemeindegrößenklassen ausgegangen, welche in der Tabelle 14 in steigender Folge angeordnet sind. Die Merkmale werden

Tabelle 14. Einwohnerzahl und Fläche von 85 Gemeinden zur Bestimmung des Konzentrationsindex

Klasse	Anzahl der Gemeinden pro Klasse	Mittlere Einwohnerzahl	Mittlere Flächengröße	Einwohnerdichte
k	a_i	E_i (Ew.)	F_i (km²)	E_i/F_i (Ew./km²)
1	55	800	8	100
2	18	2000	15	133
3	7	5000	18	278
4	3	12000	20	600
5	1	20000	30	667
6	1	30000	35	857

Tabelle 15. Vorbereitung der Berechnung des Konzentrationsindex

k	a_iE_i (Ew.)	e_i (%)	Σe_i (%)	a_iF_i (km²)	f_i (%	Σf_i (%)	$\Sigma e_{i-1} + \Sigma e_i$ (%)	$f_i(\Sigma e_{i-1} + \Sigma e_i)$ (%)
1	44000	21,89	21,89	440	45,79	45,79	21,89	1002,34
2	36000	17,91	39,80	270	28,10	73,89	61,69	1733,48
3	35000	17,41	57,21	126	13,11	87,00	87,01	1140,70
4	36000	17,91	75,12	60	6,24	93,24	132,33	825,73
5	20000	9,95	85,05	30	3,12	96,36	160,19	499,79
6	30000	14,93	100,00	35	3,64	100,00	185,07	673,65
	201000	100,00		961	100,00			5875,69

jeweils paarweise eingetragen, die relativen Häufigkeiten gebildet und diese anschließend aufsummiert. Da Formel (2') angewendet werden soll, ist auch der Klammerausdruck ($\Sigma\, e_{i-1} + \Sigma\, e_i$) für jede Klasse k zu bilden und schließlich die Multiplikation mit f_i auszuführen. Die Summe der letzten Spalte von Tab. 15 ist zu normieren gemäß (2') und von 1 abzuziehen, um unmittelbar die Konzentration K zu erhalten:

$$K = 1 - 5876 \cdot 10^{-4} = 0{,}4124.$$

In Abb. 40 ist die LORENZ-Kurve dieses Beispiels punktweise aufgetragen und zum Vergleich auch die LORENZ-Kurve für $K = 0{,}5$ eingezeichnet. Man sieht deutlich, daß die Kurve des Beispiels im ganzen höher liegt, also eine etwas geringere Konzentration aufweist. Außerdem erkennt man eine gewisse Asymmetrie gegenüber der Nomogramm-Kurve, d. h., daß im gegebenen Beispiel die stärkste Konzentration auf der rechten Seite in den Gruppen mit den hohen Einwohnerzahlen der Gemeinden liegt.

Für vergleichende Untersuchungen ist das Verfahren wegen des verhältnismäßig geringen Rechen- bzw. Zeichenaufwandes zu empfehlen.

5.5.2. *Die Methode des nächsten Nachbarn*

Um gehäufte und gestreute räumliche Verteilungsmuster objektiv unterscheiden zu können und dabei gleichzeitig den Grad bzw. die Intensität der Ballung oder Gestreutheit einer Punktmenge quantitativ zu bestimmen, wird vor allem bei *Untersuchungen des Siedlungsnetzes* häufig die *Methode des nächsten Nachbarn* verwendet, die von CLARK und EVANS (1954) entwickelt wurde. Sie fand ursprünglich für die Charakterisierung der Artenverteilung bei pflanzensoziologischen Aufnahmen in der Geobotanik Verwendung, um hier die üblichen Stufenschätzverfahren zu verbessern.

Man bestimmt jeweils, wie der Name des Verfahrens bereits andeutet, den Abstand zum nächstbenachbarten Punkt, um mit Hilfe dieser Werte eine Kennziffer der Konzentration abzuleiten. Der Grundgedanke dabei ist, einen Index R so zu bilden, daß dieser den Grad der Abweichung einer beobachteten Verteilung von einer theoretischen Zufallsverteilung wiedergibt. Dabei können die Werte in einem Intervall schwanken, das von stärkster Ballung bis zu größter Streuung reicht. Das Höchstmaß der Ballung würde dem Zustand entsprechen, bei dem quasi alle Punkte auf den gleichen Ort fallen. In diesem Falle nimmt der Index R den Wert Null an. Das andere Extrem ist eine absolut gleichmäßige Streuung der Werte, wobei angenommen wird, daß die Punkte in einem streng hexagonalen Gefüge (nach Art der CHRISTALLERschen Hexagone) liegen und daß jeder Punkt den gleichen Abstand (Äquidistanz) zu den 6 benachbarten hat. Für diesen zweiten Extremwert läßt sich unter Zugrundelegung einer Funktion der Wahrscheinlichkeitsdichte der Wert $R = 2{,}1491$ ermitteln, d. h., der auf diese Weise gewonnene Konzentrationsindex liegt im Intervall

$$0 \leqq R \leqq 2{,}15,$$

wobei $R = 0$ klumpenartige Konzentration
$R = 1$ zufällige Verteilung und
$R = 2{,}15$ streng hexagonale Anordnung der Punkte

bedeutet. Zwischen diesen beiden Grenzen liegen die in wirklichen Siedlungsnetzen ermittelten Werte. Sie können als Konzentrationskriterien verwendet werden.

Der *Index R* wird, wie bereits angedeutet, als Quotient einer tatsächlichen Verteilung der Punkte und einer theoretischen Wahrscheinlichkeitsverteilung bestimmt:

$$R = \frac{\bar{r}_B}{\bar{r}_E}. \tag{3}$$

Der im Zähler von (3) stehende tatsächliche mittlere Abstand der Punkte im Siedlungsnetz voneinander wird berechnet, indem man den geradlinigen Abstand (Luftlinie) jedes Punktes zu seinem nächsten Nachbarn bestimmt und die Summe dieser Werte durch die Gesamtzahl der Punkte teilt:

$$\bar{r}_B = \frac{\sum_{i=1}^{N} r_i}{N}. \tag{3a}$$

Den theoretischen mittleren Abstand einer streng hexagonal angeordneten Punkteverteilung findet man, indem man den Reziprokwert der Wurzel aus der Punktdichte halbiert,

$$\bar{r}_E = \frac{1}{2\sqrt{p}}, \qquad (3b)$$

wobei

$$p = \frac{\text{Anzahl der Punkte } N}{\text{Gesamtfläche}}$$

ist.

Da die Fläche des Untersuchungsgebietes mit eingeht, wird R naturgemäß auch von der Flächenkonfiguration beeinflußt, was sich besonders bei langgestreckten Arealen oder solchen mit einspringenden Ecken verfälschend auswirkt. So gehen bei der Berechnung des Index des nächsten Nachbarn R eine Reihe Fehler ein, die man kennen sollte, da sie besonders bei kleinräumigen Untersuchungen sehr ins Gewicht fallen können. Die *3 wesentlichen Fehlerquellen* sollen genannt werden:

1) die erwähnte Abhängigkeit des Index R von der Begrenzung des Untersuchungsgebiets,
2) die Gleichbewertung aller in die Untersuchung eingehenden Siedlungen. Sie werden als „Punkte" betrachtet, ohne daß eine Gewichtung bezüglich der Einwohnerzahl oder der zentralen Bedeutung der einzelnen Siedlung vorgenommen wird,
3) die Verwendung der Luftlinienentfernung zur Bestimmung des gegenseitigen Abstandes, die oft sehr große Unterschiede zur Wirklichkeit bedingt, da besonders im Gebirgsland die Verkehrstrassen oft erheblich von der Luftlinie abweichen.

Bei Untersuchungen in subkontinentalen Räumen liefert die Methode vor allem deshalb brauchbare Ergebnisse, weil extrem unterschiedliche Gebiete in Vergleich gesetzt werden können, wie die Beispiele aus den USA erkennen lassen (vgl. die entsprechende Literatur bei King (1969) und Haggett 1973). In engbegrenzten Räumen hingegen fallen die Ergebnisse meist unbefriedigend aus. So wurde die *Methode des nächsten Nachbarn für ausgewählte Städtegruppierungen der DDR* (U. Jäger 1977) als Kriterium herangezogen.

Um den unter 2) genannten Fehler auszuschalten, wurden nur jeweils in sich nahezu homogene Städtekategorien miteinander verglichen. Doch mußte statt der Straßen- bzw. Bahnstreckenentfernung, der mittleren Reisezeit u. ä. die Luftlinienentfernung verwendet werden. Es ergaben sich nach Berechnungen von U. Jäger folgende *R-Werte für einzelne Städtegruppierungen* (Auswahl)

Städtekategorie	R-Wert
I Gebiets- u. höhere Zentren	1,27
II Bezirksstädte	1,35
III Städte der Makrostruktur	1,36
IV Großstädte u. große Mittelstädte	1,42
V Großstädte	1,45

Man ersieht aus der Tabelle und Abbildung 41, daß die Unterschiede zwischen den R-Werten nur sehr gering sind. Sie schwanken zwischen 1,27 und 1,45. Ganz allgemein tritt die Tendenz zur zufälligen Verteilung deutlich hervor. Man erkennt, daß R umso kleiner wird, um so kleinere

Städte in die Berechnung einbezogen werden, d. h. anders ausgedrückt, um so stärker tritt die Tendenz zur Ballung in Erscheinung. Umgekehrt zeigen die Großstädte die größte Regelmäßigkeit in ihrer Verteilung, ohne daß man allerdings ein genaues Maß für den Grad der Unregelmäßigkeit hat. Die meisten der untersuchten Städteverteilungsvarianten ergaben R-Werte, die zwischen 1,34 und 1,36 lagen.

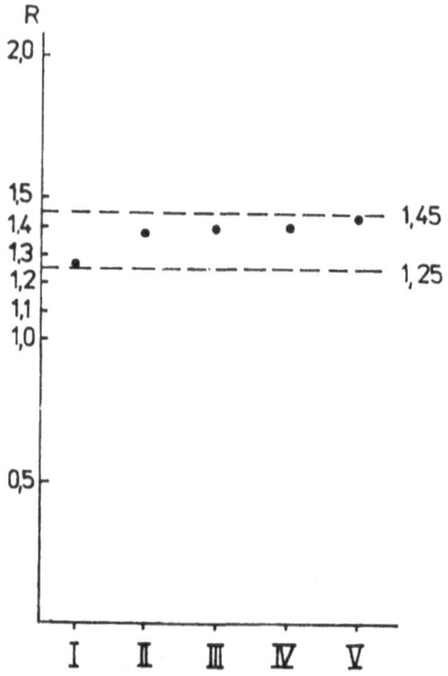

Abb. 41. Nächster-Nachbar-Index R für verschiedene Städtegruppierungen der DDR (nach U. Jäger 1977)

Was aber hat man dadurch gewonnen? Der oben gekennzeichnete Befund gibt eigentlich nur das wieder, was bereits aus empirischer Sicht bekannt ist. Die Quantifizierung bietet keine neue Qualität. Exakte Schwellen innerhalb der R-Werte lassen sich nicht festlegen, da die oben erwähnten Fehler eine breite Streuung der Werte bedingen. In einem Gebiet wie der DDR ist die Methode zur Differenzierung nicht brauchbar; auch der Gegensatz im Siedlungsgefüge zwischen den Nord- und Südgebieten kommt nicht zum Ausdruck.

Man sollte daher auf die Verwendung dieser Methode ganz allgemein verzichten, selbst wenn der Rechenaufwand nicht besonders hoch ist. Das Verfahren wurde im Rahmen der halbquantitativen Methoden als Beispiel dafür vorgestellt, daß bisweilen mit den sogenannten Rechenmethoden nicht mehr an Informationen erreicht wird, als sie die empirische Analyse auch vermittelt, und sie sich daher im Grunde genommen erübrigen.

5.6. Kennziffern für Gestalt und Konfiguration

5.6.1. Verschiedene Kennziffern der Gestalt

Bei geographischen Untersuchungen ist es häufig erwünscht, daß räumliche Gebilde ganz unterschiedlicher Form miteinander verglichen werden sollen, z. B. Grundrisse von Siedlungen, wie etwa Stadtgebiete, Zählbereiche, wirtschaftliche Einzugsgebiete oder auch administrative Einheiten, wie Kreise und Bezirke. Ökonomisch-geographische Räume haben meist definierte Grenzen, während bei physisch-geographischen Forschungen die Grenzen nicht immer so eindeutig sind. Es sollen z. B. hydrologische Einzugsgebiete, Flächen gleichen agrarischen oder forstlichen Potentials, geomorphologisch oder klimatisch homogene Räume oder auch naturräumliche Einheiten der chorischen Dimension quantitativ miteinander verglichen werden. Der einfache Vergleich der Flächengröße genügt oft nicht, da sich die Gebiete hinsichtlich ihrer Konfiguration und Umgrenzung wesentlich voneinander unterscheiden. Da die Flächenangabe allein nicht befriedigt, hat man sich entschlossen, *Kennziffern der Gestalt* zu entwickeln.

Sie sind meist so beschaffen, daß die *Gebietsfläche und ein für die Form repräsentativer Ausdruck zueinander ins Verhältnis* gesetzt werden. Die berechnete Indexzahl soll nach Möglichkeit *dimensionslos* sein, um Areale unterschiedlicher Größenordnung miteinander vergleichen zu können. Das bedeutet aber, das man keinen Index aus Areal und Umfang bilden kann, denn in diesem Fall würde ein Quotient aus einer Fläche und einer Länge zustandekommen, der wiederum keine dimensionslose Größe ergibt. Demzufolge ist das Grundprinzip all dieser Gestalt- oder Formkennziffern, daß man entweder die Fläche der betrachteten Figur zum Quadrat ihres Umfangs oder aber den Umfang zur Wurzel aus der Gebietsfläche in Beziehung setzt.

Von den zahlreichen in den letzten Jahrzehnten aus der Literatur bekannten Gestaltkennziffern sollen hier nur zwei ausführlicher betrachtet werden, um anschaulich zu zeigen, wie jede ihren spezifischen Anwendungsbereich hat und eine unterschiedliche Genauigkeit zeigt, da die Intervalle, in denen die Zahlenwerte des betreffenden Index liegen, nicht übereinstimmen. So gibt es auch hier, wie es bereits bei der Kennziffer der Methode des nächsten Nachbarn verdeutlicht wurde, Maßzahlen von geringer „Empfindlichkeit", da die Unterschiede erst in den Kommastellen in Erscheinung treten.

Ausführlich wurden die verschiedenen Form- und Gestaltkennziffern von Kostrubiec (1972) und Garten (1976) besprochen und die entsprechende Literatur angeführt. Bereits im Jahre 1932 wurde von Horton eine Gestaltkennziffer zur Charakterisierung von Flußeinzugsgebieten verwendet. Er geht dabei so vor, daß er die Gebietsfläche M mit dem Quadrat der längsten Achse des Einzugsgebietes L, die von der Mündung ausgehend zur gegenüberliegenden Seite gemessen wird, in Beziehung setzt.
Die Formel lautet:

$$S = \frac{L^2}{M}. \tag{4}$$

Nach diesem Prinzip ist auch der von Garten (1976) verwendete Formfaktor zur Kennzeichnung von Physiotopen bei der Naturraumgliederung aufgebaut. Es werden der Umfang des Physiotops U_{T} bzw. dessen Grenzlänge und das Areal A_{T} (Gebietsfläche) bei der Bildung der Kennziffer der Gestalt verwendet:

$$S_{\mathrm{T}} = \frac{(U_{\mathrm{T}})^2}{A_{\mathrm{T}}}. \tag{5}$$

Man erhält auf diese Weise eine dimensionslose Kennziffer, die unabhängig von der Größe der Fläche wie auch von der Länge der Begrenzung ist und somit den Vergleich von Gebieten ganz unterschiedlicher Größe und Gestalt gestattet. Wenn man diesen Gestaltfaktor(-index) S_T für verschiedene einfache geometrische Figuren berechnet, wie es Tab. 16 zeigt, so ist zu erkennen, daß er für den Kreis den kleinsten Wert annimmt. Dann gilt nämlich

$$S_T = \frac{(2\pi r)^2}{\pi r^2} = 4\pi = 12{,}57.$$

Alle sonstigen geometrischen Flächenfiguren (Tab. 16) ergeben höhere S_T-Werte. KOSTRUBIEC (1972) schlägt daher vor, diesen Index durch Abzug von 12,57 zu normieren. Für eine Kreisfläche würde sich dann $S_T = 0$ ergeben, und am jeweiligen Zahlenwert ist immer die Größe der Abweichung vom Kreis unmittelbar zu erkennen. Da aber der S_T-Wert sehr groß werden kann — bei verzweigten oder gar ringförmigen Gebietsflächen liegen die S_T-Werte zwischen 200 und 300 —, ist durch diese Normierung nichts

Tabelle 16. Die Größe von S_T- und K_i-Gestaltkennziffern bei elementaren geometrischen Figuren (nach GARTEN, 1976)

	Gestaltindex S_T	Konturindex K_i (S. 161 f.)
Kreis	12,57 (= 4 π)	1,00
regelmäßiges Sechseck	13,8	1,05
Quadrat	16,0	1,13
Rechteck (Breite/Länge = 1 : 2)	18,0	1,20
gleichseitiges Dreieck	20,8	1,29
Rechteck (Breite/Länge = 1 : 20)	88,2	2,65
Rechteck (Breite/Länge = 1 : 70)	288,1	4,79
Kreisring	352,0	5,29

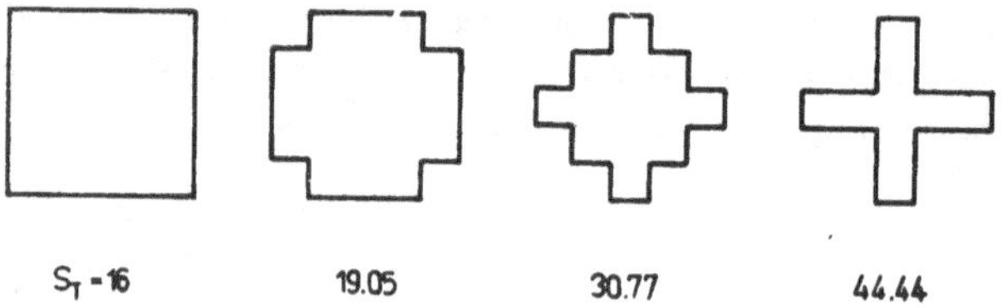

Abb. 42. Gestaltindex S_T bei Figuren gleichen Umfangs, jedoch zunehmender Gliederung

gewonnen und der Rechenaufwand unnötig. Tab. 16 läßt gut erkennen, wie mit zunehmender Streckung und Gliederung der Fläche der S_T-Index immer größer wird. Bei topischen und chorischen Untersuchungen liegen die Werte normalerweise zwischen 20 und 80, extrem gestreckte und verzweigte Formen haben jedoch auch S_T-Werte über 100!

Je gegliederter eine Fläche ist, um so größer wird der Formfaktor S_T. Das soll auf der Abb. 42 veranschaulicht werden. Hier haben sämtliche der dargestellten Figuren, vom Quadrat angefangen, den gleichen Umfang. Durch die ständig stärkere Aufgliederung der Figur werden die Flächeninhalte immer kleiner. Sie bilden in der Kennziffer den

Nenner. Daher nimmt der S_T-Wert beständig zu und erreicht bei der Kreuzfigur den Wert $S_T = 44{,}44$. Wenn man die Schenkel des dargestellten Kreuzes unter Beibehaltung des Umfanges der Figur auf die halbe Breite verringert, würde der Gestaltfaktor weiter auf den Wert $S_T = 94{,}12$ ansteigen. Man hat also im *Gestaltfaktor* S_T eine *Maßzahl*, die auf kleine Formänderungen *sehr fein reagiert*, deren *Werte in einem breiten Intervall* liegen und die sich *einfach und rasch berechnen* läßt.

5.6.2. *Der Konturindex*

Als weitere Kennziffer zur Charakterisierung der Gestalt soll noch der sogenannte *Konturindex* K_i kurz erläutert werden. Wenn Areale sehr unterschiedlicher Konfiguration miteinander verglichen werden sollen, wie es in der Physischen Geographie bei der Gegenüberstellung unterschiedlich geformter naturräumlicher Einheiten geschieht, ist diese Maßzahl sehr zu empfehlen. Der Grundgedanke bei der Entwicklung dieses Index besteht darin, daß man die Begrenzung der zu untersuchenden Fläche zum Umfang eines flächengleichen Kreises in Beziehung setzt und die Abweichung vom Umfang dieses flächengleichen Kreises als Maß für die Gestalt der untersuchten Figur benutzt. Der Konturindex K_i wird somit als Quotient zwischen dem Umfang (Grenzlänge) der Untersuchungsfläche und dem Umfang eines flächengleichen Kreises definiert:

$$K_i = \frac{\text{Umfang der Untersuchungsfläche}}{\text{Umfang eines flächengleichen Kreises}} = \frac{U_T}{U_K}. \tag{6}$$

$K_i = 1$ wäre z. B. der Konturindex für eine Kreisfigur. Die Werte, die bei Geländeuntersuchungen vorkommen, liegen zwischen 1 und 3 und gestatten sofort die Aussage: je näher der K_i-Wert an 1 liegt, um so abgerundeter ist die Untersuchungsfläche. In Tab. 16 sind für die genannten elementaren geometrischen Figuren die zugehörigen Konturindizes K_i mit vermerkt. Man erkennt, daß die K_i-Werte zwischen 1 und 5 streuen. Die Berechnung dieser Kennziffer ist ein wenig kompliziert, da man erst Berechnungen am flächengleichen Kreis anstellen muß, um das Nennerglied zu erhalten.

Ein einfaches *Beispiel* soll dies erläutern. Wenn z. B. für eine rechteckige Fläche von der Länge $a = 3$ und der Breite $b = 16$ Längeneinheiten der Konturindex K_i gesucht wird, so erhält man als Flächenumfang $U_T = 38$ und als Flächeninhalt $A_T = 48$. Man setzt nun die Fläche gleich der Kreisfläche $A_T = A_K = 48$ und bestimmt daraus den Kreisradius $r = \sqrt{\frac{48}{\pi}}$ und damit den Kreisumfang $U_K = 2\pi r = 24{,}56$. So ergibt sich nach (6)

$$K_i = \frac{38}{24{,}56} = 1{,}55.$$

Wie Tab. 16 anschaulich zeigt, nimmt der Konturindex K_i, ähnlich wie der Gestaltfaktor S_T, mit zunehmender Streckung und Verzweigung der Untersuchungsareale zu. Die Begrenzung auf das Intervall von 1 bis 5, in dem die Werte liegen können, macht die Kennziffer gut überschaubar. Dem steht jedoch als offensichtlicher Nachteil die etwas umständliche Berechenbarkeit gegenüber, die bei größeren Datenmengen zweifellos ins Gewicht fällt. Daß aber die beiden Kennziffern S_T und K_i in engem funktionalen

Tabelle 17. Berechnung der Weite aus Abb. 43 nach dem Verfahren von Boyce und Clark

Nr. des Abstandes	1	2	3	4	5	6	7	8
gemessene Länge r_i	5,3	5,2	3,6	2,3	2,3	4,6	5,2	5,2
$\frac{100 r_i}{\sum_{i=1}^{n} r_i}$	10,71	10,50	7,27	4,65	4,65	9,29	10,50	10,10
$\lvert(3) - 6{,}25\rvert$	4,54	4,25	1,02	1,71	1,71	3,04	4,85	3,85

Zusammenhang stehen, hat den Vorteil, daß man die beiden Größen wechselweise ineinander überführen kann. Dafür gilt die Umrechnungsgleichung

$$S_T = 4\pi K_i^2, \tag{7}$$

so daß man also bei Bedarf K_i leicht aus S_T berechnen kann.

5.6.3. *Formcharakteristik nach der Methode von* Boyce und Clark

Während die beiden erwähnten Formindizes nur der Überblicksinformation dienen sollen, will das Verfahren von Boyce und Clark (1964) die individuellen Züge des Umrisses einer gegebenen Fläche charakterisieren. Dazu werden von einem angenommenen Zentrum, das den Schwerpunkt der Figur darstellen, sich aber auch in Randlage befinden kann, Abstandsmessungen zu Randpunkten durchgeführt und daraus nach Formel (8) der Gestaltsindex S_{BC} berechnet:

$$S_{BC} = \sum_{i=1}^{n} \left| \left(\frac{r_i}{\sum_{i=1}^{n} r_i} 100 - \frac{100}{n} \right) \right|, \tag{8}$$

wobei n die Gesamtzahl der vom Zentrum ausgehenden Abstandsstrahlen und r_i die Länge des i-ten Strahles bedeuten. Will man das Umland einer Stadt, das Hinterland eines Hafens oder das Einzugsgebiet eines Betriebes in dieser Weise bearbeiten, so wird man das Zentrum jeweils so wählen, daß es mit dem Funktionsträger zusammenfällt und den wirklichen Verhältnissen entspricht. Man kann zeigen, daß der Wert des Index immer mehr an Null heranrückt, je kreisähnlicher die zu untersuchende Figur ist. Die Kennziffer schwankt jedoch sehr in Abhängigkeit von der Anzahl der verwendeten radialen Abstandsstrahlen, so daß sich die Urheber der Methode auf $n = 16$ festlegten und so eine Art Normierung vorgaben.

Es werden 16 unter gleichen Winkeln vom Zentrum ausgehende Abstandsstrahlen verwendet, deren Länge vom Zentrum bis zur Grenze der Figur gemessen wird. Zwischen 2 Strahlen liegt also jeweils ein Winkel $\alpha = 360°/16 = 22°30'$. An der Beispielsfläche von Abb. 43 soll die Art der Berechnung kurz erläutert werden. Die Grundlage dazu

9	10	11	12	13	14	15	16	gesamt
3,4	1,8	1,4	1,0	1,3	1,2	1,5	4,5	49,6
6,87	3,64	2,83	2,02	2,63	2,42	3,03	9,09	100,0

0,62	2,61	3,42	4,23	3,62	3,83	3,22	2,84	S_{BC} = 48,76

bildet die Tab. 17. Auch diesem Gestaltindex lassen sich regelmäßige geometrische Figuren zuordnen, so daß eine gewisse Rangfolge deutlich wird. Im einzelnen gilt:

S_{BC} = 0 entspricht dem Kreis
12 „ „ Quadrat
18 „ „ Kreuz
25 „ „ Stern
28 „ „ Rechteck (2 mal so lang wie breit)
175 entspricht der geraden Linie

Das Ergebnis von Tab. 17 (S_{BC} = 48,76) würde danach einem Rechteck entsprechen, dessen Breite etwa ein Drittel seiner Länge ausmacht. Die Methode wird dadurch aufwendig, daß sämtliche Abstandsmessungen samt den zugehörigen Vorbereitungen von Hand ausgeführt werden müssen. Sollen daher einige 100 Gebietsflächen miteinander verglichen werden – und bei Nanochorentypisierungen sind 500–600 Gebiete keine

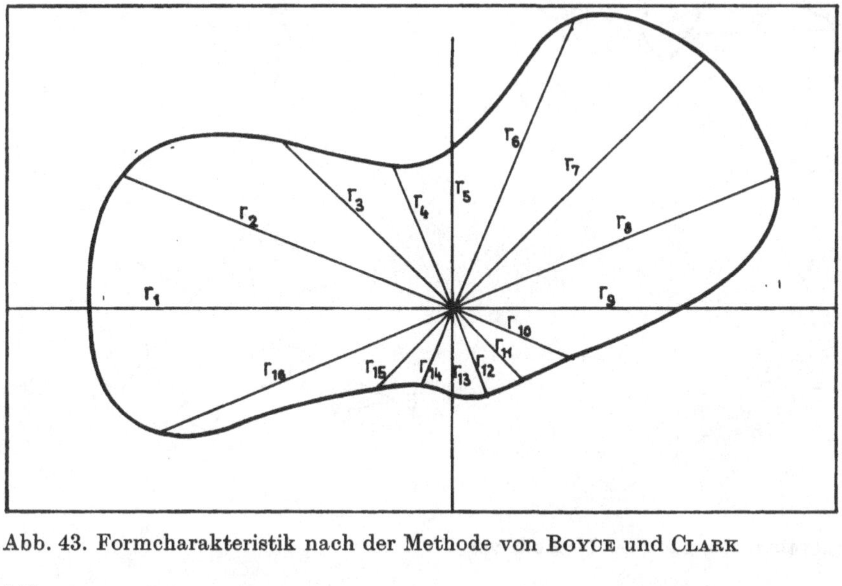

Abb. 43. Formcharakteristik nach der Methode von Boyce und Clark

Tabelle 18. Berechnung der Weite aus Abb. 44 nach der Methode von W. BUNGE

Verbindungen K_A	Längen A^{Li}	Quadrate d. Längen A^{Li^2}	Verbindungen K_B	Längen B^{Li}	Quadrate d. Längen B^{Li^2}
1,3	4,1	18,81	1,4	5,5	30,25
2,4	3,8	14,44	2,5	4,7	22,09
3,5	3,7	13,69	3,6	2,6	6,76
4,6	2,5	6,25	4,7	4,4	19,36
5,7	3,5	12,25	5,8	5,4	29,16
6,8	3,5	12,25	6,1	3,4	14,44
7,1	3,2	18,24	7,2	3,6	12,96
8,2	3,5	12,25	8,3	5,1	26,01
Summe	27,8	98,18		35,1	161,03
arithmetisches Mittel	3,48	12,27		4,39	20,13
Standard-abweichung	0,47	3,11		1,00	8,33

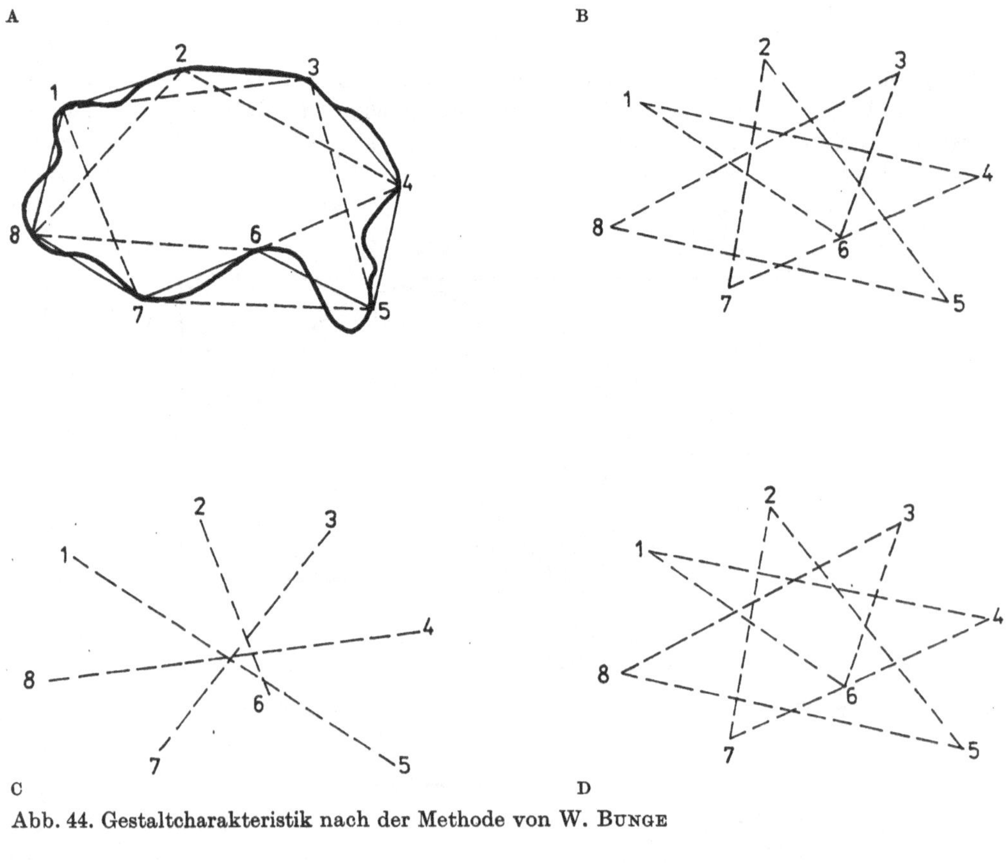

Abb. 44. Gestaltcharakteristik nach der Methode von W. BUNGE

Verbindungen K_C	Längen C^{Li}	Quadrate d. Längen C^{Li^2}	Verbindungen K_D	Längen D^{Li}	Quadrate d. Längen D^{Li^2}
1,5	6,0	36,00	1,6	3,6	12,96
2,6	2,9	8,41	2,7	3,6	12,96
3,7	4,2	17,64	3,8	4,9	24,81
4,8	8,7	32,49	7,1	5,2	27,04
5,1	5,9	34,81	6,2	4,8	23,04
6.2	2,9	8,41	6,3	2,8	7,84
7,3	4,2	17,64	7,4	4,3	18,49
8,4	5,4	29,16	8,5	5,3	28,09
Summe	37,2	184,56		34,5	154,43
arithmetisches Mittel	4,65	23,07		4,31	19,30
Standardabweichung	1,29	11,46		0,90	7,42

Seltenheit —, so ist zu fragen, ob der hohe Aufwand mit dem Ergebnis in einem sinnvollen Verhältnis steht.

Ein echter Nachteil der Methode zeigt sich außerdem darin, daß die errechnete Kennziffer stark mit der Änderung der Lage des Zentrums variiert.

5.6.4. *Gestaltcharakteristik nach der Methode von* W. Bunge

Dem obengenannten Mangel sucht die Methode von Bunge (1962 u. 1966) zu begegnen. Sie geht vom Umriß der zu untersuchenden Figur aus und versucht, diesen durch Polygone zu approximieren. Dazu findet der bekannte Satz aus der Geometrie Verwendung, daß jede beliebige geschlossene Fläche durch gleichseitige Vielecke von beliebiger Kantenzahl angenähert werden kann, wobei die Eckpunkte der Polygone auf oder in der Nähe der Umrißlinie der zu approximierenden Figur liegen. Durch die Erhöhung der Seitenzahl der Näherungspolygone läßt sich eine immer bessere Anpassung an die Gestalt der zu untersuchenden Figur erreichen. Bei der Berechnung der Bungeschen Kenngröße verfährt man so, daß man Verbindungslinien zwischen den Eckpunkten unter Überspringen von jeweils 1, 2, ... Punkten (vgl. Tab. 18) ausmißt für alle n Eckpunkte und die Werte anschließend zusammenzählt. Danach werden die Einzelmessungen quadriert und ebenfalls die zusammengehörigen Verbindungen summiert.

Am *Beispiel* von Abb. 44 wird das Verfahren kurz erläutert. Die vorgegebene Figur wird durch ein gleichseitiges Achteck approximiert. Dann werden jeweils 8 Werte für die entsprechenden Eckpunktverbindungen A bis D errechnet, wobei sich beim Aufstellen weiterer Verbindungen die Werte wiederholen würden. Anschließend erfolgt die Addition der jeweils 8 Längenwerte der 4 Kombinationen, danach werden die Einzelwerte ins Quadrat erhoben und wiederum zusammengezählt.

Arithmetisches Mittel und Standardabweichung wurden hier lediglich mitberechnet, um unter Umständen zusätzliche Informationen zu gewinnen. Wie die Zahlen jedoch zeigen, ist dies nicht der Fall. Beim Achteck erhält man also nach diesem Verfahren 8 Werte zur Kennzifferbildung. Eine Mittelung würde die Feinheiten nur verwischen, und auch die Streuung gibt keine Verbesserung der Aussage. So verwendet BUNGE zur Charakteristik der Gestalt jeweils nur die ersten 4 aufsummierten Zahlen und berechnet die übrigen auch gar nicht erst. Im gegebenen Beispiel lautet also die Lösung:

$$S_B = (27{,}8;\ 98{,}18;\ 35{,}1;\ 161{,}03).$$

In einer stadtgeographischen Untersuchung errechnet BUNGE auf diese Weise die Gestaltparameter von 97 mexikanischen Gemeinden. Der Aufwand für das Zeichnen und Ausmessen, der nicht einem Computer übertragen werden kann, ist bei diesem Verfahren sehr hoch. Obwohl beim BUNGEschen Index der Genauigkeitsgrad größer ist, so hat demgegenüber das Verfahren von BOYCE und CLARK wiederum den offensichtlichen Vorzug, daß eine einzige Kennzahl zur Charakterisierung der Gestalt bestimmt wird und nicht ein „Zahlenvierer" wie bei BUNGE.

Ganz allgemein kann eingeschätzt werden, daß keine der beiden Methoden in Zukunft allzu weite Verbreitung finden wird.

5.7. Zusammenfassung

Es war das Ziel von Kap. 5, an Beispielen aufzuzeigen, wie semiquantitative Methoden beschaffen sein müssen, wenn sie bei praktischen Untersuchungen wirklich von Nutzen sein sollen. Deshalb erfolgt abschließend nochmals eine *Zusammenfassung der wichtigsten Kernpunkte*:

1. Ein semiquantitatives Verfahren soll eine rasche Überblicksinformation ermöglichen und unter Umständen einen gangbaren Weg aufzeigen, die miteinander zu vergleichenden Objekte nach einer Rangfolge zu ordnen.
2. Semiquantitative Verfahren sind jedoch überfordert, wenn man aus ihnen exakte Bewertungsmaßstäbe herauszulesen versucht, wie sie die den jeweiligen Methoden zugrunde liegenden Genauigkeitsprinzipien gar nicht zulassen.
3. Der Aufwand, der für die Aufbereitung der Daten — sei es durch Zeichnen oder Ausmessen — sowie für die eigentliche Berechnung aufgebracht werden muß, soll in einem günstigen Verhältnis zur Güte der gewonnenen Aussage stehen, und diese soll vor allem die auf empirischem Weg gewonnenen Ergebnisse wesentlich übertreffen. Generell müssen der Aufwand an Zeit und an Kosten in vertretbaren Relationen dazu stehen.

Alle Verfahren, die diesen Grundbedingungen nicht entsprechen, werden sich in der geographischen Praxis nicht einbürgern können.

6. Abriß der Wahrscheinlichkeitsrechnung

6.1. Einführung

Statistik und Wahrscheinlichkeitsrechnung sind heute nicht mehr voneinander zu trennen. Beide Gebiete sind aufs engste miteinander verflochten. Besonders die sogenannte mehrdimensionale Statistik ist ohne Wahrscheinlichkeitsrechnung gar nicht denkbar. Daher muß man sich auch bei vielen statistischen Untersuchungen in der Geographie notgedrungen mit *stochastischen Gedankengängen* auseinandersetzen. Dies mag zunächst als Widerspruch erscheinen, wenn man davon ausgeht, daß der Mannigfaltigkeit der Erscheinungsformen in der Geosphäre und damit auch den in dieser integrierten Geosystemen eine naturgesetzliche Ordnung zugrunde liegt, die *kausalen Gesetzen* folgt. Dieser scheinbare Widerspruch löst sich jedoch, wenn man bedenkt, daß das „Zufällige" nicht ausschließt, daß die betrachteten Ereignisse Kausalgesetzen unterworfen sind. Zumeist ist es so, daß die wirkenden Bedingungen bzw. die Einflußfaktoren nicht mit hinreichender Vollständigkeit beobachtet oder angegeben werden können, so daß infolgedessen mehrere Lösungsmöglichkeiten — man spricht von *Versuchsausgängen* oder *Realisierungen* (vgl. Abb. 45) — denkbar sind.

In diesem Sinne müssen viele geographische Erscheinungen und Prozesse als sogenannte Zufallsereignisse angesehen werden. Genaugenommen ist daher strenger *Determinismus*, bei dem die *Ursache-Wirkungs-Beziehung* jeweils eindeutig überblickt und demzufolge auch vorausgesagt werden kann, höchst selten. Um einige praktische Beispiele anzuführen, beispielsweise landwirtschaftliche Ertragszahlen, die in Abhängigkeit von den verschiedenen Witterungsfaktoren der jeweiligen Vegetationsperiode betrachtet werden, oder die Bedeutungsqualität einer Stadt, die in Abhängigkeit von den zentralen Funktionen bewertet werden soll, lassen erkennen, daß die meisten Gesetzmäßigkeiten nicht streng determiniert ablaufen, sondern daß ihnen *statistische Näherungen* (*Approximationen*) einer bestimmten *Wahrscheinlichkeit* zugrunde liegen, die mit Hilfe eines genügend umfangreichen Datenmaterials mit entsprechender Sicherheit nachgewiesen werden können.

Die komplexe geographische Wirklichkeit läßt sich weder durch Beschreibung noch durch quantitative Wiedergabe vollständig erfassen. Man ist daher gezwungen, sich auf mehr oder minder umfangreiche Modelle zu beschränken, die gewisse Teilaspekte der Struktur oder des zu modellierenden Vorgangs berücksichtigen und alle für das betreffende Problem wesentlichen Einflußgrößen enthalten. Bei der Analyse des Bedingungskomplexes muß demzufolge eine kritische Auswahl getroffen werden. Außerdem ist zu beachten, daß von den wirkenden Faktoren (*Einflußgrößen*) nicht alle durch

Beobachtung oder Messung erfaßt werden können. So entziehen sich manche der Kontrolle durch den Beobachter, obwohl sie möglicherweise für den Ablauf des betrachteten Prozesses nicht unwichtig sind. Derartige Einflußgrößen, die auch als „Störgrößen" fungieren können, sind nur mit Hilfe gewisser stochastischer Verfahren quantitativ abzuschätzen.

Die Abb. 3 (vgl. S. 27) soll diesen Zusammenhang veranschaulichen und stellt gewissermaßen ein Ablaufschema zur Ermittlung der wesentlichsten Einflußgrößen streng determinierter und stochastischer Prozesse dar. Das durch Strichelung umrandete

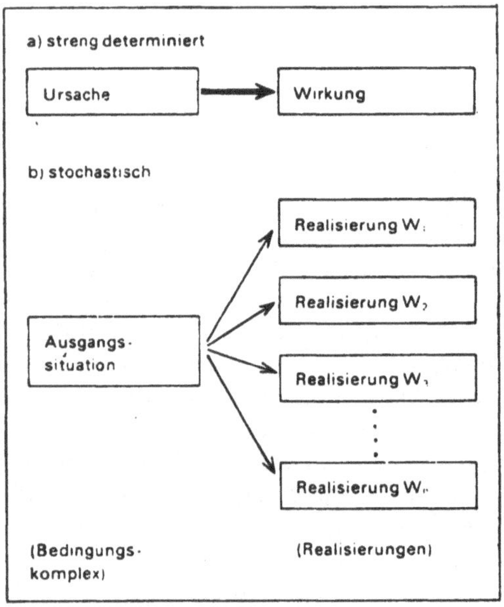

Abb. 45. Versuchsausgänge (Realisierungen) bei streng determinierten (a) und stochastischen Prozessen (b)

Feld trennt die für den vorliegenden Problemzusammenhang unwesentlichen Einflußgrößen ab. Sie werden bei der Modellbildung bewußt vernachlässigt. Das Schema ist insofern etwas mißverständlich, als bei praktischen Rechnungen unter Umständen auch die sogenannten kontrollierten Einflußgrößen in manchen Fällen mittels der Methoden der Wahrscheinlichkeitsrechnung bearbeitet werden.

Die nachfolgenden Ausführungen stellen keine abgeschlossene Darstellung der Wahrscheinlichkeitsrechnung dar. Sie bemühen sich vielmehr, klare Grundbegriffe zu vermitteln und darzulegen, welche Einsatzmöglichkeiten für stochastische Methoden im Bereich der Geographie bestehen.

6.2. Zufällige Ereignisse

Zunächst sind einige Begriffe, die im einleitenden Abschnitt bereits erwähnt wurden, schärfer zu definieren und in die damit zusammenhängende Symbolik einzuführen. Befragungen, Beobachtungen, Messungen, auch die Auswertung statistischen Materials, werden in der Wahrscheinlichkeitsrechnung als „Versuche" angesehen, da sie unter Beibehaltung eines festen Komplexes von Bedingungen beliebig oft wiederholbar sind und Ergebnisse liefern, die innerhalb eines bestimmten Bereichs von Möglichkeiten liegen.

Der gesamte Komplex der geographischen Bedingungen ist in vielen Fällen so kompliziert und so umfangreich, teilweise vielleicht sogar ungenügend bekannt, daß das Ergebnis des Versuchs nicht mit Sicherheit vorausgesagt werden kann. Doch ist mit Sicherheit ein Bereich abgrenzbar, innerhalb dessen die zu erwartenden Ergebnisse liegen. Oft kann man auch die Anzahl der verschiedenen möglichen Lösungsvarianten angeben, ähnlich wie beim Würfeln, wo in Abhängigkeit von der Augenzahl 6 verschiedene Ergebnisse eintreten können. Man spricht daher von *Zufallsversuchen*, wobei ein zufälliger Versuch gekennzeichnet ist durch

— einen festen Komplex von Ausgangsbedingungen,
— beliebige Wiederholbarkeit des Versuchs und
— ein im Bereich bestimmter Möglichkeiten liegendes Ergebnis.

Durch den vorgegebenen Bedingungskomplex brauchen nicht alle wirkenden Einflüsse erfaßt zu werden; oft ist dies gar nicht möglich, bisweilen auch nicht erforderlich. Deshalb kommt es zu unterschiedlichen Versuchsergebnissen, den sogenannten *Realisierungen*.

Um Gesetzmäßigkeiten in den zufälligen Erscheinungen untersuchen zu können, ist die Forderung der beliebigen Wiederholbarkeit des Versuchs notwendig. Einige *Beispiele* für derartige zufällige Versuche sollen das in der nachstehenden Zusammenstellung verdeutlichen:

Zufallsversuche mit geographischen Anwendungen

Zufallsversuch	mögliche Ergebnisse
Münzenwurf	„Zahl"—„Wappen"
dazu geographisches Beispiel:	
Erfassung infrastruktureller Einrichtungen in Haushalten (Bad, WC, Gas, Elektr., Heizung usw.)	„vorhanden"—„nicht vorhanden"
Würfeln mit einem Würfel	Augenzahl k ($k = 1, 2, \ldots, 6$)
dazu geographisches Beispiel: Lieferung von n Erzeugnissen aus m Betrieben bei gleichen Kosten und gleicher Qualität der einzelnen Erzeugnisse	verschiedene Varianten der Erzeugnismengen bezüglich der Lieferbetriebe
Erfassung von Verkehrsaufkommen (bei Verkehrszählungen)	Anzahl der PKW pro Zeit an den Zählpunkten
Luftverschmutzung	Konzentration c (in %) bei $0 \leqq c \leqq 100$

Wenn es auch nicht unmittelbar einzusehen ist, warum es sich bei den geographischen Beispielen um zufällige Versuche handelt, da ihnen doch absolute Zahlenwerte von Messungen bzw. Erhebungen zugrunde liegen, so muß aber davon ausgegangen werden, daß mit diesen Messungen nicht die gesamte geographische Wirklichkeit erfaßt wird, sondern nur eine Teilmenge, eine sogenannte Stichprobe, die stochastischen Charakter trägt.

In diesem Zusammenhang soll noch auf eine andere Bezeichnungsweise der Wahrscheinlichkeitsrechnung hingewiesen werden, die vom üblichen Sprachgebrauch abweicht. Es betrifft die Bedeutung der Wörter „*Schätzen*", „*Abschätzungen*" und „*Schätzwerte*". In der Umgangssprache versteht man gewöhnlich unter „Schätzen" ein weniger genaues, nur ungefähres Festlegen einer quantitativen Größe und stellt diesem Vorgehen das exakte Messen und Wägen gegenüber. In der Wahrscheinlichkeitsrechnung jedoch werden exakte Meßwerte, die aus Ablesungen von Instrumenten oder Registrierungen hervorgegangen sind, sowie Daten aus Erhebungen sehr oft als „*Schätzwerte*" bezeichnet. Bei dieser Wertung soll in keiner Weise die Meßgenauigkeit der eingesetzten Geräte oder die einwandfreie Durchführung der betreffenden Erhebung in Zweifel gezogen werden. Vielmehr will man damit nur zum Ausdruck bringen, daß der sogenannte „*wahre Wert*", um dessen Bestimmung man sich bemüht, durch die vorliegenden Werte nur angenähert werden kann, da eventuell nicht alle Versuchsbedingungen bekannt sind und andererseits die gemessenen Zahlen nur als eine *Stichprobe einer weit größeren Grundgesamtheit (Universum)* anzusehen sind, wie bereits dargelegt wurde. Man spricht daher bei den Meß- oder Erhebungsdaten auch von *empirischen Werten* und stellt diesen die *theoretischen oder errechneten Werte* gegenüber, die mit den Methoden der Wahrscheinlichkeitsrechnung (daher theoretisch!) ermittelt wurden.

6.3. Mengentheoretische Darstellung von Zufallsereignissen

Viele Begriffe und graphische Methoden der Mengentheorie lassen sich zur Veranschaulichung wahrscheinlichkeitstheoretischer Sachverhalte verwenden. So kann man die Versuchsausgänge (Realisierungen) von Zufallsexperimenten als Elemente einer Menge auffassen. Einem derartigen Experiment sind dann — je nach dem Umfang des Bedingungskomplexes — eine bestimmte Anzahl von Versuchsausgängen zugeordnet, wie Abb. 46 zeigt.

In der Schreibweise der Mengentheorie bedeutet

$$E = \{e_1, e_2, \ldots, e_n\}. \tag{1}$$

Die mit kleinen lateinischen Buchstaben gekennzeichneten möglichen Versuchsausgänge werden auch als *Elementarereignisse* bezeichnet.

Zwei verschiedene solcher Ereignisse können niemals gleichzeitig eintreten. Oft ist die genaue Anzahl der möglichen Versuchsausgänge nicht exakt angebbar. In solchen Fällen muß nicht unbedingt eine „unendliche" Menge von Möglichkeiten vorliegen. Vielmehr kann die Gesamtzahl der Versuchsausgänge nur deshalb unbekannt sein, weil die Versuchsbedingungen noch ungenügend erforscht sind oder sich auch nicht vollständig beschreiben lassen, da gewisse Bedingungen sich der Beobachtung oder Messung entziehen, obwohl es sich sicher um eine endliche Menge nicht angebbarer Bedingungen handelt.

Beim *Würfeln* mit einem Würfel gibt es zum Beispiel *6 mögliche Ausgänge*, also *6 Elementarereignisse*. Die Gesamtheit der Elementarereignisse bildet den Ereignisraum R_E. Er hat die Eigenschaft, daß bei jedem Zufallsversuch immer nur ein Elementarereignis aus der Gesamtheit R_E eintritt. Man kann ihn durch eine Rechteckfläche veranschaulichen, die aus Quadraten, welche die Elementarereignisse darstellen, zusammengesetzt ist (vgl. Abb. 47).

Zuerst ist also in jedem Falle festzulegen, was unter einem Elementarereignis im vorliegenden Zusammenhang verstanden werden soll. Bei geographischen Untersuchungen geht es zumeist um diskrete und endliche Mengen von Elementarereignissen. Es muß aber erwähnt werden, daß Ereignisräume auch aus überabzählbaren Mengen gebildet werden können, beispielsweise wenn stetige Mengen zugrunde liegen, wie etwa die reellen Beobachtungswerte eines bestimmten Intervalls.

Mengentheoretische Darstellung der Ereignisse

(Abb. 46—48)

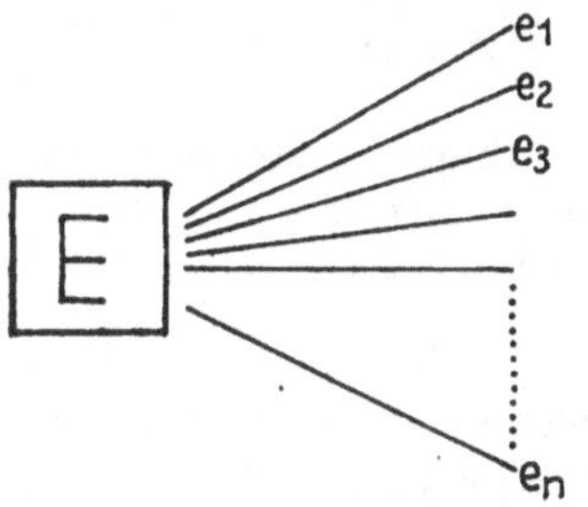

Abb. 46. Realisierungen eines Elementarereignisses

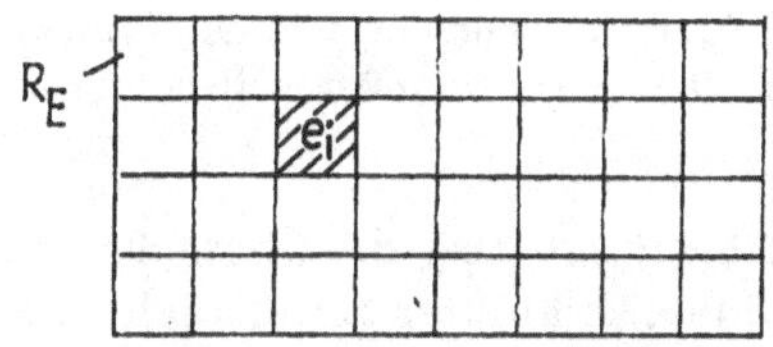

Abb. 47. Darstellung eines Elementarereignisses im Ereignisraum
$R_{\mathrm{E}} = \{\Sigma\, e_i | e_i \in R_{\mathrm{E}}\}$

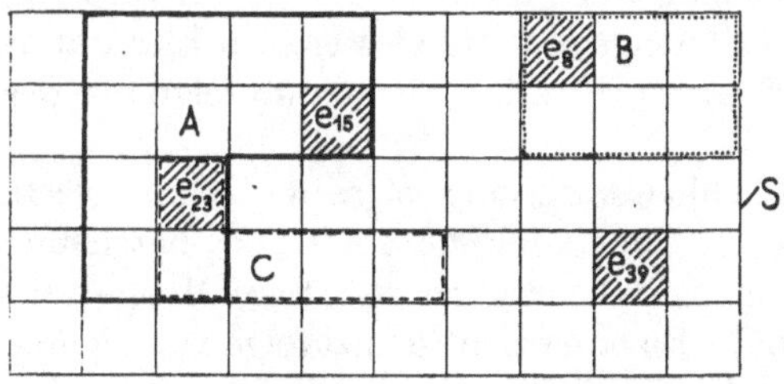

Abb. 48 Das VENN-Diagramm im Ereignisraum
A, B, C — zufällige Ereignisse im Ereignisraum

Ein zufälliges Ereignis braucht aber keineswegs nur aus einem einzelnen Elementarereignis zu bestehen. Vielmehr können mehrere solcher zu einem komplexen Ereignis, das dann wiederum eine Menge darstellt, zusammentreten. Ein Beispiel dafür stellt das „*Würfeln einer ungeraden Augenzahl*" dar, das die Elementarereignisse des Würfelns einer Eins, Drei oder Fünf umfaßt:

$$E_{\text{ungerade}} = \{e_i | 1, 3, 5\}. \tag{2}$$

Entsprechende Beispiele aus der Geographie sind das Vorkommen von Siedlungen unterschiedlicher Größenordnung in einem Territorium, von Beschäftigten nach Industriezweigen in einem Landkreis usw. In allen diesen Fällen wird der Ereignisraum in Teilereignisse zerlegt, die ihrerseits wiederum jeweils aus mehreren Elementen bestehen. Die Veranschaulichung dazu kann am besten graphisch erfolgen; man bezeichnet sie als VENN-*Diagramm*.

In Abb. 48 ist ein *Ereignisraum S* dargestellt, der *aus 50 Elementarereignissen* besteht und *3 zufällige Ereignisse* enthält. Man kann aus der Darstellung entnehmen:

— Ereignis A aus den 12 Elementen

$$A = \begin{cases} e_2, e_3, e_4, e_5 \\ e_{12}, e_{13}, e_{14}, e_{15} \\ e_{22}, e_{23} \\ e_{32}, e_{33} \end{cases}$$

— Ereignis B aus den 6 Elementen

$$B = \begin{cases} e_8, e_9, e_{10}, \\ e_{18}, e_{19}, e_{20} \end{cases}$$

— Ereignis C aus den 5 Elementen

$$C = \begin{cases} e_{23}, \\ e_{33}, e_{34}, e_{35}, e_{36} \end{cases}$$

liegen in S.

— Ereignis A ist eingetreten, wenn e_{15} eintritt; ebenso ist Ereignis B eingetreten, sobald e_8 eintritt.
— Tritt das Elementarereignis e_{23} ein, so ist sowohl Ereignis A als auch Ereignis C eingetreten.
— Weder Ereignis A, noch B, noch C sind eingetreten, wenn das Elementarereignis e_{39} eintritt.
— Ereignis A und Ereignis B sind voneinander vollständig unabhängig. Ereignis A und C hingegen nicht.

Das Venn-Diagramm bestätigt also die Tatsache, daß *Elementarereignisse niemals gleichzeitig* auftreten können, d. h. stets miteinander unvereinbar sind, während Teilereignisse von zusammengesetzter Struktur durchaus miteinander vereinbar sind und somit auch zugleich eintreten können.

Zufallsereignisse, abgebildet auf einen Ereignisraum, können von sehr unterschiedlicher Größe sein. Dabei lassen sich stets zwei Grenzfälle angeben. Besteht der Ereignisraum aus n Elementarereignissen, so liegen die möglichen Zufallsereignisse im Intervall $1 \leqq E \leqq n$. Die als Zufallsereignis definierte Teilmenge muß mindestens ein Elementarereignis enthalten und kann maximal die Gesamtzahl aller Elementarereignisse des vorgegebenen Ereignisraumes umfassen.

Für den logischen Aufbau der Wahrscheinlichkeitsrechnung ist es weiterhin zweckmäßig, in die Menge der zufälligen Ereignisse auch das *unmögliche Ereignis*, bezeichnet durch U oder $\emptyset$ mit aufzunehmen. Es wird mengentheoretisch als „leere Menge" bezeichnet, da es kein Elementarereignis e_i enthält. Es entspricht demzufolge auch keiner Realisierung eines Zufallsversuches. Es ist das Ereignis, das niemals eintritt.

Somit besteht die *Menge aller zufälligen Ereignisse* eines Zufallsexperimentes

— aus allen echten Teilmengen,
— einschließlich der Gesamtmenge aller zugehörigen Elementarereignisse (= sicheres Ereignis, bezeichnet mit S oder Ω) und
— der leeren Menge (= unmögliches Ereignis, bezeichnet mit U oder $\emptyset$).

Bei diesen Überlegungen wurde zunächst von einem endlichen Ereignisraum ausgegangen, der für geographische Betrachtungen im allgemeinen ausreicht. Doch lassen sich diese Gedanken auch auf unendliche Ereignisräume übertragen, die beispielsweise bei der Untersuchung von Punktmengen eine Rolle spielen. Häufig ist es auch wichtig festzustellen, wieviele verschiedene Möglichkeiten der Realisierung eines Zufallsexperimentes, d. h. wieviele verschiedene Versuchsausgänge, denkbar sind. Besteht z. B. das zufällige Ereignis aus 3 Elementarereignissen, $E = \{e_i | i = 1, \ldots, 3|\}$, so sind als Realisierungen alle Kombinationen zu werten, bei denen die Elementarereignisse einzeln, zu zweit oder zu dritt eintreten. Die Gesamtmenge der bei 3 Elementarereignissen möglichen Zufallsereignisse umfaßt daher:

3 einelementige Zufallsereignisse:	$\{e_1\}, \{e_2\}, \{e_3\}$
3 zweielementige Zufallsereignisse:	$\{e_1, e_2\}, \{e_1, e_3\}, \{e_2, e_3\}$
1 dreielementiges Zufallsereignis:	$\{e_1, e_2, e_3\}$
1 unmögliches Ereignis:	$\{\emptyset\}$.

Also ergeben sich in diesem Falle $8 = 2^3$ verschiedene Versuchsausgänge. Allgemein läßt sich der Satz daraus ableiten, daß, wenn das vorgegebene Zufallsereignis aus n Elementarereignissen besteht, 2^n Ausgangsereignisse möglich sind. Durch die mengentheoretische Darstellung können auch sämtliche Sätze der *Mengenalgebra* auf die Wahrscheinlichkeitsrechnung angewendet werden, die sich ebenfalls mit Hilfe von VENN-*Diagrammen* veranschaulichen lassen.

Das Teilereignis und das Komplementärereignis

Wie bereits dargestellt wurde, kann jedes Zufallsereignis einem Ereignisraum S zugeordnet werden (Abb. 49). Nun kann jedoch ein Ereignis A eine Teilmenge des Zufallsereignisses B sein. Man sagt, Ereignis A ist in B enthalten, und drückt dies durch die folgende symbolische Schreibweise aus:

$$A \subset B. \tag{3}$$

Das bedeutet, daß das Ereignis B immer eintritt, wenn das Ereignis A eintritt, oder — anders gesagt — der Eintritt von A zieht den von B nach sich. Wie man sich am VENN-Diagramm leicht klarmachen kann, gilt die Umkehrung nicht ohne weiteres. Nur in dem Falle, daß $A \subset B$ und $B \supset A$ gelten, d. h., wenn $A = B$ ist, ist sie gegeben. Im VENN-Diagramm fallen dann die Umrißlinien der beiden Ereignisse A und B genau aufeinander.

Stellt man ein Ereignis A im Ereignisraum S dar, so kann man unmittelbar auch die Menge all der Elementarereignisse ablesen, die nicht zur Menge A gehören (vgl. Abb. 50). Sie bilden das zu A komplementäre Ereignis $\bar{A}$ („A quer"). Es kann auch als Negation gedeutet werden: Das Ereignis $\bar{A}$ tritt dann ein, wenn Ereignis A nicht eintritt. A und $\bar{A}$ können niemals gleichzeitig eintreten, d. h., sie sind voneinander unabhängig. Ist im Grenzfall das Ereignis A identisch mit dem ganzen Ereignisraum S (= sicheres Ereignis), so ist das dazu komplementäre Ereignis die leere Menge $\emptyset$ oder das unmögliche Ereignis. Es gilt, wenn

$$A = S, \text{ so ist } \bar{A} = \emptyset \quad \text{bzw.} \quad \bar{\emptyset} = S \quad \text{und} \quad \bar{S} = \emptyset. \tag{4}$$

Schließlich ist aus der Abb. 50 zu entnehmen, daß das komplementäre Ereignis des Komplementärereignisses wieder das Ausgangsereignis ist, denn es gilt

$$\overline{(\bar{A})} = A \tag{5}$$

Mengentheoretische Darstellung der Beziehungen zwischen Ereignissen

(Abb. 49—53)

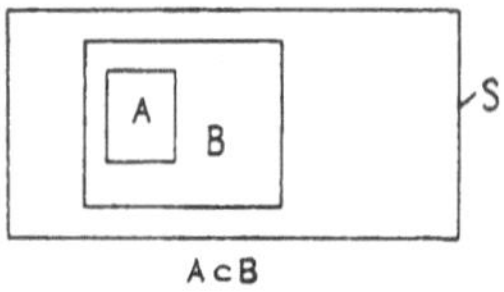

Abb. 49. Relation des Enthaltenseins (VENN-Diagramm) $A \subset B$

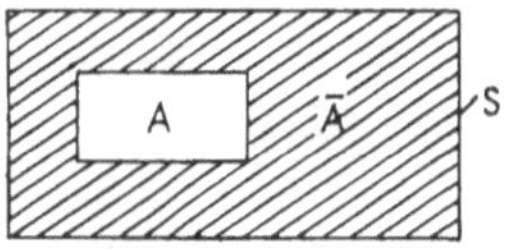

Abb. 50. Komplementärereignis $A = \overline{(\bar{A})}$

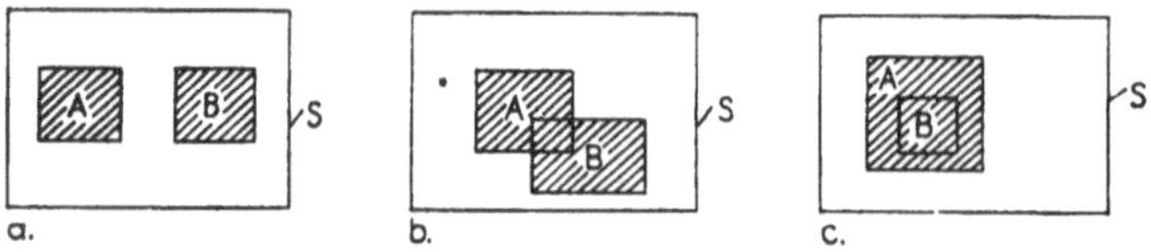

Abb. 51. Vereinigungsmenge $C = A \cup B$

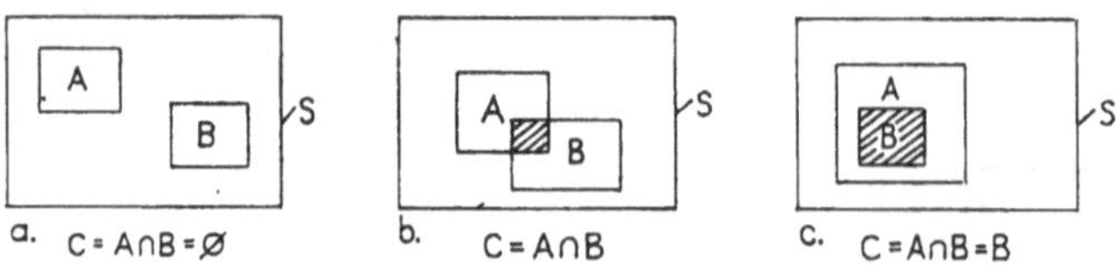

Abb. 52. Durchschnittsmenge $C = A \cap B$

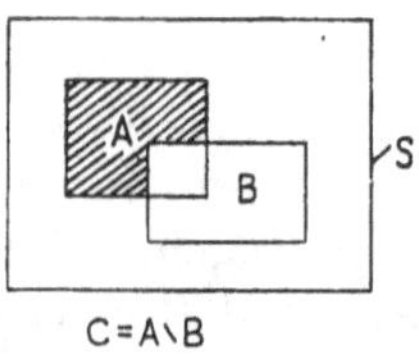

Abb. 53. Differenzmenge $C = A \setminus B$

Die Vereinigungsmenge von Zufallsereignissen

Wenn in einem Ereignisraum zwei zufällige Ereignisse A und B liegen, so läßt sich aus beiden eine neue Teilmenge bilden, die als Summe der beiden ursprünglichen Ereignisse aufgefaßt werden kann, es gilt:

$$C = A \cup B. \qquad (6)$$

Die Vereinigungsmenge C wird aus sämtlichen Elementarereignissen gebildet, aus denen die Zufallsereignisse A und B bestehen. Gegenüber der arithmetischen Summenbildung sind hier gewisse Abweichungen festzustellen, die Abb. 51a—c wiedergibt. Sind beide Ereignisse vollständig voneinander unabhängig, d. h., haben sie kein Elementarereignis gemeinsam, so gilt: die gebildete Summe setzt sich aus den Elementarereignissen von A und B zusammen, wie Abb. 51a ausweist. Oft kommt es vor, daß gewisse Elementarergebnisse gleichzeitig zu A und B gehören, wie es in Abb. 51b dargestellt worden ist. Es treten gewisse Überlappungen beider Teilmengen auf. Schließlich kann die „Enthaltensein“-Relation vorliegen (vgl. Abb. 51c), d. h., wenn im aufgezeigten Fall Ereignis B vollständig in Ereignis A enthalten ist, dann gilt

$$C = A \cup B = A \text{ für } B \subset A. \tag{6'}$$

Bei der mengentheoretischen Summenbildung tritt also das Ereignis C immer ein, wenn mindestens eines der beiden Ereignisse A oder B eintreten. Die Verbindung „Oder“ wird hier nicht im ausschließenden Sinne verwendet, wie es bei „entweder — oder“ der Fall ist. Die Vereinigungsmenge umfaßt also das Ereignis A oder B oder aber auch beide gemeinsam, jedoch mindestens eins der beiden Zufallsereignisse. Entsprechend kann die Summenbildung auf beliebige Mengen von Zufallsereignissen ausgedehnt werden, wobei man schreibt

$$A_1 \cup A_2 \cup \ldots \cup A_n = \bigcup_{i=1}^{n} A_i \quad (i = 1, 2, \ldots, n), \tag{6''}$$

Ferner gelten folgende Relationen, wie man sich leicht an Hand von Venn-Diagrammen überzeugen kann:

$$\begin{aligned} &A \cup A = A &\quad& A \cup S = S \\ &A \cup \emptyset = A && \emptyset \cup S = S \\ &A \cup \bar{A} = S && A \cup B = B \text{ für } A \subset B. \end{aligned}$$

Der Durchschnitt oder das Produkt von Zufallsereignissen

Die mengentheoretische Produktbildung ist so definiert, daß man als Teilmenge von 2 Zufallsereignissen A und B die Anzahl von Elementarereignissen bestimmt, die sowohl zum Ereignis A als auch zum Ereignis B gehören und dafür schreibt:

$$C = A \cap B. \tag{7}$$

Man spricht daher vom Durchschnitt der beiden Ereignisse A und B. Das Ereignis C tritt dann ein, wenn Ereignis A und B gleichzeitig eintreten. Daraus kann man folgern: Sind 2 Zufallsereignisse voneinander unabhängig, d. h. „unvereinbare Ereignisse“, so haben sie keinen Durchschnitt, denn dann gilt $C = A \cap B = \emptyset$ (vgl. Abb. 52a). Elementarereignisse sind laut Definition immer voneinander unabhängig, die Durchschnittsbildung erbringt daher immer leere Mengen.

Für sämtliche paarweisen Kombinationen von Elementarereignissen gilt stets $e_i \cap e_j = \emptyset$, d. h., Elementarereignisse sind *paarweise* unvereinbar. In Abb. 52b sind die Elementarereignisse schraffiert, die sowohl zu Ereignis A wie auch zu B gehören. Sie bilden das Produkt oder den Durchschnitt (intersection) von A und B. Ist B in A enthalten ($B \subset A$, vgl. Abb. 52c), so gilt $C = A \cap B = B$. Darüber hinaus kann man sich leicht geometrisch die folgenden Relationen veranschaulichen:

$$\begin{aligned} &A \cap A = A &\quad& A \cap S = A \\ &A \cap \bar{A} = \emptyset && \emptyset \cap S = \emptyset \\ &A \cap \emptyset = \emptyset && A \cap B = A \quad \text{für} \quad A \subset B. \end{aligned}$$

Auch die Produkt- oder Durchschnittsbildung läßt sich auf beliebig viele Zufallsereignisse ausdehnen. Man schreibt dann:

$$A_1 \cdot A_2 \cdot \ldots \cdot A_n = \bigcap_{i=1}^{n} A_i . \tag{7'}$$

Die Differenzbildung von Zufallsereignissen

Will man schließlich bei 2 Ereignissen A und B, die nicht voneinander unabhängig sind, die Anzahl der Elementarereignsise bestimmen, die zum Ereignis A, aber nicht zum Ereignis B gehören (Abb. 53), so ist die mengentheoretische Differenz von A und B zu bilden:

$$C = A \setminus B . \tag{8}$$

Das Ereignis C tritt ein, wenn zwar das Ereignis A, aber nicht B eintritt. Ist A in B enthalten, dann ist es unmöglich, daß zwar A, aber nicht B eintritt, da das Ereignis A immer das Ereignis B nach sich zieht:

$$C = A \setminus B = \emptyset \text{ für } A \subset B . \tag{8'}$$

Sind hingegen die Ereignisse A und B voneinander unabhängig (disjunkt), so gilt $A \cap B = \emptyset$ und somit wird $A \setminus B = A$.

Die Relationen und Grundoperationen der Mengenalgebra, die für die Wahrscheinlichkeitsrechnung von großer Bedeutung sind, sollen abschließend nochmals zusammengestellt werden.

Grundoperationen der Mengenalgebra

Bezeichnung der Operation/Relation	Symbolische Schreibweise	Logische Bedeutung
Enthaltensein/ Teilmenge von	$A \subset B$	A in B
Komplement	$\bar{A}$	nicht A
Summe/Vereinigung	$A \cup B$	A oder B
Produkt/Durchschnitt	$A \cap B$	A und B
Differenz	$A \setminus B$	A, aber nicht B

Es werden hierdurch logisch eindeutige Zuordnungen von Ereignismengen gewährleistet, was auch für die Verbesserung geographischer Aussagen gut genutzt werden kann, etwa bei Gemeindetypisierungen nach Beschäftigungsmerkmalen, bei der Flächennutzung nach Kombinationen von Nutzungstypen und ähnlichem.

Am *Beispiel des „Würfelns“* soll die Aussagepräzisierung, die durch die Anwendung der Operationen erreicht wird, nochmals zur Darstellung kommen.

Es werden die beiden Zufallsergebnisse:

Ereignis A: „ungerade Augenzahl“, d. h. $A = \{1, 3, 5\}$
Ereignis B: „durch 3 teilbare Augenzahl“, d. h. $B = \{3, 6\}$

betrachtet, wobei die in den Klammern stehenden Zahlen als Elementarereignisse aufzufassen sind, und darauf die oben genannten Operationsformeln angewendet.
Dann bedeutet:

$A \cup B = \{1, 3, 5, 6\}$	„Augenzahl ist ungerade oder durch 3 teilbar"
$A \cap B = \{3\}$	„Augenzahl ist ungerade und durch 3 teilbar"
$A \setminus B = \{1, 5\}$	„Augenzahl ungerade, aber nicht durch 3 teilbar"
$\bar{A} = \{2, 4, 6\}$	„Augenzahl nicht ungerade"

6.4. Kombinatorische Formeln zur Ordnung von Zufallsereignissen

Zur Berechnung von Wahrscheinlichkeiten ist es im allgemeinen nützlich, auf Formeln der Kombinatorik zurückzugreifen. Diese algebraische Disziplin beschäftigt sich mit den Ordnungsprinzipien von Mengen. Die Elemente lassen sich bekanntlich nach bestimmten Regeln zusammenstellen, und die Anzahl der jeweils möglichen Anordnungen ist berechenbar.

Sollen z. B. aus 3 gegebenen Mengen M_1, M_2 und M_3 Elemente in beliebiger Reihenfolge ausgewählt werden, so erhebt sich die Frage, wieviele Möglichkeiten insgesamt existieren, ein Element aus den drei Ausgangsmengen herauszugreifen. Statt der üblichen Beispiele, bei denen die Elemente meist farbige Kugeln sind, die man bereitgestellten Urnen entnimmt, sollen im nachstehenden geographischen Beispiel die Menge $M_1 = 5$ Gemeinden, $M_2 = 3$ Landkreise und $M_3 = 2$ Bezirke sein und gefragt wird auch hier nach der Anzahl der Möglichkeiten, die Elemente der 3 Mengen auszuwählen. Die Möglichkeiten, ergeben sich als Produkt aus den Elementzahlen der gegebenen Mengen, also $5 \cdot 3 \cdot 2 = 30$. Zur Veranschaulichung kann man entweder eine *Liste* der möglichen Anordnungen entwerfen oder eine graphische Darstellung in Form eines *Dendrogramms* („*Bäumchen*") wählen.

Das Dendrogramm ermöglicht die eindeutige Zuordnung der Mengen ohne Rücksicht auf die Reihenfolge. Abb. 54 zeigt die Kombination einer Liste mit einem Dendrogramm für das gegebene Beispiel. Die ausgezogene Linie z. B. veranschaulicht die Zuordnung: Gemeinde 4 (G_4) des Kreises 1 (K_1) des Bezirkes 2 (B_2).

Permutationen

Die allgemeinste Form einer Anordnung ist die *Permutation*, bei der — entsprechend der Definition — eine endliche Anzahl von Elementen so plaziert werden soll, daß sämtliche Elemente in beliebiger Anordnung (Komplexion) berücksichtigt werden und daß jedes Element genau einmal auftritt. Gefragt ist nach der Anzahl der Möglichkeiten, nach denen sich die Zusammenstellungen der Elemente verwirklichen lassen.

Das zugrunde liegende Gesetz kann man sich selbst herleiten. Man geht von $n = 2$ aus. Er ergeben sich die beiden Anordnungen AB und BA. Es gilt $P_2 = 1 \cdot 2 = 2!$ („2 Fakultät"). Entsprechend erhält man für $n = 3$: ABC, ACB, BAC, BCA, CAB, CBA oder $P_3 = 1 \cdot 2 \cdot 3 = 3! = 6$.

Für $n = 4$ ergibt sich ABCD, ABDC, ... oder $P_4 = 1 \cdot 2 \cdot 3 \cdot 4 = 4! = 24$.

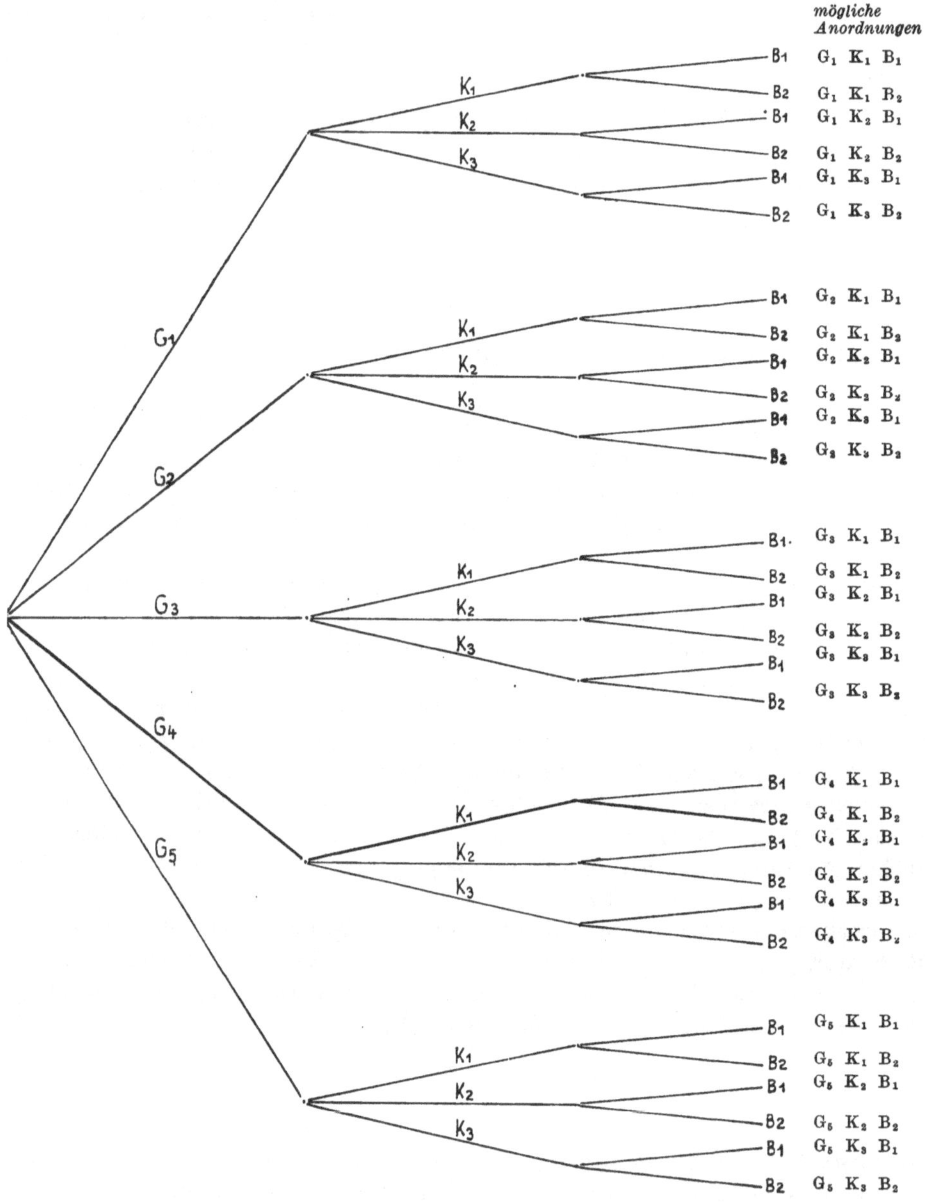

Abb. 54. Dendrogramm („Bäumchen") und Liste zur kombinatorischen Zuordnung von Zufallsereignissen

Daraus läßt sich durch vollständige Induktion die allgemeine Formel ableiten:

$$P_n = 1 \cdot 2 \cdot 3 \ldots \cdot n = n! \quad (\text{„}n\text{ Fakultät“}) \tag{9}$$

Zu beachten ist, daß laut Definition $0! = 1$ gilt.

Befinden sich unter den n Objekten jedoch eine Anzahl, die einander gleich sind, so verringert sich die Gesamtzahl der Permutationen, wie man sich leicht am Beispiel

AABC veranschaulichen kann. Unter den 4 Elementen sind in diesem Falle 2 einander gleich. Die Zahl der möglichen Permutationen beträgt nunmehr nur 12

AABC	ABCA	BAAC	CAAB
AACB	ACAB	BACA	CABA
ABAC	ACBA	BCAA	CBAA

Die Formel für 4 Elemente, unter denen sich 2 gleiche befinden, erhält man, indem man das Ergebnis von (9) durch die Permutation der gleichen Elemente dividiert.

$$P_4^{(2)} = \frac{4!}{2!} = \frac{1 \cdot 2 \cdot 3 \cdot 4}{1 \cdot 2} = 12$$

Wenn man berücksichtigt, daß auch mehrere verschiedene Elemente einander gleich sein können, erhält man die allgemeine Formel

$$P_n^{(n_1, n_2, \ldots, n_k)} = \frac{n!}{n_1! \cdot n_2! \cdot \ldots \cdot n_k!} \tag{9'}$$

Dieser Wert wird in Anlehnung an den Binomialkoeffizienten (vgl. Kap. 7.1.3., S. 207 ff.) häufig auch als *Multinomialkoeffizient* bezeichnet.

Anordnungsmuster spielen vor allem in der Siedlungsgeographie eine große Rolle.

Kombinationen

Kombinationen sind solche Komplexionen, bei denen die Anordnung nicht sämtliche der zur Verfügung stehenden Elemente verwendet. Jede Anordnung von k aus n Elementen, wobei die Reihenfolge der Elemente unberücksichtigt bleibt, wird als *Kombination zur Klasse k* bezeichnet und geschrieben $C_{n;k}$. Es werden Kombinationen mit und ohne Wiederholung unterschieden, je nachdem, ob die einzelnen Elemente in den Klassen mehrfach auftreten oder nicht. In der Wahrscheinlichkeitsrechnung benötigt man nur die Kombinationen ohne Wiederholung.

Wenn z. B. 30 Elemente in Gruppen zu je 5 zusammengestellt werden sollen, wobei die Reihenfolge, in der die 5 Elemente in den Klassen erscheinen, ohne Belang ist, sich jedoch kein Element wiederholen darf, so kann man bereits schlußfolgern, daß die sich ergebende Zahl bestimmt kleiner sein wird als die der entsprechenden Permutationen, da jeweils nicht sämtliche Elemente berücksichtigt werden. Man kann sich die zugehörige Formel wiederum aus einfachen Sachverhalten durch vollständige Induktion herleiten.

Sollen z. B. 4 Elemente ABCD zu Zweiergruppen zusammengestellt werden, so ergeben sich die Möglichkeiten AB, AC, AD, BC, BD, CD, insgesamt also 6. Sind es hingegen 5 Elemente, die in Gruppen zu Zwei geordnet werden sollen, so sind es AB, AC, AD, AE, BC, BD, BE, CD, CE, DE, also 10. Die Zahl der Permutationen ist demnach durch die Permutationen der Gruppen und die der Differenz zwischen Elementen und Gruppen zu teilen. Man erhält als allgemeine Formel für die *Anzahl der Kombinationen zur Klasse k ohne Wiederholung*

$$C_{n;k} = \frac{n!}{k!\,(n-k)!} = \binom{n}{k}. \tag{10}$$

Man verwendet dazu auch die sog. EULERsche Schreibweise $\binom{n}{k}$ und liest „n über k“. Besondere Bedeutung kommt dieser Formel bei der Bestimmung der Binomialkoeffizienten zu. Die beiden genannten Beispiele ergeben nach (10):

$$C_{4;2} = \frac{4!}{2!2!} = \frac{4 \cdot 3}{1 \cdot 2} = 6 \quad \text{und} \quad C_{5;2} = \frac{5!}{2!3!} = \frac{5 \cdot 4}{1 \cdot 2} = 10.$$

Zur Vereinfachung der Rechnung soll noch auf die Symmetrieeigenschaft der EULERschen Formel hingewiesen werden, die man bei der Berechnung der Binomialkoeffizienten benötigt.

Es gilt:

$$\binom{n}{k} = \binom{n}{n-k}. \tag{11}$$

Das bedeutet $\binom{10}{8} = \binom{10}{2} = \frac{10 \cdot 9}{1 \cdot 2} = 45.$

Für Kombinationen mit Wiederholung schreibt man $C_{n;k}^{(w)}$, und die entsprechende Formel lautet:

$$C_{n;k}^{(w)} = \binom{n+k-1}{k}. \tag{12}$$

Für die erläuterten Beispiele ergibt sich

$C_{4;2}^{(w)} = = \binom{4+2-1}{2} = \binom{5}{2} = \frac{5 \cdot 4}{1 \cdot 2} = 10$ statt 6 ohne Wiederholung, denn es würden noch die Gruppen AA, BB, CC, DD hinzukommen, und entsprechend

$C_{5;2}^{(w)} = \binom{5+2-1}{2} = \binom{6}{2} = \frac{6 \cdot 5}{1 \cdot 2} = 15$, da noch die 5 Gruppen AA, BB, CC, DD, EE hinzutreten.

Binomialkoeffizienten

Polynome, die nur aus zwei Termen bestehen, werden als Binome bezeichnet. Sie spielen in der Wahrscheinlichkeitsrechnung unter den Verteilungsfunktionen eine Rolle. Die Koeffizienten der Variablen oder Unbekannten der Gleichung $(a + b)^n$ werden als *Binomialkoeffizienten* bezeichnet. Sie können, wie bereits erwähnt wurde, durch Kombinationen zur Klasse k ohne Wiederholung dargestellt werden: $\binom{n}{k}$ für $k = 1, 2, \ldots, n$.

Setzt man z. B. $n = 3$, so ergibt die Berechnung des Binoms folgende Terme:

$$\begin{aligned}(a + b)^3 &= (a + b)\,(a + b)\,(a + b) \\ &= aaa + aab + bba + baa + abb + baa + bba + bbb \\ &= a^3 + 3a^2b + 3ab^2 + b^3\end{aligned}$$

In kombinatorischer Schreibweise würden die Koeffizienten der Gleichung lauten

$$(a + b)^3 = \binom{3}{0} a^3 + \binom{3}{1} a^2b + \binom{3}{2} ab^2 + \binom{3}{3} b^3,$$

was mit obigen Koeffizientenwerten übereinstimmt.

So lautet die allgemeine Form des Binoms, wobei die Koeffizienten als Kombinationen aufgefaßt werden:

$$(a+b)^n = \binom{n}{0} a^n + \binom{n}{1} a^{n-1}b + \binom{n}{2} a^{n-2}b^2 + \ldots + \binom{n}{k} a^{n-k}b^k + \ldots \binom{n}{n} b^n$$

$$= \sum_{k=0}^{n} \binom{n}{k} a^{n-k}b^k. \quad (13)$$

Der Belegungsalgorithmus

Sehr häufig — und nicht nur bei stochastischen Modellen — steht man bei geographischen Untersuchungen vor der Aufgabe, eine bestimmte Anzahl gleichartiger Objekte auf räumliche Einheiten zu verteilen. Auch hierbei sind kombinatorische Operationen anzuwenden.

Wenn z. B. 5 Objekte auf 2 Gebietseinheiten (Zellen) verteilt werden sollen, so ist leicht zu überschauen, daß sich die folgenden 6 Möglichkeiten ergeben: (5,0), (4,1), (3,2), (2,3), (1,4) und (0,5). Es muß allerdings berücksichtigt werden, daß Zellen auch leer bleiben können. Insofern unterscheidet sich die Berechnungsweise von derjenigen der üblichen Kombinationen. Es gilt die allgemeine Formel

$$C_{\text{Bel}} = \binom{n+k-1}{k-1} = \frac{(n+k-1)!}{(k-1)!\,n!}. \quad (14)$$

Daraus lassen sich die Belegungen des gegebenen Beispiels berechnen:

$$C_{\text{Bel}(5;2)} = \binom{5+2-1}{2-1} = \binom{6}{1} = 6.$$

Sollen 10 Meßstellen auf 6 Areale verteilt werden, um ein anderes Beispiel anzuführen, so läßt sich allgemein die folgende Anzahl verschiedener Möglichkeiten angeben:

$$C_{\text{Bel}(10;6)} = \binom{10+6-1}{6-1} = \binom{15}{5} = \left(\frac{15!}{5!\,10!}\right) = 3003.$$

6.5. Zum Begriff der Wahrscheinlichkeit

Wenn man von Wahrscheinlichkeit spricht, denkt man gewöhnlich zunächst an das Werfen von Münzen, Würfeln oder Ziehen von verschiedenfarbigen Kugeln aus einem Behälter, denn mit derartigen Glücksspielmethoden wurden im 17. und 18. Jahrhundert die Grundgesetzmäßigkeiten der Wahrscheinlichkeitsrechnung gefunden. Doch gibt es auch noch andere Wege, um die spezifische Problematik zu verstehen.

In der Geographie werden vielerlei Vorgänge und Erscheinungen untersucht, die nur nach der Wahrscheinlichkeit ihres Vorkommens beurteilt werden können. Aus einer möglichst großen Anzahl von Beobachtungen oder Messungen, die sich außerdem über einen genügend langen Zeitraum verteilen müssen, sind nun Durchschnittswerte, sogenannte *Erwartungswerte* nach Art des arithmetischen Mittels, zu berechnen, die für die Erscheinung die größte Wahrscheinlichkeit besitzen. Zwar kann der wirkliche Wert, der an dem betreffenden Ort zu einem bestimmten Zeitpunkt oder während eines vorgegebenen Zeitintervalls beobachtet bzw. gemessen wird, von dem „wahrscheinlichsten Wert“, der in der angeführten Weise bestimmt wurde, beträchtlich nach beiden Seiten, sowohl zu größeren als auch zu kleineren Werten, hin abweichen.

Bei einer hinreichend großen Anzahl von Wiederholungen solcher Messungen oder Beobachtungen, die als *Zufallsexperimente* (Zufallsversuche) aufgefaßt werden können, da man voraussetzt, daß die äußeren Bedingungen, unter denen diese Versuche angestellt werden und ablaufen, stets (bis auf unkontrollierbare Störeinflüsse) annähernd gleich sind, entsteht aus der Vielzahl der angestellten Versuche eine Verhältniszahl, die als *relative Häufigkeit* bezeichnet wird. Sie setzt die Zahl der günstigen Versuchsausgänge m zu deren Gesamtzahl n ins Verhältnis:

$$h_A = \frac{m}{n}. \tag{15}$$

Die relative Häufigkeit h_A kann als die Wahrscheinlichkeit für das Auftreten des Zufallsereignisses A aufgefaßt werden. Bei genügend großem n entspricht demzufolge die relative Häufigkeit der Wahrscheinlichkeit, die meist mit P (engl. probability) abgekürzt wird,

$$\lim_{n\to\infty} h_A(n) = P(A) \tag{16}$$

Die Formel (16) gilt in dieser Allgemeinheit strenggenommen nur für unendlich oft realisierte Zufallsversuche (Gesetz der großen Zahl), was bei der Datensituation in der Geographie praktisch niemals zu verwirklichen ist. Daher soll an einem Beispiel gezeigt werden, daß es bei diskreten Werten bereits genügt, wenn man eine hinreichend große Stichprobe, die als repräsentativ angesehen werden kann, auswählt, und sie auf eine bekannte Grundgesamtheit — im Beispiel sämtliche Gemeinden eines Bezirkes — bezieht.

Beispiel: Soll die Wahrscheinlichkeit für das Vorkommen von Agrargemeinden in einem Bezirk ermittelt werden, so untersucht man gleichsam als Stichprobenexperiment einige Landkreise und führt hier Zählungen durch.

Relative Häufigkeit von Agrargemeinden eines Bezirkes nach Stichprobenversuchen

		V_1	V_2	V_3
Anzahl der Agrargemeinden	m	52	172	295
Gesamtzahl der berücksichtigten Gemeinden (Stichprobenumfang)	n	100	300	500
Relative Häufigkeit	$h_A = m/n$	0,52	0,57	0,59

Die Stichprobe von $n = 100$ Gemeinden liefert eine relative Häufigkeit von $h = 52/100 = 0{,}52$ bzw. 52%. Entsprechend ergibt sich bei $n = 300$ der Wert $h = 172/300 = 0{,}57$ oder 57% und bei $n = 500$: $h = 295/500 = 0{,}59$ oder 59%. Je mehr Gemeinden berücksichtigt werden, um so stärker nähert sich h dem „wahren Wert“, welcher anscheinend bei ca. 60% liegt. Geht man von der Annahme aus, daß der betrachtete Bezirk über 1200 Gemeinden verfügt, wovon 720 Agrargemeinden sind, so entspricht die relative Häufigkeit $h = 720/1200 = 0{,}6$ oder 60% unmittelbar der Wahrscheinlichkeit $P(A)$, für die die Werte der Tabelle als *Schätzungen auf Grund verschieden großer Stichproben* angesehen werden müssen.

Da die auftretende Anzahl m der gesuchten Größe (günstiger Versuchsausgang) zwischen 0 und der Gesamtzahl der Versuche n schwanken kann, also $0 \leqq m \leqq n$ gilt, liegen die Werte der relativen Häufigkeit im Intervall

$$0 \leqq h_A \leqq 1. \tag{15'}$$

Wegen der Zufälligkeit des Eintretens der Ereignisse m ist h_A keine stabile Größe. Erst mit der wachsenden Anzahl der Zufallsversuche stabilisiert sich h_A und entspricht dann der Wahrscheinlichkeit $P(A)$ für das betreffende Ereignis. Auch die Wahrscheinlichkeit P nimmt Werte an, die im Intervall

$$0 \leqq P(A) \leqq 1 \tag{16'}$$

liegen.

Infolge der Zufälligkeit des Eintritts der zugrunde liegenden Ereignisse ist h_A von vornherein keine stabile Größe. Sie hat die bemerkenswerte Eigenschaft, erst für eine hinreichend große Zahl von Versuchen sich in der Nähe eines festen Wertes zu stabilisieren. Dieser entspricht der gesuchten Wahrscheinlichkeit $P(A)$. Für große Versuchszahlen (etwa des Würfelns oder des Münzenwurfes) pendelt sich die relative Häufigkeit h_A des Zufallsereignisses A auf einen konstanten Wert, die Wahrscheinlichkeit $P(A)$, ein, wie Abb. 55 zeigt.

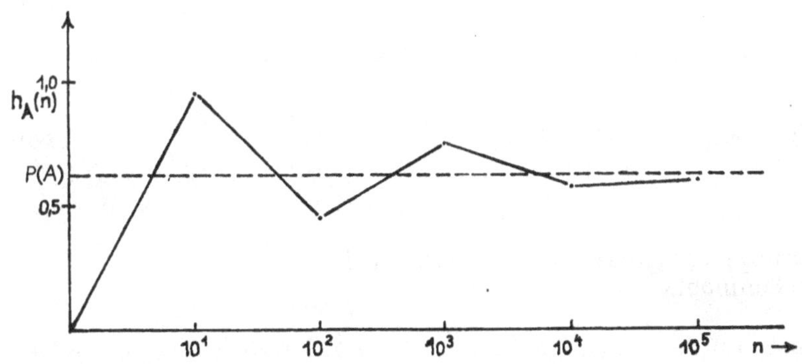

Abb. 55. Zunehmende Stabilisierung der relativen Häufigkeit in der Nähe von $P(A)$

Die Erklärung der Wahrscheinlichkeit mit Hilfe des Begriffs der relativen Häufigkeit wird auch als *statistische Definition der Wahrscheinlichkeit* bezeichnet. In diesem Vorgehen kommt das „Gesetz der großen Zahl" zur Anwendung. Eine mathematisch präzise Erklärung der Wahrscheinlichkeit wurde von KOLMOGOROW auf axiomatischer Grundlage gegeben, ferner ist auch eine weniger exakte, in erster Linie auf der Anschaulichkeit beruhende geometrische Deutung der Wahrscheinlichkeit versucht worden.

In Anlehnung an Satz (4) und (5) läßt sich zu einer gegebenen Wahrscheinlichkeit, die für den Eintritt des Ereignisses A bestimmt wurde, auch die des Komplementärereignisses $\bar{A}$ herleiten. Ist nämlich die Wahrscheinlichkeit des Ereignisses A mit $P(A)$ gegeben, so beträgt die Wahrscheinlichkeit des komplementären Ereignisses $\bar{A}$

$$P(\bar{A}) = 1 - P(A). \tag{17}$$

Der Sachverhalt läßt sich auch an Abb. 55 leicht bestätigen. Angewandt auf das Beispiel würde das Komplementärereignis im Auftreten von Nicht-Agrargemeinden bestehen. War $P(A) = 0{,}52$, so wird nach (17) der Ausdruck $P(\bar{A}) = 1 - 0{,}52 = 0{,}48$.

Will man schließlich auch die beiden Grenzen, innerhalb derer die Wahrscheinlichkeit schwanken kann, charakterisieren, so sind die beiden Grenzereignisse exakt zu definieren. Für das *sichere Ereignis* S (z. B. alle Gemeinden sind Agrargemeinden) nimmt die relative Häufigkeit h_A stets den Wert $h_A = 1$ an, unabhängig von der Anzahl der Versuche, da der Quotient aus der Zahl der für den Eintritt des Ereignisses günstigen Fälle zur Gesamtzahl der Ereignisse gleich 1 ist. Man kann nunmehr wieder den Grenzübergang von der relativen Häufigkeit zur Wahrscheinlichkeit vollziehen und erhält als Wahrscheinlichkeit für das sichere Ereignis

$$h_S = P(S) = 1. \tag{18}$$

Bei einer Darstellung mittels eines VENN-Diagramms würde dies aber bedeuten, das Ereignis S erfüllt ganz die vorgegebene Fläche der Elementarereignisse (vgl. Abb. 55) und ist mit dieser Menge identisch.

Entsprechend gilt für das *unmögliche Ereignis* $\emptyset$ (= leere Menge), daß in diesem Fall die relative Häufigkeit bzw. die Wahrscheinlichkeit den Wert $h_\emptyset = 0$ annimmt, und in Anlehnung an die Gleichung (17) gilt

$$P(\emptyset) = 1 - P(S) = 0. \tag{19}$$

So läßt sich das unmögliche Ereignis auch als komplementäres Ereignis zum sicheren Ereignis S auffassen, d. h.

$$P(\bar{S}) = P(\emptyset) \quad \text{oder} \quad P(\bar{\emptyset}) = P(S). \tag{20}$$

6.6. Das vollständige Ereignissystem und das Rechnen mit Wahrscheinlichkeiten

Eingangs soll nochmals auf den bereits in Kap. 2.2.1., S. 182 erläuterten Unterschied zwischen *stetigen* und *diskreten* Werten hingewiesen werden. Zufallsvariable können zu beiden Kategorien gehören. Wenn sie jeden beliebigen reellen Zahlenwert annehmen können, gehören sie zu den *stetigen* oder *kontinuierlichen Zufallsvariablen. In der Physischen Geographie* rechnen *dazu sämtliche Meßgrößen,* wie sie bei klimatologischen, hydrologischen oder bodenkundlichen Untersuchungen anfallen, wie z. B. Globalstrahlung, Verdunstung, Abflußmenge, Ionenaustauschkapazität und ähnliches. Dagegen sind die meisten der *in der Ökonomischen Geographie vorkommenden Zufallsdaten nicht stetig, sondern diskret.* Sie sind abzählbar und im allgemeinen nur durch ganze Zahlen angebbar, wie etwa Beschäftigtenzahlen, Produktions- und Konsummengen, Angaben über Alter, Geschlecht usw. Es ist aber beispielsweise möglich, stetige Zufallsvariable durch Vorgabe einer Klasseneinteilung in diskrete zu überführen.

Im folgenden sollen die Grundzüge einer *Wahrscheinlichkeitsalgebra* kurz umrissen werden. Es war bereits gezeigt worden, daß für unvereinbare Ereignisse E_1 und E_2 die relative Häufigkeit h der Summe der vorgegebenen Ereignisse gleich der Summe der relativen Häufigkeiten h_{E_1} und h_{E_2} ist; entsprechendes gilt auch für die Differenzen.

Wenn man schließlich wieder den Schritt des Überganges von der relativen Häufigkeit zur Wahrscheinlichkeit vollzieht, so erhält man analoge Beziehungen für die Wahrscheinlichkeiten.

Die Wahrscheinlichkeit der Summe oder Differenz zweier unvereinbarer Ereignisse ist gleich der Summe bzw. Differenz der Wahrscheinlichkeiten der einzelnen Glieder:

$$P(E_1 \cup E_2) = P(E_1) + P(E_2) \quad \text{mit} \quad E_1 \cap E_2 = \emptyset \tag{21}$$

Elementarereignisse sind nach ihrer Definition stets unvereinbar. Daher gilt diese Summenbildung auch in jedem Ereignisraum, der endlich viele Elementarereignisse enthält.

Aus $E = E_1 + E_2 + \dots + E_n$ folgt

$$P(E) = P(E_1) + P(E_2) + \dots + P(E_n). \tag{22}$$

Das sichere Ereignis ist nur dann verwirklicht, wenn alle voneinander unabhängigen Möglichkeiten, die zur Realisierung des betreffenden Zufallsexperimentes führen können, auch berücksichtigt werden. Diese Gesamtheit aller Realisierungen oder Elementarereignisse eines Zufallsversuches werden als *vollständiges Ereignissystem* VES bezeichnet. Für dieses ist die Wahrscheinlichkeit entsprechend derjenigen für das sichere Ereignis

$$P(\text{VES}) = P(S) = 1. \tag{23}$$

Unter der Voraussetzung, daß ein vollständiges Ereignissystem vorliegt, nimmt Gleichung (22) die folgende Form an:

$$P(\text{VES}) = P(E_1) + P(E_2) + \dots + P(E_n) = P(E) = 1, \tag{22'}$$

d. h., die Summe der Wahrscheinlichkeiten eines Ereignisraumes ist immer gleich 1. Auch die Ereignisse A und $\bar{A}$ bilden stets ein vollständiges Ereignissystem. Beim Münzwurf besteht es aus den beiden Elementarereignissen „Zahl“ und „Wappen“, beim Würfeln aus den 6 Elementarereignissen des „Werfens der Ziffern 1, 2, ... bis 6“.

Im *Beispiel der Gemeindetypisierung* (S. 182) werden die 2 Elementarereignisse „Agrargemeinden“ bzw. „Nicht-Agrargemeinden“ betrachtet. Es wird deutlich, daß die Kategorie „nichtagrarische Gemeinde“ für die meisten Zwecke noch nicht genügend eindeutig ist, um als Elementarereignis angesehen zu werden. Denn darunter können u. a. Städte sehr verschiedener Größe, reine Industriegemeinden, Arbeiter-Wohngemeinden, auch Kurorte verstanden werden. Bei einer klaren und eindeutigen Klassifizierung müßten diese alle als die eigentlichen Elementarereignisse angesehen werden. Es ist also in jedem Falle vorher genau zu überlegen, welche Realisierungen jeweils als Elementarereignisse aufgefaßt werden müssen. Dies ist in erster Linie von der Fragestellung, die beantwortet werden soll, aber vielfach auch von dem verwendeten Datenmaterial abhängig.

Im gegebenen Beispiel könnte es unter Umständen von Nutzen sein, daß man auch Siedlungs-Mischtypen unter die Elementarereignisse aufnimmt, wobei z. B. bestimmte Schwellenwerte Verwendung finden könnten, etwa bis zu welchem Anteil an Industriebeschäftigten eine Landgemeinde noch zu den Agrargemeinden gerechnet werden soll usw.

In der nachfolgenden Zusammenstellung sind die nichtagrarischen Gemeinden in 4 Gruppen untergliedert worden, und man gelangt somit zu einer fünfstufigen Bewertung der Siedlungen oder einer Aufteilung des Ereignisraumes in 5 Elementarereignisse. Die berechneten Wahrscheinlichkeiten sind jeweils aus einer größeren Anzahl von Stichproben zu gewinnen, andernfalls könnte man nur von relativen Häufigkeiten sprechen.

Siedlungstypisierung auf der Basis von Wahrscheinlichkeiten

Elementarereignis	zugehörige Wahrscheinlichkeit
Groß- und Mittelstädte	0,03
Kleinstädte	0,10
Industriegemeinden	0,24
Agrar-Industriegemeinden	0,11
Agrargemeinden	0,52
Sämtliche Gemeinden (Vollständiges Ereignis-System = VES)	1,00

Eine weitere wichtige Aufgabe der Wahrscheinlichkeitsrechnung besteht darin, aus bekannten Wahrscheinlichkeiten von Zufallsereignissen neue zu berechnen. Hierbei ist zu unterscheiden, ob Zufallsereignisse voneinander unabhängig sind oder einander ausschließen. Von voneinander unabhängigen Zufallsereignissen spricht man, wenn das Eintreten oder Nichteintreten eines der Ereignisse keinen Einfluß auf das Eintreten oder Nichteintreten eines anderen oder auch mehrerer Zufallsereignisse hat. Wird z. B. nach der Wahrscheinlichkeit gefragt, ob es am 12. Mai regnet, so sind die beiden zugrunde liegenden Elementarereignisse „Eintritt des betreffenden Datums“ und „Eintritt der Wettererscheinung“ voneinander unabhängig. Sie können zu gleicher Zeit eintreten, müssen es aber nicht.

Ganz anders verhält es sich mit einander ausschließenden Zufallsereignissen. Sie können niemals zu gleicher Zeit eintreten. Es kann z. B. nicht gleichzeitig „wolkenlos“ sein und „Gewitter“ auftreten oder, um beim gegebenen Beispiel zu bleiben, eine gleichzeitige „Zugehörigkeit zur Gruppe der Agrargemeinden“ und „Zugehörigkeit zu den Industriegemeinden“ bestehen.

An einigen *Beispielen* soll das *Grundsätzliche für das Rechnen mit Wahrscheinlichkeiten* erläutert werden.

Der *Additionssatz* gilt vornehmlich für einander ausschließende Zufallsereignisse. Für die n Ereignisse $A_1, A_2, \ldots, A_n$ gilt

$$P(A_1 + A_2 + \ldots + A_n) = P(A_1) + P(A_2) + \ldots + P(A_n). \tag{24}$$

Um wieder auf das Beispiel (siehe oben) zurückzukommen, wäre in dem fraglichen Bezirk die Wahrscheinlichkeit für das Vorkommen einer Stadt, wenn man sich zur Berechnung des Additionssatzes bedient, folgendermaßen zu ermitteln:

$$\begin{aligned} P(\text{Stadt}) &= P(\text{Groß- und Mittelstadt}) + P(\text{Kleinstadt}) \\ &= \qquad 0{,}03 \qquad + \qquad 0{,}10 \quad = 0{,}13. \end{aligned}$$

Das Eintreten dieser Wahrscheinlichkeit bedeutet, daß entsprechend der logischen Summenbildung bei dem Versuchsausgang „Stadt“ entweder eine Groß- und Mittelstadt oder eine Kleinstadt zu erwarten wäre, auf jeden Fall mindestens das eine von beiden, aber niemals beides gleichzeitig, da die beiden Zufallsereignisse durch Gruppen ausgedrückt werden, die einander ausschließen. Eine weitere Anwendung des Additionssatzes der Wahrscheinlichkeitsrechnung ist die Formel (22'), in der die Beziehung für ein vollständiges Ereignissystem zum Ausdruck gebracht wird.

Mit einem ganz anderen Problembereich befaßt sich der *Multiplikationssatz* der Wahrscheinlichkeitsrechnung, nämlich mit der Verknüpfung voneinander unabhängigen Zufallsereignissen und deren Wahrscheinlichkeiten. Nach den vorstehenden Erläuterungen und den mengentheoretischen Ausführungen über „paarweise unvereinbare" Zufallsereignisse (vgl. Kap. 6.3., S. 170ff.) können diese auch gleichzeitig eintreten. So wird die Möglichkeit des gleichzeitigen Eintritts zweier einander ausschließender Zufallsereignisse A und B mit den bekannten Wahrscheinlichkeiten $P(A)$ und $P(B)$ als das mengentheoretische Produkt oder der Durchschnitt der beiden Wahrscheinlichkeiten gedeutet und kann durch ein VENN-Diagramm vom Typ der Abb. 52 dargestellt werden:

$$P(A \cap B) = P(A) \cap P(B). \tag{25}$$

Meist wird die einfache Produktschreibweise angewendet:

$$P(AB) = P(A) \cdot P(B). \tag{25'}$$

Wenn z. B. aus langjährigen Beobachtungsreihen hervorgeht, daß es am 5. Juni mit einer Wahrscheinlichkeit von

$$P\ (\text{Regen}) = 0{,}41$$

regnet und daß für den gleichen Tag eine Wahrscheinlichkeit von

$$P\ (\text{Sturm}) = 0{,}07$$

für stürmischen Wind besteht, so läßt sich aus den beiden Angaben auch die Wahrscheinlichkeit für das gleichzeitige Eintreten beider Ereignisse, also Regen mit Sturm, berechnen:

$$P\ (\text{Regen} \cdot \text{Sturm}) = P\ (\text{Regen}) \cdot P\ (\text{Sturm}) = 0{,}41 \cdot 0{,}07 = 0{,}0287,$$

d. h., der errechnete Wert für das Komplexereignis liegt wesentlich tiefer als die Werte, die für das Auftreten jedes Ereignisses für sich allein bestimmt wurden. Darin kommt die größere Seltenheit von gekoppelten Ereignissen zum Ausdruck.

6.7. Die bedingte und die totale Wahrscheinlichkeit

Zu den verbundenen Ereignissen gehören auch solche, bei denen der Eintritt des einen Ereignisses nur dann erfolgt, nachdem das andere bereits eingetreten ist. Man denke dabei etwa an Folgewirkungen von Witterungsereignissen, wie z. B. Starkregen und anschließendes Ansteigen der Wasserstände von Flüssen und Seen oder den Zusammenhang von Einstrahlung und Verdunstung bzw. Evapotranspiration und ähnliches. Die hier betrachteten Ereignisse sind nicht mehr stochastisch voneinander unabhängig. Auch in diesem Falle ist die Multiplikationsregel der Wahrscheinlichkeiten anwendbar, jedoch benötigt man dann den Begriff der *bedingten Wahrscheinlichkeit*

$P_B(A)$ („P von A unter der Voraussetzung von B").

Es soll versucht werden, auch diesen Sachverhalt mit Hilfe der relativen Häufigkeiten zu klären, wie es das folgende *Beispiel* zeigt:

Beispiel zur Veranschaulichung der bedingten Wahrscheinlichkeit

	Realisierungen										Häufigkeit
Versuch Nr.	1	2	3	4	5	6	7	8	9	10	
Ausgang A	×	×			×		×	×	×	×	7
Ausgang B	×		×		×	×			×		5
Ausgang AB	×				×				×		3

Es sei

H_A = die Häufigkeit von A bei $n = 10$ Versuchen: 7
H_B = die Häufigkeit von B bei $n = 10$ Versuchen: 5 und
H_{AB} = die Häufigkeit von AB bei $n = 10$ Versuchen: 3,

wenn H_{AB} die Häufigkeit bezeichnet, bei der zugleich der Versuchsausgang A und B realisiert wird. Damit aber das Ereignis AB eintritt, muß mindestens das Ereignis B (bzw. das Ereignis A) eintreten. Wenn B nicht eintritt, so kann auch das gekoppelte Ereignis AB nicht vorkommen, denn B ist die Voraussetzung für das Zustandekommen von AB. Um den Grenzübergang zur Wahrscheinlichkeit vollziehen zu können, geht man bei der weiteren Betrachtung zunächst zu den relativen Häufigkeiten über und erhält mit $n = 10$

$$h_A = 0{,}7, \quad h_B = 0{,}5 \quad \text{und} \quad h_{AB} = 0{,}3.$$

Um nun $h_B(A)$, die bedingte relative Häufigkeit des Ereignisses A unter der Bedingung B zu erhalten, betrachtet man den Quotienten der relativen Häufigkeiten von h_{AB} und h_B:

$$h_B(A) = \frac{h_{AB}}{h_B} = \frac{0{,}3}{0{,}5} = 0{,}6.$$

Analog läßt sich die bedingte relative Häufigkeit des Ereignisses B unter der Bedingung A berechnen:

$$h_A(B) = \frac{h_{AB}}{h_A} = \frac{0{,}3}{0{,}7} = 0{,}43.$$

Auch hier läßt sich der Übergang von den relativen Häufigkeiten zu den Wahrscheinlichkeiten vollziehen, da die Häufigkeitswerte sich bekanntlich bei großen Versuchszahlen um einen festen Wert stabilisieren (vgl. Kap. 3.3.3., S. 81 ff. und Abb. 55), und man erhält so für die *bedingte Wahrscheinlichkeit* die Formel

$$P_B(A) = \frac{P(AB)}{P(B)} \quad \text{mit} \quad P(B) \neq 0. \tag{26}$$

In dieser Gleichung ist der Multiplikationssatz wiederzuerkennen, denn man kann auch schreiben

$$P(AB) = P_B(A) \cdot P(B) \quad \text{bzw.} \quad P(AB) = P_A(B) \cdot P(A). \tag{26'}$$

Die Wahrscheinlichkeit, daß sowohl das Ereignis A als auch das Ereignis B eintritt, ergibt sich aus dem Produkt der Wahrscheinlichkeit des Ereignisses B mit der bedingten Wahrscheinlichkeit des Ereignisses A unter der Voraussetzung, daß B eingetreten ist. Desgleichen hat der Vertauschungsfall dieser Wahrscheinlichkeiten Gültigkeit. Die beste Veranschaulichung hierfür liefert wiederum die Mengentheorie.

Gute Beispiele für bedingte Wahrscheinlichkeiten sind besonders in der Klimatologie zu finden, da hier sehr häufig der Eintritt von Ereignissen durch andere, die bereits eingetreten sein müssen, bedingt ist. Aus langjährigen Beobachtungen ist z. B. für einen Ort die Gewitterwahrscheinlichkeit des Monats Juli mit $P(A) = 0{,}17$ bekannt, d. h., der Juli hat durchschnittlich 6 Gewittertage. Ferner beträgt die Wahrscheinlichkeit, daß ein Gewitter von Hagel begleitet wird, oder anders ausgedrückt: die Wahrscheinlichkeit für Hagel unter der Bedingung des gleichzeitigen Auftretens von Gewitter nach demselben Beobachtungsmaterial $P_A(B) = 0{,}3$. Aus diesen Angaben kann man nach Formel (26′) die Wahrscheinlichkeit berechnen, wie oft im Juli an der betreffenden Station ein Gewitter mit Hagel vorkommt, und erhält $P(AB) = 0{,}17 \cdot 0{,}3 = 0{,}051$, d. h., im Durchschnitt sind 5% aller Julitage von Gewitter und Hagel begleitet.

Um an diesem *Beispiel* noch den *Satz von der totalen Wahrscheinlichkeit* zu erläutern, wird allgemein nach der Wahrscheinlichkeit für Hageltage im Monat Juli gefragt. Die Ermittlung erfolgt unter Hinzuziehung der bedingten Wahrscheinlichkeit $P_{\bar{A}}(B) = 0{,}074$ für Hagel an gewitterfreien Julitagen. Die Gesamtzahl der Hageltage setzt sich dann aus der Anzahl der Hageltage mit Gewitter zusammen, deren Wahrscheinlichkeit im vorherigen Beispiel bestimmt wurde, und den Hageltagen, bei denen kein Gewitter auftritt. Unter Verwendung des Begriffes des komplementären Ereignisses läßt sich die Wahrscheinlichkeit für einen gewitterfreien Julitag $P(\bar{A})$ nach der Formel (17) durch folgende Beziehung berechnen:

$$P(\bar{A}) = 1 - P(A) = 1 - 0{,}17 = 0{,}83.$$

Hieraus kann man unter Anwendung der in Kap. 6.6. erläuterten Sätze die Gesamt- oder Totalwahrscheinlichkeit im Monat Juli berechnen. Sie setzt sich aus den beiden Komponenten „Hagel bei Gewitter“ und „Hagel ohne Gewitter“ zusammen:

$$\begin{aligned} P(B) &= P(S \cap B) \\ &= P\big((A \cup \bar{A}) \cap B\big) \\ &= P\big((A \cap B) \cup (\bar{A} \cap B)\big) \\ &= P(A \cap B) + P(\bar{A} \cap B) \qquad (27) \\ &= P(A) \cdot P_A(B) + P(\bar{A}) \cdot P_{\bar{A}}(B) \\ &= 0{,}17 \cdot 0{,}3 \quad + 0{,}83 \cdot 0{,}074 \\ &= 0{,}051 \quad + 0{,}061 \\ &= 0{,}112. \end{aligned}$$

An der betreffenden Station sind somit im Juli durchschnittlich 11% aller Tage, d. h. etwa 3 Tage mit Hagel. Die Formel (27), die in der vorliegenden Form nur für zwei zueinander komplementäre Ereignisse gilt, läßt sich jedoch auch auf beliebig viele einander ausschließende Zufallsereignisse ausdehnen. Dann lautet der *Satz von der totalen Wahr-*

scheinlichkeit in seiner allgemeinen Form

$$P(B) = \sum_{i=1}^{n} P(A_i) \cdot P_{A_i}(B). \tag{28}$$

Das bedingte Eintreten zweier Ereignisse muß nicht notwendig deren Gleichzeitigkeit bedeuten. Aus der Klimatologie und Hydrologie lassen sich beweiskräftige Beispiele anführen, bei denen wohldefinierte Zeitunterschiede zwischen dem Eintritt zweier voneinander unabhängigen Ereignisse bestehen. Man denke beispielsweise an einen Starkregen, der im Bereich des Oberlaufes eines Flusses niedergeht, und das Eintreffen der zugehörigen Hochwasserwelle an den Pegeln des Unterlaufes oder an eine gesteigerte Sonnentätigkeit und die damit zusammenhängenden Störungen im irdischen Magnetfeld oder an den verspäteten Eintritt des täglichen Temperaturmaximums in Abhängigkeit vom Höchststand der Sonne und ähnliches.

Weiterhin muß hier auf die *Erhaltungsneigung* (Persistenz oder Autokorrelation) hingewiesen werden, da auch in ihr die bedingte Wahrscheinlichkeit zum Ausdruck kommt. Bekanntlich ist die Wahrscheinlichkeit, daß es an einem Tage zu Niederschlägen kommt, immer geringer als die bedingte Wahrscheinlichkeit, die berücksichtigt, ob es bereits an den Vortagen geregnet hat. Ähnliches verdient Beachtung, wenn man die Andauer von Hochdrucklagen, Dürre- oder Kälteperioden und dergleichen untersucht.

Als letzter der bei geographischen Untersuchungen in Frage kommenden Sätze der allgemeinen Wahrscheinlichkeitsrechnung soll der *Satz von* Bayes erwähnt werden.

Dazu wird ein *ökonomisch-geographisches Beispiel* herangezogen. Der Arbeitskräftebesatz eines bestimmten Industriezweiges soll für 3 Bezirke verglichen und die Pendlerquote untersucht werden. Der errechnete Arbeitskräfteanteil beträgt für den betrachteten Industriezweig im ersten Bezirk 50%, im zweiten 40% und im dritten 60%. Bekannt sind ebenfalls für jeden Bezirk die Pendlersätze, nämlich mit 80%, 60% und 50%. Es ist nun zunächst der Pendleranteil zu ermitteln, d. h., es wird nach der Wahrscheinlichkeit gefragt, daß ein beliebig herausgegriffener Arbeiter, der in den drei Bezirken in dem untersuchten Industriezweig beschäftigt ist, zu den Pendlern gehört.

Unter Verwendung von Formel (28) setzt man zunächst $P(A_1) = 0{,}5$, $P(A_2) = 0{,}4$ und $P(A_3) = 0{,}6$, ferner wird $P_{A_1}(B) = 0{,}8$, $P_{A_2}(B) = 0{,}6$ und $P_{A_3}(B) = 0{,}5$ gesetzt, und man erhält durch Einsetzen in (28)

$$P(B) = 0{,}5 \cdot 0{,}8 + 0{,}4 \cdot 0{,}6 + 0{,}6 \cdot 0{,}5 = 0{,}94.$$

Eine weitere Fragestellung, die in diesem Zusammenhang interessiert, ist die Bestimmung der Wahrscheinlichkeit, daß ein Pendler, der dem Arbeitskräftebestand des betreffenden Industriezweiges der 3 Bezirke angehört, aus dem Bezirk 1 kommt. Zur Lösung dieser Frage ist der Satz von Bayes zu verwenden, da er darauf abzielt, die bedingte Wahrscheinlichkeit eines Teilereignisses zur totalen Wahrscheinlichkeit des betrachteten Ereignissystems in Beziehung zu setzen, wobei die Anwendung nur dann sinnvoll ist, wenn ein vollständiges Ereignissystem (vgl. Kap. 6.3., S. 170 ff.) vorliegt:

$$P_B(A_i) = \frac{P(A_i) \cdot P_{A_i}(B)}{P(B)}. \tag{29}$$

Im obigen Beispiel ist

$$P(A_1) \cdot P_{A_1}(B) = 0{,}5 \cdot 0{,}8 = 0{,}4,$$

und somit ergibt sich

$$P_B(A_1) = \frac{0{,}40}{0{,}94} = 0{,}43.$$

In entsprechender Weise erhält man

$$P_B(A_2) = \frac{0{,}24}{0{,}94} = 0{,}25$$

und

$$P_B(A_3) = \frac{0{,}30}{0{,}94} = 0{,}32.$$

Diese 3 errechneten Wahrscheinlichkeiten ergänzen sich zu 1, da sie ein vollständiges Ereignissystem bilden.

6.8. Zur Anwendungsmöglichkeit des Unbestimmtheitsmaßes bei geographischen Untersuchungen

Ein weiterer, bei Wahrscheinlichkeitsbetrachtungen wesentlicher Begriff ist der der *Entropie*, die in der Physik meist mit S, in der Informationstheorie jedoch mit H bezeichnet wird. Ursprünglich wurde sie in der Physik in Zusammenhang mit dem 2. Hauptsatz der mechanischen Wärmetheorie definiert und von L. Boltzmann als Maß für die zunehmende Entordnung eines geschlossenen thermodynamischen Systems verwendet. Später wurde der Entropiebegriff von Shannon in die Informationstheorie übernommen und dient hier als Gradmesser für die Unbestimmtheit des Informationsgehaltes. Im folgenden sollen nur einige grundlegende Erläuterungen gegeben werden, wie man die Entropie auch bei geographischen Untersuchungen sinnvoll anwenden kann.

Die *Entropiefunktion* ist in dem Intervall von 0 bis 1 (Wertebereich der Wahrscheinlichkeit) erklärt. An den Stellen $x = 0$ und $x = 1$ besitzt sie sogenannte Nullstellen (vgl. Abb. 56). Wenn man auf der Abszissenachse die Wahrscheinlichkeiten $P(A_i)$ von gleichwahrscheinlichen Versuchsausgängen aufträgt, so wird verständlich, daß für $P(A_0) = 0$ (keine Versuchsausgänge) und für $P(A_n) = 1$ (ein einziger Versuchsausgang) die Entropie den Wert Null annehmen muß, da hier keinerlei Unbestimmtheit vorhanden ist. Dazwischen nimmt die Funktion positive, reelle Werte an. Die Funktion H ist so aufgebaut, daß die Wahrscheinlichkeit eines Zufallsereignisses mit dem Logarithmus dieser Wahrscheinlichkeit multipliziert wird. Da die Logarithmusfunktion nun bekanntlich im Intervall 0 bis 1 negativ ist, hat der gesamte Ausdruck ein Minuszeichen und lautet

$$H = -P(A_i) \cdot \log P(A_i) \tag{30}$$

An sich ist es gleichgültig, auf welche Basis der verwendete Logarithmus bezogen wird, doch findet in der Informationstheorie zumeist der duale Logarithmus, der auf die

Basis 2 bezogen wird (abgekürzt ld), Verwendung. Damit ergibt sich das Resultat in bits (binary digits), während man bei Verwendung des dekadischen Logarithmus (abgekürzt lg) das Ergebnis in dits (decimal digits) erhält. Die Formel (30) läßt sich leicht auf vollständige Ereignissysteme erweitern und lautet dann

$$H = -\sum_{i=1}^{n} P(A_i) \cdot \log P(A_i) \tag{30'}$$

unter der Voraussetzung, daß

$$\sum_{i=1}^{n} P(A_i) = 1$$

gilt.

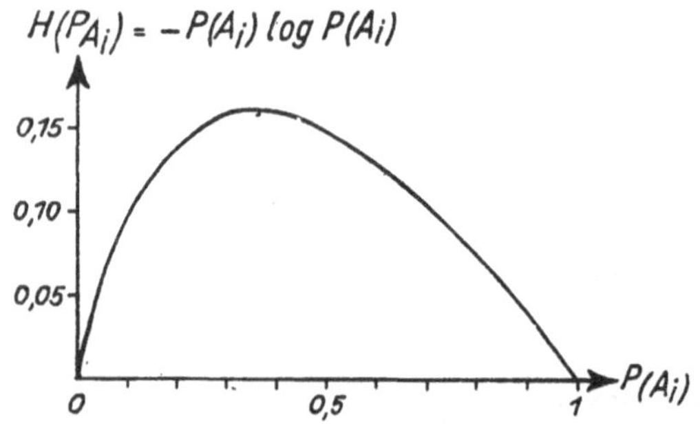

Abb. 56. Verlauf der Entropiefunktion

Bei der praktischen Anwendung dieses Unbestimmtheitsmaßes ist davon auszugehen, daß jede Verminderung der Unkenntnis gleichzeitig einen Gewinn an Erkenntnis bedeutet. Infolgedessen kann man die Abnahme der Entropie auch als eine Erhöhung des Interpretationsgehaltes ansehen, und man erhält auf diese Weise ein quantitatives Maß, das sich sehr gut für Vergleiche von Gruppen oder bei Klassifikationen erhaltenen Typen eignet.

Zur Veranschaulichung soll ein *witterungsklimatisches Beispiel* dienen: die Güte von 2 verschiedenen Witterungsprognosen, die aus Wahrscheinlichkeitsdaten von langjährigen Beobachtungsreihen hergeleitet worden sind, ist zu bewerten. Für einen bestimmten Ort liegen für das Datum des 30. Januar die folgenden 2 Klimaprognosen vor:

- Die Wahrscheinlichkeit für das Eintreten von Schneefall beträgt $P(\mathrm{S}) = 0{,}5$, für Regen $P(\mathrm{R}) = 0{,}3$ und für niederschlagsfreies Wetter $P(\mathrm{T}) = 0{,}2$.
- Die stärker zusammengefaßten Angaben lauten: Die Wahrscheinlichkeit für Niederschlag an diesem Tag (ohne Festlegung der Form) beträgt $P(\mathrm{N}) = 0{,}8$ und für keinen Niederschlag $P(\mathrm{T}) = 0{,}2$.

Gefragt wird, welche der beiden Prognosen ist genauer, hat eine größere Bestimmtheit und eine höhere Treffsicherheit? Da die Anzahl der gleichmöglichen Versuchsausgänge bei beiden Informationsreihen unterschiedlich ist, kann von vornherein zunächst nur vermutet werden, daß die Prognose mit der geringeren Anzahl der gleichmöglichen Versuchsausgänge die bestimmtere sein wird. Durch Verwendung der Entropieformel (30) läßt sich dies quantitativ exakt beantworten:

Fall 1	Versuchsausgang:	Schneefall	Regen	trocken
	Wahrscheinlichkeit:	0,5	0,3	0,2

ergibt $H(P_1) = -0{,}5 \lg 0{,}5 - 0{,}3 \lg 0{,}3 - 0{,}2 \lg 0{,}2 = 0{,}4472$ dit

Fall 2	Versuchsausgang:	Niederschlag	kein Niederschlag
	Wahrscheinlichkeit:	0,8	0,2

ergibt $H(P_2) = -0{,}8 \lg 0{,}8 - 0{,}2 \lg 0{,}2 = 0{,}2173$ dit.

Es gilt also $H(P_1) > H(P_2)$. Die Information von Fall 1 ist demnach trotz detaillierterer Vorgaben wesentlich unbestimmter als die von Fall 2.

In der Geographie hat vor allem das *Prinzip der Entropie-Maximierung* in den letzten Jahren verschiedentlich Anwendung gefunden. Man kann damit z. B. Siedlungsverteilungen nach Dichtetypen durch Berechnung von Entropiewerten klassifizieren. Die Anwendung der Entropie für räumliche Fragestellungen erscheint jedoch auch für viele weitere geographische Probleme sehr geeignet.

6.9. Darstellung von Wahrscheinlichkeitsbeziehungen durch Graphen und Markovsche Ketten

Ehe von den Darlegungen über Anwendungsmöglichkeiten der Wahrscheinlichkeit in der Geographie zu den Wahrscheinlichkeitsverteilungen übergegangen wird, sollen noch einige Verfahren zur *graphischen Veranschaulichung* der bereits erläuterten allgemeinen

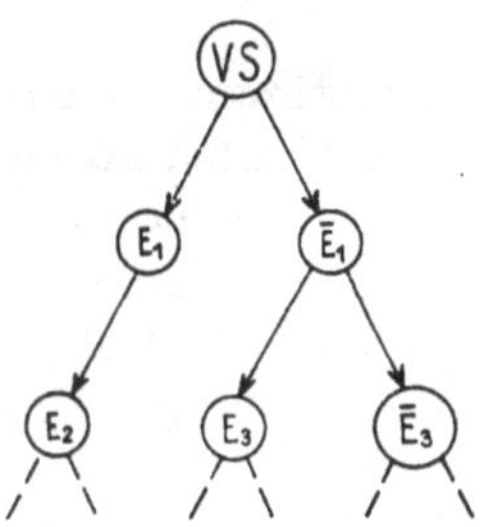

Abb. 57. Prinzip des Aufbaus von „Entscheidungsbäumchen“

Gesetzmäßigkeiten zur Darstellung kommen. Die Addition und Multiplikation von Wahrscheinlichkeiten lassen sich durch *gerichtete Graphen*, die sogenannten *Entscheidungsbäumchen*, wiedergeben, wie einige einfache Beispiele verdeutlichen sollen. Die Methode hat den Vorteil, daß man die einzelnen Rechengänge schrittweise verfolgen kann und so Fehler weitgehend vermeidet.

Mit Graphen lassen sich Systemzusammenhänge, im gegebenen Falle rechnerische Operationsabläufe, sichtbar machen. Ein *gerichteter Graph* besteht bekanntlich aus *Knoten*, die als Punkte oder Kreise wiedergegeben werden, und aus *Kanten*, die man als Pfeile darstellt. In den vorliegenden Beispielen werden den Knoten die Zufallsereignisse und den Kanten die zugehörigen Wahrscheinlichkeiten zugeordnet. Ein solcher Graph ermöglicht es also, ein *vollständiges System von Zufallsereignissen* abzubilden. Da von jedem Knoten jeweils 2 Kanten ausgehen, die als $p(A_i)$ und $p(\bar{A}_i)$ — die betreffende Wahrscheinlichkeit und die des Komplementärereignisses — angesehen werden können, gelangt man, wenn man den Graphen rückwärts von Entscheidungsebene zu Entscheidungsebene verfolgt, schließlich zu dem Ausgangsknoten der Abbildung, der als Fixpunkt für das dargestellte vollständige Ereignissystem (VS) anzusehen ist (vgl. Abb. 57).

Die Bedeutung der Entscheidungsebenen wird erhellt aus dem schrittweisen Vorgehen bei der Lösung einer solchen Wahrscheinlichkeitsaufgabe. Der gerichtete Graph ist streng dichotom aufgebaut, d. h., aus jedem Knoten entspringen jeweils 2 Kanten, wobei die eine immer die komplementäre Wahrscheinlichkeit zur anderen darstellt, so daß sich ihre Werte stets zu 1 ergänzen. Es sind aber auch Graphen denkbar, bei denen mehr als nur 2 Kanten von einem Knoten ausgehen. Doch muß auch bei ihnen die Summe sämtlicher Wahrscheinlichkeiten der von einem Knoten ausgehenden Kanten den Wert 1 ergeben.

Ein Entscheidungsbäumchen besteht also, wenn man beim Startknoten VS beginnt, aus einem bis mehreren untereinander angeordneten Entscheidungsniveaus. *Unverträgliche Zufallsereignisse* werden nebeneinander in demselben Niveau aufgetragen, während *miteinander verträgliche Ereignisse* hintereinander, durch Kanten verbunden, angeordnet werden. So wird die Abhängigkeit, die durch eine *bedingte Wahrscheinlichkeit* zum Ausdruck gelangt, dadurch wiedergegeben, daß die entsprechenden Ereignisse, durch Kanten verbunden, hintereinander stehen. Unabhängige Ereignisse können zwar auch in aufeinanderfolgenden Entscheidungsebenen stehen, sind aber niemals durch Kanten miteinander verbunden.

— Wahrscheinlichkeitsprodukte werden längs der Wege des Graphen gebildet, die, am Strukturknoten VS beginnend, an hintereinander geschalteten Kanten liegen. Dabei werden die den Kanten zugeordneten Wahrscheinlichkeiten miteinander multipliziert (vgl. Abb. 58: Multiplikation $P(A_1) \cdot P(A_2) \cdots P(A_i)$).
— Wahrscheinlichkeiten einer Summe von Zufallsereignissen werden bestimmt, indem man vom Startknoten VS ausgeht und zunächst die Wege längs der Kanten bis zu den gesuchten Knoten verfolgt und — wie bereits besprochen — die Produkte der Wahrscheinlichkeiten bildet. Die gefundenen Werte werden anschließend addiert. Voraussetzung ist, daß die aufzusummierenden Endknoten in derselben Entscheidungsebene liegen (vgl. Abb. 58: Addition: $P(A_2) + P(C_2) + \cdots + P(N_2)$. Die Summe ergibt die gesuchte Gesamtwahrscheinlichkeit.
— Will man die totale Wahrscheinlichkeit eines Ereignisses berechnen, so geschieht

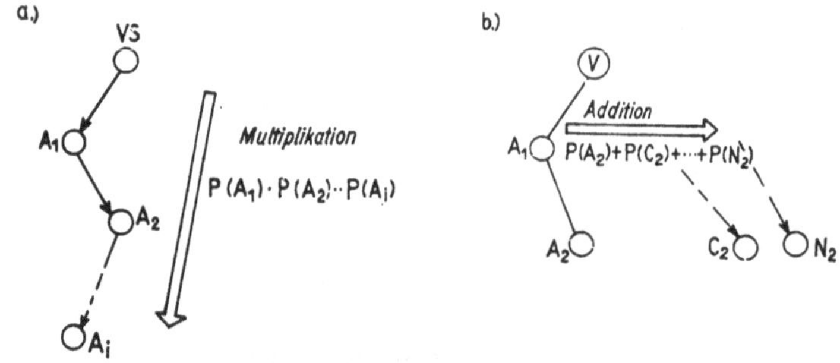

Abb. 58. Zur Berechnung der Wahrscheinlichkeiten am Graphen
a) Wahrscheinlichkeitsprodukte
b) Wahrscheinlichkeitssummen

dies in mehreren Stufen, indem man zunächst für die zu berücksichtigenden Teilergebnisse nach der 1. Regel die Produkte der Teilwahrscheinlichkeiten bildet und diese dann addiert.

Zur Erläuterung soll zunächst ein einfaches, nicht geographisches *Beispiel* dienen: Es werden *zweimal Kugeln aus einem Vorratsgefäß entnommen und* nach der Entnahme *nicht wieder zurückgelegt*. Im Gefäß befinden sich 10 Kugeln, von denen 7 weiß und 3 rot sind.

Folgende Ereignisse werden definiert:

Ereignis W_1: Bei der 1. Entnahme wird eine weiße Kugel gezogen.
Ereignis W_2: Bei der 2. Entnahme wird eine weiße Kugel gezogen, und es entsteht der in Abb. 59 dargestellte Graph.

Folgende *Fragen* sollen beantwortet werden:

1. Mit welcher Wahrscheinlichkeit tritt das Ereignis $(W_1 \cdot W_2)$ ein, d. h., werden bei 2 Entnahmen 2 weiße Kugeln gezogen?

   Lösung: Entsprechend Abb. 58 wird die Produktbildung längs der Kanten $VS-W_1-W_2$ vollzogen, und man erhält (vgl. Abb. 59)

$$P(W_1 \cdot W_2) = \frac{7}{10} \cdot \frac{6}{9} = \frac{7}{15} = 0{,}47.$$

2. Wie groß ist die totale Wahrscheinlichkeit beim 2. Zug (ohne Zurücklegen), eine weiße Kugel zu ziehen?

   Lösung: Bekanntlich gibt es dafür 2 Möglichkeiten, denn man kann bei der 1. Entnahme eine weiße oder eine rote Kugel ziehen. Somit ergibt sich nach obigen Regeln entsprechend Abb. 58 die totale Wahrscheinlichkeit (vgl. Abb. 59) zu:

$$P(W_1 \cdot W_2) + P(R_1 \cdot \overline{R}_2) = \frac{7}{10} \cdot \frac{6}{9} + \frac{3}{10} \cdot \frac{7}{9} = \frac{21}{30} = 0{,}70.$$

In ähnlicher Weise kann man das auf S. 189 angeführte *Beispiel über Gewitter- und Hageltage im Monat Juli* mittels Graphen bearbeiten. Dabei nimmt das Entscheidungsbäumchen die in (Abb. 60) wiedergegebene Gestalt an.

Die 1. Entscheidungsebene enthält die Ereignisse: Auftreten von Gewitter G und kein Gewitter $\overline{G}$. Die Wahrscheinlichkeit für Gewitter im Juli ist mit $P(G) = 0{,}17$ gegeben. Demnach ergibt sich die Gegenwahrscheinlichkeit $P(\overline{G}) = 1 - 0{,}17 = 0{,}83$. Die darauf folgende 2. Entscheidungs-

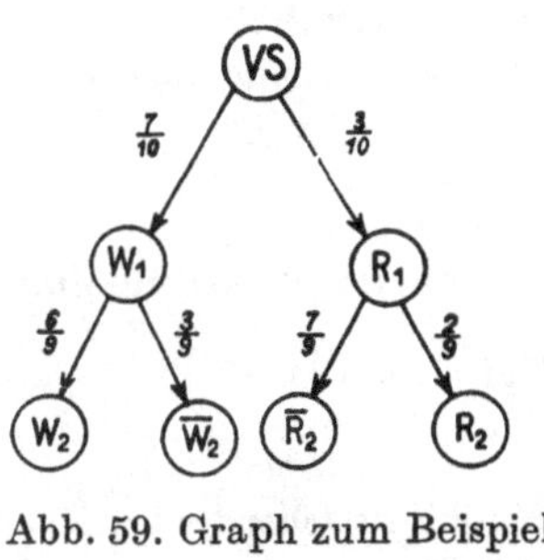

Abb. 59. Graph zum Beispiel „Kugelentnahme“

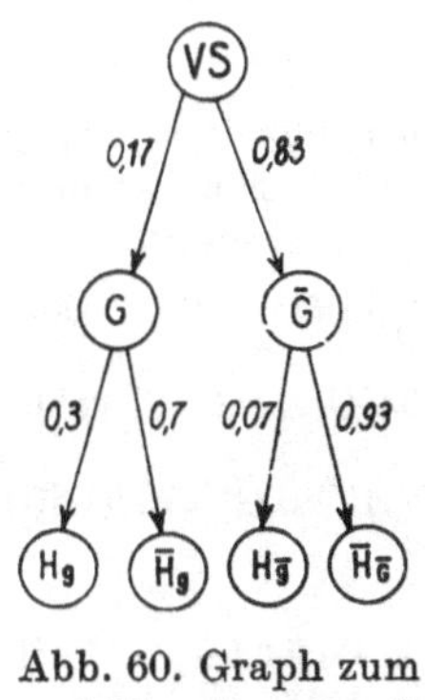

Abb. 60. Graph zum Beispiel „Gewitter- und Hageltage im Juli“

ebene umfaßt als Ereignisse die Hageltage. Sie werden hier in Abhängigkeit von den Gewittertagen betrachtet, d. h., es handelt sich um bedingte Wahrscheinlichkeiten. 4 Möglichkeiten (Ereignisse) können auftreten:

- H_G Hagel zusammen mit Gewitter
- $\overline{H}_G$ kein Hagel bei Gewitter
- $H_{\overline{G}}$ Hagel ohne gleichzeitiges Gewitter
- $\overline{H}_{\overline{G}}$ kein Hagel und auch kein Gewitter.

Für jedes der angeführten Ereignisse läßt sich, wie der Graph anschaulich erkennen läßt, die zugehörige bedingte Wahrscheinlichkeit berechnen.
Diese lassen sich symbolisch schreiben als:

$P(H|G)$ – bedingte Wahrscheinlichkeit für Hagel bei Gewitter
$P(H|\overline{G})$ – bedingte Wahrscheinlichkeit für Hagel ohne Gewitter
$P(\overline{H}|G)$ – bedingte Wahrscheinlichkeit für keinen Hagel bei Gewitter
$P(\overline{H}|\overline{G})$ – bedingte Wahrscheinlichkeit für weder Hagel noch Gewitter.

Entsprechend ergeben sich die totalen Wahrscheinlichkeiten zu

$$P_{tot}(H) = P(H|G \cup \overline{G}) = P(H|G) + P(H|\overline{G})$$
$$P_{tot}(\overline{H}) = P(\overline{H}|G) + P(\overline{H}|\overline{G}).$$

1. Um zu sagen, mit welcher Wahrscheinlichkeit an der Meßstelle im Juli ein Gewitter mit Hagel auftritt, ist der nachstehende Weg erforderlich.

   Lösung: Man verfolgt vom Startknoten VS die entsprechenden Kanten VS—G—H und findet:

   $$P(H|G) = P(G \cdot H) = 0{,}17 \cdot 0{,}3 = 0{,}051 \ (5\%).$$

   Die entsprechende Gegenprobe würde lauten: Wie groß ist die Wahrscheinlichkeit für Gewittertage, die nicht von Hagel begleitet sind? In diesem Falle kommt der Weg VS—G—$\overline{H}$ in Frage, und man erhält $P(\overline{H}|G) = P(\overline{H} \cdot G) = 0{,}17 \cdot 0{,}7 = 0{,}119$ (11,9%). Beide Werte zusammen müssen den Anteil der Gewittertage im Juli ergeben, da nach der gegebenen Voraussetzung sämtliche von einem Knoten ausgehende Kanten ein vollständiges System bilden müssen. In diesem Fall ergibt $0{,}051 + 0{,}119 = 0{,}17 = P(G)$ die Wahrscheinlichkeit für das Auftreten von Gewittern im Juli.

2. Entsprechend kann man nach der Wahrscheinlichkeit für das Auftreten von Hageltagen fragen und muß dazu die totale Wahrscheinlichkeit der Hageltage bei Gewitter und derjenigen ohne Gewitter feststellen.

   Lösung: Die Wahrscheinlichkeit für Hageltage mit Gewitter war oben bereits zu $P(H|G) = 0{,}051$ bestimmt worden. Nun ist in gleicher Weise die Wahrscheinlichkeit für Hageltage ohne Gewitter zu ermitteln. Aus dem Graphen entnimmt man
   $P(\overline{H}|\overline{G}) = P(\overline{G} \cdot H) = 0{,}83 \cdot 0{,}0735$[1] $= 0{,}061$ (6%).

   Daraus ergibt sich die Gesamtwahrscheinlichkeit für das Auftreten von Hageltagen im Juli

   $$P(H)_{tot} = P(H|G \cup \overline{G}) = P(H|G) + P(H|\overline{G}) = 0{,}051 + 0{,}061 = 0{,}112 \ (11\%).$$

---

[1]) Der Wert 0,07 aus Abb. 60 ist für die Rechnung zu ungenau. Es muß mit ausreichender Stellenzahl gerechnet werden, da sonst Fehler auftreten; deshalb hier mit 0,0735.

Die Gegenprobe, nämlich die totale Wahrscheinlichkeit für das Auftreten von Tagen ohne Hagel im Juli, ergibt, wie man unter Anwendung der gleichen Methode leicht nachprüfen kann,

$$P(\overline{\mathrm{H}})_{\mathrm{tot}} = 0{,}89 \ (89\%).$$

Wahrscheinlichkeitsketten oder MARKOV*sche Ketten*

Bei den bisherigen Ausführungen wurden Wahrscheinlichkeiten betrachtet, deren Eintritt unabhängig von dem des vorhergehenden Ereignisses war. Es wurde die Unabhängigkeit der Versuche vorausgesetzt. Es gibt aber sehr häufig auch Situationen, bei denen eine Abhängigkeit zwischen dem Eintritt des vorhergehenden und des folgenden Ereignisses vorhanden ist. Bereits beim Kugelentnahmebeispiel, bei dem die entnommene Kugel nach jedem Zug nicht wieder in das Vorratsgefäß zurückgelegt wurde und sich dadurch die Gesamtzahl der Kugeln bei jedem Zug um eine Einheit verringerte, wurde deutlich, daß die folgenden Versuchsausgänge in bestimmter Weise von den vorangegangenen abhängig waren. Es entstehen auf diese Weise verkettete Wahrscheinlichkeiten oder sogenannte *Wahrscheinlichkeitsketten.*

Wenn man also Wahrscheinlichkeitsprozesse untersucht, so müssen 2 Arten unterschieden werden:

- solche, die vollkommen zeitunabhängig verlaufen, und
- Prozesse, die die Reihenfolge, in der die Zufallsereignisse eintreten, berücksichtigen.

Auch in der Geographie gibt es für die letztere Gruppe, bei der eine gewisse Zeitabhängigkeit vorhanden ist, zahlreiche Beispiele. Bei Beschränkung auf den einfachen Fall gilt, daß für den Eintritt jedes betrachteten Zufallsereignisses immer nur 2 Versuchsausgänge möglich sind und außerdem der Eintritt eines Ereignisses immer auch von dem unmittelbar vorhergehenden abhängig ist, nicht aber vom Eintritt von weiter zurückliegenden. So entstehen sogenannte MARKOV*sche Ketten*, die es gestatten, die verketteten Wahrscheinlichkeiten schrittweise voranschreitend zu berechnen. Denn zwischen 2 aufeinanderfolgenden Zufallsereignissen läßt sich jeweils ein Wahrscheinlichkeitswert bestimmen, der als sogenannte *Übergangswahrscheinlichkeit* bezeichnet wird.

Man kann auch sagen, eine Folge von Zufallsversuchen bildet dann eine MARKOVsche Kette, wenn die Wahrscheinlichkeit für das Eintreten des Ereignisses N_i im k-ten Versuch nur davon abhängt, welches Ereignis im $(k-1)$-ten Versuch eintrat. Will man auch weiter zurückliegende Ereignisse in die Betrachtung einbeziehen, so muß man schrittweise von Vortag zu Vortag zurückrechnen, so daß die Rechnung bei solchen MARKOV-Ketten immer schnell sehr aufwendig und umfangreich wird. Setzt man ferner voraus, daß bei jedem Versuch immer nur ein Zufallsereignis aus einer endlichen oder abzählbar unendlichen Menge zufälliger Ereignisse eintritt, so handelt es sich um diskrete MARKOVsche Ketten.

Um die Rechenschritte zu erläutern, soll ein leicht überschaubares *Beispiel aus der Klimatologie* gewählt werden. Die *Wahrscheinlichkeit für das Eintreten eines Tages mit Niederschlag* wird unter Berücksichtigung der vorherigen Witterung betrachtet. Hierbei muß immer die Wettersituation des Vortages in die Rechnung mit einbezogen werden, und diese Betrachtung wird schrittweise allmählich auf i Tage ausgedehnt. Im Beispiel erfolgt eine Beschränkung auf $i = 4$, da sich in diesem Umfang das Ergebnis noch leicht nachrechnen läßt. Für größere Ereignisketten sollte jedoch ein EDV-Programm herangezogen werden.

Das hier verwendete Datenmaterial wurde an einer Niederschlagsstation in Wales beobachtet (mitgeteilt von G. Sumner 1978 unter Verwendung der Methode von Neumann und Gabriel 1962). R („Regentag") bedeutet einen Tag, an dem Niederschlag beobachtet wurde, ohne daß die Menge desselben berücksichtigt wurde. Desgleichen ist unter T („trockener Tag") ein Tag ohne irgendwelchen Niederschlag zu verstehen.

Der mathematische Ansatz geht von den beiden bedingten Wahrscheinlichkeiten p_1 und p_0 aus:

$$p_1 = P(\text{Regentag nach vorherigem Regentag})$$
$$p_0 = P(\text{Regentag nach vorherigem Trockentag}).$$

Die Wahrscheinlichkeit p_0 stellt die Übergangswahrscheinlichkeit dar, die den Wechsel von trocken zu feucht am Folgetag veranschaulicht. Die beiden Wahrscheinlichkeiten können aus einer größeren Datenmenge, die als Stichprobe zu betrachten ist, gewonnen werden.

Im angeführten Beispiel wurden 1280 aufeinanderfolgende Tage ausgewählt. Darunter waren 728 Niederschlagstage. Die *durchschnittliche Wahrscheinlichkeit für einen Regentag* ist demnach

$$P = \frac{728}{1280} = 0{,}57.$$

Doch genügt diese Aussage für die gegebene Fragestellung nicht. Dazu müssen die beiden bedingten Wahrscheinlichkeiten p_1 und p_0 ermittelt werden. Es ergeben sich

$$p_1 = \frac{\text{Gesamtzahl der Regentage nach einem feuchten Tag}}{\text{Gesamtzahl der Regentage}}$$

$$p_0 = \frac{\text{Gesamtzahl der Regentage nach einem trockenen Tag}}{\text{Gesamtzahl der Regentage}}.$$

Die Auswertung des Datenmaterials ergibt, daß 552 Regentage am Vortage Regen aufweisen und daß 176 Regentage auf einen trockenen Tag folgen. Aus diesen Werten lassen sich p_1 und p_0 numerisch bestimmen zu

$$p_1 = \frac{552}{728} = 0{,}76 = (P(\mathrm{R}|\mathrm{R}) \quad \text{und} \quad p_0 = \frac{176}{728} = 0{,}32 = P(\mathrm{R}|\mathrm{T}).$$

Die Summe beider Wahrscheinlichkeiten p_1 und p_0 ist größer als 1, d. h., sie bilden kein vollständiges Ereignisystem, sie sind also nicht voneinander unabhängig. Nach der Definition für das komplementäre Ereignis läßt sich die Wahrscheinlichkeit für einen trockenen Tag (= „Nicht-Regentag"), der auf einen Regentag folgt, bestimmen zu

$$1 - p_1 = 1 - 0{,}76 = 0{,}24 = P(\mathrm{T}|\mathrm{R}),$$

entsprechend für einen trockenen Tag, der auf einen niederschlagsfreien Tag folgt, zu

$$1 - p_0 = 1 - 0{,}32 = 0{,}68 = P(\mathrm{T}|\mathrm{T}).$$

Auf Grund dieser Angaben über die Übergangswahrscheinlichkeiten ist es nunmehr möglich, ein „*Entscheidungsbäumchen*" zu entwerfen (vgl. Abb. 61). An diesem lassen sich die benötigten verketteten Wahrscheinlichkeitsbeziehungen leicht veranschaulichen und berechnen.

So errechnet sich die Wahrscheinlichkeit für das Auftreten eines Regentages 2 Tage nach einem Regentag nach dem Satz der totalen Wahrscheinlichkeit zu

$$P(\mathrm{R}|2\mathrm{R}) = P(\mathrm{R}|\mathrm{R}|\mathrm{R}) + P(\mathrm{R}|\mathrm{T}|\mathrm{R}) = p_1 \cdot p_1 + p_0(1 - p_1)$$
$$= 0{,}76 \cdot 0{,}76 + 0{,}24 \cdot 0{,}32 = 0{,}64.$$

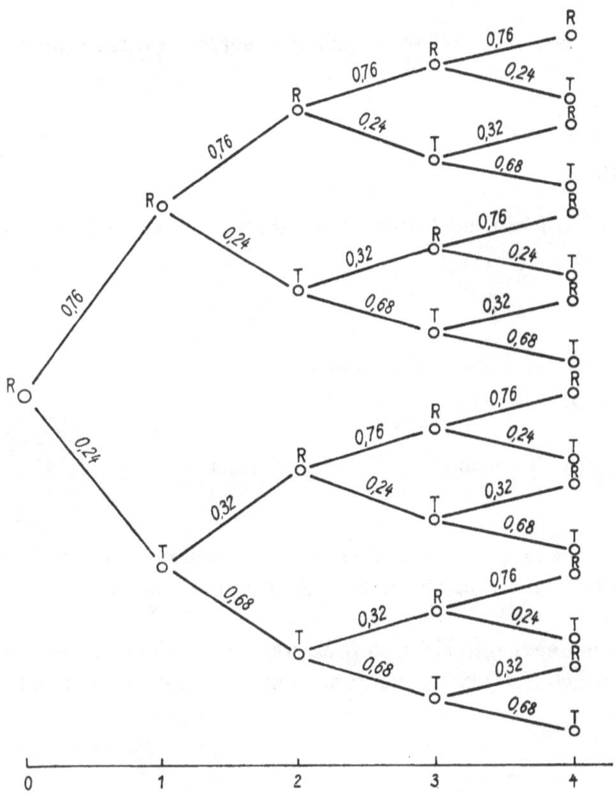

Abb. 61. Graph zum Beispiel über MARKOVsche Ketten („**Tag** mit oder ohne Niederschlag")

und entsprechend die Wahrscheinlichkeit für das Auftreten eines Regentages 2 Tage nach einem niederschlagsfreien Tag zu

$$P(\mathrm{R}|2\mathrm{T}) = \mathrm{P}(\mathrm{R}/\mathrm{R}/\mathrm{T}) + P(\mathrm{R}|\mathrm{T}|\mathrm{T}) = p_1 \cdot p_0 + p_0(1 - p_0)$$
$$= 0{,}76 \cdot 0{,}32 + 0{,}32 \cdot 0{,}68 = 0{,}46.$$

Wie aus dem Beispiel zu ersehen ist, wird die Rechnung bei längeren Ketten rasch sehr umfangreich und mühsam, so daß man nach vereinfachenden Formeln sucht. Dazu eignen sich beispielsweise Potenzreihenansätze. Ohne auf die Ableitungen eingehen zu wollen, sollen hier nur die folgenden Formeln genannt werden:

$$P(\mathrm{R}|i\mathrm{R}) = P + (1 - P)\, d^i \quad \text{und}$$
$$P(\mathrm{R}|i\mathrm{T}) = P - P \cdot d^i,$$

wobei P die allgemeine Wahrscheinlichkeit für das Auftreten eines Regentages ist (im Beispiel: $P = 728/1280 = 0{,}57$) und d die Differenz zwischen den beiden bedingten Wahrscheinlichkeiten p_1 und p_0

$$d = (p_1 - p_0) = 0{,}76 - 0{,}32 = 0{,}44.$$

Wenn man die Werte des Beispiels einsetzt, ergeben sich die beiden Bestimmungsgleichungen

$$P(\mathrm{R}|i\mathrm{R}) = 0{,}57 + 0{,}43 \cdot 0{,}44^i \quad \text{und}$$
$$P(\mathrm{R}|i\mathrm{T}) = 0{,}57 - 0{,}57 \cdot 0{,}44^i.$$

Setzt man für i der Reihe nach 1, ..., 4 ein, so lassen sich tabellarisch die folgenden *Wahrscheinlichkeiten* berechnen:

Wahrscheinlichkeit für	Anzahl i der Tage	1	2	3	4	
Regentag i Tage nach Regentag		0,759	0,653	0,607	0,586	...
Regentag i Tage nach trockenem Tag		0,319	0,460	0,521	0,549	...

Es ist zu erkennen, daß beide Zahlenfolgen gegen den Wert für die *absolute Wahrscheinlichkeit für einen Regentag* $P = 0{,}57$ konvergieren. Dieser Sachverhalt ist in Abb. 62 graphisch dargestellt.

Auch andere Fragestellungen lassen sich mit Hilfe von MARKOVschen Ketten beantworten. Häufig ist die Wahrscheinlichkeit des Auftretens von verschiedenen langen

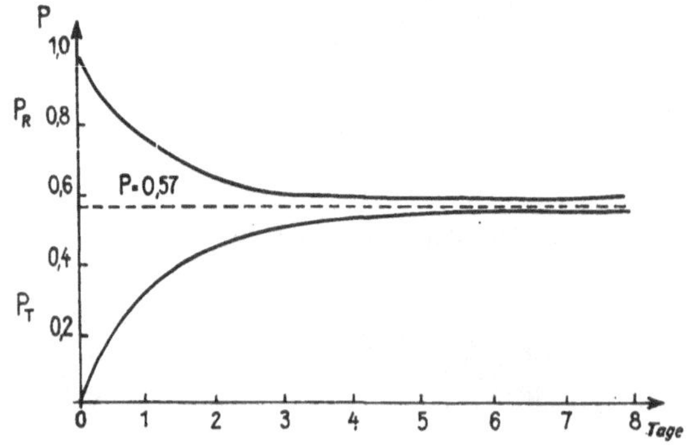

Abb. 62. Veranschaulichung der Konvergenz MARKOVscher Ketten gegen die absolute Wahrscheinlichkeit

Perioden von feuchten bzw. trockenen Tagen gesucht. Dies läßt sich mittels einer Binomialverteilung lösen. Man geht hier davon aus, daß die Wahrscheinlichkeit für eine Folge von k Regentagen gleichbedeutend ist mit der Wahrscheinlichkeit für das Auftreten von mindestens einem niederschlagsfreien Tag aller $(k + 1)$ Tage. Die entsprechende Binomialformel lautet

$$P_{k\mathrm{R}} = (1 - p_1)\, p_1^{k-1},$$

$$P_{k\mathrm{T}} = p_0(1 - p_0)^{k-1}.$$

Berechnet man nach diesen Formeln wieder mit den Werten des Beispiels die Wahrscheinlichkeiten für Folgen von 1—5 Regentagen und desgleichen für Trockenperioden von gleicher Länge, so ergibt sich die nachstehende Zusammenstellung:

Wahrscheinlichkeit für	Anzahl i der Tage	1	2	3	4	5	i
Folge von i Regentagen		0,240	0,182	0,139	0,105	0,080	...
Folge von i trockenen Tagen		0,320	0,218	0,148	0,101	0,068	...

Mit diesen wenigen, leicht verständlichen Beispielen aus dem Bereich der Geographie sind die Möglichkeiten, die das Rechnen mit MARKOVschen Ketten erschließt, bei weitem nicht ausgeschöpft.

6.10. Schlußbemerkungen

Die vorgestellten Grundbegriffe der Wahrscheinlichkeitsrechnung sollen es ermöglichen, sich mit der Denkweise dieser mathematischen Disziplin näher vertraut zu machen. Man wird dabei feststellen, daß derartige Überlegungen bei außerordentlich vielen Problemen der angewandten Geographie eine Rolle spielen und daß es durchaus lohnt, sich näher damit zu beschäftigen.

Die *meisten der in den Geosystemen ablaufenden Prozesse* sind *ihrer Grundstruktur nach stochastisch*. So kann z. B. der *Wasserkreislauf* als stochastischer Prozeß angesehen werden. Seine jahreszeitliche Periodizität ist physikalisch durch die solarterrestrischen Kreisläufe vorgezeichnet. Doch überlagern sich diesen zahlreiche Zufallsprozesse. In der atmosphärischen Phase sind es die Witterungsvorgänge, deren Einflußfaktoren sämtlich als Zufallsgrößen interpretiert werden können. In der Bodenphase sind die mannigfaltigen anthropogenen Beeinflussungen des Bodens und der Vegetationsdecke ebenfalls als zufällig zu betrachten, da dadurch beträchtliche Schwankungen von Jahr zu Jahr auftreten, die nur stochastisch erfaßt werden können. Alle daraus resultierenden Teilprozesse, wie Niederschlagsgang, Verdunstung, Infiltration, Grundwasserneubildung, Wasserbewegung, Speicherung, Abfluß und Durchfluß sowie Wassernutzung durch die Pflanzen, können durch stochastische Modelle am besten wiedergegeben werden.

Nach dieser als Einführung in die Wahrscheinlichkeitsproblematik dienenden allgemeinen Übersicht sollen nun die wichtigsten Verteilungsfunktionen besprochen werden, die ebenfalls in der geographischen Forschung von großer Bedeutung sind.

7. Über Wahrscheinlichkeitsverteilungen

7.1. Die diskreten Verteilungen

7.1.1. Allgemeines

In den bisherigen statistischen Betrachtungen haben zumeist Verteilungen, die aus Messungen oder statistischen Erhebungen hervorgegangen sind, im Mittelpunkt der Untersuchungen gestanden. Dabei wurden die einzelnen Werte auf empirischem Wege durch Beobachtung, Zählung oder Messung gewonnen. Aus den Einzelwerten, die sich häufig noch zu Gruppen bzw. Klassen zusammenfassen lassen, konnten statistische Maßzahlen — wie etwa Mittelwerte, Streuungsmaße und ähnliche — berechnet werden. Diese dienten zur vergleichenden Charakterisierung der zugrunde liegenden Verteilungen. Meist handelt es sich um sogenannte *Stichproben*, aus denen auf die größere Grundgesamtheit geschlossen werden kann, wie an anderer Stelle bereits gezeigt wurde.

Man spricht in diesem Falle von *empirischen Verteilungen* und stellt diesen die *theoretischen Verteilungen* gegenüber, die hier diskutiert werden sollen. Im Gegensatz zu ersteren beruhen sie auf den mathematischen Gesetzen der Wahrscheinlichkeitsrechnung. Man nennt sie daher auch *Wahrscheinlichkeitsverteilungen*, denn auf Grund von Zufallsexperimenten ergeben sich Wahrscheinlichkeiten, die auf die berücksichtigten Merkmale, die als Zufallsvariable betrachtet werden, verteilt sind.

Nimmt die Zufallsvariable X den Wert x_i mit der Wahrscheinlichkeit p_i an, so gilt

$$f(x) = \begin{cases} P(X = x_i) = p_i & \text{für} \quad x = x_i \quad \text{und} \quad P(X = x_i) > 0 \\ 0 & \text{sonst.} \end{cases}$$

Dies ist die *Wahrscheinlichkeitsfunktion* der diskreten Variablen X. In einem rechtwinkligen Koordinatensystem kann man die Wahrscheinlichkeitsfunktion so veranschaulichen, daß man jedem Wert der Zufallsvariablen X die ihr zukommende Wahr-

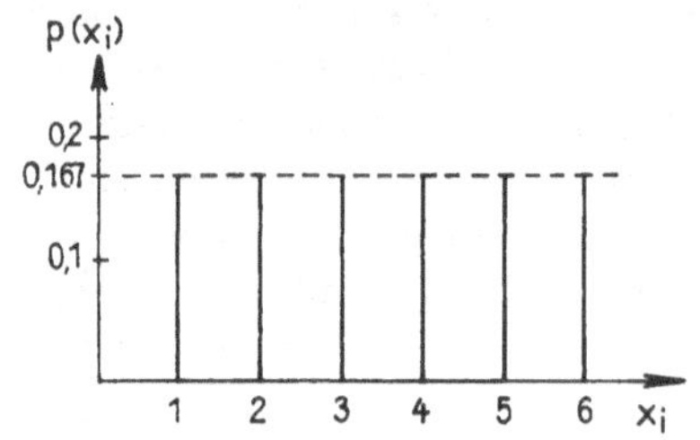

Abb. 63. Wahrscheinlichkeitsfunktion einer Gleichverteilung

scheinlichkeit zuordnet (vgl. Abb. 63). Dabei ist die Menge der x_i, für die $P(X = x_i) > 0$ gilt, endlich. Es wird vorausgesetzt, daß es sich um ein vollständiges Ereignissystem handelt und demzufolge die Summe der auftretenden Wahrscheinlichkeiten 1 ist:

$$\sum_{i=1}^{n} f(x_i) = \sum_{i} p_i = 1.$$

Der einfachste Fall ist eine völlig *gleichmäßige Verteilung*, bei der die Wahrscheinlichkeit für das Eintreten jedes der Ereignisse gleiche Chancen hat, wie es etwa beim Würfeln mit einem idealen Würfel für die Zahlen 1 bis 6 der Fall ist. Es gibt hier 6 mögliche Ereignisse $X = x_i$, für die $P(X = x_i) > 0$ ist, und zwar $X_1 = 1$, $X_2 = 2, \ldots, X_6 = 6$, und der Wahrscheinlichkeitsfunktion, deren graphisches Bild Abb. 63 zeigt,

$$f(x) = \begin{cases} \frac{1}{6} & \text{für} \quad x = 1, \ldots, 6 \\ 0 & \text{sonst.} \end{cases}$$

Außerdem gilt

$$\sum_{i=1}^{6} f(x_i) = \frac{1}{6} + \frac{1}{6} + \ldots + \frac{1}{6} = 1.$$

Die Merkmale gelten, wie bereits erläutert wurde, als *Zufallsvariable*. Sie sind also veränderliche Größen, die je nach den möglichen Versuchsausgängen Wahrscheinlichkeitswerte zwischen 0 und 1 annehmen können. Es muß zwischen *diskreten* und *stetigen oder kontinuierlichen Zufallsvariablen unterschieden* werden.

Unter einer *diskreten zufälligen Veränderlichen* wird eine solche verstanden, die nur endlich viele oder abzählbar unendlich viele Werte annehmen kann. Als abzählbar unendlich gelten z. B. die Elemente einer unendlichen Folge — wie die Menge der natürlichen Zahlen. Zu den diskreten Variablen könnte man also die Augenzahlen im Würfelspiel und im geographischen Bereich die Anzahl der Geburten, Beschäftigten, Pendler, Siedlungen, Betriebe, Fahrgelegenheiten usw. rechnen.

Demgegenüber stehen Zufallsvariable, die jeden beliebigen Wert innerhalb eines endlichen oder unendlichen Intervalls annehmen können, die sogenannten *stetigen Variablen*. Zu ihnen zählen bei geographischen Untersuchungen z. B. die Ernteerträge, Gemeindegrößen, Produktionskapazitäten, Areale, Geschwindigkeiten usw. Hier werden nicht nur bestimmte ganzzahlige Werte, sondern auch die dazwischen liegenden berücksichtigt. Auf der Grundlage dieser beiden Klassen von Zufallsveränderlichen lassen sich die *theoretischen Verteilungen* einteilen in *diskrete Verteilungen* und *stetige Verteilungen*.

Bei *diskreten Verteilungen* wird die Zufallsvariable X durch

— die Werte ihrer Realisierungen x_i und
— die zugehörigen Einzelwahrscheinlichkeiten p_i

dargestellt. Außer der bereits genannten *Wahrscheinlichkeitsfunktion* $f(x_i)$ existiert noch die Verteilungsfunktion $F(x)$, die das jeweilige Verteilungsnetz widerspiegelt. Auch sie kann durch eine Formel, Wertetabelle oder graphische Darstellung ausgedrückt werden, wie das nachfolgende *Beispiel* zeigt:

Aus einer Stichprobe von Gemeinden im Umland eines Zentrums will man die Wahrscheinlichkeitsverteilung für die Anzahl der Fahrgelegenheiten mit öffentlichen Verkehrsmitteln zu diesem Zentrum ermitteln, um daraus auf die Gesamtheit aller Gemeinden des betreffenden Umlandbereiches schließen zu können. Bei einer Auszählung der Fahrgelegenheiten für sämtliche in Frage kommenden Gemeinden, erhielt man eine empirische Verteilung und könnte nach den Gesetzen der dekriptiven Statistik aus der Häufigkeitsverteilung die entsprechenden Parameter ableiten. Im Beispiel geht man von einer Stichprobe aus und erhält demzufolge nur sog. „Schätzwerte“ für die zugrunde liegende Gesamtheit. Die sich ergebende Verteilung basiert also auf Wahrscheinlichkeiten, nicht auf relativen Häufigkeiten, und ist daher eine theoretische Verteilung.

Für eine entsprechende allgemeine *Verteilungstabelle*

Anzahl der Fahrgelegenheiten x_i	x_1	x_2	$x_3 \ldots x_n$
zugehörige Wahrscheinlichkeiten $p(x_i)$	$p(x_1)$	$p(x_2)$	$p(x_3) \cdots p(x_n)$

muß gelten: $p(x_1) + p(x_2) + \ldots + p(x_n) = 1$.
Aus der Verteilungstabelle für das gegebene Beispiel kann z. B. entnommen werden, daß 2 Fahrgelegenheiten in 13% der Fälle, 7 in 5% erreicht wurden; 4 kommen am häufigten, nämlich in 24% der Gemeinden vor.

Verteilungstabelle für die Berechnung der Wahrscheinlichkeiten von Fahrgelegenheiten

Anzahl der Fahrgelegenheiten x_i	0	1	2	3	4	5	6	7	8
zugehörige Wahrscheinlichkeiten $p(x_i)$	0,01	0,11	0,13	0,16	0,24	0,18	0,10	0,05	0,0

Diese Wertetabelle läßt sich in einem *Wahrscheinlichkeitsdiagramm* darstellen (vgl. Abb. 64). Für jede Realisierung der Zufallsvariablen X gilt $0 \leqq p(x_i) \leqq 1$. Der Wert der Zufallsvariablen X mit der größten Wahrscheinlichkeit wird auch als *wahrscheinlichster Wert* bezeichnet (im Beispiel wäre es $X = 4$).

Die Verteilungsfunktion $F(x)$ gibt an, wie groß die Wahrscheinlichkeit dafür ist, daß die Anzahl der gesuchten Merkmale unter einem vorgegebenen Wert der Zufallsvariablen bleibt. Sie berechnet sich als Summe der Wahrscheinlichkeiten $P(X = x_i)$ für solche Realisierungen, die kleiner als x sind. Als graphische Darstellung der *Verteilungsfunktion einer diskreten Zufallsvariablen* X ergibt sich eine *Treppenkurve*, wie Abb. 65 zeigt.

Wird im gegebenen *Beispiel* nach der Wahrscheinlichkeit für weniger als 3 Fahrgelegenheiten in den untersuchten Umlandgemeinden gefragt, so rechnet man mittels der Verteilungsfunktion

$$F(3) = P(X < 3) = P(X = 0) + P(X = 1) + P(X = 2) = 0{,}01 + 0{,}11 + 0{,}13 = 0{,}25$$

und erhält als Ergebnis, daß 25% aller Gemeinden nur über 0 bis 2 Fahrgelegenheiten pro Tag zum Zentrum verfügen.

Um theoretische Verteilungen zu charakterisieren und miteinander zu vergleichen, gibt es genau wie bei den empirischen Verteilungen gewisse *Kenngrößen* (Parameter). Sind es dort arithmetisches Mittel, Varianz und Standardabweichung, um die wichtigsten zu nennen, so entsprechen diesen Größen bei den Wahrscheinlichkeitsverteilungen der

Erwartungswert $E(X)$, die *Varianz* $D^2(X)$ und die *Standardabweichung* $D(X)$. Obwohl die Terme ganz ähnlich gebaut sind, so besteht doch der entscheidende Unterschied, daß statt mit empirischen Werten (Häufigkeiten) hier stets mit Wahrscheinlichkeiten („Schätzgrößen“) gerechnet wird.

Der *Erwartungswert* $E(X)$ einer diskreten Zufallsvariablen X wird bestimmt zu

$$E(X) = \sum_{i=1}^{n} x_i \cdot p(x_i).$$

Es handelt sich um einen gewichteten Mittelwert aus allen Werten von X, wobei als Wichtungsfaktor jeweils die zugehörige Einzelwahrscheinlichkeit $p(x_i)$ dient.

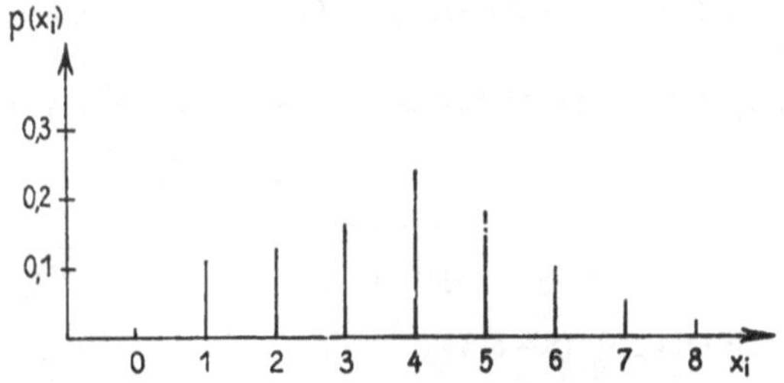

Abb. 64. Wahrscheinlichkeitsfunktion zum Beispiel „Fahrgelegenheiten zum Zentrum“

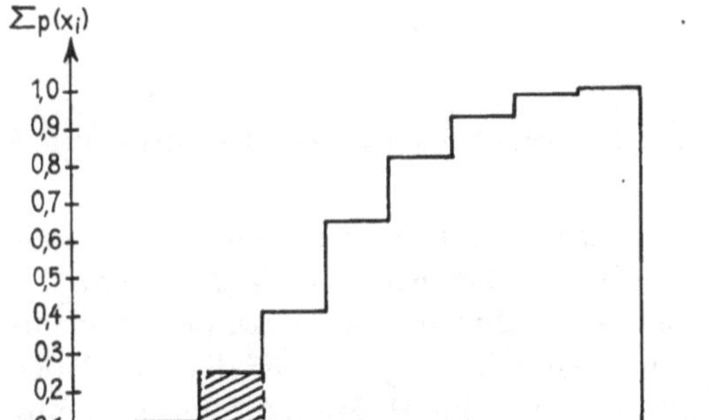

Abb. 65. Verteilungsfunktion zum Beispiel „Fahrgelegenheiten zum Zentrum“

Genau wie die empirischen Verteilungen können auch theoretische Verteilungen trotz gleichen Erwartungswertes sehr verschieden sein, denn der Erwartungswert läßt ebenso wenig wie das arithmetische Mittel erkennen, wie stark die Werte der Zufallsvariablen um ihn herum streuen. Als Maßzahl für die Streuung dient die Varianz. Sie charakterisiert die Abweichungen der Werte der Zufallsvariablen um den durch den Erwartungswert beschriebenen durchschnittlichen Wert.

Die Varianz $D^2(X)$ einer diskreten Zufallsvariablen X errechnet sich als

$$D^2(X) = \sum_{i=1}^{n} \left(x_i - E(X)\right)^2 \cdot p(x_i).$$

Durch Ziehen der Wurzel wird aus der Varianz schließlich die *Standardabweichung* abgeleitet:

$$D(X) = \sqrt{D^2(X)}.$$

Zur näheren Erläuterung der angegebenen drei Formeln werden im folgenden mit den Werten des *Beispiels* die Kenngrößen der diskreten Wahrscheinlichkeitsverteilung, auch *Momente* genannt, berechnet:

Der *Erwartungswert* $E(X)$ ergibt

$$E(X) = 0 \cdot 0{,}01 + 1 \cdot 0{,}11 + 2 \cdot 0{,}13 + 3 \cdot 0{,}16 + 4 \cdot 0{,}24 + 5 \cdot 0{,}18 + 6 \cdot 0{,}10 + 7 \cdot 0{,}05 + 8 \cdot 0{,}02 = 3{,}82,$$

d. h., im Durchschnitt der Gemeinden existieren 4 Fahrgelegenheiten pro Tag zum Aufsuchen des Zentrums.

Um die Streuung der Werte um diesen Mittelwert zu veranschaulichen, wird die *Varianz* bestimmt:

$$\begin{aligned} D^2(X) &= (0-3{,}82)^2 \cdot 0{,}01 + (1-3{,}82)^2 \cdot 0{,}11 + (2-3{,}82)^2 \cdot 0{,}13 \\ &+ (3-3{,}82)^2 \cdot 0{,}16 + (4-3{,}82)^2 \cdot 0{,}24 + (5-3{,}82)^2 \cdot 0{,}18 \\ &+ (6-3{,}82)^2 \cdot 0{,}10 + (7-3{,}82)^2 \cdot 0{,}05 + (8-3{,}82)^2 \cdot 0{,}02 \\ &= 3{,}149. \end{aligned}$$

Schließlich ergibt sich die *Standardabweichung* zu

$$D(X) = \sqrt{3{,}149} = 1{,}775.$$

Das bedeutet, daß um den Erwartungswert von 4 Fahrgelegenheiten eine Streubreite von 2 Einheiten nach beiden Seiten hin vorliegt.

Wie bei den empirischen Verteilungen lassen sich auch hier noch weitere *Momente höherer Ordnung* berechnen. Das Moment 3. Ordnung, das sich auf die 3. Potenz der Standardabweichung bezieht, wird als *Schiefe* der Zufallsgröße X bezeichnet, und als Moment 4. Ordnung hat der *Exzeß* Bedeutung. Die Schiefe gibt über den Grad der Asymmetrie der Verteilung Auskunft, während der Exzeß eine Maßzahl für die Drängung der Einzelwerte um den Erwartungswert darstellt und die abgeflachtere bzw. steilgipfligere Form der Verteilungskurve kennzeichnet. Auf diese Größen soll hier jedoch nicht näher eingegangen werden, vielmehr sollen einige spezielle diskrete Wahrscheinlichkeitsverteilungen zur Darstellung kommen und ihr Anwendungsbereich in der Geographie erläutert werden.

7.1.2. Die Null-Eins-Verteilung

Eine solche Verteilung von Zufallsgrößen liegt immer dann vor, wenn nur 2 Ausgänge bei Zufallsexperimenten möglich sind. Bei geographischen Untersuchungen muß oft aus Stichproben auf das Vorhandensein bestimmter Einrichtungen oder Aktivitäten geschlossen werden. Die beiden Möglichkeiten sind dann „vorhanden" oder „nicht vorhanden", „in Funktion" oder „nicht in Funktion" usw. Ein derartiges Beispiel kann z. B. Einrichtungen der Infrastruktur in Siedlungen (Ereignis A) betreffen. Dafür läßt sich ein Schema für eine zweiwertige Wahrscheinlichkeitsfunktion angeben:

$$X = \begin{cases} 1, \text{ falls Ereignis } A \text{ eintritt} \\ 0, \text{ falls Ereignis } A \text{ nicht eintritt.} \end{cases}$$

Hat das zufällige Ereignis X die Wahrscheinlichkeit p, so erhält man $P(X = 1) = p$ und $P(X = 0) = 1 - p$, und die Verteilungstabelle nimmt die folgende Gestalt an:

x_i	0	1
p_i	$1 - p$	p

Es lassen sich auch der Erwartungswert $E(X) = 0 \cdot (1 - p) + 1 \cdot p = p$ und die Varianz $D^2(X) = E(X^2) - \big(E(X)\big)^2 = p - p^2 = p(1 - p)$ berechnen.

Sind, um ein *Beispiel* zu geben, unter einer Erhebungsstichprobe von 500 Geschäften eines Stadtbezirkes 5 Möbelgeschäfte, so läßt sich mittels einer Null-Eins-Verteilung die Wahrscheinlichkeit dafür ermitteln, daß ein zufällig ausgewähltes Objekt ein Möbelgeschäft ist. Man erhält nach der klassischen Definition der Wahrscheinlichkeit

$$P(X = 1) = \frac{5}{500} = 0{,}01 \quad \text{und} \quad P(X = 0) = \frac{495}{500} = 0{,}99.$$

Daraus ergibt sich die Verteilungsfunktion für die diskrete Zufallsgröße X

$$F(t) = P(X < t) = \begin{cases} 0 & \text{für } t \leqq 0 \\ 0{,}99 & \text{für } 0 < t \leqq 1 \\ 1 & \text{für } 1 < t\,. \end{cases}$$

Ferner betragen der Erwartungswert $E(X) = 0{,}01$ und die Varianz $D^2(X) = 0{,}0099$.

7.1.3. *Die Binomialverteilung*

Die Binomialverteilung ist ebenfalls eine diskrete Verteilung, die von *2 alternativen Zufallsergebnissen* ausgeht. Beim *Beispiel „Kugelentnahme“* (vgl. S. 195) betraf es die beiden Zufallsereignisse „Ziehen einer weißen oder einer roten Kugel“. Die zugehörigen Wahrscheinlichkeiten bezogen sich auf die Entnahme von Kugeln der betreffenden Farbe. Im Beispiel ging es um 7 weiße und 3 rote Kugeln, so daß sich die Wahrscheinlichkeit für das Ziehen einer weißen Kugel (Ereignis X) zu $p = 0{,}7$ und für eine rote Kugel (Ereignis $\overline{X}$) zu $q = (1 - p) = 0{,}3$ ergibt. Weiterhin gilt: $p + q = 0{,}7 + 0{,}3 = 1$.

Entnimmt man dem Vorratsgefäß nacheinander n Kugeln, wobei nach jedem Zuge die betreffende Kugel wieder zurückgelegt werden muß, und will die Wahrscheinlichkeit bestimmen, daß unter n gezogenen Kugeln genau k weiße sind, so ist das ein Problem, das sich mittels einer Binomialverteilung lösen läßt. Die Zufallsvariable ist diskret und kann nur ganzzahlige Werte $k = 0, 1, 2, \ldots, n$ annehmen. Gesucht wird die Wahrscheinlichkeitsfunktion $P(X = k) = p_k$ $(k = 0, 1, \ldots, n)$.

Zieht man z. B. 2 Kugeln, so können folgende 4 $(= 2^2)$ Ereignisse eintreten: XX, $X\overline{X}$, $\overline{X}X$, $\overline{X}\overline{X}$. Dafür läßt sich auch schreiben

$$pp \quad pq \quad qp \quad qq \quad \text{oder} \quad p^2, 2pq, q^2.$$

Zieht man 3 Kugeln, so lauten die zugehörigen 8 ($= 2^3$) Ereignisse

$$XXX, XX\bar{X}, X\bar{X}X, \bar{X}XX, X\bar{X}\bar{X}, \bar{X}X\bar{X}, \bar{X}\bar{X}X, \bar{X}\bar{X}\bar{X},$$

die sich auch darstellen lassen durch

$$ppp\ ppq\ pqp\ qpp\ pqq\ qpq\ qqp\ qqq \quad \text{oder auch } p^3, 3p^2q, 3pq^2, q^3 \text{ usw.}$$

Dies entspricht dem sogenannten *Binomialkoeffizienten*, der die Anzahl der Kombinationen k-ter Ordnung von n Elementen wiedergibt und sich nach folgender Formel berechnen läßt:[1])

$$\binom{n}{k} (\text{„}n \text{ über } k\text{“}) = \frac{n!}{k!(n-k)!}$$

Mit Hilfe des Binomialkoeffizienten ergibt sich die Wahrscheinlichkeitsfunktion zu

$$P(X = k) = p_k = \binom{n}{k} p^k \cdot q^{n-k} \quad \text{für} \quad k = 0,1, \ldots, n.$$

Soll im gegebenen Beispiel ($p = 0{,}7$; $q = 0{,}3$; $n = 10$) die Wahrscheinlichkeit dafür ermittelt werden, bei 10 Zügen 4 weiße Kugeln zu ziehen, so ist $k = 4$ in die Formel einzusetzen, und man erhält

$$P(X = 4) = p_4 = \binom{10}{4} 0{,}7^4 \cdot 0{,}3^6 = 0{,}0368 \quad \text{oder} \quad 3{,}7\%.$$

Die *Verteilungsfunktion der Binomialverteilung* lautet

$$F(x) = \sum_{k<x} p_k = P(X < x) = \begin{cases} 0 & \text{für} \quad x \leqq 0 \\ \sum\limits_{k<x} \binom{n}{k} p^k q^{n-k} & \text{für} \quad 0 < x \leqq n \\ 1 & \text{für} \quad x > n, \end{cases}$$

wobei k den Wert der Zufallsgröße X, n den Stichprobenumfang, p die Wahrscheinlichkeit für das Eintreffen von X, q die komplementäre Wahrscheinlichkeit zu p und x ein beliebiger Wert von X bedeuten.

Die Größen n und p bilden die Kennwerte (Parameter) der Binomialverteilung. Mit ihrer Hilfe lassen sich auch

der *Erwartungswert* $E(X) = n \cdot p$ und

die *Varianz* $D^2(X) = n \cdot p \cdot (1 - p)$[2])

sowie höhere Momente berechnen.

In welchen Fällen ist nun die Binomialverteilung anzuwenden? Sie gibt die Wahrscheinlichkeit dafür an, daß ein Ereignis oder Merkmal, das in der Grundgesamtheit

[1]) Unter $n!$ („n-Fakultät“) versteht man das Produkt der Zahlen 1 bis n.

[2]) Sofern sich diese Parameter auf Grundgesamtheiten beziehen und sie damit statistische Maßzahlen darstellen, ist es üblich, sie mit den griechischen Buchstaben μ bzw. σ zu bezeichnen.

mit der Wahrscheinlichkeit p vorkommt, in einer Stichprobe vom Umfang n gerade k-mal enthalten ist bzw. $(n-k)$-mal darin nicht auftritt. Daher ist das *Hauptanwendungsgebiet* für die Binomialverteilung die *statistische Qualitätskontrolle*, wo es darum geht, aus einer entnommenen Stichprobe auf die Qualität, z. B. den Anteil an Ausschußstücken einer größeren Gesamtheit zu schließen. Da die Verteilung nur von den beiden Parametern n und p abhängt, ist sie verhältnismäßig leicht zu berechnen. Doch wird mit zunehmendem Stichprobenumfang die Rechnung bald sehr aufwendig und somit uneffektiv, so daß die Binomialverteilung nur bei kleinen Stichproben Verwendung findet.

Daher gibt es auch in der *Geographie* nicht allzuviele *Anwendungsmöglichkeiten*. Bei klimatologischen und hydrologischen Untersuchungen ist es z. B. nicht sinnvoll, von wenigen Daten auf längere Reihen zu schließen. Eine Ausnahme bilden ausgesprochen seltene Ereignisse — wie Unwetter, Schadenshochwässer, Dürreperioden u. ä. —, wo Stichproben von 10—20 Fällen als repräsentativ bezeichnet werden können. Zahlreicher sind die Beispiele aus der Ökonomischen Geographie, wo aus Erhebungen relativ selten auftretender Merkmale (Spezialbetriebe oder -geschäfte, Einrichtungen wie Krankenhäuser, Wasserwerke, Sportstadien u. ä.) auf die Ausstattung administrativer Einheiten (Stadtteile, Kreise, Bezirke) geschlossen werden soll.

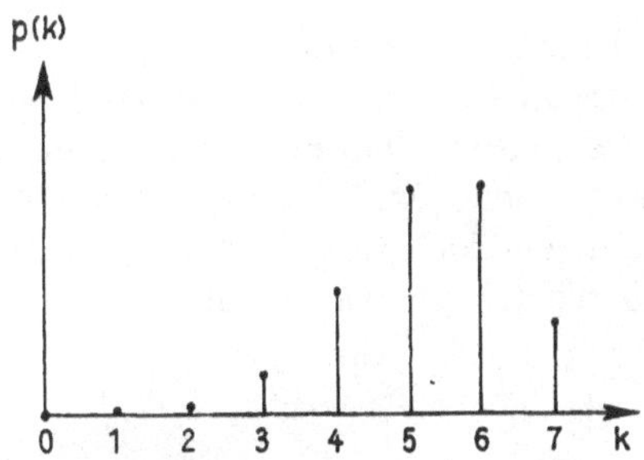

Abb. 66. Wahrscheinlichkeitsfunktion der Binomialverteilung zum Beispiel „Schadstoffemission"

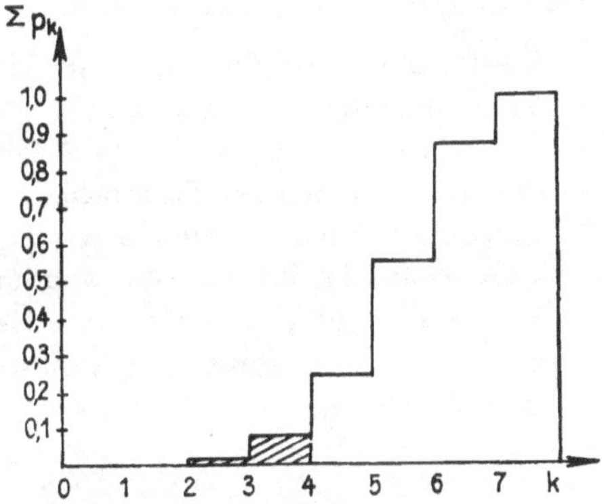

Abb. 67. Verteilungsfunktion der Binomialverteilung zum Beispiel „Schadstoffemission"

Als *Beispiel* soll die *Schadstoffemission eines Großbetriebes* dienen, für die auf Grund einer Meßreihe ein mittlerer Wert ermittelt wurde, der in 25% der Fälle über- und in 75% unterschritten wurde. Kann man aber daraus, daß in einer Woche der Mittelwert viermal überschritten wurde, auf eine Verschlechterung der lufthygienischen Verhältnisse schließen?

Unter Zugrundelegung einer Binomialverteilung mit $n = 7$, $p = 0{,}75$ und $q = 0{,}25$ werden zunächst die Einzelwahrscheinlichkeiten p_k und dann die Verteilungsfunktion $F(x)$ berechnet. So ergibt sich nach Bestimmung der Binomialkoeffizienten (vgl. Abb. 66) die nachstehende Tabelle 19. Danach ist die Verteilungsfunktion für $X > 4$ zu berechnen, und man erhält (vgl. Abb. 67)

$$F(x) = P(X > 4) = \sum_{k=0}^{3} p_k = p_0 + p_1 + p_2 + p_3 = 0{,}0705 \quad \text{oder} \quad 7\%,$$

d. h., es ist keine Verschlechterung daraus abzuleiten, da nur eine 7%ige Wahrscheinlichkeit dafür spricht und der Wert ohnehin in 25% der Fälle überschritten wird.
Erwartungswert und Varianz ergeben in diesem Beispiel

$$E(X) = 7 \cdot 0{,}75 = 5{,}25 \quad \text{und} \quad D^2(X) = 7 \cdot 0{,}75 \cdot 0{,}25 = 1{,}3125.$$

Tabelle 19. Die Wahrscheinlichkeiten p_k der Binomialverteilung für $n = 7$, $p = 0{,}75$

$$\begin{aligned}
p_0 &= \tbinom{7}{0} \cdot 0{,}75^0 \cdot 0{,}25^7 = 0{,}0000\\
p_1 &= \tbinom{7}{1} \cdot 0{,}75^1 \cdot 0{,}25^6 = 0{,}0013\\
p_2 &= \tbinom{7}{2} \cdot 0{,}75^2 \cdot 0{,}25^5 = 0{,}0115\\
p_3 &= \tbinom{7}{3} \cdot 0{,}75^3 \cdot 0{,}25^4 = 0{,}0577\\
p_4 &= \tbinom{7}{4} \cdot 0{,}75^4 \cdot 0{,}25^3 = 0{,}1730\\
p_5 &= \tbinom{7}{5} \cdot 0{,}75^5 \cdot 0{,}25^2 = 0{,}3115\\
p_6 &= \tbinom{7}{6} \cdot 0{,}75^6 \cdot 0{,}25^1 = 0{,}3115\\
p_7 &= \tbinom{7}{7} \cdot 0{,}75^7 \cdot 0{,}25^0 = 0{,}1335
\end{aligned}$$

$$\sum_{k=0}^{7} p_k = 1{,}0000$$

Die *wichtigsten Eigenschaften der Binomialverteilung*, die nachfolgend zusammengestellt sind, *bestimmen* wesentlich ihren *Anwendungsbereich*:

— Die Binomialverteilung gibt die Wahrscheinlichkeit für das Eintreffen alternativer Vorgänge oder Merkmale an.
— Durch sie werden jeweils $n + 1$ Einzelwahrscheinlichkeiten berechnet.
— Sie wird bei kleinen Stichproben verwendet, wo es nicht um Meßwerte, sondern qualitative Einschätzungen wie „gut/schlecht" oder „vorhanden/nicht vorhanden" geht. Daher ist ihr Hauptanwendungsgebiet die statistische Qualitätskontrolle.
— Sie ist nur für $p = 0{,}5$ symmetrisch, im allgemeinen jedoch unsymmetrisch. Für $p < 0{,}5$ ist die Verteilung linkssteil, für $p > 0{,}5$ rechtssteil, wie Abbildungen 68 und 69 zeigen.

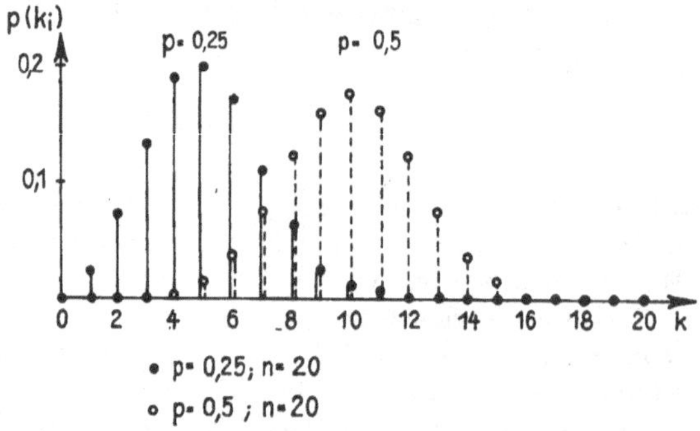

Abb. 68. Wahrscheinlichkeitsdiagramme von 2 Binomialverteilungen mit gleichem n und ungleichem p

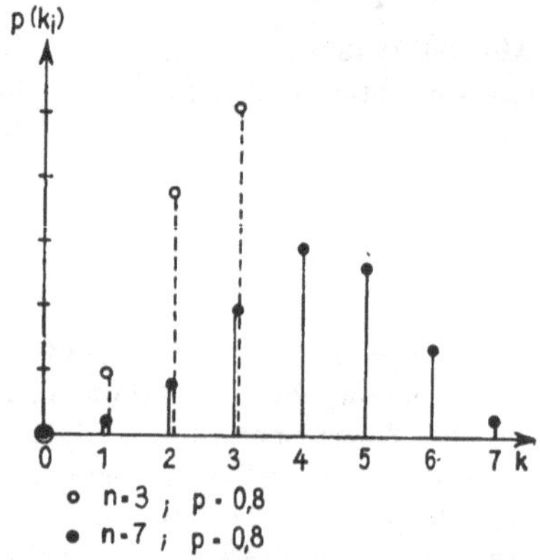

Abb. 69. Wahrscheinlichkeitsdiagramme von 2 Binomialverteilungen mit ungleichem n und gleichem p

— Mit wachsendem n (Stichprobenumfang) wird sie symmetrischer (vgl. Abb. 69).
— Die beiden Parameter n und p bestimmen die Binomialverteilung vollständig und dienen auch zur Errechnung der Momente.

Die Anwendung der Binomialverteilung lohnt *nur für einen kleineren Stichprobenumfang*, da sonst der Rechenaufwand sehr groß wird. Die obere Grenze dürfte etwa bei $n = 25$ liegen. In Tafelwerken wird die Binomialverteilung wegen der obengenannten Symmetrieeigenschaft meist nur zwischen $p = 0{,}00$ und $p = 0{,}50$ für die Werte von $f(x_i)$ und $F(x_i)$ angegeben, da die übrigen sich daraus leicht errechnen lassen.

7.1.4. Die POISSON-*Verteilung*

Sie gehört ebenfalls zu den diskreten Verteilungen und wird vor allem *bei sehr großem Stichprobenumfang* ($n \to \infty$) *und* gleichzeitig sehr *seltenem Auftreten* der untersuchten Ereignisse ($p \to 0$) gewählt. Ihr kommt *bei geographischen Untersuchungen* eine *wesentliche Bedeutung* zu, da es hier meistens um sehr große Datenmengen geht und vielfach um kleinere Wahrscheinlichkeiten für die Zufallsvariable. Man spricht dann davon, daß die Größe „poissonverteilt“ ist. Diese Verteilung läßt sich aus der Binomialverteilung ableiten, wenn n über alle Grenzen wächst ($n \to \infty$), d. h. gegen Unendlich strebt, während die Wahrscheinlichkeit $p(x_i)$ sehr klein wird oder gegen Null tendiert ($p \to 0$). Dann geht der Mittel- oder Erwartungswert np gegen einen konstant bleibenden Wert:

$$np \to \lambda > 0.$$

Somit ergibt sich als *Wahrscheinlichkeitsfunktion der* POISSON-*Verteilung*

$$f(k) = P(X = k) = \frac{\lambda^k}{k!}\, e^{-\lambda} \quad (k = 0, 1, 2, \ldots).$$

Die zugehörige Verteilungstabelle lautet:

x_k	0	1	2	…	k
$f(x_k)$	$e^{-\lambda}$	$\lambda e^{-\lambda}$	$\frac{\lambda^2}{2} e^{-\lambda}$	…	$\frac{\lambda^k}{k!} e^{-\lambda}$

Da $\lambda = np$ auch den Mittelwert μ bzw. Erwartungswert $E(X)$ darstellt, wird häufig auch folgende Schreibweise verwendet:

$$f(k) = \frac{\mu^k}{k!}\, e^{-\mu}.$$

Die *Verteilungsfunktion der* POISSON-*Verteilung* wird durch Summation gefunden zu

$$F(x_k) = p_k = P(X < x) = \begin{cases} 0 & \text{für } x \leqq 0 \\ \sum\limits_{k<x} \frac{\lambda^k}{k!}\, e^{-\lambda} & \text{für } x > 0. \end{cases}$$

Es gilt außerdem:

$$\sum_{k=0}^{\infty} p_k = 1,$$

wobei p_k die Wahrscheinlichkeit bedeutet, daß die Zufallsgröße X den Wert k annimmt und λ den Parameter der POISSON-Verteilung darstellt. Ferner ergeben sich für den *Erwartungswert*

$$E(X) = \mu = \sum_{k=0}^{\infty} k \frac{\lambda^k}{k!} e^{-\lambda} = \lambda$$

und die *Varianz*

$$D^2(X) = \sigma^2 = \sum (X^2) - \big(E(X)\big)^2 = \sum_{k=0}^{\infty} k^2 \frac{\lambda^k}{k!} e^{-\lambda} - \lambda^2 = \lambda;$$

d. h., bei der POISSON-Verteilung sind Erwartungswert und Varianz gleich.

Für die praktische Anwendung lassen sich für die POISSON-Verteilung eine ganze *Anzahl von Vorteilen* aufzählen, die sie auch für geographische Untersuchungen, bei denen es sich um diskrete Zufallsgrößen handelt, sehr geeignet erscheinen läßt:

— Die POISSON-Verteilung ist gegenüber der Binomialverteilung wesentlich leichter zu berechnen.
— Sie ist in statistischen Tabellenwerken enthalten, meist von $\lambda = 0{,}01$ bis etwa $\lambda = 50{,}00$, wobei sowohl Einzelwahrscheinlichkeiten als auch die Verteilungsfunktion angegeben sind.
— Mittel-(Erwartungs-)wert und Varianz sind identisch und entsprechen dem Parameter λ.
— Die POISSON-Verteilung ist eine asymmetrische, linkssteile Verteilung; mit wachsendem n nimmt der Steilheitsgrad ab, und die Kurve wird symmetrischer.[1])

Im POISSONschen Verteilungsgesetz wird gefordert, daß np = konstant sei, d. h., wenn sich der Wert von n ändert, muß sich strenggenommen auch der Wert von p im gegenläufigen Sinne ändern. Im geographischen Bereich gibt es aber sehr häufig Datenreihen, bei denen je nach Umfang der Stichprobe n stark variiert, p jedoch fixiert ist, wie es beispielsweise beim Eintreffen von Klimaereignissen der Fall ist.

Wenn z. B. im September ein heißer Tag mit der Wahrscheinlichkeit von $p = 0{,}1$ auftritt, so können Tageswerte von $n_1 = 20$, $n_2 = 200$ und $n_3 = 2000$ zur Bearbeitung herangezogen werden. Auf diese Weise würde man ganz verschiedene λ-Werte erhalten, nämlich $\lambda_1 = 20 \cdot 0{,}1 = 2$, $\lambda_2 = 200 \cdot 0{,}1 = 20$ und $\lambda_3 = 2000 \cdot 0{,}1 = 200$. Theoretisch aber muß λ konstant bleiben und demzufolge p sich entsprechend verändern; d. h., soll beispielsweise mit konstantem $\lambda = 20$ gerechnet werden, so muß n mindestens gleich 200 sein. Ist n jedoch größer, wie im Falle $n_3 = 2000$, so ist p auf $p_3 = 0{,}01$ zu verkleinern.

In der Praxis erfüllen allerdings nur sehr wenige Zufallsprozesse diese Forderung wirklich exakt. Es hat sich aber gezeigt, daß auch in diesen Fällen die Verwendung der POISSON-Verteilung zu brauchbaren Ergebnissen führt und sie daher durchaus benutzt werden kann, wie die nachfolgenden Beispiele beweisen.

Für das bereits mehrfach herangezogene *Beispiel „Fahrgelegenheiten zum Zentrum"* sollen die berechneten Werte der Einzelwahrscheinlichkeiten $p(x_i)$ den POISSONschen Werten, die man

[1]) Für bestimmte Wahrscheinlichkeitsbereiche sind die Wahrscheinlichkeitswerte von Binomial- und POISSON-Verteilung ziemlich ähnlich. Man sollte daher stets die beiden Grundforderungen der POISSON-Verteilung beachten, nämlich daß sie eine linkssteile, unsymmetrische diskrete Verteilung ist und nur für selten auftretende Ereignisse gilt.

einem Tafelwerk entnehmen kann, gegenübergestellt werden. Den Ausgangspunkt bildet der Erwartungswert $E(X) = 3{,}82$, der gleich λ gesetzt wird. Es ergibt sich Tabelle 20.

Obwohl die Abweichungen zwischen beiden Verteilungen nur maximal 5% ausmachen, ist doch zu ersehen, daß die Verteilung insgesamt durch die Poisson-Verteilung nicht richtig wiedergegeben wird. Vor allem verliert sie sehr an Symmetrie, und ihr Maximum verlagert sich von $X = 4$ auf $X = 3$, wobei es gleichzeitig breiter wird. Trotzdem überrascht der noch relativ hohe Grad der Approximation, obwohl die Poissonschen Kriterien nicht erfüllt sind.

Als weiteres *Beispiel* finden die Werte der „*Schadstoffemission*", die auf Grund einer Binomialverteilung errechnet wurden, Verwendung und werden den Werten der Poisson-Verteilung in Tab. 21 zum Vergleich gegenübergestellt.

Die Übereinstimmung der Werte ist für die meisten Zwecke durchaus genügend gut. Im ökonomischen Bereich wird die Poisson-Verteilung vor allem bei Untersuchungen nach der Bedienungs- oder der Warteschlangentheorie gern benutzt.

Tabelle 20. Poissonsche Werte zum Beispiel „Fahrgelegenheiten zum Zentrum"

Anzahl der Fahrgelegenheiten x_i	Einzelwahrscheinlichkeiten $p(x_i)$	Poisson-Wahrscheinlichkeiten $f(x_i)$	Abweichungen
0	0,01	0,0224	+01
1	0,11	0,0850	−025
2	0,13	0,1615	+03
3	0,16	0,2046	+04
4	0,24	0,1944	−05
5	0,18	0,1477	−03
6	0,10	0,0936	−01
7	0,05	0,0508	0
8	0,02	0,0241	0

Ein besonderes geographisches Anwendungsgebiet der Poisson-Verteilung ist der Vergleich und die Typisierung punktförmiger räumlicher Verteilungsgefüge, wie sie im Zusammenhang mit thematischen Karten häufig auftreten. Eine punkthafte Darstellung (Gemeinden, Verkaufsstellen, Fundpunkte und ähnliches) wird mit einem quadratischen Gitternetz überzogen, und es wird nun gefragt, ob die dargestellten Größen einer Poisson-Verteilung entsprechen.

Im vorliegenden Beispiel (vgl. Abb. 70) wurde ein Kartenausschnitt von 20 Gitterquadraten gewählt, in dem sich $n = 28$ Punkte befinden. Es wird von der Voraussetzung ausgegangen, daß diese Punkte völlig zufällig verteilt sind. Auf das einzelne Gitterquadrat entfallen im Durchschnitt $\lambda = 28/20 = 1{,}4$ Punkte. Dieser Mittelwert wird als Poissonscher Parameter λ benutzt und $\lambda = 1{,}4$ gesetzt. Die zugehörigen Einzelwahrscheinlichkeiten der Poisson-Verteilung entnimmt man einem Tafelwerk. Um den Vergleich mit der Realität durchführen zu können, müssen die verschiedenen auf die Quadrate entfallenden Punktzahlen in einer Liste (Tabelle 22) zusammengestellt werden, und die gefundenen Häufigkeiten werden mit den aus den Poissonschen Wahrscheinlichkeiten errechneten Werten verglichen.

In der letzten Spalte von Tab. 22 wurden mittels der Gesamtzahl der ausgewerteten Planquadrate und den Poissonschen Einzelwahrscheinlichkeiten die absoluten Werte für jede Gruppe

Tabelle 21. Vergleich von Werten zur Schadstoffemission auf der Grundlage von Binomialverteilung und POISSON-Verteilung

Tage	Einzelwahrscheinlichkeiten nach der	
x_k	Binomialverteilung	POISSON-Verteilung
0	0,0000	0,0017
1	0,0013	0,0069
2	0,0115	0,0238
3	0,0577	0,0679
4	0,1730	0,1552
5	0,3115	0,2661
6	0,3115	0,3041
7	0,1335	0,1738

berechnet. Die Asymmetrie der Verteilung ist bereits zu erkennen, wenngleich die Übereinstimmung noch zu wünschen übrig läßt. Man muß jedoch bedenken, daß der gewählte Ausschnitt sehr klein ist. Mit zunehmender Vergrößerung des Untersuchungsbereiches wird die Approximation rasch besser.

Bei der Auffindung von *Gesetzmäßigkeiten räumlicher Verteilungen von diskreten Objekten* ist die POISSON-Verteilung sehr zu empfehlen. Sie hat sich bei der Untersuchung von *Standortverteilungen*, bei *Problemen der Zentralorttheorie* und von *Beziehungsgefügen*

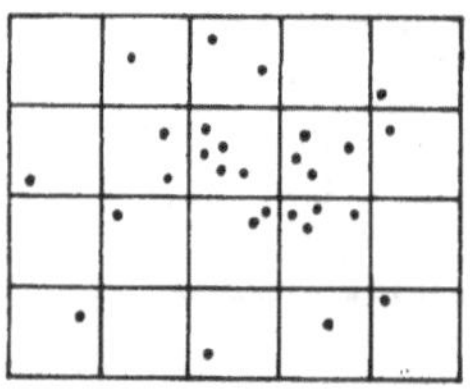

Abb. 70. Ausschnitt einer Punktverteilung im Gitternetz zum Beispiel der POISSON-Verteilung

Tabelle 22. Prüfung eines Punktgefüges auf POISSON-Verteilung

Anzahl der Punkte pro Gitterquadrat k	Häufigkeit der Quadrate mit k Punkten	Wahrscheinlichkeiten der POISSON-Verteilung $f(k)$	Errechnete Häufigkeiten $f(k) \cdot 20$	(gerundet)
0	5	0,2466	4,932	5
1	9	0,3452	6,904	7
2	3	0,2417	4,834	5
3	0	0,1128	2,256	2
4	2	0,0395	0,790	1
5	1	0,0111	0,222	0
6	0	0,0026	0,052	0
	20			20

räumlicher Systeme schon oft bewährt. Zur Darstellung diskreter räumlicher Verteilungsmodelle ist die POISSON-Verteilung auch wegen ihrer leichten Handhabung sehr geeignet.

Daneben gibt es noch *andere theoretische Verteilungen*, von denen hier

— die negative Binomialverteilung,
— die hypergeometrische Verteilung und
— die PÓLYA-Verteilung

erwähnt werden sollen, weil sie künftig auch in der Geographie Bedeutung erlangen könnten, obwohl sie bislang bei geographischen Untersuchungen kaum Verwendung finden. Sie lassen sich alle als Spezialfälle auf die Binomialverteilung zurückführen.

7.2. Die stetigen Verteilungen

7.2.1. Allgemeines

Obwohl bei geographischen Untersuchungen stetig verteilte Meßwerte und diskrete Daten etwa gleiche Bedeutung haben — in der ökonomisch-geographischen Forschung vielleicht sogar die diskreten Größen in der Überzahl sind —, ist doch festzustellen, daß stetige Verteilungen in wesentlich größerem Umfang zur Anwendung kommen. Dies liegt wohl in erster Linie an der vorrangigen Bedeutung der GAUSS*schen Normalverteilung* bei allen wahrscheinlichkeitsstatistischen Untersuchungen. Bei den meisten Prüf- und Schätzverfahren von Stichproben und bei vielen mehrdimensionalen statistischen Analysemethoden, wie beispielsweise der Faktorenanalyse, kommt man ohne die Normalverteilung nicht aus, da gefordert wird, daß die verwendeten Merkmale, die als Zufallsgrößen angesehen werden, „normalverteilt" sein müssen oder zumindest durch entsprechende Transformationen in eine Normalverteilung überführbar sind.

Bei einer stetigen Verteilung nimmt die Zufallsvariable X nicht nur wie bei der betrachteten Binomial- oder auch der POISSON-Verteilung ganzzahlige Werte an, sondern in einem bestimmten Intervall ist praktisch jeder beliebige reelle Wert möglich. Daher läßt sich die Wahrscheinlichkeit nicht für einen bestimmten Punkt berechnen, doch läßt sie sich dafür angeben, daß ein Punkt innerhalb eines bestimmten Intervalls liegt, d. h., die Zufallsvariable X kann beliebige Realisierungen in einem beliebigen Teilintervall $(a; b)$ annehmen. Diese Wahrscheinlichkeit wird als Inhalt einer Fläche unter der Kurve $y = f(x)$ aufgefaßt, wie Abb. 71 erkennen läßt. An die Stelle der für einzelne Punkte erklärten Wahrscheinlichkeitsfunktionen der diskreten Verteilungen tritt bei stetigen Verteilungen die *Dichtefunktion* $f(x)$.

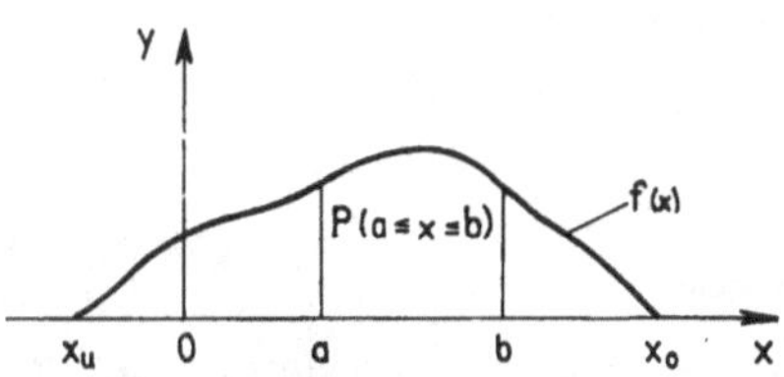

Abb. 71. Dichtefunktion einer stetigen Verteilung

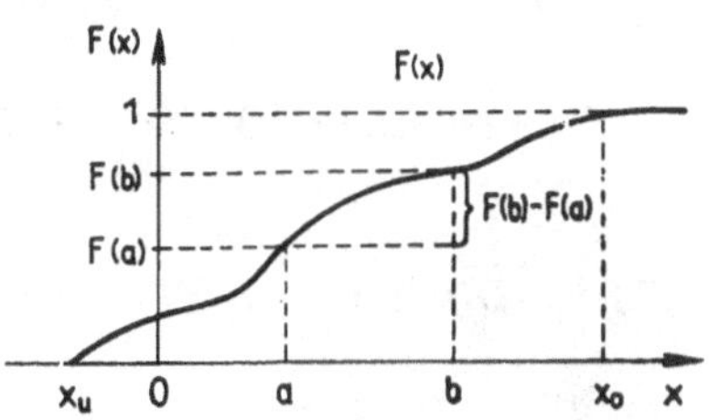

Abb. 72. Verteilungsfunktion einer stetigen Verteilung

Eine Zufallsvariable X heißt stetig verteilt mit der Dichtefunktion $f(x)$, wenn gilt

- $f(x)$ ist eine nichtnegative Funktion im Intervall $(a; b)$; für alle anderen reellen Zahlen ist sie identisch Null;
- $\int_{-\infty}^{\infty} f(x)\,dx = 1$, d. h., die Gesamtfläche unter der Kurve hat den Wert 1 (vollständiges Ereignissystem);
- $P(a \leqq X \leqq b) = \int_{b}^{a} f(x)\,dx$

  oder anders geschrieben:

$$f(x) = \begin{cases} 0 & \text{für } x \leqq x_u \\ P(X) & \text{für } x_u < x < x_o \quad \text{mit} \quad \int_{x_u}^{x_o} f(x)\,dx = 1 \\ 0 & \text{für } x \geqq x_o. \end{cases}$$

Die *Verteilungsfunktion* $F(x)$ (vgl. Abb. 72) einer stetigen Zufallsvariablen X ergibt sich aus der Dichtefunktion $f(x)$ durch Integration, wie in ähnlicher Weise bei einer diskreten Zufallsvariablen die Verteilungsfunktion aus der Wahrscheinlichkeitsfunktion durch einen Summierungsvorgang hervorging:

$$F(x) = \begin{cases} 0 & \text{für } x \leqq x_u \\ \int_{x_u}^{x_o} f(x)\,dx & \text{für } x_u < x \leqq x_o \\ 1 & \text{für } x > x_o. \end{cases}$$

Weiterhin lassen sich der Erwartungswert, die Varianz und die Standardabweichung einer stetigen Verteilung folgendermaßen berechnen:

Erwartungswert $E(X)$: $\quad E(X) = \int_{-\infty}^{\infty} x\, f(x)\,dx$

Varianz $D^2(X)$: $\quad D^2(X) = \int_{-\infty}^{\infty} (x - E(X))^2 f(x)\,dx = \int_{-\infty}^{\infty} x^2 f(x)\,dx - E(X)^2$

Standardabweichung $D(X)$: $\quad D(X) = \sqrt{D^2(X)}$.

7.2.2. *Die Gaussche Normalverteilung*

Die bekannteste und für praktische Anwendungen wichtigste Verteilung stetiger Zufallsgrößen ist die *Normalverteilung*, die auch nach den Mathematikern Gauss und de Moivre benannt wird. Sie hat besonders dadurch Bedeutung erlangt, daß viele empirische Verteilungen, selbst wenn sie aus diskreten Werten oder Gruppierungen zusammengesetzt sind, bei genügend großem n sich durch eine Normalverteilung approximieren lassen. Dies ist der Inhalt des sogenannten *Zentralen Grenzwertsatzes*, der hier ohne Beweis erwähnt werden soll:

Die Summe von n unabhängigen Zufallsvariablen mit gleichen Parametern, d. h. gleichem Erwartungswert $E(X)$ und gleicher Varianz $D^2(X)$, läßt sich mit wachsendem n immer besser einer Normalverteilung annähern.

Vielfach können Zufallsvariable als Summe sich überlagernder, etwa gleichstarker zufälliger Einflüsse aufgefaßt werden. Sie sind nach dem Grenzwertsatz etwa normalverteilt. Bei der Normalverteilung wird die Dichtefunktion mit dem Buchstaben φ statt mit f und die Verteilungsfunktion mit Φ statt F bezeichnet. Die *Dichtefunktion* $\varphi(x)$ *der Normalverteilung* ist eine symmetrische Glockenkurve (vgl. Abb. 73), die durch die Parameter μ — den Lageparameter der Mittellinie oder maximalen Ordinate — und σ — den Abstand des Wendepunktes der Kurve von der Mittellinie und zugleich Streuungsmaß — gekennzeichnet wird. Im allgemeinen werden Mittelwert μ und Varianz σ^2 als die Kenngrößen der Normalverteilung angegeben. Somit wird die *Dichtefunktion* $\varphi(x; \mu; \sigma^2)$ nach der Formel

$$\varphi(x; \mu; \sigma^2) = \frac{1}{\sqrt{2\pi\sigma^2}} \mathrm{e}^{-\frac{(x-\mu)^2}{2\sigma^2}} \quad \text{für} \quad -\infty < x < +\infty \quad \text{und} \quad \sigma > 0$$

berechnet, wobei die Wahrscheinlichkeitsbedingung

$$\int_{-\infty}^{\infty} \varphi(x; \mu; \sigma^2)\, \mathrm{d}x = 1$$

erfüllt sein muß, d. h., das Integral unter der Kurve muß den Wert 1 ergeben.

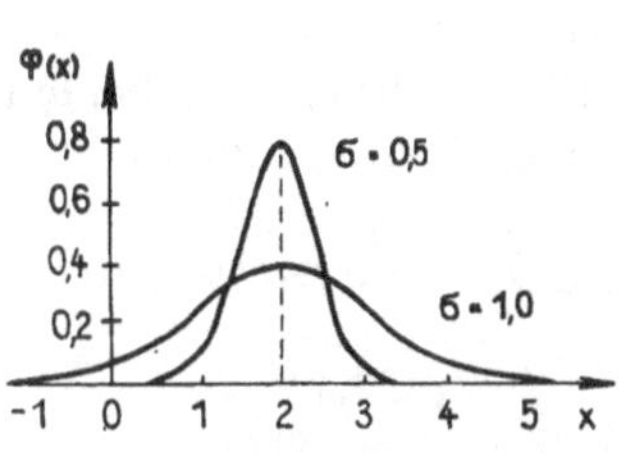

Abb. 73. Dichtefunktionen der Normalverteilung bei verschiedenen σ-Werten

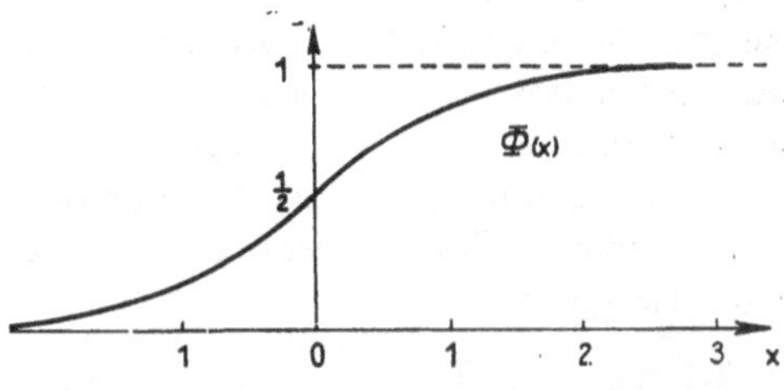

Abb. 74. Verteilungsfunktion der Normalverteilung

Wie bereits erwähnt, bestimmt der Wert von μ die Lage der Mittellinie der Glockenkurve, und die Standardabweichung gibt Auskunft über die Gestalt der Verteilungskurve. Je kleiner σ ist, um so geringer ist die Streuung der einzelnen Werte um den Mittelwert und um so steiler wird der mittlere Teil der Kurve ansteigen. Hohe σ-Werte, d. h. eine große Streubreite der Werte, bedingen einen abgeflachten Verlauf der Dichtefunktion $\varphi(x)$, wie Abb. 73 erkennen läßt. Nach beiden Seiten erstreckt sich die Kurve unter asymptotischer Annäherung an die x-Achse theoretisch bis ins Unendliche.

Die zugehörige Verteilungsfunktion $\Phi(x; \mu; \sigma^2)$ — vgl. Abb. 74 — ergibt sich zu

$$\Phi(x; \mu; \sigma^2) = P(X < x) = \frac{1}{\sqrt{2\pi\sigma^2}} \int_{-\infty}^{x} e^{-\frac{(t-\mu)^2}{2\sigma^2}} \, dt = 1 .$$

Erwartungswert, *Varianz* und *Standardabweichung* ergeben

$$E(x) = \int_{-\infty}^{\infty} x \, \varphi(x; \mu; \sigma^2) \, dx = \mu$$

$$D^2(x) = \int_{-\infty}^{\infty} x^2 \, \varphi(x; \mu; \sigma^2) \, dx - \mu^2 = \sigma^2$$

$$D(x) = \sqrt{\sigma^2} = \sigma .$$

Wegen der strengen Symmetrie der Normalverteilung nehmen *Schiefe* und *Exzeß* den Wert Null an.

7.2.3. *Die normierte oder standardisierte Normalverteilung*

Normalverteilungskurven fallen in Abhängigkeit von der Größenordnung der verwendeten Daten sehr verschieden aus und lassen sich daher nur schwer unmittelbar miteinander vergleichen. Um aber trotzdem eine Vergleichbarkeit zu ermöglichen, um beispielsweise Korrelationen zwischen normalverteilten Zufallsgrößen durchführen zu können, muß die Normalverteilung normiert oder standardisiert werden. Dazu werden den beiden Grundparametern μ und σ von vornherein bestimmte Werte beigelegt, nämlich $\mu = 0$ und $\sigma = 1$. Man spricht auch von einer sogenannten N(0; 1)-Verteilung.

Die auf diese Weise gewonnene Normalverteilung hat die *standardisierte Dichtefunktion* von der Form

$$\varphi(u; 0; 1) = \frac{1}{\sqrt{2\pi}} e^{-\frac{u^2}{2}},$$

und die zugehörige *standardisierte Verteilungsfunktion* lautet

$$\Phi(u; 0; 1) = \frac{1}{\sqrt{2\pi}} \int_{-\infty}^{u} e^{-\frac{t^2}{2}} \, dt .$$

Um die Normierung deutlich zu machen, wird statt x hier meist u (oder auch z) verwendet. Man führt dabei die folgenden *Transformationen* durch:

- Es wird die Mittelachse der Normalverteilung durch den Nullpunkt gelegt, so daß auf der positiven y-Achse die maximale Ordinate der Verteilung abgetragen wird.
- Vom Nullpunkt aus werden auf der Abszisse (x-Achse) nach beiden Seiten hin Abstände abgetragen, die die Symmetrie der Verteilung unterstreichen.

Zur Normierung führt man nun die folgende Substitution durch:

$$u = \frac{x - \mu}{\sigma}.$$

Der ermittelte u-(oder z-)Wert dient als Argument der normierten Normalverteilung und ist in den Tafelwerken aufgeführt, um so die zugehörigen Werte von $\varphi(u)$ und $\Phi(u)$ aufsuchen zu können.

Die Tabellenwerke sind jedoch keineswegs einheitlich, und man muß sich jeweils zunächst orientieren, für welche Bereiche Dichte- und Verteilungsfunktion vertafelt

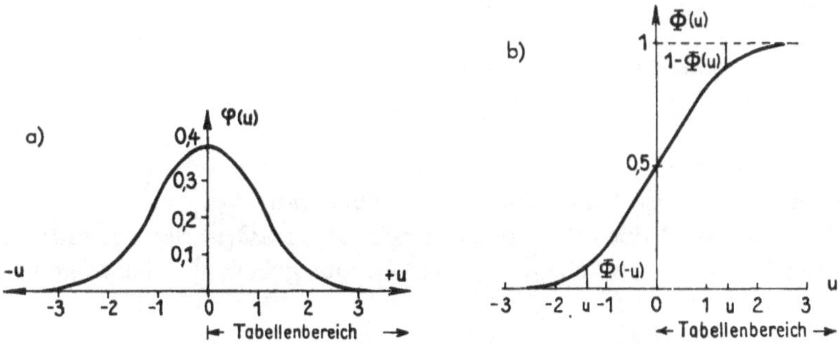

Abb. 75. Normierte Dichte- (a) und Verteilungsfunktion (b) der Normalverteilung und ihre Symmetrieeigenschaften

und mit welcher Stellengenauigkeit sie dargestellt wurden. Infolge der Symmetrie der normierten Funktionen gilt, wie auch Abb. 75a und b anschaulich zeigen:

$$\varphi(-u) = \varphi(u)$$

$$\Phi(-u) = 1 - \Phi(u);$$

d. h., es genügt, die beiden Funktionen im Intervall $0 \leqq u \leqq 4$ zu tabellieren. Der normierte Argumentwert sollte auf 2–3 Kommastellen genau und die Funktionswerte mindestens auf 4, möglichst auf 6 Stellen angegeben werden. Tabelle 23 vermittelt einen Einblick in die Grundstruktur solcher Tabellen anhand einiger ausgewählter Werte und soll bei den folgenden Beispielen zur Einübung der Ablesetechnik dienen. Der Tabellenbereich für die Argumente u ist in Spalte 1 festgelegt. Tabelliert sind dann in Spalte 2 die zum Argument u gehörigen Ordinatenwerte der Dichtefunktion $\varphi(u)$ und in Spalte 3 die Wahrscheinlichkeitswerte der Verteilungsfunktion $\Phi(u)$, die sich aus Integralflächen unter der Kurve herleiten und Werte zwischen 0 und 1 annehmen

Tabelle 23. Auszug aus einer Tabelle der normierten Normalverteilung

u	$\varphi(u)$	$\Phi(u)$	$\Delta\Phi(u)$
(1)	(2)	(3)	(4)
0,00	0,39894	0,50000	0,0000
0,01	0,39892	0,50399	0,0080
…	…	…	…
0,10	0,39695	0,53983	0,0797
0,20	0,39104	0,57926	0,1585
…	…	…	…
0,50	0,35207	0,69146	0,3829
…	…	…	…
1,00	0,24197	0,84134	0,6827
…	…	…	…
1,50	0,12952	0,93319	0,8664
…	…	…	…
2,00	0,05399	0,97725	0,9545
…	…	…	…
2,50	0,01753	0,99379	0,9876
…	…	…	…
3,00	0,00443	0,99865	0,9973
…	…	…	…

können. Man muß sich im klaren sein, welcher Flächenabschnitt jeweils gemeint ist, und unter Umständen entsprechende Umrechnungen durchführen.

Es ist in Spalte 4 der Tabelle 23 noch die Verteilungsfunktion $\Delta\Phi(u)$ der normierten Normalverteilung in den Integrationsgrenzen $-u$ bis $+u$ angegeben, die das folgende Integral wiedergibt:

$$\Delta\Phi(u) = \frac{1}{\sqrt{2\pi}} \int_{-u}^{+u} e^{-\frac{t^2}{2}}\, dt.$$

Diese Werte sind für das Festlegen der *statistischen Sicherheit* bei Stichprobenuntersuchungen von großer Bedeutung, da man damit unmittelbar die zwischen den Grenzen erfaßte Wahrscheinlichkeit der Realisierungen der Zufallsvariablen angeben kann, was bei der Prüfung von Stichproben wesentlich ist. Bekanntlich geben die normierten u-Werte der Normalverteilung auch die σ-Grenzen an, so daß man ein Maß für den berücksichtigten Umfang der Stichprobenwerte erhält. Infolge der Standardisierung sind die Intervallwahrscheinlichkeiten für das σ-Intervall für jede beliebige normierte Normalverteilung mit den Parametern μ und σ^2 gleich. Gleiches gilt für die 2σ- und 3σ-Intervalle, so daß sich die Werte der Tabelle 23 entnehmen lassen.

Für das Intervall von $-\sigma$ bis $+\sigma$ gilt:

$$P(|X - \mu| \leqq 1\sigma) = 2\Phi(1) - 1 = 2 \cdot 0{,}84134 - 1 = 0{,}68268 \quad \text{oder } 68{,}27\%$$

und läßt sich als Flächenanteil unter der Kurve deuten (vgl. Abb. 76a).
Entsprechend gilt für das 2σ-Intervall (vgl. Abb. 76b):

$$P(|X - \mu| \leqq 2\sigma) = 2\Phi(2) - 1 = 2 \cdot 0{,}97725 - 1 = 0{,}95450 \quad \text{oder} \quad 95{,}45\%$$

und für das 3σ-Intervall (vgl. Abb. 76c):

$$P(|X-\mu| \leqq 3\sigma) = 2\Phi(3) - 1 = 2 \cdot 0{,}99865 - 1 = 0{,}99730 \quad \text{oder} \quad 99{,}73\%.$$

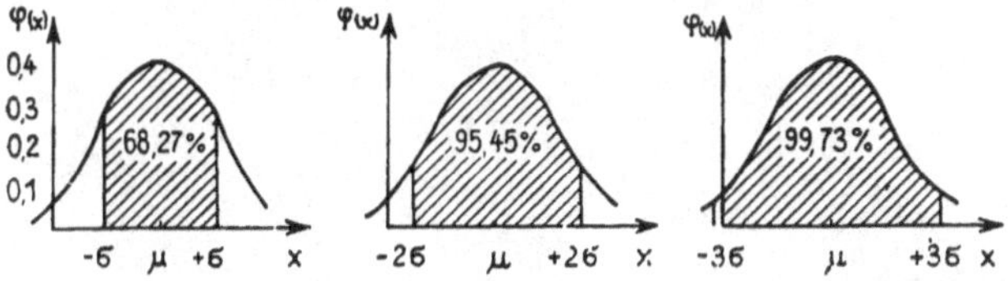

Abb. 76. Die σ-Grenzen der normierten Normalverteilung

Im folgenden sollen einige Beispiele für die Verwendung von Tafeln der normierten GAUSSschen Normalverteilung (vgl. Tabelle 23) unter Berücksichtigung der Symmetrieverhältnisse (Abb. 75a und b) näher erläutert werden. Oft erweist es sich als zweckmäßig, sich zur Erleichterung der Orientierung kleine Skizzen nach Art der Abbildungen 77a und b anzufertigen.

Im *1. Beispiel* sollen von einer normalverteilten Stichprobe $N(x; \mu; \sigma^2) = N(10;4;9)$ standardisierte Werte berechnet werden, wobei

$$u = \frac{x-\mu}{\sigma} = \frac{10-4}{3} = 2{,}0 \text{ beträgt.}$$

— Für den standardisierten Wert $u = 2{,}00$ ist die Dichtefunktion $\varphi(u)$ der Tabelle 23 zu entnehmen und zu interpolieren. Mit dem Wert $(2) = 0{,}05399$ kann man die Ordinate der Zufallsvariablen für den Punkt $x = 10$ bestimmen, sofern die Maximalordinate für $\mu = 4$ — den Gipfel der Normalverteilung — bekannt ist. Beträgt z. B. $y(4) = 20$, so errechnet man $y(10) = 20 \cdot 0{,}05399 = 1{,}0798$.

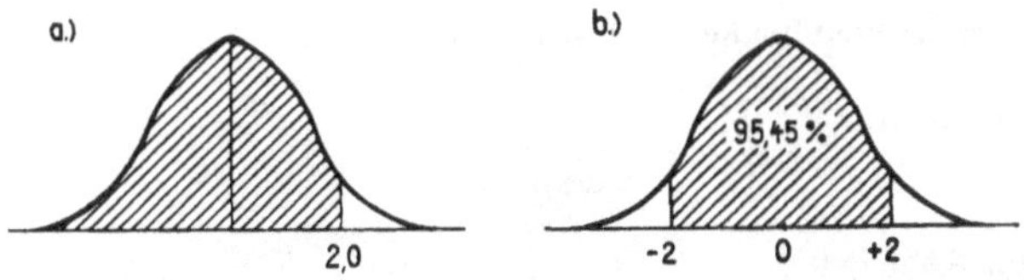

Abb. 77. Zum 1. Ablesebeispiel der normierten Normalverteilung

— Für $u = 2{,}00$ ist die Verteilungsfunktion folgendermaßen abzulesen und zu deuten: Man findet in Tabelle 23 $\Phi(u) = 0{,}97725$, d. h., entsprechend Abb. 77a werden bis zur Stelle $u = 2{,}00$ von der Fläche unter der Kurve 97,73% der Werte erfaßt bzw. 2,3% liegen außerhalb, was für die Bestimmung der statistischen Sicherheit von Bedeutung ist.
— Man kann auch angeben, wieviel Prozent der Gesamtwahrscheinlichkeit auf das Intervall von -2 bis $+2$ (das sogenannte 2σ-Intervall) entfallen (vgl. Abb. 77b):

$$\Delta\Phi(u) = \Delta\Phi(2) = 2 \cdot \Phi(2) - 1 = 0{,}9545 \quad \text{oder} \quad 95{,}45\%.$$

Im *2. Beispiel* sind 2 Stellen einer Normalverteilung gegeben: $X_1 = 46$, $X_2 = 58$ mit $\mu = 48$ und $\sigma^2 = 16$. Diese Werte sind zu standardisieren:

$$u_1 = \frac{46-48}{4} = -0{,}5 \quad \text{und} \quad u_2 = \frac{58-48}{4} = 2{,}5.$$

Welche Wahrscheinlichkeiten der Zufallsvariablen liegen nun zwischen

a) u_1 und u_2

b) $-u_1$ und u_1

c) $-u_2$ und u_2

d) u_1 und $-u_2$?

Man erhält

$$\Phi(u_1) = \Phi(-0{,}5) = 1 - 0{,}69146 = 0{,}30854$$

$$\Phi(-u_1) = \Phi(0{,}5) = 0{,}69146$$

$$\Phi(u_2) = \Phi(2{,}5) = 0{,}99379$$

$$\Phi(-u_2) = \Phi(-2{,}5) = 1 - 0{,}99379 = 0{,}00621$$

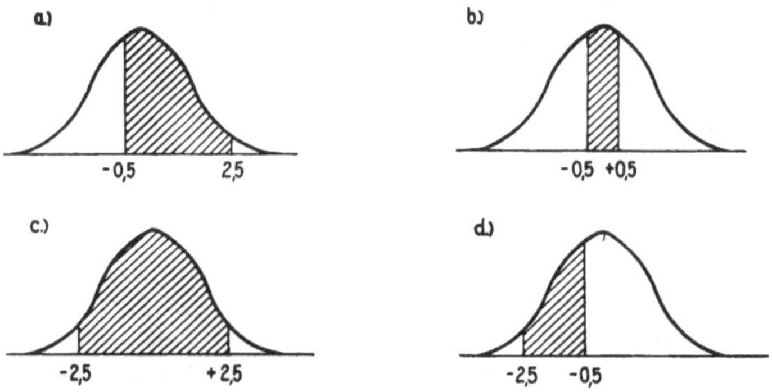

Abb. 78. Zum 2. Ablesebeispiel der normierten Normalverteilung

und kann damit die folgenden Intervallwahrscheinlichkeiten bestimmen:

a) für das Intervall $-0{,}5$ bis $2{,}5$ (vgl. Abb. 78a)

$$\Phi_{u_1}^{u_2} = 0{,}99379 - 0{,}30854 = 0{,}68525$$

b) für das Intervall $-0{,}5$ bis $+0{,}5$ (vgl. Abb. 78b)

$$\Phi_{-u_1}^{+u_1} = 2 \cdot 0{,}69146 - 1 = 0{,}38292$$

c) für das Intervall $-2{,}5$ bis $+2{,}5$ (vgl. Abb. 78c)

$$\Phi_{-u_2}^{+u_2} = 2 \cdot 0{,}99379 - 1 = 0{,}98758$$

d) für das Intervall $-2{,}5$ bis $-0{,}5$ (vgl. Abb. 78d)

$$\Phi_{u_1}^{-u_2} = 0{,}30854 - 0{,}00621 = 0{,}30233.$$

7.2.4. *Anpassung einer empirischen Verteilung an die Normalverteilung*

Häufig geht es darum, festzustellen, ob eine vorliegende empirische Verteilung annähernd normalverteilt ist. Das ist erforderlich, wenn man sie einem mehrdimensionalen statistischen Analyseverfahren unterwerfen will. Man muß sie zu diesem Zweck *durch eine Normalverteilung approximieren.*

Im nachstehenden *Beispiel* erfolgt das an *Ernteertragszahlen*, die auf einer Anzahl von Schlägen stichprobenartig ermittelt und in 5 Klassen zusammengefaßt wurden. Um die Rechnung leicht überschaubar zu machen, beträgt der Stichprobenumfang $n = 100$. Zunächst wurden auf herkömmliche Weise das arithmetische Mittel $\bar{X}$ und die Standardabweichung σ berechnet (vgl. Tabelle 24). In Spalte 3 von Tabelle 24 sind die Klassengrenzen g der Ertragszahlenklassen aufgetragen, die für die Substitutionsformel zur Berechnung der standardisierten Normalverteilung benötigt werden. Man bildet z. B. $u = \frac{39{,}5 - 47{,}45}{2{,}92} = -2{,}72$ usw. und erhält auf diese Weise die Werte von Spalte 4. Mit deren Hilfe werden nach Tabellen die Wahrscheinlichkeitsflächen der Verteilungsfunktion Φ (u_g) gefunden (Spalte 5) und danach durch Differenzbildung die auf jede Klasse entfallenden Flächenanteile (Spalte 6) berechnet. Sie stellen, da bei sehr großem n die Wahrscheinlichkeit als Grenzwert der relativen Häufigkeit angesehen werden kann, die möglichen Realisierungen der Zufallsvariablen dar und haben den Charakter von relativen Häufigkeiten, die mit denen der empirischen Verteilung verglichen werden können (Spalte 8).

Multipliziert man die Werte von Spalte 6 mit der Gesamtzahl der Möglichkeiten (Stichprobenumfang n; im vorliegenden Falle ist $n = 100$), so erhält man die bei normalverteilten Daten zu erwartenden relativen Häufigkeiten (Spalte 7). Diesen sind in Spalte 8 die beobachteten Werte gegenübergestellt. Die hier umständlich erläuterte Tabelle läßt sich, ohne daß Tafelwerke benötigt werden, mittels geeigneter EDV-Programme berechnen.

Tabelle 24. Anpassung empirischer Werte an eine Normalverteilung

Klasse	Erträge dt/ha	Klassen-grenze g	standard. Argument u_g	Verteilungs-funktion $\Phi(u_g)$ von 0 bis u_g	Fläche jeder Klasse $\Delta\Phi(u_g)$	Häufigkeit theore-tisch h'_i	beobachtet h_i
(1)	(2)	(3)	(4)	(5)	(6)	(7)	(8)
		39,5	−2,72	0,4967			
1	40−42				0,0413	4,13	5
		42,5	−1,70	0,4554			
2	43−45				0,2068	20,68	18
		45,5	−0,67	0,2486			
3	46−48				0,3892	38,92	42
		48,5	0,36	0,1406			
4	49−51				0,2771	27,71	27
		51,5	1,39	0,4177			
5	52−54				0,0743	7,43	8
		54,5	2,41	0,4920			

$\bar{X} = 47{,}45$ dt/ha; $\sigma = 2{,}92$ dt; $n = 100$

7.2.5. *Die logarithmische Normalverteilung oder Lognormalverteilung*

Oft sind empirische Verteilungen stark asymmetrisch, d. h. von Grund aus nach links oder rechts verschoben, so daß sie sich nicht von vornherein durch eine Normalverteilung approximieren lassen (vgl. Abb. 79a). In solchen Fällen müssen zunächst *Transformationen* (vgl. Kap. 3.2.) durchgeführt werden.

In diesem Zusammenhang soll auf eine besondere Art stetiger Verteilung hingewiesen werden, bei der die nicht-negative Zufallsvariable X nicht selbst normalverteilt ist, wohl aber ihr natürlicher Logarithmus ln X. Sie wird als *logarithmische Normalverteilung* oder *Lognormalverteilung* bezeichnet. Ihre *Dichtefunktion* $f(x)$ lautet:

$$f(x) = \begin{cases} 0 & \text{für} \quad x \leqq 0 \\ \dfrac{1}{x\sqrt{2\pi\sigma^2}}\, e^{-\frac{(\ln x - \mu)^2}{2\sigma^2}} & \text{für} \quad x > 0. \end{cases}$$

Dabei sind μ und σ die üblichen Parameter der Normalverteilung in standardisierter Form.

Für den *Erwartungswert* $E(X)$ und die *Varianz* $D^2(X)$ ergeben sich

$$E(X) = e^{\mu + \frac{\sigma^2}{2}} \quad \text{und} \quad D^2(X) = e^{2\mu+\sigma^2}(e^{\sigma^2} - 1).$$

Die logarithmische Normalverteilung ist linkssteil und spielt in der Bedienungs- und Lagerhaltungstheorie der Ökonomie eine Rolle.

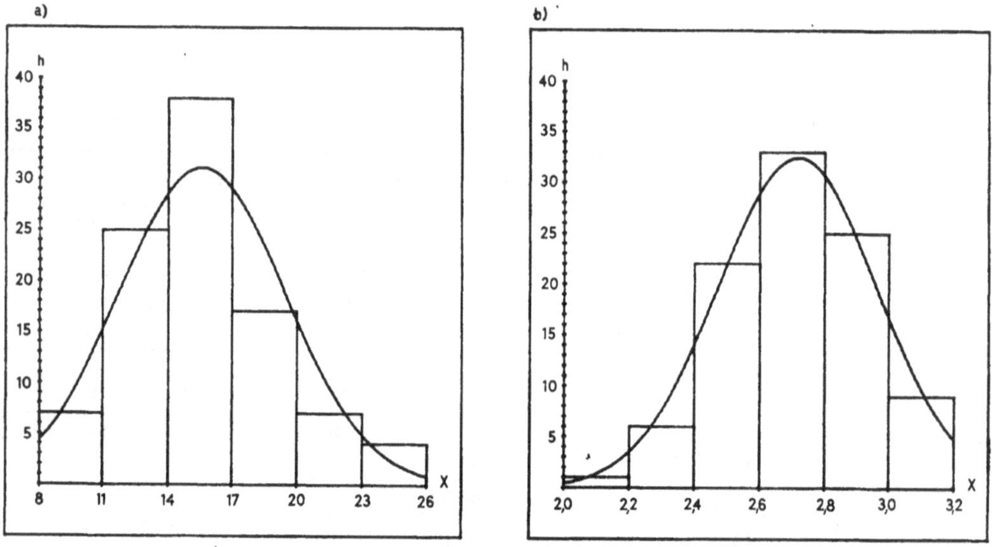

Abb. 79. Histogramme der Tongehalte von Bodenproben — empirische (a) und logarithmisch transformierte (b) Verteilung

Als ein *physisch-geographisches Beispiel* wurde die *Untersuchung von Bodenproben auf ihren Tongehalt* (in %) gewählt. Aus einer größeren Stichprobe ($n = 100$) sind die folgenden Werte entnommen worden (vgl. Tabellen 25 und 26). Bereits das Histogramm der Abb. 79a läßt die Linkssteilheit der Verteilung erkennen. Zunächst wird nach Art des Beispiels der Ernteertragszahlen (Tabelle 24) versucht, die empirischen Verteilungswerte der Prozentzahlen der Tongehalte einer Normalverteilung anzugleichen (Abb. 79a und Tabelle 25). Im Gegensatz zu Tabelle 24 wurden hier die Klassen nicht besonders gekennzeichnet, die übrigen Spalten sind die gleichen. Zunächst werden das arithmetische Mittel und die Standardabweichung berechnet und die Extremwerte dargestellt.

Die Tabelle 25 zeigt, daß die durchgeführte Anpassung der empirischen Werte an eine Normalverteilung die Linkssteilheit der Kurve nicht zu beseitigen vermag. Zwar tritt im Bereich des

Maximums (Gipfel der Verteilungskurve) eine Verbesserung der Symmetrie ein, doch ist der Gesamtverlauf der Kurve von einer symmetrischen Glockenkurve weit entfernt.

Die beiden überdimensional breiten Randklassen der Tabelle 25 sind praktisch „leer“, denn sie enthalten lediglich die sogenannten „Ausreißer“ der Verteilung. Sie werden daher auch nicht für die Konstruktion des Histogramms (Abb. 79a) verwendet. Dieses umfaßt 6 äquidistante Klassen mit 98 von 100 Werten.

Tabelle 25. Anpassung der empirischen Werte an die Normalverteilung für das Beispiel „Tongehalte (in %) von Bodenproben“

Klasse	Klassen-grenze	standard. Argument	Verteilungs-funktion	Fläche jeder Klasse	Häufigkeit	
					theoretisch	beobachtet
i	g	u_g	$\Phi(u_g)$	$\Delta\Phi(u_g)$	h'_i	h_i
(1)	(2)	(3)	(4)	(5)	(6)	(7)
	$-\infty$	$-\infty$	0,000000			
1				0,023684	2,3684	1
	8	−1,983	0,023684			
2				0,090998	9,0998	7
	11	−1,202	0,114682			
3				0,222196	22,2196	25
	14	−0,421	0,336878			
4				0,303698	30,3698	38
	17	0,360	0,640576			
5				0,232489	23,2489	17
	20	1,141	0,873065			
6				0,099632	9,9632	7
	23	1,922	0,972697			
7				0,023867	2,3867	4
	26	2,703	0,996564			
8				0,003436	0,3436	1
	$+\infty$	$+\infty$	1,000000			

$\bar{X} = 15{,}616$; $\sigma = 3{,}841$; $n = 100$; $X_{\min} = 7{,}3$; $X_{\max} = 26{,}6$

Zur Veranschaulichung der *logarithmischen Normalverteilung* wird nunmehr die Verteilung der Tongehalte einer logarithmischen Transformation vom Typ $X' = \ln X$ unterworfen. Die Ergebnisse sind in Tabelle 26 und Abb. 79b dargestellt. Durch die logarithmische Transformation wird die Verteilungskurve deutlich symmetrischer, wie das Histogramm (Abb. 79b) erkennen läßt. Die Verteilung ist fast schon etwas rechtssteil geworden, doch sind die Werte jetzt insgesamt besser normalverteilt. Die beiden Histogramme in Abbildung 79a und b sind allerdings nicht unmittelbar miteinander vergleichbar, da von verschiedenen Klassengrößen ausgegangen werden mußte.

Bei leicht schiefen Verteilungen sollte man bei Anpassung an die Normalverteilung häufiger von der Transformation mit dem natürlichen Logarithmus Gebrauch machen, zumal der Rechenaufwand eines derartigen Computerprogramms unerheblich ist.

Neben der Logarithmierung bieten sich noch andere *nichtlineare Transformationen* an, wenn eine nichtnormalverteilte Zufallsgröße in eine normalverteilte umgewandelt

Tabelle 26. Anpassung der empirischen Werte an eine logarithmische Normalverteilung für das Beispiel „Tongehalte (in %) von Bodenproben“

Klasse i	Klassen-grenze g	standard. Argument u_g	Verteilungs-funktion $\Phi(u_g)$	Fläche jeder Klasse $\Delta\Phi(u_g)$	Häufigkeit theoretisch h'	Häufigkeit beobachtet h
(1)	(2)	(3)	(4)	(5)	(6)	(7)
	$-\infty$	$-\infty$	0,000000			
1				0,001750	0,1750	1
	2,0	−2,924	0,001750			
2				0,015679	1,5679	1
	2,2	−2,110	0,017429			
3				0,079887	7,9887	6
	2,4	−1,297	0,097316			
4				0,217232	21,7232	22
	2,6	−0,483	0,314548			
5				0,315130	31,5130	33
	2,8	0,331	0,629678			
6				0,244217	24,4217	25
	3,0	1,145	0,873895			
7				0,100990	10,0590	9
	3,2	1,958	0,974885			
8				0,025115	2,5115	3
	$+\infty$	$+\infty$	1,000000			

$\bar{X} = 2{,}719$; $\sigma = 0{,}246$; $n = 100$; $X_{\min} = 1{,}988$; $X_{\max} = 3{,}281$

werden soll. Auf diese Verfahren kann nur kurz hingewiesen werden. Auf die Form $Z = X^a$ lassen sich z. B. die Gleichungen $Z = \sqrt{X} = X^{1/2}$ und $Z = 1/X = X^{-1}$ zurückführen. Da bei solchen Transformationen X im allgemeinen keine negativen Werte annehmen darf, kann es notwendig werden, die Zufallsgröße X vor einer derartigen nichtlinearen Überführung zunächst einer linearen Transformation vom Typ $Y = AX + B$ zu unterziehen. Es bedarf darüber hinaus einer gewissen Erfahrung, den Exponenten a festzusetzen, da ja die Symmetrie der Verteilungskurve verbessert werden soll.

Eine geeignete Transformationsformel stellt auch die von Pudlatz (1975) gegebene dar:

$$Z = \left(\frac{X - X_{\min}}{\sigma} + 0{,}1\right)^a,$$

bei der der Klammerausdruck aus einer Standardisierung der Zufallsvariablen X und einer linearen Transformation zur Erhaltung des positiven Vorzeichens des Terms besteht. Der Koeffizient a wird iterativ bestimmt, und zwar so, daß Z die Schiefe Null annimmt. Als Näherungswert für a wird $a = e^{(-2/3g)}$ angegeben, wobei g die Schiefe von X bedeutet.

7.2.6. *Die Exponentialverteilung*

Für bestimmte geographische Untersuchungen ist auch die Exponentialverteilung, die zu den stetigen Wahrscheinlichkeitsverteilungen gehört, von Nutzen. Bekanntlich spiegelt die Exponentialfunktion *Wachstums- und Schwundprobleme* gut wider und ist daher beispielsweise für die *Abbildung von Bevölkerungsbewegungen* besonders geeignet. Andererseits wird sie auch bei *Gravitationsmodellen* — wie etwa der Abnahme von Konzentrationen im Verhältnis der Entfernung von einem Zentrum — gern verwendet. So bietet sich z. B. eine Reihe Anwendungsmöglichkeiten auf dem Gebiet der Zentralorttheorie. Im ökonomischen Bereich spielt die Exponentialverteilung vor allem in der Bedienungs- und Erneuerungstheorie eine große Rolle, wenn es um die Ermittlung der Wahrscheinlichkeiten für bestimmte Andauerwerte, wie die Dauer von Telefongesprächen, Reparaturzeiten, Lebensdauer von Gebäuden, Einrichtungen oder Maschinen, Bedienungszeiten usw., geht. Alle derartigen Objekte und Erscheinungen können als angenähert exponentialverteilt angesehen werden.

Eine stetige Zufallsvariable X (vgl. Abb. 80) heißt exponentialverteilt, wenn die *Dichtefunktion* $f(x)$ folgende Form annimmt:

$$f(x) = \begin{cases} 0 & \text{für } x < 0 \\ c \cdot e^{-cx} & \text{für } x \geqq 0 \quad \text{und} \quad c > 0. \end{cases}$$

Durch Integration läßt sich daraus die *Verteilungsfunktion* $F(x)$ herleiten.

$$F(x) = \begin{cases} 0 & \text{für } x < 0 \\ 1 - e^{-cx} & \text{für } x \geqq 0. \end{cases}$$

Weiterhin ergeben sich für

$$\text{den } \textit{Erwartungswert } E(X) = \frac{1}{c} \text{ und die } \textit{Varianz } D^2(X) = \frac{1}{c^2}.$$

Der Wert der *Standardabweichung* $D(X) = 1/c$ entspricht dem des Erwartungswertes. Die Größe c wird als Parameter der Exponentialverteilung bezeichnet und ist ein Schätzmaß für die Veränderung (Zu- bzw. Abnahme) der Verteilung pro Raum- oder Zeiteinheit. Für den Wert $c = 2$ sind Dichtefunktion $f(x)$ und Verteilungsfunktion $F(x)$ einer exponentialverteilten Zufallsvariablen X in Abbildung 80a und b dargestellt.

Die Anwendung soll an einem *Beispiel* der *Verteilung der Bevölkerungsdichte im Umkreis eines Zentrums* veranschaulicht werden. Aus der Verteilung der Bevölkerungsdichte im Umkreis des Zentrums wurde bei der Überprüfung mehrerer Großstädte gleicher Größenordnung empirisch

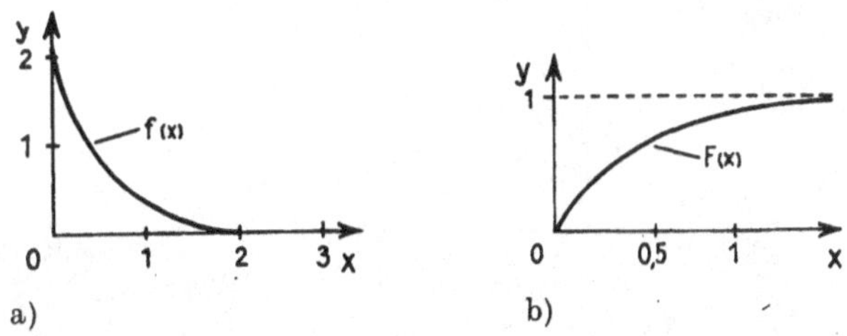

Abb. 80. Dichte- (a) und Verteilungsfunktion (b) der Exponentialverteilung

für den Parameter c der Wert $c = 0{,}125$ gefunden. Die Zufallsvariable X soll der Abstand vom Zentrum in km sein. Unter der Voraussetzung, daß X exponentialverteilt ist, ergeben sich auf die nachstehenden Fragen die angegebenen Lösungen:

— Welches ist die mittlere Größe für ein derartiges Zentrum? Man berechnet den zugehörigen Radius als Erwartungswert (in km):

$$E(X) = \frac{1}{c} = \frac{1}{0{,}125} = 8\,.$$

— Wieviel Realisierungen sind bis $X = 5$ km gegeben?
Man geht mit den Werten in die Verteilungsfunktion $F(5)$ ein und erhält

$$F(5) = P(X < 5) = 1 - e^{-0{,}125 \cdot 5} = 1 - e^{-0{,}625} = 0{,}4647;$$

d. h., im 5-km-Bereich sind 46,47% der Bevölkerung verteilt.

— Wie groß ist der Bereich, in dem 90% aller Werte liegen?
Man geht wieder von der Verteilungsfunktion aus und setzt ein

$$\begin{aligned} F(x) = P(X < x) &\geqq 0{,}9 \quad \text{oder} \\ 1 - e^{-0{,}125x} &\geqq 0{,}9 \\ 0{,}1 &\geqq e^{-0{,}125x} \\ \ln 0{,}1 &\geqq -0{,}125x \\ x &\geqq -8 \cdot \ln 0{,}1 \\ x &\geqq 18{,}421 \quad (x \text{ in km}); \end{aligned}$$

d. h., in einem Umkreis von etwa 18 km Radius sind 90% der Bevölkerung des untersuchten Zentrumstyps anzutreffen.

Lösungen dieser Art sind besonders für überschlägige Vergleiche geeignet.

8. Über Zeitreihen und Trendanalyse

8.1. Allgemeine Grundlagen

Auch raumbezogene Erscheinungen und Objekte sind der zeitlichen Dynamik unterworfen. Um Entwicklungsabläufe studieren zu können, muß man angestellte Beobachtungen, Messungen oder Erhebungen in ihrer zeitlichen Entwicklung betrachten. Unter einer *Zeitreihe* versteht man eine Datenmenge, die nach den aufeinanderfolgenden Zeitpunkten angeordnet ist. Anders ausgedrückt: es handelt sich um geordnete Wertepaare, bei denen Objekte, Personen, Merkmale usw. Zeitwerten wie Tagen, Monaten, Jahren zugeordnet werden. Meist sind die zeitlichen Abstände gleichgroß (äquidistant) gewählt. Doch gibt es gerade aus der Physischen Geographie viele Beispiele, wo Messungen im Gelände nicht streng gleichabständig durchgeführt werden konnten. Auch solche Zeitreihen lassen sich mit bestimmten mathematischen Transformationsverfahren analysieren.

Geographische Entwicklungsprozesse führen zu Zeitreihen. In der Ökonomischen Geographie äußern sich sozialökonomische Prozesse im Bevölkerungswachstum, in der Dynamik vielfältigster Produktions- und Ertragszahlen, die in reichem Maße Material für Zeitreihen liefern. In der Physischen Geographie sind es vor allem die Klimatologie und Hydrologie, die in ihren jährlichen und mehrjährigen Entwicklungsrhythmen betrachtet werden. So kommen Klimawerte wie Niederschlagsmengen, Mitteltemperaturen, Häufigkeits- und Schwellenwerte oder im hydrologischen Bereich Wasserstände, Schadenshochwässer oder der Verschmutzungsgrad der Gewässer in Zeitreihen zur Darstellung. Auch Handel und Verkehr, Gesundheitswesen und die kulturelle Entwicklung von Gebieten, Gemeinden oder Staaten liefern reiche Anwendungsmöglichkeiten.

Zeitreihen lassen sich in einem *Zeitreihendiagramm* darstellen. Dabei sind die Koordinaten so verteilt, daß auf der Abszisse die Zeit t abgetragen wird, während auf der Ordinate das zugeordnete Merkmal (Temperatur, Ertrag, Anzahl) oder eine Häufigkeit, auch in % ausgedrückt, erscheint (vgl. Abb. 81). Die Punkte $t_1, \ldots, t_i$ definieren die betrachteten Zeitpunkte, denen Merkmalswerte oder Häufigkeiten funktional nach der Formel $y_i = f(t_i)$ zugeordnet werden. Verbindet man die Punkte eines Zeitreihendiagramms durch einen Streckenzug, so entsteht ein *Zeitreihenpolygon* (vgl. Abb. 81).

Die Veränderung der Meß- oder Erhebungswerte während der Beobachtungsperiode wird als *Bewegung der Zeitreihe* bezeichnet. Die Analyse der Bewegungen von Zeitreihen ist auch für die *Prognose* künftiger Bewegungen und die sogenannte *Fortschreibung von Zeitreihen*, beispielsweise zur Voraussage der Entwicklung der Bevölkerung, von großem Wert.

Vielfach werden in der Literatur *zwei Typen von Zeitreihen*, die Zeitpunktreihen und die Zeitintervallreihen, unterschieden, doch lassen sie sich in der Praxis nicht immer voneinander trennen.

— Eine *Zeitpunktreihe* liegt dann vor, wenn die statistische Erscheinung an bestimmten Stichtagen, wie bei Volks-, Berufs-, Gebäude-, Verkehrs- und anderen Zählungen, ermittelt wird. In der Regel handelt es sich um Objekte, die keinen starken kurzfristigen Schwankungen unterworfen sind, oder solche, bei denen eine ständige Überprüfung unmöglich ist.

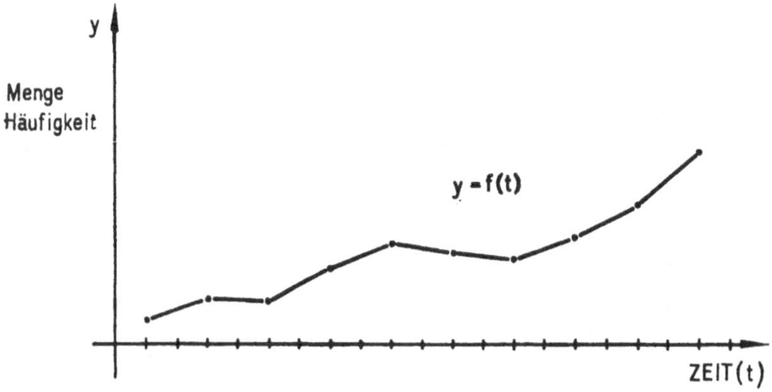

Abb. 81. Schema einer Zeitreihe

— Eine *Zeitintervallreihe* sucht die laufenden Veränderungen und Schwankungen durch ständige Kontrollerhebungen oder Messungen zu erfassen und für repräsentative Zeitintervalle zusammenzufassen. In der volkswirtschaftlichen Statistik sind Monate und Jahre, auf der betrieblichen Ebene sogar Tage und Wochen, die verwendeten *Untersuchungsintervalle*. Die Klimatologie gliedert ihre Reihen gelegentlich bis zu Stundenwerten und hat daneben noch eine Anzahl mehrtägiger Intervalle (Pentaden, Dekaden) entwickelt, um Schwankungen der Klimaelemente von verschiedener Größenordnung gut nachweisen zu können.

Naheliegenderweise wird man auch eine Zeitpunktreihe, wenn es erforderlich ist, nach Intervallen auswerten, und eine Intervallreihe wiederum setzt sich streng genommen stets aus punktförmig gewonnenen Einzelwerten zusammen.

Die in Zeitreihen auftretenden Bewegungen lassen sich in vier Gruppen, die auch als die *Komponenten der Zeitreihe* bezeichnet werden, gliedern:

1. Der *Trend* (T) oder die säkulare (langfristige) Bewegung spiegelt die Grundrichtung der langfristigen Entwicklung wider. Sie ergibt sich, wenn man sämtliche sich überlagernde Schwankungen vernachlässigt (vgl. Abb. 82a). Im einfachsten Fall wird der Trend durch eine gerade Linie (*linearer Trend*) angenähert. Im allgemeinen sind die Trendfunktionen nichtlinear und durch Polynome höherer Ordnung, Potenz-,

Exponential-, logarithmische oder logistische Funktionen approximierbar. Die Ermittlung geeigneter Trendkurven wird als Trendbestimmung bezeichnet.

2. Als *zyklische Bewegung* (Z) werden langfristige Schwankungen bezeichnet, die sowohl periodischen wie auch nichtperiodischen Charakter haben können und sich der Trendgeraden überlagern (vgl. Abb. 82b). Bei der Analyse lassen sich Schwingungen verschiedener Wellenlänge und Amplitude, die unterschiedliche Persistenz, unter Umständen auch Erscheinungen der Selbstverstärkung oder des Abklingens erkennen. Das Bevölkerungswachstum beispielsweise läßt deutlich Zeiten der Krise oder des wirtschaftlichen Wohlstandes sichtbar werden.
3. Die *saisonale Bewegung* (S), auch Saisonschwankung genannt, umfaßt jahreszeitliche Schwankungen, die sich alljährlich in etwa dem gleichen Rhythmus wiederholen. Sie lassen sich durch jährlich wiederkehrende Ereignisse erklären, wie sie z. B. in der Natur im Jahresgang der Witterungsereignisse begründet sind und bestimmte

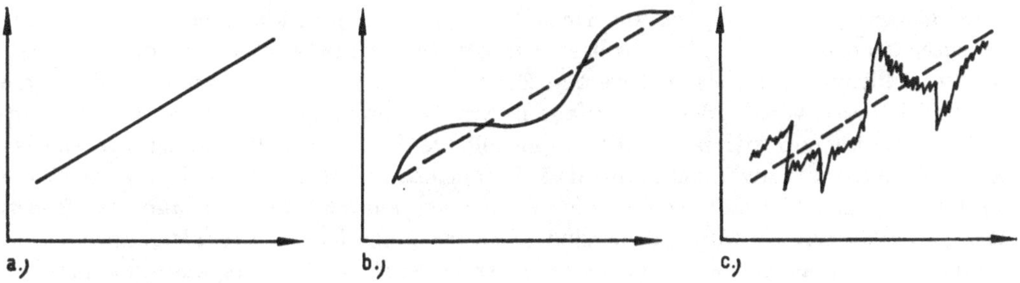

Abb. 82. a) Linearer Trend (schematisch)
b) zyklische Schwankungen einer Zeitreihe (schematisch)
c) unregelmäßige Schwankungen einer Zeitreihe (schematisch)

Temperaturen bzw. ein bestimmtes Niederschlagsregime zur Folge haben, das sich dann in den Wasserständen der Binnengewässer und im jahreszeitlichen Gang der Bodenfeuchte widerspiegelt. Doch auch Kaufgewohnheiten im Zusammenhang mit der Urlaubszeit oder dem Weihnachtsfest rufen saisonale Periodizitäten hervor.

4. Die *irreguläre oder zufällige Bewegung* (J) beinhaltet ganz unregelmäßig auftretende Schwankungen, die Zufallscharakter haben (vgl. Abb. 82c). Darunter fallen auch vereinzelt und mit großer Seltenheit auftretende Katastrophenereignisse, wie Überschwemmungen, Dürreperioden, Streiks, Produktionsausfälle oder Vernichtung von Menschenleben durch höhere Gewalt usw. Meist jedoch sind es kleine, unbedeutende Zacken der Kurve, die keinerlei Regelhaftigkeit erkennen lassen und die Trendkurve nicht nennenswert beeinflussen. Bei den genannten starken Impulsen ist es demgegenüber möglich, daß die Trendkurve zum Schwingen gebracht wird und zyklische Bewegungen entstehen, die erst allmählich wieder abklingen.

Man kann sich daher eine Zeitreihe aus den vier genannten Komponenten in Form eines Produktes zusammengesetzt denken

$$Y_z = T \cdot Z \cdot S \cdot J . \tag{1}$$

Wenn davon ausgegangen wird, daß die einzelnen Komponenten der Reihe den Charakter von Schwingungen haben, so kann man sich die Zeitreihe auch durch Überlagerung verschiedener periodischer harmonischer Schwingungen entstanden denken und man erhält die Zeitreihe als Summe sich überlagernder Schwingungen.

$$Y_z' = T + Z + S + J \qquad (2).$$

Die FOURIER-Analyse benutzt diese Tatsache und löst Zeitreihen in die sie zusammensetzenden harmonischen Schwingungen auf, die sich durch periodische Funktionen darstellen lassen.

8.2. Verschiedene Möglichkeiten der Trendbestimmung

Es existiert eine Reihe von Verfahren, den Trend zu bestimmen, die unterschiedlichen Anforderungen genügen. Einmal wird rasch eine erste Orientierung angestrebt, die durchaus grob sein kann, wie die Grundtendenz der Entwicklung einer Erscheinung einzuschätzen ist. Zum anderen soll eine möglichst genaue Annäherung dieses Trends an die wirklichen Werte erreicht werden. Zwischen diesen beiden extremen Forderungen lassen sich die verschiedenen Verfahren zur Bestimmung der Trendfunktion einordnen. Es können hier nicht alle vorgestellt werden; doch sollen wenigstens die bekanntesten Erwähnung finden, ohne daß sie sämtlich mit Beispielen belegt werden. Zur besseren Vergleichbarkeit werden die genauer *dargestellten Methoden alle am gleichen Beispiel* erläutert. Es wurde dazu eine *11jährige Zeitreihe von Produktionszahlen* verwendet, und zwar die *Getreideproduktion der UdSSR in 10^6 dt im Zeitraum zwischen 1928—1938* (vgl. Tabn. 27ff). Sämtliche Methoden der Trendbestimmung sind Schätzverfahren im statistischen Sinne.

8.2.1. Der visuelle Trend

Die einfachste, sogenannte „freihändige“ Methode, den Trend zu ermitteln, besteht darin, daß man nach Augenmaß durch die in ein Koordinatennetz eingetragenen Werte eine gerade Linie legt, den visuellen Trend. Dieses Verfahren besitzt selbstverständlich nur eine sehr begrenzte Genauigkeit, da es von der individuellen Entscheidung abhängt.

8.2.2. Die Methode der absoluten bzw. relativen Gesamtänderung

Auch dieses Verfahren besitzt nur eine begrenzte Genauigkeit, da man aus dem Wertevorrat der Zeitreihe nur zwei Werte, nämlich den Anfangs- und den Endwert, berücksichtigt. Liegen diese etwa im Trend, so wird man gute Ergebnisse bekommen. Doch tritt eine mehr oder minder starke Richtungsverschiebung des Trends ein, wenn die beiden Werte oder auch nur einer von beiden größere Abweichungen von der Trendrichtung aufweisen (sog. „Ausreißer“). Die *absolute Gesamtänderung der Zeitreihe* ergibt sich als Differenz zwischen dem letzten und dem ersten Zahlenwert des betrachteten Zeitabschnittes:

$$D_{\text{abs}} = y_n - y_1. \qquad (3)$$

Im Beispiel ergibt sich

$$D_{abs} = y_{11} - y_1 = 949{,}9 - 733{,}2 = 216{,}7 \quad (\text{in } 10^6 \text{ dt}).$$

Der Wert würde völlig anders ausfallen, wenn statt y_{11} das Vorjahr y_{10} eingesetzt würde:

$$D_{abs} = y_{10} - y_1 = 1202{,}9 - 733{,}2 = 469{,}7 \quad (\text{in } 10^6 \text{ dt}).$$

Das aus der Trendbewegung herausfallende vorletzte Jahr der Reihe täuscht eine viel zu hohe Gesamtänderung vor. Durch entsprechende Vorzeichen werden Zunahmen bzw. Abnahmen zum Ausdruck gebracht. Trotzdem sagt der Wert wenig, da die zugrunde liegende Zeitperiode nicht normiert ist und verschiedenen Umfang haben kann.

Wesentlich besser geeignet ist ein Wert, der die *durchschnittliche jährliche absolute Änderung* zum Ausdruck bringt. Man benutzt dazu die Formel

$$d_{abs} = \frac{y_n - y_1}{(n-1)}, \tag{4}$$

wobei n die Anzahl der betrachteten Jahre ist.
Im Beispiel ist $n = 11$, und man erhält

$$d_{abs} = \frac{216{,}7}{11-1} = 21{,}67 \quad (\text{in } 10^6 \text{ dt}).$$

Bei anderer Wahl des Endwertes (z. B. für y_{10}) würde sich

$$d_{abs} = 46{,}97 \quad (\text{in } 10^6 \text{ dt}) \text{ ergeben.}$$

Derartige Zahlen, die sich auf größere Zeiträume erstrecken, besagen natürlich wenig, wenn im Laufe einer solchen Beobachtungsperiode Zeiten der Zu- und Abnahme mehrfach miteinander abwechseln.

Für vergleichende Betrachtungen sind daher meist nicht die absoluten, sondern die relativen Veränderungen am aussagekräftigsten. Auch hierbei sind Werte, die sich auf den Gesamtzeitraum beziehen und Durchschnittswerte zu unterscheiden. Die *relativen Änderungen im Gesamtzeitraum* errechnen sich nach der Formel

$$D_{rel} = \frac{y_n}{y_1} \cdot 100 \quad (\text{in } \%). \tag{5}$$

So ergibt sich für das gewählte Beispiel $D_{rel} = \dfrac{949{,}9}{733{,}2} \cdot 100\% = 129{,}56\%$.

Abschließend soll die *relative durchschnittliche Jahresänderung* berechnet werden. Sie stellt ein Maß für das durchschnittliche *Wachstumstempo pro Jahr* dar, wobei wiederum die Einschränkung gemacht werden muß, daß man dabei voraussetzt, daß die relativen Änderungen in der Beobachtungsperiode gleichsinnig, also entweder als ständige Zunahmen oder ständige Abnahmen erfolgen. Bezeichnet man die jährliche relative Änderung mit u_i, so läßt sich für aufeinanderfolgende Jahre die Reihe ansetzen

$$\begin{aligned} y_1 &= y_1 \\ y_2 &= y_1 \cdot u_1 \\ y_3 &= (y_1 \cdot u_1) \cdot u_2 \\ y_4 &= \big((y_1 \cdot u_1) \cdot u_2\big) \cdot u_3 \\ &\ldots\ldots\ldots\ldots \end{aligned} \tag{6}$$

Legt man eine gleichbleibende jährliche Durchschnittsänderung u zugrunde, kann man auch schreiben

$$\begin{aligned} y_1 &= y_1 \\ y_2 &= y_1 \cdot u \\ y_3 &= y_1 \cdot u^2 \\ y_4 &= y_1 \cdot u^3 \\ &\ldots\ldots\ldots\ldots, \end{aligned} \tag{6'}$$

und es läßt sich daraus die allgemeine Formel für u ableiten:

$$u = \sqrt[n-1]{\frac{y_n}{y_1}} \cdot 100 \text{ (in \%)}, \tag{7}$$

wobei Werte über 100% Zunahmen und solche unter 100% Abnahmen kennzeichnen. Für das gegebene Beispiel ergibt sich

$$u = \sqrt[10]{1{,}2956} \cdot 100\% = 102{,}62\%,$$

d. h., im Gesamtzeitraum 1928—1938 ist die Produktion auf 129,56% angestiegen, wobei die durchschnittliche jährliche Steigerungsrate bei 2,6% lag.

8.2.3. Die Methode der halben Durchschnitte

Dieses Verfahren soll lediglich der Vollständigkeit halber erwähnt werden, da es im Zeitalter der elektronischen Rechenanlagen kaum noch Bedeutung besitzt. Man teilt die Zahlenwerte der Zeitreihe in zwei gleichgroße Gruppen. Bei ungerader Gliederzahl muß der mittelste Wert wegbleiben. Dann bildet man in den Gruppen das arithmetische Mittel. Die so bestimmten Mittelwerte werden zwei Punkten, die man durch Halbierung der zugehörigen Abszissenintervalle erhält, zugeordnet und in ein rechtwinkliges Koordinatennetz eingetragen. Durch Verbinden erhält man eine angenäherte Trendgerade, die, wie bereits betont wurde, nur eine grobe Näherung darstellt und im Einzelfall sehr fehlerhaft sein kann.

8.2.4. *Die Methode der gleitenden oder übergreifenden Mittelbildung*

Dieses Verfahren wird allgemein zur *Glättung einer Beobachtungsreihe* verwendet. Durch den schrittweisen Ausgleich unter Zusammenfassung benachbarter Werte zu einer Gruppe und anschließender Durchschnittsbildung wird die Grundrichtung des Trendverlaufes herausgearbeitet. Auf Grund dieser Mittelung werden die stark abweichenden Werte einem Ausgleich unterworfen. Man spricht von *gleitenden, übergreifenden Durchschnitten.* Je mehr Werte zu einer Gruppe zusammengefaßt werden, um so besser ist die Glättung der Kurve und um so höher ist auch die Annäherung an den Trend. Allerdings muß man damit eine zunehmende Verkürzung der Gesamtreihe in Kauf nehmen und kann in der Gruppengröße nicht beliebig weit gehen.

Bei Zeitreihen aus Jahreswerten wird man daher selten über eine 5jährige übergreifende Mittelbildung hinausgehen, während bei Reihen aus Tageswerten 10- und 20tägige gleitende Durchschnitte keine Seltenheit sind. Vom Verfahren her sind *zwei Ansätze* gebräuchlich, die am vorliegenden Beispiel demonstriert werden sollen:

— Nach Art der Bestimmung des arithmetischen Mittels werden einige Werte zusammengefaßt und durch ihre Anzahl geteilt. Dann wird bei der folgenden Mittelbildung der erste Wert weggelassen und der nächstfolgende neu in die Gruppe einbezogen. Für einen 3jährigen übergreifenden Durchschnitt lautet die Formel, wenn n die Gesamtzahl der Werte der Reihe ist:

$$\begin{aligned}
\bar{y}_2 &= \frac{y_1 + y_2 + y_3}{3} \\
\bar{y}_3 &= \frac{y_2 + y_3 + y_4}{3} \\
&\cdots\cdots\cdots\cdots \\
\bar{y}_{n-1} &= \frac{y_{n-2} + y_{n-1} + y_n}{3}.
\end{aligned} \tag{8}$$

Für das *Beispiel* sind die Werte in Tabelle 27 und Abb. 83 wiedergegeben.

Es kann dabei vom Anfangs- und Endwert jeweils nur die Hälfte berücksichtigt, dafür aber der Umfang der in die Gruppe einbezogenen Werte vergrößert werden. Auch dadurch wird die Glättung der Kurve verbessert, wie Abb. 83a zeigt, und die Gleichungen lauten:

$$\begin{aligned}
\bar{y}_2 &= \frac{\frac{1}{2}\, y_1 + y_2 + y_3 + \frac{1}{2}\, y_4}{3} \\
\bar{y}_3 &= \frac{\frac{1}{2}\, y_2 + y_3 + y_4 + \frac{1}{2}\, y_5}{3} \\
&\cdots\cdots\cdots\cdots \\
\bar{y}_{n-2} &= \frac{\frac{1}{2}\, y_{n-3} + y_{n-2} + y_{n-1} + \frac{1}{2}\, y_n}{3}.
\end{aligned} \tag{9}$$

Tabelle 27. Gleitender 3- und 4-Jahres-Durchschnitt, berechnet nach 2 Ansätzen für das Beispiel „Getreideproduktion der UdSSR 1928–1938“

Jahr i	Produktionszahl y_i	Gleitender 3-Jahres-Durchschnitt $\bar{y}_i^{(3)}$	Gleitender 4-Jahres-Durchschnitt $\bar{y}_i^{(4)}$
1	733,2	–	–
2	717,4	762,0	–
3	835,4	749,2	755,6
4	694,8	742,9	746,2
5	698,7	763,8	753,4
6	898,0	830,2	797,0
7	894,0	897,7	864,1
8	901,0	874,1	885,9
9	827,3	977,0	925,6
10	1 202,9	993,4	985,2
11	949,9	–	–

Die Beispielswerte sind wiederum der Tabelle 27 zu entnehmen.

Während bei der 3jährigen übergreifenden Mittelbildung insgesamt 2 Werte verlorengehen und die Reihe um diesen Betrag verkürzt wird, sind es beim 4jährigen übergreifenden Durchschnitt 4 Werte. Die Glättung der Kurve ist jedoch dadurch verbessert, wie Abb. 83a zeigt. Die Zacken im Endbereich der Kurve sind weitgehend verschwunden, und es ist ein deutlich parabolisch gekrümmter Trendverlauf zu erkennen. Das Verfahren gestattet allerdings ebenfalls nicht mehr als eine erste Orientierung über den Trendverlauf.

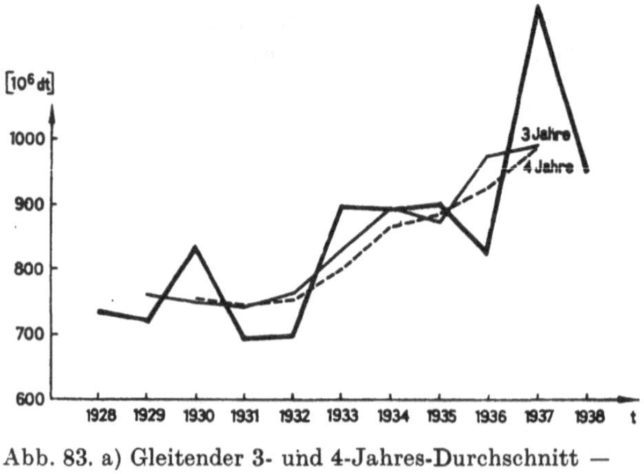

Abb. 83. a) Gleitender 3- und 4-Jahres-Durchschnitt — Beispiel: Getreideproduktion der UdSSR 1928–1938

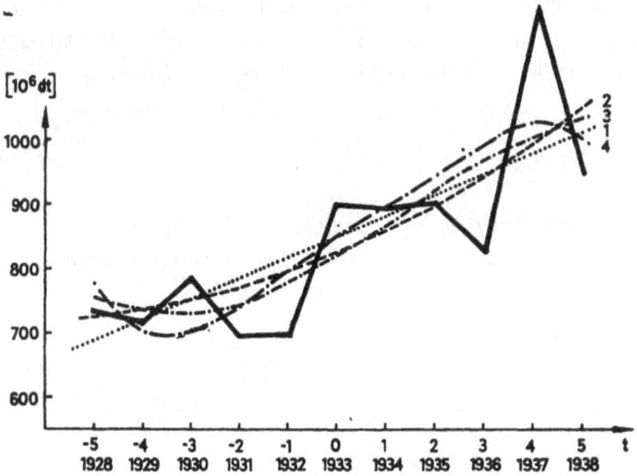

Abb. 83. b) Trend 1.—4. Ordnung mittels Orthogonalfunktionen —
Beispiel: Getreideproduktion der UdSSR 1928—1938

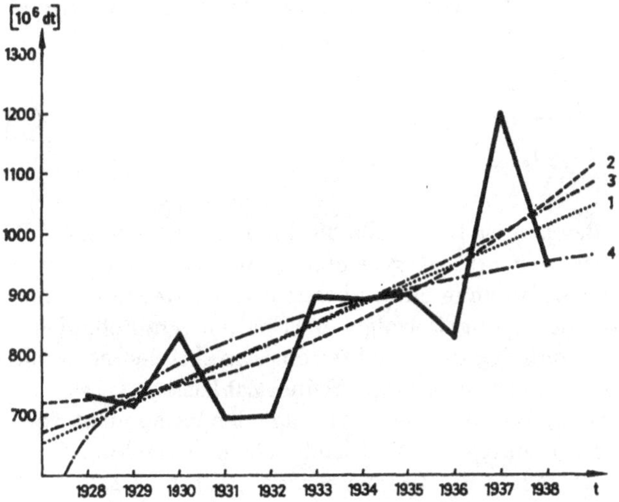

Abb. 83. c) Linearer, quadratischer, exponentieller und Potenztrend —
Beispiel: Getreideproduktion der UdSSR 1928—1938

8.2.5. *Trendbestimmung nach der Methode der kleinsten Quadrate*

Bei der Trendfunktion $Y = f(t)$ wird die Abhängigkeit der Objekte y_i von der Zeit t betrachtet. Man kann den Trend annähern durch ein *Polynom n-ten Grades* von der Form

$$Y_{\mathrm{Tr}} = a_0 + a_1 t + a_2 t^2 + \dots + a_n t^n. \tag{10}$$

Je nach der geforderten Güte der Anpassung kann man den Grad der Trendfunktion wählen. Hierzu wird die Bedingung, daß die Summe der Abweichungsquadrate der empirischen von den Funktionswerten ein Minimum werden soll, zugrunde gelegt:

$$\sum_{i=0}^{n} (y_i - Y_i)^2 = \text{Min.} \tag{11}$$

Hieraus werden durch partielle Differentiation die *Normalgleichungen* abgeleitet. Diese sollen für den Trend 1. Grades, den *linearen Trend*, und den 2. Grades, den *quadratischen Trend*, ohne Ableitung angegeben und anschließend angewendet werden:

$$\sum_{i=1}^{n} y_i = n \cdot a_0 + \sum_{i=1}^{n} t_i \cdot a_1, \tag{12}$$

$$\sum_{i=1}^{n} y_i t_i = \sum_{i=1}^{n} t_i \cdot a_0 + \sum_{i=1}^{n} t_i^2 \cdot a_1.$$

Aus den Normalgleichungen lassen sich die Konstanten der Trendfunktion 1. Grades, a_0 und a_1, bestimmen. a_0 ist der Betrag der Trendfunktion zum Zeitpunkt $t_0 = 0$ oder der Ordinatenschnittpunkt der Trendgeraden, und a_1 gibt den Anstieg der Kurve wieder (vgl. Abb. 84a); je nach dem Vorzeichen von a_1 ist der Trend auf- oder absteigend:

$$a_0 = \frac{\sum_{i=1}^{n} y_i}{n} \quad \text{und} \quad a_1 = \frac{\sum_{i=1}^{n} y_i t_i}{\sum_{i=1}^{n} t_i^2}. \tag{13}$$

Die Berechnung für das gewählte Beispiel ist in Tabelle 28 durchgeführt worden. Hat man kein EDV-Programm zur Verfügung und ist gezwungen, die Rechnung manuell durchzuführen, so empfiehlt sich die Aufstellung eines übersichtlichen Rechenschemas, wie es in Tabelle 28 aufgezeigt wird. Die aufeinanderfolgenden Spalten veranschaulichen die einzelnen Rechenschritte. Ferner muß der Rechner bestrebt sein, bei den notwendigen Multiplikationen und Potenzbildungen möglichst kleine Zahlen zu verwenden. Dazu läßt sich z. B. dadurch beitragen, daß man die Wertefolge der Reihe nicht von 1 bis n durchnumeriert, sondern von einem mittleren Wert nach beiden Seiten hin positive und negative Ordnungsnummern abträgt. Im Beispiel wurde statt $t_i = 1, 2, \ldots, 11$ die Folge $t_i = -5, -4, \ldots, 0, 1, \ldots, 5$ verwendet. Von den letzteren Werten kann man die für den Trend 2. Grades benötigten 4. Potenzen noch im Kopf berechnen! Und die Summen der 1., 3. und 5. Potenzen ergeben Null. Für Computerprogramme sind natürlich derartige „Werte-Faltungen" entbehrlich, außerdem würde das Programm dadurch unnötig kompliziert.

Als *Bestimmungsgleichung für den Trend 1. Grades* erhält man, da sich $a_0 = 850{,}2$ und $a_1 = 32{,}8$ ergeben,

$$Y_{\text{I}} = 850{,}2 + 32{,}8\, t_i \quad \text{mit} \quad t_i = -5, -4, \ldots, 0, 1, \ldots, 5. \tag{14}$$

Die Zahlenwerte des Beispiels sind in Spalte 8 von Tabelle 28 aufgeführt. In ähnlicher Weise ist der Trend 2. Grades nach dieser Methode zu gewinnen. Die zugehörigen

Tabelle 28. Berechnung der Trendfunktionen 1. und 2. Grades für das Beispiel „Getreideproduktion der UdSSR 1928–1938"

Jahr	t_i	Getreide-produktion in 10^6 dt y_i	t_i^2	t_i^4	$y_i t_i$	$y_i t_i^2$	Y_I	Y_{II}
(1)	(2)	(3)	(4)	(5)	(6)	(7)	(8)	(9)
1928	−5	733,2	25	625	−3666,0	18330,0	686,2	624,4
1929	−4	717,4	16	256	−2869,6	11478,4	719,0	701,5
1930	−3	835,4	9	81	−2506,2	7518,6	751,8	754,7
1931	−2	694,8	4	16	−1389,6	2779,2	784,2	802,1
1932	−1	698,7	1	1	− 698,7	698,7	817,4	843,7
1933	0	898,0	0	0	0,0	0,0	850,2	879,4
1934	1	894,0	1	1	894,0	894,0	883,0	909,3
1935	2	901,0	4	16	1802,0	3604,0	915,9	933,4
1936	3	827,3	9	81	2481,9	7445,7	948,7	951,6
1937	4	1202,9	16	256	4811,6	19246,4	981,5	964,0
1938	5	999,9	25	625	4749,5	23747,5	1014,3	970,5
$n = 11$		9352,6	110	1858	3608,9	95742,5		

Normalgleichungen lauten:

$$\begin{aligned} \sum_{i=1}^{n} y_i &= n \cdot a_0 + \sum_{i=1}^{n} t_i^2 \cdot a_2 \\ \sum_{i=1}^{n} y_i t_i &= \sum_{i=1}^{n} t_i^2 a_1 \\ \sum_{i=1}^{n} y_i t_i^2 &= \sum_{i=1}^{n} t_i^2 a_0 + \sum_{i=1}^{n} t_i^4 a_2 . \end{aligned} \tag{15}$$

Daraus lassen sich die konstanten Koeffizienten a_0, a_1 und a_2 bestimmen:

$$a_1 = \frac{\sum_{i=1}^{n} y_i t_i}{\sum_{i=1}^{n} t_i^2}; \quad a_2 = \frac{n \sum_{i=1}^{n} y_i t_i^2 - \sum_{i=1}^{n} t_i^2 \sum_{i=1}^{n} y_i}{n \cdot \sum_{i=1}^{n} t_i^4 - \left(\sum_{i=1}^{n} t_i^2\right)^2} \tag{16}$$

$$a_0 = \frac{\sum_{i=1}^{n} y_i}{n} - a_2 \frac{\sum_{i=1}^{n} t_i^2}{n}.$$

Die *Gleichung für den Trend 2. Grades* des Beispiels, die man nach Berechnung von $a_0 = 879{,}4$; $a_1 = 32{,}8$ und $a_2 = -2{,}92$ erhält, lautet

$$Y_{II} = a_0 + a_1 t_i + a_2 t_i^2 = 879{,}4 + 32{,}8\, t - 2{,}9\, t^2 \tag{17}$$

für $t_i = -5, -4, \ldots, 0, 1, \ldots, 5.$

Die Werte für die einzelnen Jahre sind in Spalte 9 der Tabelle 28 angegeben.

Da die empirischen Werte stark streuen, ist visuell nicht ohne weiteres zu entscheiden, ob der Trend 2. Grades wesentlich besser ist als der vom 1. Grade. Man kann hierzu ein *Streuungsmaß*, das nach Art der *Standardabweichung* gebildet wird, benutzen. Es werden die Abweichungsquadrate der Differenzen zwischen den empirischen und den errechneten Trendwerten summiert und durch die Anzahl n der Werte geteilt und schließlich die Wurzel gezogen:

$$s = \sqrt{\frac{1}{n} \sum_{i=1}^{n} (y_i - Y_i)^2}\,.^{1)} \tag{18}$$

Das Streuungsmaß kennzeichnet gleichzeitig den Raum zu beiden Seiten der Trendkurve, in dem mit größter Wahrscheinlichkeit die empirischen Werte der berechneten Trendfunktion liegen (*Streu- oder Konfidenzbereich*). Im gegebenen Beispiel sind die Streuungsmaße für die beiden Trends vom 1. und 2. Grade etwa gleich, nämlich annähernd 100.

$$s_{\text{I}} = 96{,}2; \qquad s_{\text{II}} = 105{,}4.$$

Das ist an sich selten, denn normalerweise bringt der Trend höherer Ordnung eine bessere Approximation der empirischen Reihe mit sich. Im vorliegenden Falle also genügt es, den Trend 1. Grades zu berechnen. Dies geht auch aus der Tabelle 30 hervor, wo für die verschiedenen Trendfunktionen die Korrelationskoeffizienten r angeführt worden sind. Auch hier ist der lineare Trend bereits sehr hoch korreliert.

Auch bei den EDV-Programmen zur Trendanalyse ist die Methode der Trendbestimmung mittels einer Annäherung durch kleinste Quadrate heute die am meisten verwendete Methode.

8.2.6. Trendbestimmung mit Hilfe von Orthogonalfunktionen

Muß der Trend auf manuellem Wege bestimmt werden, so stellt die *Verwendung von Orthogonalfunktionen* eine wesentliche Erleichterung dar. Dieses Verfahren wurde 1950 von P. Lorenz entwickelt, der für Trends 1.—6. Grades die zugehörigen Orthogonalfunktionen berechnete und zu Tabellen für Reihen bis zu $n = 40$ zusammenstellte. Es wurde bereits darauf hingewiesen, daß bei jeder neuen Trendberechnung, beim Übergang zur nächsthöheren Ordnung, sobald man nämlich feststellt, daß ein Trend bestimmten Grades noch keine genügend gute Approximation bringt, die Normalgleichungen nach den herkömmlichen Verfahren jedesmal neu zu bestimmen sind und dadurch die Rechnungen sehr aufwendig werden. Die Trendbestimmung mit Orthogonalfunktionen geht so vor, daß der errechnete Trend bestimmten Grades auch für die höheren Trends Gültigkeit hat und jeweils nur Zusatzglieder zur weiteren Verbesserung berechnet werden. Das bedeutet eine wesentliche Vereinfachung der Rechnung.

---

[1]) Bei der Standardabweichung wird bekanntlich durch $(n-1)$ geteilt, da infolge der Mittelbildung ein Freiheitsgrad verlorengeht; hier hingegen werden die Abweichungen von den absoluten Werten gebildet, und es erfolgt eine Teilung durch die Gesamtzahl n.

Tabelle 29. Berechnung des Trends 1.–4. Ordnung mittels Orthogonalfunktionen für das Beispiel „Getreideproduktion der UdSSR 1928–1938"

a) *Faltschema für die Multiplikation mit den Tabellenwerten der Orthogonalfunktionen für einen 11 gliedrigen Trend*

	I	$X_2(x)$	I × $X_2(x)$	$X_4(x)$	I × $X_4(x)$
0 y_0 =	898,0	−1,132	−1016,50	1,177	1056,90
1 $y_1 + y_{-1}$ =	1592,7	−1,019	−1622,96	0,784	1248,67
2 $y_2 + y_{-2}$ =	1595,8	−0,679	−1083,50	−0,196	−312,78
3 $y_3 + y_{-3}$ =	1662,7	−0,113	−187,89	−1,177	−1956,99
4 $y_4 + y_{-4}$ =	1920,3	0,679	1303,88	−1,177	−2260,19
5 $y_5 + y_{-5}$ =	1683,1	1,698	2857,90	1,177	1981,00
	9352,6		250,9		−243,4

$a_0 = 9352{,}6/11 = 850{,}2$; $a_2 = 22{,}8$; $a_4 = -22{,}1$

	II	$X_1(x)$	II × $X_1(x)$	$X_3(x)$	II × $X_3(x)$
0 y_0 =	898,0	0,000	0,00	0,000	0,00
1 $y_1 - y_{-1}$ =	195,3	0,316	61,70	−0,709	−138,46
2 $y_2 - y_{-2}$ =	206,2	0,632	130,30	−1,165	−240,20
3 $y_3 - y_{-3}$ =	−8,1	0,999	−7,68	−1,114	−9,00
4 $y_4 - y_{-4}$ =	385,5	1,265	614,15	−0,304	−147,59
5 $y_5 - y_{-5}$ =	216,7	1,581	342,60	1,519	329,17
			1141,1		−206,1
			$a_1 = 103{,}6$		$a_3 = -18{,}7$

Die Trendgleichung für den Trend 1.–4. Grades lautet:

$Y = 850{,}2 + 103{,}6\, X_1(x) + 22{,}8\, X_2(x) - 18{,}7\, X_3(x) - 22{,}1\, X_4(x)$

b) *Rechenschema für die Trendberechnung*

	−5	−4	−3	−2	−1	0	1	2	3	4	5
a_0	850,2	850,2	850,2	850,2	850,2	850,2	850,2	850,2	850,2	850,2	850,2
$+a_1X_1(x)$	−163,8	−131,0	−98,3	−65,5	−32,7	0,0	32,7	65,5	98,3	131,0	163,8
1^t	686,4	719,2	752,0	784,7	817,5	850,2	882,9	915,7	948,7	981,2	1014,0
$+a_2X_2(x)$	38,7	15,5	−2,6	−15,5	−23,2	−25,8	−23,2	−15,5	−2,6	15,5	38,7
2^t	725,1	734,7	749,4	769,2	794,3	824,4	859,7	900,2	946,0	996,7	1052,7
$+a_3X_3(x)$	28,4	−5,7	−20,4	−21,8	−13,2	0,0	13,2	21,8	20,8	5,7	−28,4
3^t	753,5	729,0	728,6	747,4	781,1	824,4	872,9	922,0	966,8	1002,4	1024,3
$+a_4X_4(x)$	26,0	−26,0	−26,0	−4,3	17,3	26,0	17,3	4,3	26,0	26,0	−26,0
4^t	779,5	703,0	702,6	743,1	798,4	850,4	890,2	926,3	992,8	1028,4	998,3

Die *Bestimmungsgleichungen* lauten für den

$$\begin{aligned} &\textit{Trend 1. Grades:}\ Y_{\mathrm{I}} = a_0 + a_1X_1(x) \\ &\textit{Trend 2. Grades:}\ Y_{\mathrm{II}} = a_0 + a_1X_1(x) + a_2X_2(x) \\ &\textit{Trend 3. Grades:}\ Y_{\mathrm{III}} = a_0 + a_1X_1(x) + a_2X_2(x) + a_3X_3(x). \end{aligned} \tag{19}$$

Dabei stellen $X_1(x)$, $X_2(x)$, $X_3(x)$, ... die jeweiligen, aus Tabellen zu entnehmenden Orthogonalfunktionen n-ten Grades und a_0, a_1, ..., a_n die konstanten Koeffizienten der Trendfunktionen dar. Der Vorteil besteht darin, daß die Konstanten a_0 bis a_n, im Gegensatz zur Methode der kleinsten Quadrate, unabhängig vom Grad des betreffenden Trends stets unverändert bleiben, so daß man verhältnismäßig schnell vom Trend 2. Grades durch Berechnen des Zusatzgliedes $a_3X_3(x)$ zum Trend 3. Grades übergehen kann.

In Tabelle 29 ist für das *Beispiel der Getreideproduktion der UdSSR* 1928—1938 der Trend 1.—4. Grades mit Hilfe von Orthogonalfunktionen berechnet worden. Zunächst wird für die Funktionswerte ein Faltschema entworfen, wobei die geradzahligen Orthogonalfunktionen, die man für das vorliegende n (im gegebenen Fall z. B. $n = 11$) den Tabellen entnimmt, den Summen der empirischen Werte, die ungeradzahligen den Differenzen zugeordnet werden. Dann beginnt die Multiplikation der empirischen Werte-Summen bzw. -Differenzen mit den entsprechenden Tabellenwerten der Orthogonalfunktionen. Nach Aufsummieren der Ergebnisse und Teilung durch die Gesamtzahl n ($= 11$) erhält man der Reihe nach die konstanten Koeffizienten a_0, a_1, a_2, a_3 und a_4 mit den entsprechenden Vorzeichen. Daraus ergibt sich die *Trendgleichung 4. Grades*, die gleichzeitig für sämtliche Trends niederer Ordnung auch Gültigkeit hat. Für das Beispiel lautet diese Gleichung

$$Y_{\mathrm{I\ bis\ IV}} = 850{,}2 + 103{,}6X_1(x) + 22{,}8X_2(x) - 18{,}7X_3(x) - 22{,}1X_4(x).$$

Die weitere Berechnung erfolgt nach dem in der Tabelle angegebenen Schema, nach dem die einzelnen Werte schrittweise mit Korrekturgliedern versehen werden, die hinzuzuzählen oder abzuziehen sind. Das Verfahren ist einfach und sehr übersichtlich und kann an jeder beliebigen Stelle abgebrochen werden.

Die Abbildung 83b, auf der die Trends 1.—4. Grades dargestellt sind, zeigt, daß der Trend 2. Grades, der leicht parabolisch gekrümmt ist, gegenüber dem linearen Trend keine wesentliche Verbesserung bringt, und daß die folgenden Trends zwar den empirischen Werten näherkommen, die Trendkurven aber dadurch ins Schwingen geraten und die Grundrichtung der Trendbewegung schlechter zu erkennen ist, so daß in diesem Fall die Berechnung des linearen Trends durchaus genügt.

8.2.7. *Weitere nichtlineare Trendfunktionen*

Bereits bei der Annäherung von Zeitreihen durch Polynome höheren Grades wurden verschiedene nichtlineare Funktionen zur Trendbestimmung diskutiert. Außer diesen ganzen rationalen Funktionen n-ten Grades können auch *Potenz-, Exponential- und logarithmische Funktionen* herangezogen werden. Oft sind Zeitreihen auch so angelegt, daß sie sich allmählich einer Sättigungsgrenze nähern und infolgedessen die aufeinanderfolgenden Wachstumsraten zunehmend immer kleiner werden. Für derartige Fälle, die insbesondere in der Volkswirtschaft und in der Bevölkerungspolitik öfter vorkommen, erweisen sich die *logistische Funktion* und auch gewisse *Hyperbelfunktionen* geeignet.

Es können hier nicht alle diese Funktionen behandelt werden, sondern es ist nur ein allgemeiner Überblick über einige typische nichtlineare Trendkurven möglich, ohne dabei Vollständigkeit anzustreben. Anschließend soll auf das vorliegende Beispiel der 11jährigen Getreideerzeugung in der UdSSR ein EDV-Programm angewendet werden, das unter Verwendung verschiedener nichtlinearer Ansätze den für die vorliegende Problemstellung geeignetsten Trend aufzufinden sucht. Der Reihe nach wird mit den empirischen Werten der Zeitreihe der lineare, quadratische, exponentielle und Potenz-Trend berechnet und mittels Korrelationskoeffizienten die erreichte Güte der Anpassung anschließend getestet.

Die *Exponentialfunktion* kann in der allgemeinen Form

$$Y_{\exp} = a_0 \, e^{a_1 t} \tag{20}$$

geschrieben werden. Durch entsprechende Umformung in

$$\ln Y = \ln a_0 + a_1 t \tag{20'}$$

lassen sich die konstanten Koeffizienten a_0 und a_1 bestimmen. In Abb. 84c sind typische Verlaufsformen der Exponentialfunktion wiedergegeben. Sie wird vor allem bei Wachstumsvorgängen mit progressiver Tendenz ($a_1 > 1$), aber auch bei Abklingvorgängen ($0 < a_1 < 1$), die sich ganz allmählich asymptotisch der Nullinie nähern, verwendet.

Die allgemeine Form der *Potenzfunktion* lautet:

$$Y = a_0 \, t^{a_1}. \tag{21}$$

Je nach Wahl des Exponenten a_1 können drei Grundtypen der Kurvenform unterschieden werden, die Abb. 84d verdeutlicht:

- ist $a_1 > 1$, so erhält man eine progressiv ansteigende Parabel;
- liegt a_1 zwischen 0 und 1 (echt gebrochener, positiver Exponent), so ergibt sich eine degressiv ansteigende Parabel, bei der der Anstieg allmählich immer kleiner wird ($0 < a_1 < 1$);
- ist $a_1 < 0$ (negativer Exponent), so liegt eine degressiv fallende Hyperbel vor, also eine Abklingkurve.

Als Spezialfall ist schließlich der durch den Nullpunkt gehende, unter 45 Grad ansteigende lineare Trend für $a_1 = 1$ unter den Kurven enthalten.

Die *logarithmische Trendfunktion* hat die Grundform

$$Y_{\log} = a_0 + a_1 \log t. \tag{22}$$

wobei wieder die konstanten Koeffizienten a_0 und a_1 berechnet werden müssen. Sie kann im Gegensatz zur Exponentialfunktion zur Bestimmung *degressiver Entwicklungsvorgänge* verwendet werden (vgl. Abb. 84e).

So ist man in vielen Fällen a priori in der Lage, die am besten geeignete Trendfunktion für die zugrunde liegende Entwicklungstendenz auszuwählen und ist durch Kenntnis der den Funktionen innewohnenden mathematischen Gesetzmäßigkeiten nicht überrascht, wenn bestimmte nichtlineare Ansätze zu keinem befriedigenden Ergebnis führen.

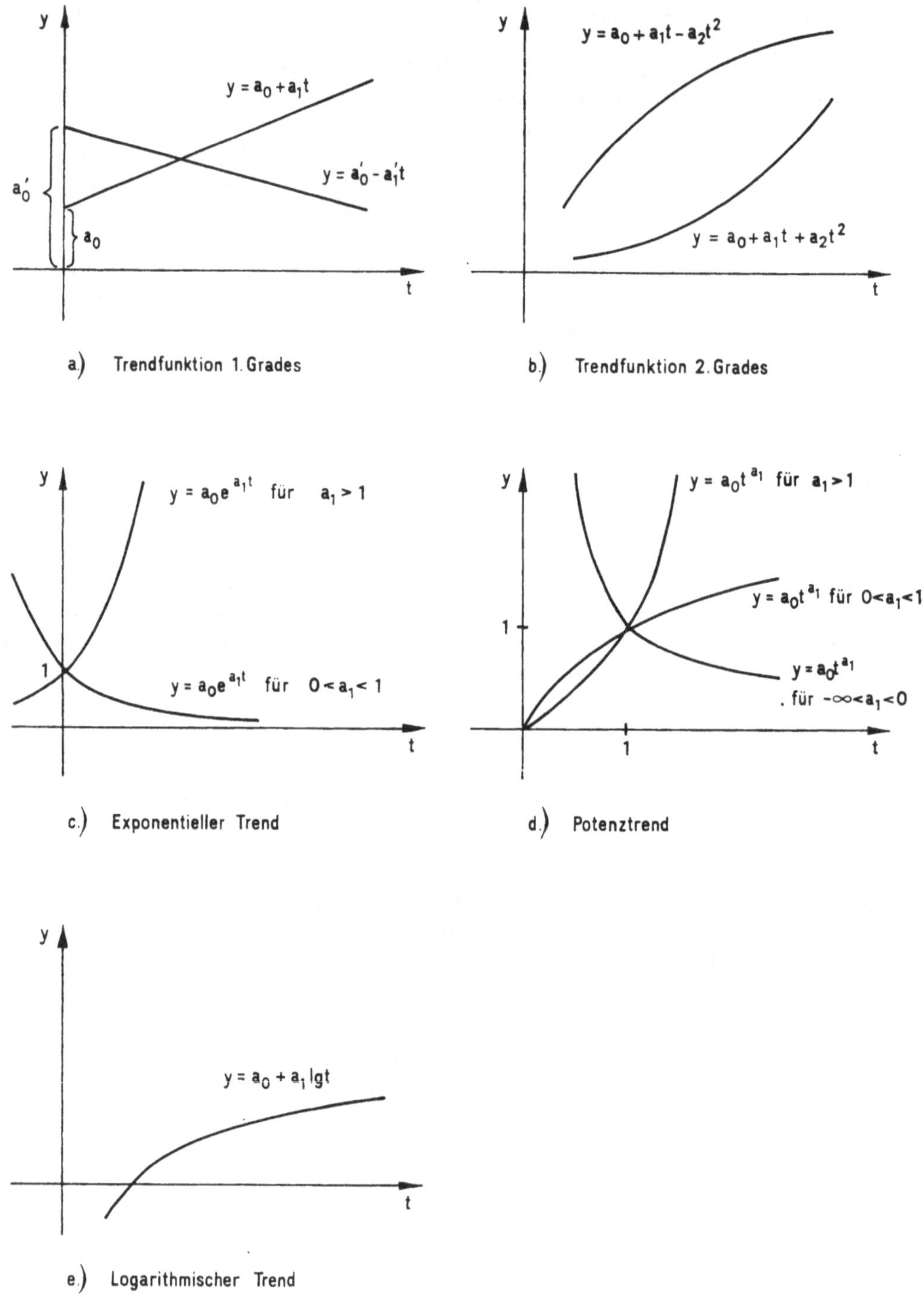

Abb. 84. Schema der Trendfunktionen

a) Trendfunktionen 1. Grades
b) Trendfunktionen 2. Grades
c) Exponentieller Trend
d) Potenztrend
e) Logarithmischer Trend

Für das *Beispiel der Getreideproduktion der UdSSR* von 1928—1938 sind die EDV-mäßig berechneten Werte für die 11 Jahre in Tabelle 30 wiedergegeben. In Spalte 3 ist zunächst der lineare Trend, in Spalte 4 der quadratische Trend dargestellt; Werte also, die bereits nach der Methode der kleinsten Quadrate berechnet wurden. Es mag vielleicht überraschen, daß die Werte der Tabelle 30 nicht mit denen der Tabelle 28 (s. S. 239) übereinstimmen. Die größten Abweichungen ergeben sich beim quadratischen Trend. Man muß berücksichtigen, daß die t_i-Werte unterschiedlich gezählt worden sind. Während in Tabelle 28 eine Faltung um einen angenommenen Nullwert angenommen wurde, wird in Tabelle 30 n von 1 bis 11 gezählt. Auf die Vor- und Nachteile der beiden Verfahrensweisen wurde bereits eingegangen. Die zugehörigen Kurven 1—4 fanden in Abbildung 83c ihre Darstellung. Die Kurvenzüge 1—3 (linearer, quadratischer und exponentieller Trend) zeigen hohe Übereinstimmung, was auch in dem Korrelationskoeffizienten r zum Ausdruck kommt. Demgegenüber fällt der Potenzansatz (Kurvenzug 4), der ein degressives Wachstum vorspiegelt, deutlich ab.

Tabelle 30. Berechnung des linearen, quadratischen, exponentiellen und Potenz-Trends für das Beispiel „Getreideproduktion der UdSSR 1928—1938“

Jahr	t_i	Getreide-produktion in 10 dt	linearer Trend	quadratischer Trend	exponentieller Trend	Potenz-Trend
(1)	(2)	(3)	(4)	(5)	(6)	(7)
1928	1	733,2	686,7	724,9	698,6	665,3
1929	2	717,4	719,5	734,5	727,2	738,2
1930	3	835,4	752,3	749,2	756,8	784,5
1931	4	694,8	785,1	769,1	787,7	819,0
1932	5	698,7	817,9	794,1	819,9	846,9
1933	6	898,0	850,7	824,3	853,3	870,4
1934	7	894,0	883,6	859,6	888,2	890,8
1935	8	901,0	916,4	900,1	924,4	908,8
1936	9	827,3	949,2	945,8	962,1	925,0
1937	10	1202,9	982,0	996,6	1001,4	939,7
1938	11	949,9	1014,8	1052,6	1042,3	953,3
$n = 11$			653,89	720,55	671,26	665,28
a_0			32,81	1,81	0,04	0,15
a_1						
a_2				2,58		
r			0,73	0,75	0,75	0,66

Die Bestimmungsgleichungen lauten also:

linearer Trend: $Y_{\text{lin.}} = 653{,}89 + 32{,}8\, t_i$

quadratischer Trend: $Y_{\text{quadr.}} = 720{,}55 + 1{,}81\, t + 2{,}58\, t^2$

exponentieller Trend: $Y_{\text{exp.}} = 671{,}26\, e^{0{,}04t}$

Potenz-Trend: $Y_{\text{pot.}} = 665{,}28\, t^{0{,}15}$.

8.3. Die Messung von Schwankungen und Periodizitäten der Zeitreihen

Nach der Darstellung der verschiedenen Verfahren zur Bestimmung der Grundrichtung des Verlaufes einer Zeitreihe sollen im folgenden die Abweichungen vom Trend und die Möglichkeiten ihrer Charakterisierung diskutiert werden.

8.3.1. Entwicklungszahlen (Indexzahlen)

Will man die Veränderungen einer Zeitreihe von einem Zeitabschnitt zum anderen charakterisieren, so stellt die Bildung der absoluten Differenzen zwischen den Werten die einfachste Methode dar. Oft ist aber die im betreffenden Zeitabschnitt erfolgte *relative Veränderung* wesentlich aussagekräftiger. Sie kann als Zuwachs oder Rückgang bzw. als *Steigerungsrate* interpretiert werden. Zu diesem Zwecke berechnet man *Indexzahlen*, die unter Umständen sehr kompliziert aufgebaut sind. Da hier nicht auf die Gesamtproblematik eingegangen werden kann und nur das Prinzip der Indexbildung zur Diskussion steht, sollen zwei für Zeitreihen wichtige, leicht berechenbare Indexzahlen vorgestellt werden.

Jeder Index muß auf einen Ausgangswert bezogen sein, der als *Basis* bezeichnet wird. Es ist der erste oder (seltener) der letzte Wert des Zeitabschnittes, für den die relative Veränderung berechnet werden soll. Je nach der gewünschten Aussage kann man mit einer festen oder einer variablen Basis arbeiten.

Verwendet man zur Indexbildung eine *feste Basis*, so werden alle Veränderungen über einen größeren Zeitraum immer auf ein und dasselbe Ausgangsjahr bezogen. Die Berechnung erfolgt nach der Formel

$$\frac{I_i}{i_1} = \frac{y_i}{y_1} \cdot 100 \quad (\text{in } \%), \tag{23}$$

wobei y_i der Zeitreihenwert des Beobachtungsjahres und y_1 der des Ausgangsjahres (Basisjahr) ist. Diese Berechnungsart ist immer dann lohnend, wenn sich ein bestimmtes Jahr als Anfang einer neuen Entwicklungsperiode besonders heraushebt, z. B. das Jahr 1945 als Beginn der Nachkriegsentwicklung oder auch das Jahr des Einsatzes einer neuartigen Technologie in einem Industriezweig und ähnliches mehr.

Will man in einer Untersuchung jedoch die relativen Veränderungen zwischen aufeinanderfolgenden Zeitabschnitten herausstellen, so ist die *Methode mit variabler Basis* zu bevorzugen. Das Vorjahr bildet in diesem Falle jeweils die Basis für die Indexbildung, und man berechnet I nach der Formel

$$\frac{I_i}{i-1} = \frac{y_i}{y_{i-1}} \cdot 100 \quad (\text{in } \%). \tag{24}$$

Beide Indexarten sind ineinander überführbar:

— Dividiert man 2 aufeinanderfolgende Indizes mit fester Basis, so gewinnt man einen Index mit variabler Basis:

$$\frac{\frac{y_i}{y_1}}{\frac{y_{i-1}}{y_1}} = \frac{y_i}{y_{i-1}}. \tag{25}$$

— Multipliziert man andererseits 2 aufeinanderfolgende Indizes mit variabler Basis, so findet man den Index mit fester Basis:

$$\frac{y_2}{y_1} \cdot \frac{y_3}{y_2} = \frac{y_3}{y_1}; \quad \frac{y_3}{y_1} \cdot \frac{y_4}{y_3} = \frac{y_4}{y_1}; \ldots \tag{26}$$

In Tabelle 31 sind für das *Beispiel der Getreideproduktion* die *Indexzahlen mit fester* (Spalte 3) *und mit variabler Basis* (Spalte 4) bestimmt worden. Bei der Deutung der errechneten Zahlenwerte können gleichzeitig einige grundsätzliche Bemerkungen über das Aussagevermögen der beiden Kennziffern getroffen werden. Sind starke Schwankungen in einer Zeitreihe enthalten, wie es im vorliegenden Beispiel der Fall ist, so ist die Indexbildung mit fester Basis nur bedingt zu verwenden, da durch das starke Auf und

Tabelle 31. Die relative Veränderung der Getreideproduktion der UdSSR 1928—1938 auf Grund von Indexzahlen

Jahr	Getreide-produktion in 10 dt	Index in %		
		Basis fest (1928 = 100)	Basis variabel	
(1)	(2)	(3)	(4)	
1928	733,2	100,00	100,00	
1929	717,4	97,85 =	97,85 =	
1930	835,4	113,94 w	116,45 w	Kennzeichnung:
1931	694,8	94,76 r	83,17 r	w — Wachstum
1932	698,7	95,29 =	100,56 w	r — Rückgang
1933	898,0	122,48 w	128,52 w	= — Stagnation
1934	894,0	121,93 =	99,55 r	
1935	901,0	122,89 =	100,78 =	
1936	827,3	112,83 r	91,82 r	
1937	1202,9	164,06 w	145,40 w	
1938	949,9	129,56 r	78,97 r	

Ab der Werte die gesuchte Entwicklung bzw. Tendenz völlig überlagert wird. Normalerweise sollte in einer Zeitreihe aus dem wirtschaftlichen Sektor eine monoton-steigende Entwicklung mit einer mittleren Steigerungsrate von etwa 3—5% sichtbar werden.

Im *Beispiel* ist dies unter den 11 betrachteten Jahren nur dreimal der Fall! Eine stärkere Abnahme ist ebenfalls dreimal festzustellen und schließlich sind viermal die Folgewerte gegenüber dem Vorläufer nur unmerklich nach plus oder minus verändert, was als Anzeichen einer stagnierenden Entwicklung gewertet werden kann. Außerdem ist darauf hinzuweisen, daß besonders stark abweichende Werte, sogenannte „Ausreißer“, durch den Bezug auf den Anfangswert einer Entwicklung unter Umständen viel zu stark herausgehoben werden, wie es im Beispiel der vorletzte Wert von Spalte 3 zeigt. Sinnvoller wäre es hier, die Abweichung nicht auf den Anfangswert, sondern auf den Trend zu beziehen. Bereits der gleichliegende Wert in Spalte 4 erscheint wesentlich günstiger.

Für eine derartige, stark schwankende Entwicklung sind *Indexzahlen*, die auf eine *variable Basis* bezogen wurden, viel geeigneter, da sie die Entwicklung von Zeitabschnitt zu Zeitabschnitt interpretieren und nicht auf den gesamten Zeitraum beziehen. Liegen die Werte wenig über oder unter 100%, so bedeutet dies, daß die Entwicklung stagniert. Zeigen sie mehr als 110%, so ist eine progressive Entwicklung zu verzeichnen; bleiben sie hingegen unter 90%, so ist das ein Zeichen für eine rückläufige Entwicklungstendenz.

Die in Spalte 4 berechneten Werte entsprechen wesentlich besser den einzelnen Zeiträumen, die sie kennzeichnen sollen, als die Indexwerte mit fester Basis. Wachstums- und Rückgangsperioden sowie Zeiten verhaltener Entwicklung kommen klar zum Ausdruck. Es lassen sich vier Wachstums-, vier Rückgangs- und zwei Stagnationsphasen unterscheiden, die sich nach ihrem Intensitätsgrad noch weiter stufen lassen.

8.3.2. *Das Phasendurchschnittsverfahren*

Im folgenden soll die quantitative Bestimmung periodischer Schwankungen dargestellt werden, wobei ihre Wiedergabe oft verzerrt ist, wenn gleichzeitig der Zeitreihe ein Trend zugrunde liegt. So ist es meist zunächst notwendig, die zu untersuchende Reihe von der Trendbewegung zu befreien. Dazu gibt es verschiedene Verfahren, die allerdings teilweise sehr aufwendig sind. Je nach der Richtung des Trends — ob steigend oder fallend — sind die durchschnittlichen Schwankungen in der Anfangsperiode zu niedrig bzw. zu hoch oder aber das Gleiche erfolgt gegen Schluß des Beobachtungszeitintervalls.

So sind vor allem wirtschaftliche und bevölkerungspolitische *Zeitreihen zunächst von dem Trendgang zu bereinigen*. Bei den Erscheinungen des Naturhaushaltes handelt es sich viel häufiger um sogenannte *stationäre Zeitreihen*. Bei ihnen ist der jahreszeitliche Gang annähernd ausgeglichen oder schwingt im Rhythmus mehrerer Jahre um einen mittleren Wert, der immer wieder erreicht wird, wie beispielsweise in dem Jahresgang der Temperatur, des Niederschlages oder bei den Wasserstandschwankungen der Binnengewässer. Man spricht hier von einem Jahresgang oder „Regime“. Solche Zeitreihen können unmittelbar auf ihre periodischen und unperiodischen Schwankungen hin analysiert werden. Ein recht einfaches Verfahren dafür stellt das *Phasendurchschnittsverfahren* dar.

Als *Beispiel* zur Veranschaulichung des Rechengangs dienen die *Produktionszahlen der Butterproduktion aus drei aufeinanderfolgenden Jahren*, in denen sich keine nennenswerte Entwicklung abzeichnet und somit eine Trendbewegung als Störfaktor wegfällt. Die Einzelwerte y_{ij} beziehen sich auf die Quartale I—IV. Daher ist jeder Wert mit 2 Zeigern, i und j, ausgestattet. Der erste (also i) kennzeichnet die Jahre des Untersuchungszeitraumes ($i = 1, 2, 3$), während der 2. (also j) im Beispiel für die Quartale ($j = 1, 2, 3, 4$) verwendet wird. Es könnten ebenso Jahre und Monate, Monate und Wochen, Dekaden und Tage, Tage und Stunden in anderen Fällen auftreten.

Jetzt müssen der Reihe nach die *Phasenzahlen*, die *durchschnittlichen Phasenzahlen* und die *Phasenveränderungszahlen* berechnet werden. Schließlich sind unter Umständen noch die *Phasenindexzahlen* nötig.

Die *Phasenzahlen* werden berechnet nach der Formel

$$\bar{y}_j = \frac{1}{n} \sum_{i=1}^{n} y_{ij} \tag{27}$$

und geben für das Beispiel die durchschnittlichen Quartalswerte der untersuchten drei Jahre ($n = 3$) an. Wenn man nun die gefundenen Phasenzahlen über die Quartale aufsummiert ($k = 4$) und durch die Anzahl der Quartale teilt, erhält man die *durchschnittliche Phasenzahl*

$$\bar{y} = \frac{1}{k} \sum_{j=1}^{k} \bar{y}_j . \tag{28}$$

Aus der Differenz der vier verschiedenen Phasenzahlen und der durchschnittlichen Phasenzahl erhält man die *Phasenveränderungszahl*

$$D_j = \bar{y}_j - \bar{y} . \tag{29}$$

In ihr kommt die absolute Abweichung der Phasenzahlen vom Mittelwert zum Ausdruck, wobei durch das jeweilige Vorzeichen noch die Richtung der Abweichung angegeben wird. Will man auch die relativen Veränderungen innerhalb der Perioden untersuchen, so kann man nach Art der Entwicklungszahlen (vgl. Kap. 8.3.1., S. 246 ff.) noch entsprechende *Phasenindexzahlen* bestimmen:

$$J_j = \frac{\bar{y}_j}{\bar{y}} \cdot 100 \quad (\text{in } \%), \tag{30}$$

wobei die durchschnittliche Phasenzahl gewissermaßen als Basis dient.

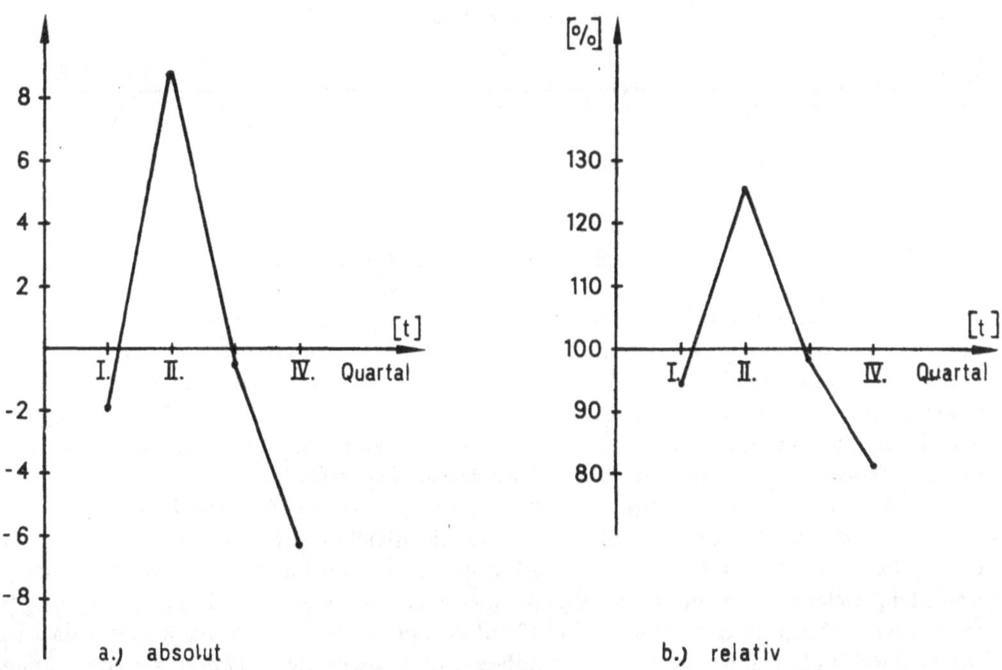

Abb. 85. Darstellung der Saisonschwankungen mittels absoluter Phasenzahl (a) und relativer Phasenveränderungszahl (b) entsprechend Tab. 32

Die Werte der Phasenänderungszahl und des Phasenindex von Tabelle 32, Spalte 7 und 8, sind in Abbildung 85 dargestellt. Man erkennt, daß die *saisonale Schwankung* deutlich hervortritt. Da es sich bei den verwendeten Produktionszahlen um Buttererzeugung handelt, wird im Zusammenhang mit dem jährlichen Milchaufkommen der frühsommerliche Gipfel im 2. Quartal verständlich, während die Produktion in der winterlichen Jahreszeit entsprechend unter dem Durchschnitt liegt. Das Phasendurchschnittsverfahren ist auch bei größeren Datenmengen nicht allzu rechenaufwendig und, wie das Beispiel zeigt, auch beim Vorhandensein einer, allerdings sehr geringen, Trendbewegung anwendbar.

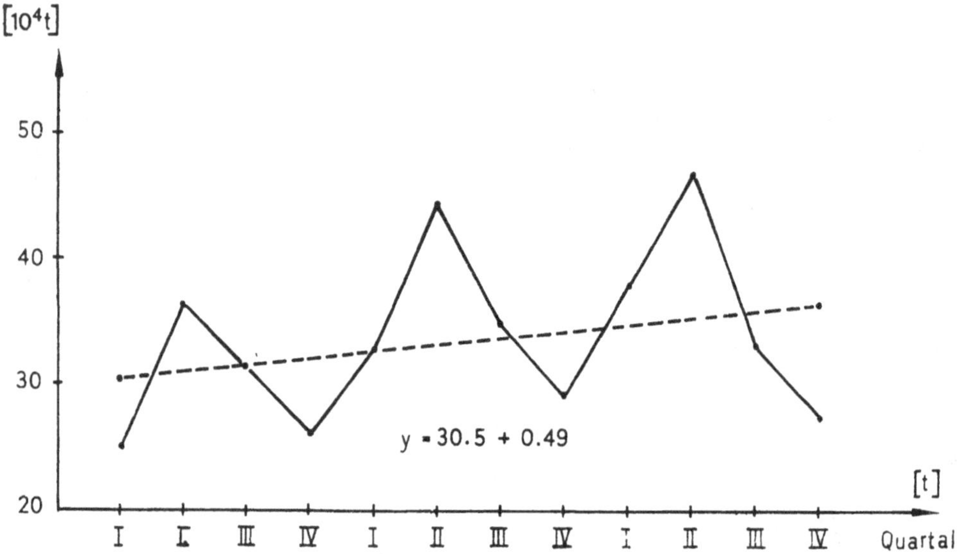

Abb. 86. Darstellung der Saisonschwankungen (entsprechend Tab. 32 und 33)

8.3.3. *Die Analyse von Saisonschwankungen nach Trendbereinigung*

Während das eben behandelte Analyseverfahren für periodische Schwankungen von Zeitreihen nur dann angewendet werden kann, wenn der Trendeinfluß vernachlässigbar gering ist, soll anschließend an einem Beispiel gezeigt werden, wie man vorgeht, wenn zunächst der Trendgang bereinigt werden muß und erst dann die Berechnung der periodischen Schwankungen erfolgen kann. Bei der Mehrzahl der Zeitreihen aus dem gesellschaftlichen und ökonomischen Bereich ist das erforderlich; aber auch dieses Verfahren ist relativ einfach und läßt sich in den einzelnen Rechenschritten gut verfolgen und nachvollziehen. Es sollen deshalb die gleichen Produktionszahlen wie im vorhergehenden Phasendurchschnittsverfahren verwendet werden, und man kann feststellen, welche geringen Unterschiede zwischen der ersten und der nunmehrigen „genaueren" Methode auftreten. Es muß allerdings nochmals betont werden, daß im vorliegenden Fall infolge geringer Trendbewegung auch die Anwendung des „ungenaueren" Verfahrens vertretbar ist.

Bereits in den einleitenden Bemerkungen (vgl. S. 231 ff.) wurde ausgeführt, daß die

Verknüpfung zwischen Trend und den sich überlagernden Schwankungen nicht in allen Fällen additiv, sondern besonders bei nichtlinearen Trendfunktionen durch multiplikative Operationen erfolgt. Im folgenden soll der einfache Fall einer *additiven Verkettung* betrachtet werden. Man geht davon aus, daß die empirischen Zeitreihenwerte aus der Summe von Trendanteil und Schwankung zusammengesetzt sind. Will man also die Schwankungen analysieren, so muß zunächst von den empirischen Werten der Trend abgezogen werden.

Tabelle 32. Rechenschema für das Phasendurchschnittsverfahren am Beispiel „Buttererzeugung in 10^4 dt“ quartalsweise für 3 Jahre

Quartal	Jahresproduktion in 10^4 t für Jahr				Phasenzahl	Phasenveränderungszahl	Phasenindex
	1	2	3	$\sum_{i=1}^{3} y_{ij}$	$\bar{y}_j$	D_j	$J_j(\%)$
(1)	(2)	(3)	(4)	(5)	(6)	(7)	(8)
I	24,9	32,7	37,8	95,4	31,8	−1,9	94,36
II	36,5	44,3	46,7	127,5	42,5	+8,8	126,11
III	31,5	34,9	33,1	99,5	33,2	−0,5	98,52
IV	25,8	29,1	27,2	82,1	27,4	−6,3	81,31

$$\frac{134{,}9}{4} = 33{,}7 = \bar{y}$$

Tabelle 33. Saisonschwankungen nach Trendbereinigung am Beispiel „Buttererzeugung in 10^4 dt“ quartalsweise für 3 Jahre

Quartal	Trend 1. Grades in 10^4 t für Jahr			$\sum_{i=1}^{3} Y_{ij}$	$\sum_{i=1}^{3} y_{ij}$	$\sum_{i=1}^{3} y_{ij} - \sum_{i=1}^{3} Y_{ji}$	$\bar{c}_j$
(1)	(2)	(3)	(4)	(5)	(6)	(7)	(8)
	31,00	32,97	34,94	98,91	95,4	−3,59	−1,50
III	31,49	33,46	35,44	100,39	127,5	+27,11	+9,04
III	31,99	33,96	35,93	101,88	99,5	−2,38	−0,79
IV	32,48	34,45	36,42	103,35	82,1	−21,25	−7,08

Unter Verwendung der Beispielsdaten der Buttererzeugung von 3 Jahren in Quartalsschwankungen ist es notwendig, zunächst für die empirischen Werte der Zeitreihe, die in Tabelle 33, Spalte 2 bis 4, dargestellt sind, den Trend 1. Grades nach der bereits bekannten Formel zu bestimmen:

$$Y = a_1 + a_2 t. \tag{31}$$

Mittels der sich ergebenden Gleichung

$$Y = 30{,}5 + 0{,}49\, t$$

werden die entsprechenden Trendwerte für die Quartalswerte der 3 Jahre des Untersuchungszeitraums bestimmt und in Spalte 2 bis 4 der Tabelle 33 zusammengestellt. In Abbildung 86 ist in die Zeitreihe der Trend 1. Grades, der nach der obigen Formel errechnet wurde, eingezeichnet. Der Anstieg der Geraden ($\mathrm{d}Y/\mathrm{d}t = 0{,}49$) ist ziemlich gering, wie bereits bei der Erläuterung des Phasendurchschnittsverfahrens betont wurde, so daß die Trendbereinigung in den Werten hier keine großen Unterschiede ergibt. Die Quartalswerte über die Untersuchungsperiode werden in gle cher Weise summiert (vgl. Spalte 5 in Tabelle 33), wie es in Spalte 5 von Tabelle 32 für die empirischen Werte der Quartale vorgenommen wurde. Daraus läßt sich nunmehr die *durchschnittliche Größe der absoluten Schwankungen* im Beobachtungszeitraum bestimmen:

$$\bar{c}_j = \frac{\sum_{i=1}^{n} y_{ij} - \sum_{i=1}^{n} Y_{ij}}{n}, \tag{32}$$

wobei y_{ij} die wirklichen Zeitreihenwerte, Y_{ij} die Trendwerte und n die Anzahl der untersuchten Jahre bedeuten. Die errechnete mittlere absolute Schwankung zeigt Spalte 8 der Tabelle 33. Wiederum kommt der Gipfel im 2. Quartal und die stark negative Bewegung im 1. und 4. Quartal deutlich zum Ausdruck. Infolge des unbedeutenden Trendeinflusses unterscheiden sich *Phasenveränderungszahl* (Tabelle 32, Spalte 7) und *mittlere absolute Schwankung* (Tabelle 33, Spalte 8) zahlenmäßig nur wenig voneinander.

Tabelle 34. Relative Saisonschwankungen nach Trendbereinigung am Beispiel „Buttererzeugung in 10^4 t" quartalsweise für 3 Jahre

Quartal	Relative Schwankungen in 10^4 t für die Jahre				
	1	2	3	$\sum_{i=1}^{3} \frac{y_{ij}}{Y_{ij}}$	$\bar{p}_j$
(1)	(2)	(3)	(4)	(5)	(6)
I	0,80	0,99	1,08	2,87	95,67
II	1,16	1,32	1,32	3,80	126,67
III	0,98	1,09	0,92	2,93	97,67
IV	0,79	0,84	0,95	2,38	79,33

Auch die *mittlere relative Schwankung* läßt sich nach der Trendbereinigung berechnen. Sie ist für viele Fragestellungen von großer Bedeutung. Man bildet dazu den Quotienten der empirischen und der Trendwerte (Tabelle 34, Spalte 2—4). Für jeden Quartalswert der 3 Berichtsjahre wird der Quotient y_{ij}/Y_{ij} gebildet und über die 3 Jahre quartalsweise aufsummiert. Daraus läßt sich die *durchschnittliche Größe der relativen Schwankung* nach der Formel

$$\bar{p}_j = \frac{1}{n} \sum_{i=1}^{n} \frac{y_{ij}}{Y_{ij}} \cdot 100 \quad (\text{in } \%) \tag{33}$$

berechnen. Die so gefundenen Prozentzahlen sind mit denjenigen des *Phasenindex* J_j (vgl. Tabelle 32, Spalte 8) vergleichbar, wo die Trendbewegung nicht berücksichtigt wurde. Wie bereits erwartet, sind infolge der geringen Trendbewegung die sich ergebenden Unterschiede zwischen den beiden Tabellen äußerst gering (maximal 2%!), und die Aufzeichnung der Werte müßte der Abbildung 85b ähnlich sein. Auch hierfür lassen sich größere Datenmengen auf einfache Weise mittels EDV verarbeiten.

8.3.4. Periodenermittlung durch Harmonische Analyse

Abschließend soll noch auf die Anwendung der FOURIER-*Analyse* bei der Festlegung von Schwankungsperioden innerhalb von Zeitreihen eingegangen werden, ohne dabei eine erschöpfende Darstellung der zugehörigen Theorie geben zu wollen.

Der *Grundgedanke* besteht darin, daß alle zeitlich abhängigen Vorgänge $y = y(t)$ als aus Schwingungen zusammengesetzte unendliche *Reihen von periodischen Funktionen* aufgefaßt werden. Auf diese Weise kann man auch umgekehrt eine Zeitreihe in die sie zusammensetzenden Schwingungen zerlegen, wobei vorausgesetzt wird, daß diese periodischen Charakter haben. Jede periodische Funktion, so kompliziert sie auch sein mag, ist durch Überlagerung beliebig vieler periodischer Funktionen derselben Periode beliebig zu approximieren.

Im folgenden wird stets x statt t für die Zeitkomponente verwendet. Den *trigonometrischen Funktionen* $\cos x$, $\sin x$, $\cos 2x$, $\sin 2x$, ..., $\cos nx$, $\sin nx$ ist die Periode 2π sowie deren Vielfache gemeinsam. Außerdem besitzt $\cos 2x$ noch die kleinere Periode $2\pi/2 = \pi$, $\cos 6x$ die Periode $2\pi/6$ usw. Alle haben jedoch die Periode 2π.
Daher gilt

$$f(x \pm 2\pi) = f(x). \tag{34}$$

Erklärt man die FOURIER-Reihe im Intervall 0 bis 2π; d. h. $x \in (0; 2\pi)$, wobei ein halboffenes Intervall zugrunde gelegt wird, so läßt sich die periodische Funktion $f(x)$ folgendermaßen schreiben:

$$\sqrt{f}(x)\ f_n(x) = a_0 + \sum_{\nu=1}^{n} (a_\nu \sin \nu x + b_\nu \cos \nu x) \quad \text{für} \quad x \in (0; 2\pi), \tag{35}$$

wobei n die Gliederzahl und gleichzeitig die Ordnung der FOURIER-Reihe und a_ν und b_ν die FOURIER-Koeffizienten bedeuten. Die FOURIER-Koeffizienten werden durch Integration über die Periode bestimmt zu

$$a_0 = \frac{1}{\pi} \int_0^{2\pi} f(x)\,\mathrm{d}x,$$

$$a = \frac{1}{\pi} \int_0^{2\pi} f(x) \cos \nu x\,\mathrm{d}x \quad (\nu = 1, 2, 3, \ldots), \tag{36}$$

$$b = \frac{1}{\pi} \int_0^{2\pi} f(x) \sin \nu x\,\mathrm{d}x \quad (\nu = 1, 2, 3, \ldots).$$

Die FOURIER-Reihe läßt sich aber auch durch Amplituden und Phasen der sie zusammensetzenden harmonischen Schwingungen darstellen, was in der Darstellung anschaulicher ist. Es gilt

$$f_n(x) = a_0 + \sum_{\nu=1}^{n/} c_\nu \sin(\nu x + \varphi_\nu), \tag{37}$$

wobei c_ν die *Amplitude* und φ_ν die *Phase* bedeuten. Die *Umrechnung* von den FOURIER-Koeffizienten zu der Amplituden/Phasenbeziehung erfolgt über die Gleichungen

$$\begin{aligned} a_\nu &= c_\nu \cos \varphi_\nu \\ b_\nu &= c_\nu \sin \varphi_\nu . \end{aligned} \tag{38}$$

So ergibt sich die Amplitude zu

$$c_\nu = \sqrt{a_\nu^2 + b_\nu^2} \tag{39}$$

und die Phase zu

$$\varphi_\nu = \operatorname{arc} \tan \frac{b_\nu}{a_\nu}. \tag{40}$$

Beide Darstellungen sind einander gleichwertig.

Will man eine Zeitreihe nun mittels Harmonischer Analyse auf ihre harmonischen Schwingungen hin untersuchen, so ist zunächst wieder der *Trendeinfluß auszuschalten.*

Am *Beispiel der Butterproduktion,* an dem bereits nach anderen Verfahren periodische Schwankungen festzustellen waren, soll nun das Vorgehen bei einer FOURIER-Analyse näher erläutert werden. Statt der Quartalswerte sind diesmal Monatserzeugungszahlen zugrunde gelegt, d. h., die Wertezahl erhöht sich für die drei zu untersuchenden Jahre auf das Dreifache. Um eine ungerade Anzahl Ausgangswerte zu haben, wurde noch der Januarwert des 4. Jahres hinzugenommen. Damit sind 36 Intervalle vorgegeben, die sich gut nach Jahren, Halbjahren und Quartalen untergliedern lassen, so daß sich eine ganze Anzahl harmonischer Schwingungen mit den Perioden $2\pi/\nu$ für $1 \leqq \nu \leqq n$ unmittelbar angeben lassen. Es ist also wichtig, das Analyseintervall von vornherein sinnvoll festzulegen.

Im *2. Beispiel* soll an einer 10jährigen Zeitreihe gezeigt werden, wie eine ungünstige Wahl des Grundintervalls dementsprechend wenig aussagekräftige Ergebnisse bringt, die sich dann auch kaum interpretieren lassen.

In Spalte 4 von Tabelle 35 ist der von dem Trend 1. Grades bereinigte Rest der empirischen Ausgangswerte der Zeitreihe angegeben. Auf diesen Werten gründet sich die nun folgende FOURIER-Analyse. Die 37 Monate, die der Reihe als Stützstellen dienen, gestatten an sich die Analyse von 36 harmonischen Schwingungen. Doch sollte man möglichst nicht über die Verwendung der halben Anzahl, im Beispiel also $n/2 = 18$, hinausgehen. Auf die mathematische Begründung dieser Erscheinung kann hier nicht ausführlich eingegangen werden; sie steht mit dem bei der Berechnung der FOURIER-Koeffizienten a_ν und b_ν verwendeten Faltschema in Zusammenhang, wodurch eine Symmetrie um die 18. Harmonische zustande kommt.

Tabelle 35. Monatswerte zum Beispiel „Buttererzeugung in 10^3 t" und Trendbereinigung

Monat	Produktionszahl in 10^3 t	Trend 1. Grades	Restglied	Monat	Produktionszahl in 10^3 t	Trend 1. Grades	Restglied
(1)	(2)	(3)	(4)	(1)	(2)	(3)	(4)
i	y_i	Y_i	$(y_i - Y_i)$	i	y_i	Y_i	$(y_i - Y_i)$
1	78,70	103,47	−24,77	20	118,70	112,96	5,74
2	78,70	103,97	−25,17	21	95,00	113,46	−18,46
3	91,50	104,47	−12,97	22	91,60	113,96	−22,36
4	102,50	104,97	−2,47	23	91,30	114,46	−23,16
5	135,00	105,47	29,53	24	109,00	114,96	−5,96
6	128,00	105,97	22,03	25	118,70	115,46	3,24
7	117,70	106,47	11,23	26	116,60	115,96	0,64
8	105,70	106,97	−1,27	27	143,30	116,45	26,85
9	92,10	107,47	−15,37	28	142,00	116,95	25,05
10	87,70	107,96	−20,26	29	164,50	117,45	47,05
11	75,90	108,46	−32,56	30	160,90	117,95	42,95
12	94,60	108,96	−14,36	31	129,70	118,45	11,25
13	103,90	109,46	−5,56	32	109,40	118,95	−9,55
14	101,90	109,96	−8,06	33	92,60	119,45	−26,85
15	121,40	110,46	10,94	34	87,60	119,95	−32,15
16	133,50	110,96	22,54	35	86,80	120,45	−33,65
17	156,00	111,46	44,54	36	97,00	120,95	−23,95
18	154,00	111,96	42,04	37	108,10	121,45	−13,35
19	135,60	112,46	23,14				

Trendgleichung 1. Grades 102,99 + 0,499 t

In Tabelle 36, in der die Kennwerte der FOURIER-Analyse bis zur 20. Harmonischen wiedergegeben sind, kann man die Auswirkung dieses Effektes bereits erkennen. Sowohl die Koeffizienten a_ν und b_ν als auch Amplitude c_ν und Phase φ_ν wiederholen sich ab Glied 19 spiegelbildlich, wobei bei dem sin-Koeffizienten b_ν und dem Phasenwinkel φ_ν eine Umkehr des Vorzeichens eintritt, so daß bis auf das Vorzeichen die 17. Harmonische mit der 19. und die 16. mit der 20. übereinstimmen usw.

Die Kennwerte der Tabelle 36 wurden mittels eines entsprechenden EDV-Programmes bestimmt. Es existieren zwar auch manuelle Verfahren, die unter Anwendung geeigneter Rechenschemata die sich wiederholenden Multiplikationen mit den natürlichen Zahlenwerten trigonometrischer Funktionen zu systematisieren und somit zu vereinfachen erlauben. Trotzdem bleiben sie alle außerdordentlich zeitaufwendig und damit unrentabel und sollen hier nicht dargestellt werden.

Schließlich müssen noch die graphischen Verfahren erwähnt werden, wo man mit Hilfe sogenannter Harmonischer Analysatoren die Parameter von harmonischen Schwingungen aus gezeichneten Kurven ermittelt. Doch ist hier, wie bei allen graphischen Verfahren, die Ablesegenauigkeit sehr beschränkt, und daher sind nur sehr grobe Ergebnisse zu erwarten.

In der Tabelle 36 sind mit der normalerweise ausreichenden Genauigkeit von 3 Kommastellen die FOURIER-Koeffizienten a_ν und b_ν sowie Amplitude c_ν und Phasenwinkel φ_ν der jeweiligen harmonischen Schwingung dargestellt.

Zu einer ersten Überblicksinterpretation eignen sich vor allem die Amplituden c_ν in Spalte 4 der obigen Tabelle, von denen sich einige durch ihre Größe besonders herausheben. Es liegt auf der Hand, daß die Schwingungen mit den großen Amplituden c_ν auch hohen Anteil an der Gesamtschwankung der Zeitreihe $y(t)$ haben. Der Phasenwinkel φ_ν bestimmt den Schnittpunkt x_ν der y-ten harmonischen Schwingung mit der x-(Zeit)-Achse, denn es gilt $x = -\varphi_\nu/\nu$.

Tabelle 36. Kennwerte der Harmonischen Analyse am Beispiel von 37 Monatswerten der Buttererzeugung

Harmonische Schwingung Nr.	Fourierkoeffizienten b_ν	a_ν	Amplitude c_ν	Phasenwinkel φ_ν
(1)	(2)	(3)	(4)	(5)
1	−4,162	−9,606	10,469	−2,733
2	−0,839	−5,060	5,129	−2,977
3	22,940	−16,266	28,121	2,188
4	−2,972	2,735	4,038	−0,827
5	−0,617	0,895	1,087	−0,603
6	−8,620	4,100	9,545	−1,127
7	−0,760	−1,174	1,399	−2,567
8	−0,099	−0,032	0,105	−1,885
9	0,281	2,148	2,166	0,130
10	1,252	0,810	1,491	0,997
11	−0,662	0,680	0,949	−0,772
12	−4,279	−2,152	4,790	−2,037
13	0,811	−1,082	1,353	2,498
14	−0,020	−1,306	1,306	−3,126
15	3,964	6,674	7,762	0,536
16	−0,919	1,520	1,776	−0,544
17	−1,100	3,665	3,827	−0,291
18	0,000	1,021	1,021	0,000
19	1,100	3,665	3,827	0,291
20	0,919	1,520	1,776	0,544

Die einzelnen harmonischen Schwingungen 1.—6. Ordnung sind nach den Parametern in Abb. 87 dargestellt. Mit zunehmender Ordnung wird die Wellenlänge und damit die Periode der Schwingungen immer kürzer, da die nächstfolgende immer kleiner als die vorhergehende ist. Hinsichtlich ihrer Amplitude heben sich besonders die 1., 3. und 6. Harmonische heraus:

Die 1. Harmonische ($\nu = 1$) ist die sich über den gesamten Beobachtungszeitraum erstreckende Grundschwingung.

Die 3. Harmonische ($\nu = 36/12 = 3$) gibt die Schwankung von Jahr zu Jahr wieder.

Die 6. Harmonische ($\nu = 36/6 = 6$) ist die Halbjahresschwankung, die in den Werten auch ausgeprägt ist.

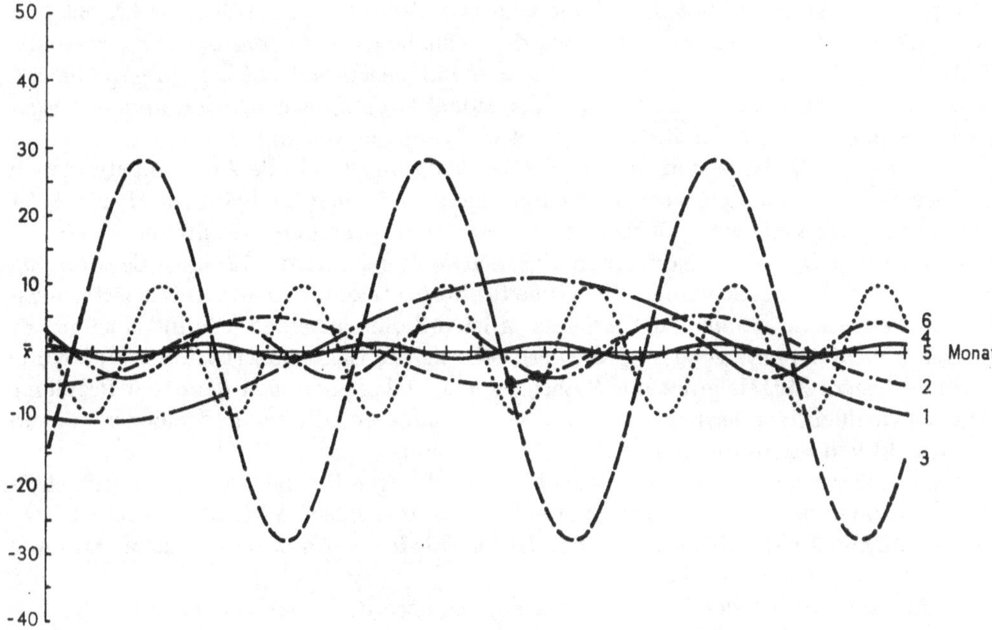

Abb. 87. Harmonische Schwingungen 1.—6. Ordnung — Beispiel: Buttererzeugung

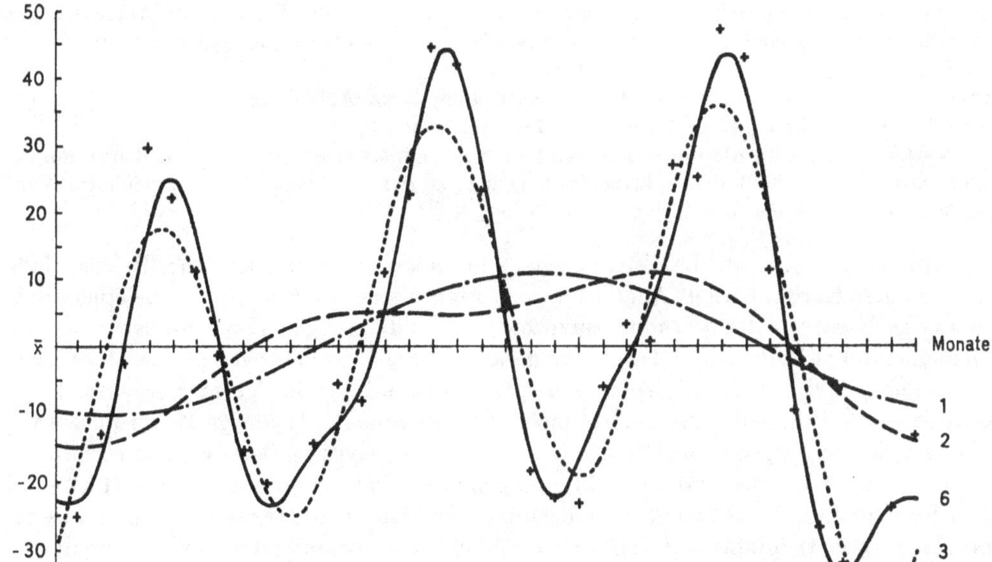

Abb. 88. Annäherung an die Originalwerte durch Überlagerung von harmonischen Schwingungen — Beispiel: Buttererzeugung

Andererseits ist festzustellen, daß die Quartalsschwankung, die sich als 12. Harmonische mit $\nu = 36/3 = 12$ bestimmen würde, nicht besonders hervortritt, während die 15. Harmonische mit einer Amplitude $c_\nu = 7{,}762$ bedeutend stärker ausgeprägt ist. Diese würde einer Periode von $36/15 = 2{,}4$ Monaten entsprechen, oder, anders ausgedrückt, es findet sich in der Zeitreihe ein etwa 72tägiger Rhythmus.

Die nächste Aufgabe besteht nun in der Deutung der durch die Analyse gefundenen Perioden. Das Vorhandensein einer einjährigen und einer halbjährigen Periode ist ohne weiteres zu verstehen. Doch weshalb dominiert gegenüber der dreimonatigen — die zwar vorhanden ist — die 2,3monatige Schwankung? Da die 72tägige Schwingung auch in der Großwetterforschung eine große Rolle spielt, könnte man an eine witterungsklimatische Periode denken, die auf das Milchaufkommen einen Einfluß ausübt. Es könnten gleichfalls endogene Impulse des natürlichen Laktationsrhythmus der Kühe zugrunde liegen. Mittels eines nur 3jährigen Materials lassen sich derartige Probleme nicht entscheiden, sondern nur Hypothesen formulieren, die anhand einer genügend großen Zahl von Stichproben geprüft werden müßten.

Noch schwieriger ist es oft, die ursächlichen Wirkungen für die Größen der auftretenden Amplituden der Harmonischen zu deuten und anzugeben. Welche fördernden bzw. störenden Einflüsse sind für die relativen Unterschiede der Amplituden, die oft minimal sind, verantwortlich zu machen?

In Abbildung 88 ist der Versuch unternommen worden, die *Überlagerung* oder Zusammensetzung einiger *harmonischer Schwingungen* darzustellen. Da gleichzeitig die empirischen Werte mit eingezeichnet worden sind, kann man daraus die *Approximation an die empirische Schwankungskurve* entnehmen.

Kurve 1 gibt die Grundschwingung wieder und ist identisch mit der Kurve 1 von Abbildung 87.
Kurve 2 entsteht durch Überlagerung und anschließende Summation der Kurven 1 und 2 von Abb. 87.
Kurve 3 stellt die Zusammenfassung der Kurven 1, 2 und 3 von Abbildung 87 dar.
Kurve 6 entsteht durch Addition der 1.—6. Harmonischen.

Man erkennt deutlich, wie die Annäherung an die Originalwerte von Kurve zu Kurve immer besser wird. Kurve 3 läßt den Jahresrhythmus bereits gut erkennen, eine entscheidende Verbesserung aber bringt erst die Kurve 6.

Abschließend soll noch die Zeitreihe der Getreideproduktion der UdSSR von 1928 bis 1938 einer Harmonischen Analyse unterworfen werden, um an einem Beispiel auch einmal das Versagen der Methode aufzuzeigen. Ein derartiges Vorgehen ist zwar im allgemeinen nicht üblich, doch kann man gerade an Fehlanwendungen gewisse Kriterien anschaulich erläutern, die bei einer sinnvollen Anwendung des Verfahrens unbedingt beachtet werden müssen. Die bereits mehrfach verwendete 11jährige Zeitreihe wurde nach dem gleichen Algorithmus für die Harmonische Analyse vorbereitet, und es wurden über EDV die in Tabelle 37 dargestellten allgemeinen Parameter der ersten 4 Harmonischen berechnet. Abb. 89 bringt die einzelnen Harmonischen zur Darstellung, während Abbildung 90 die Originalwerte und die allmähliche Verbesserung der Annäherung durch Zusammensetzung und Überlagerung der ersten 4 Harmonischen Schwingungen enthält.

Insgesamt muß festgestellt werden, wie die Abbildungen klar erkennen lassen, daß das Ergebnis der Approximation diesmal unbefriedigend ist. Die in den Originaldaten vorhandenen Schwankungen werden durch die harmonischen Schwingungen nicht

Tabelle 37. Kennwerte der Harmonischen Analyse am Beispiel der 11jährigen Getreideproduktion der UdSSR 1928—1938

Harmonische Schwingung Nr.	FOURIER-Koeffizienten b_ν	a_ν	Amplitude c_ν	Phasenwinkel φ_ν
(1)	(2)	(3)	(4)	(5)
1	−38,140	52,158	64,615	−0,631
2	−12,304	51,842	53,283	−0,233
3	−77,319	−55,024	77,843	−2,030

richtig wiedergegeben. Sie zeigen selbst bei Kurve 4, die durch Summierung der 1. bis 4. Harmonischen entstanden ist, keine gute Approximation.

Welche *Ursachen* können *für das Fehlschlagen des Verfahrens* angeführt werden?

- Das gewählte Intervall ist prinzipiell ungeeignet. Im gegebenen Fall könnten z. B. 9 oder 12 Jahre zu wesentlich besseren Ergebnissen führen. Man muß *stets* eine *repräsentative Untersuchungsperiode* zugrunde legen.
- Die *Zahl der Stützstellen* ist *zu gering*. Statt der 11 Jahreswerte sollte man lieber 22 Halbjahreswerte oder 44 Quartalswerte oder gar 132 Monatswerte verwenden, ohne das Intervall zu ändern.
- Der *Beobachtungszeitraum* ist *zu kurz* bemessen, da die wirksamen harmonischen Schwingungen längere Perioden haben. In diesem Falle muß auf eine längere Zeitreihe zurückgegriffen werden. Das wäre im vorliegenden Beispiel ein Zeitraum von mindestens 20—30 Jahren.

Wie erkennt man bereits an den Parametern, daß nicht mit einem befriedigenden Ergebnis gerechnet werden kann? Vor allem ist bei dieser Fragestellung auf die vorkommenden Amplituden zu achten. Sind sämtliche Amplituden der ausgesonderten Harmonischen untereinander sehr gleichartig, wie es Tabelle 37 und Abbildung 89 zu entnehmen ist, so verspricht die Harmonische Analyse wenig Aussage, da es keine herausragenden Schwingungen gibt, die für das Zustandekommen der Gesamtschwankung der empirischen Werte verantwortlich gemacht werden könnten.

Dieser Sachverhalt kommt auch in Abbildung 90 zum Ausdruck. Beim Aufsummieren der harmonischen Schwingungen läßt sich nur eine mangelnde Konvergenz mit der Originalkurve feststellen. Im Beispiel der Getreideproduktion stellt selbst die 4. Harmonische in einigen Bereichen noch keine gute Annäherung dar, da recht hohe Abweichungen zu den empirischen Werten übrigbleiben. Das bedeutet aber letztlich, daß die empirischen Schwankungen sich nicht auf harmonische, d. h. periodische Schwingungen zurückführen lassen; sie sind vielmehr rein zufällig und lassen sich nicht periodischen Bewegungen zuordnen. Um zu einer solchen wichtigen Aussage zu gelangen, ist es notwendig, daß man die obengenannten Fehlermöglichkeiten kritisch überprüft und ausschaltet. Damit sollte am letzten Beispiel vor allem gezeigt werden, daß bei der Anwendung der FOURIER-Analyse mit der notwendigen Vorsicht vorzugehen ist. Vor Beginn der Rechnung muß unbedingt geprüft werden, ob das Verfahren im vorliegenden Fall auch sinnvoll eingesetzt werden kann.

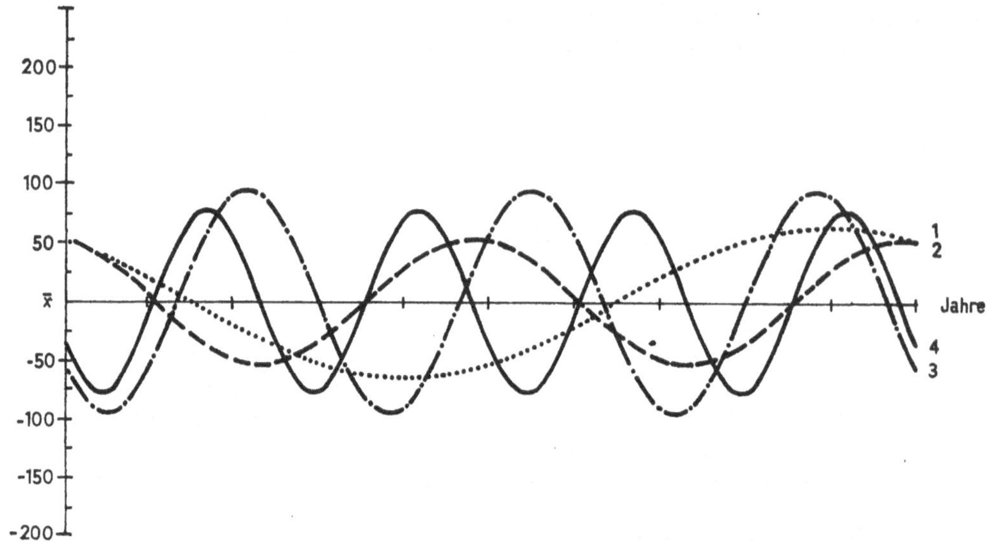

Abb. 89. Harmonische Schwingungen 1.—4. Ordnung — Beispiel: Getreideproduktion der UdSSR 1928—1938

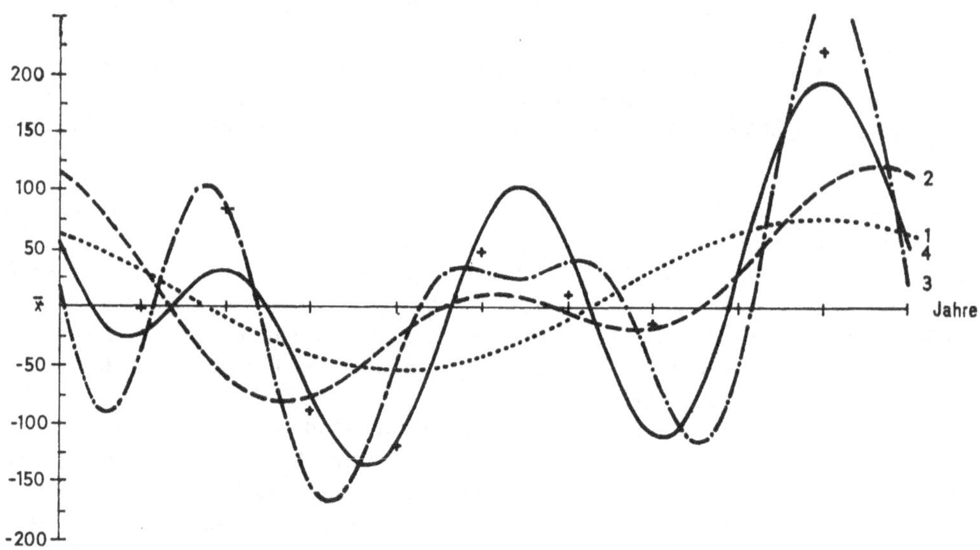

Abb. 90. Annäherung an die Originalwerte durch Überlagerung von harmonischen Schwingungen — Beispiel: Getreideproduktion der UdSSR 1928—1938

9. Literatur

Standardwerke und Sammelbände

ABLER, R., ADAMS, J. S. and P. GOULD: Spatial Organization. London 1972.

BAHRENBERG, G. und E. GIESE: Statistische Methoden und ihre Anwendung in der Geographie. Stuttgart 1975.

BAHRENBERG, G. und W. TAUBMANN: Quantitative Modelle in der Geographie und Raumplanung. Bremer Beiträge z. Geographie und Raumplanung, H. 1 (1978).

CHORLEY, R. J. und P. HAGGETT: Physical Geography, a systems approach. London 1971.

CLAUSS, G. und H. EBNER: Grundlagen der Statistik für Psychologen, Pädagogen und Soziologen. Berlin 1971.

COLE, J. P. und C. A. M. KING: Quantitative Geography. London/New York 1968.

DONDA, A.: Allgemeine Statistik. Berlin 1978.

FISCHER, P., GÖTTNER, R. und R. KRIEG: Was ist — was kann Statistik? Leipzig 1975.

FÖRSTER, E. und B. RÖNZ: Methoden der Korrelations- und Regressionsanalyse. Berlin 1979.

German Quantitative Geography. Münstersche Geogr. Arbeiten, H. 11 (1981).

GIESE, E. (Hrsg.): Symposium 'Quantitative Geographie', Gießen 1974. Gießener Geogr. Schriften, 32 (1975).

HAGGETT, P.: Einführung in die kultur- und sozialgeographische Regionalanalyse. Berlin (West)/ New York 1973.

HERZ, R., SCHLICHTER, H. G. und W. SIEGENER: Angewandte Statistik für Verkehrs- und Regionalplaner. Düsseldorf 1976.

KING, L. J.: Statistical Analysis in Geography. London 1969.

LEYKAUF, J. und D. SCHOLZ (Hrsg.): Quantitative Methoden der Strukturforschung in ihrer Anwendung in der Geographie und Territorialplanung. Kongreß- und Tagungsberichte d. Martin-Luther-Univ. Halle—Wittenberg, Wiss. Beiträge H. 1 (1985).

MARSAL, D.: Statistische Methoden für Erdwissenschaftler. Stuttgart 1967.

MEISE, J. und A. VOLWAHSEN: Stadt- und Regionalplanung — Ein Methodenhandbuch. Braunschweig/Wiesbaden 1980.

MÜLLER, H., NEUMANN, P. und R. STORM: Tafeln der mathematischen Statistik. Leipzig 1973.

NORCLIFFE, G. B.: Schließende Statistik für Geographen: eine Einführung. Berlin (West)/Heidelberg/New York 1981.

PFANZAGL, J.: Die axiomatischen Grundlagen des Messens. Schriftenreihe des Statistischen Inst. d. Univ. Wien, Würzburg 1962.

STEINER, D. (Hrsg.): Theorie und quantitative Methodik in der Geographie. Züricher Geogr. Schriften, H. 1 (1981).

SCHOLZ, D., E. SCHOLZ, G. KIND und H. BARSCH: Geographische Arbeitsmethoden. Gotha/ Leipzig 1981.

SUMNER, G. N.: Mathematics for Physical Geographers. London 1978.

TAUBENHEIM, J.: Statistische Auswertung geophysikalischer und meteorologischer Daten. Leipzig 1969.

YEATES, M.: An introduction to quantitative analysis in human geography. New York 1974.

Ausgewählte methodische Arbeiten von DDR-Geographen zur Anwendung mathematischer Methoden

in „*Petermanns Geographische Mitteilungen*“ (*PGM*)

AURADA, K. D.: Ergebnisse geowissenschaftlich angewandter Systemtheorie. PGM, **123** (1979) 4, S. 217–224.

AURADA, K. D.: Zur Anwendung des systemtheoretischen Kalküls in der Geographie. PGM, **126** (1982) 4, S. 241–249.

GRIMM, F., I. HÖNSCH und R. KRÖNERT: Stadtklassifikation auf empirisch-konventionellem Wege und mittels Faktorenanalyse und Dendrogrammen — ein Vergleich der Methoden und Ergebnisse. PGM, **120** (1976) 2, S. 116–119.

MARGRAF, O.: Geographische Strukturanalyse unter dem methodischen Gesichtspunkt einer sukzessiven Abarbeitung von Datenmatrizen. PGM, **127** (1983) 3, S. 153–159.

MARGRAF, O. und H. USBECK: Bestimmung des Urbanisierungsgrades von Gemeinden mit Hilfe der Faktorenanalyse, dargestellt am Beispiel des Umlandes von Schwerin. PGM, **125** (1981) 4, S. 245–252.

LEYKAUF, J.: Erfassung und Darstellung von Bevölkerungsverteilungen durch Potentiale und deren Trendflächen. PGM, **127** (1983) 3, S. 161–166.

LEYKAUF, J.: Analyse räumlicher Strukturen mittels Autokorrelation. PGM, **128** (1984) 4, S. 267–272.

SCHMIDT, G.: Ein Graphenmodell des Geokomplexes zur Veranschaulichung der Möglichkeiten für die Anwendung mathematischer Methoden. PGM, **118** (1974) 2, S. 87–94.

SCHMIDT, G.: Systemtheoretische Betrachtungsweise und Anwendung der Systemtheorie in der Geographie, PGM, **123** (1979) 3, S. 151–157.

SCHMIDT, G. und E. BACINSKI: Modellansätze zur Erfassung der räumlichen Dynamik, erläutert am Beispiel der Umlandregion Leipzig. PGM, **124** (1980) 3, S. 181–192.

SCHMIDT, G. und O. MARGRAF: Die Klassifikation von Zentren mittels der Faktorenanalyse und Dendogrammen. PGM, **120** (1976) 2, S. 108–115.

SCHMIDT, G., KRÖNERT, R., und H. NEUMANN: Anwendung der Faktorenanalyse bei der Gemeindetypisierung. PGM, **118** (1974) 3, S. 189–194.

THÜRMER, R.: Zur Planbarkeit und Steuerbarkeit territorialer Prozesse. PGM, **123** (1979) 3, S. 159–162.

THÜRMER, R.: Probabilistische Typisierung, dargestellt am Beispiel der Umlandbedeutung von Zentren in der DDR. PGM, **127** (1983) 2. S. 89–98.

THÜRMER, R.: Das Aufdecken von Kausalstrukturen mittels Triadenreduktion am Beispiel der Migration der Bevölkerung städtischer Gemeinden. PGM, **128** (1984) 4, S. 273–279.

in „*Geographische Berichte*“ (*GB*)

BACINSKI, E. und H. USBECK: Zur Anwendung der kanonischen Korrelationsanalyse in der Geographie. GB, **109** (1983), 4, S. 263–271.

KIND, G.: Zur Anwendung von Gravitationsmodellen in der Ökonomischen Geographie und Territorialplanung. GB, **83** (1977) 2, S. 117–124.

MARGRAF, O.: Zur quantitativen Bestimmung der Intensität stochastischer Zusammenhänge in der Geographie. GB, **85** (1977) 4, S. 296–308.

MARGRAF, O.: Zur quantitativen Bestimmung von Form und Art stochastischer Zusammenhänge in der Geographie. GB, **102** (1982) 1, S. 39–44 und GB, **104** (1982) 3, S. 201–211.

MARGRAF, O.: Entwicklung, Stand und Aufgaben bei der Anwendung mathematischer Methoden in der geographischen Forschung der DDR. GB, **110** (1985) 1, S. 41–55.

MÖLLER, E. und B. TAUCHÉ: Die Anwendung der Verhältnisskalierung in der geographischen und siedlungsplanerischen Praxis. GB, **79** (1976) 2, S. 132–145.

SCHMIDT, G.: Zur Bedeutung des Einsatzes mathematischer Methoden in den geographischen Wissenschaften., GB, **78** (1976) 1, S. 54–58.

SCHMIDT, G.: Grundfragen der Aufbereitung statistischen Materials in der Geographie. GB, **80** (1976) 3, S. 205–211.

SCHMIDT, G.: Stichprobenverfahren in der Geographie. GB, **82** (1977) 1, S. 50–56.

SCHMIDT, G.: Wahrscheinlichkeit bei geographischen Untersuchungen. GB, **87** (1978) 2, S. 121 bis 130.

SCHMIDT, G.: Zur Verwendung von Durchschnittswerten und Streuungsmaßen in der Geographie. GB, **88** (1978) 3, S. 204–216.

SCHMIDT, G.: Halbquantitative Verfahren für geographische Untersuchungen — II. Ermittlung der Konzentration und Gestalt räumlicher Erscheinungen. GB, **91** (1979) 2, S. 105–116.

SCHMIDT, G.: Darstellung von Wahrscheinlichkeitsbeziehungen durch Graphen und Markovsche Ketten. GB, **94** (1980) 1, S. 29–35.

SCHMIDT, G.: Die Verwendung von Wahrscheinlichkeitsverteilungen in der Geographie — I. Die diskreten Verteilungen. GB, **95** (1980) 2, S. 113–123.

SCHMIDT, G. und E. BACINSKI: Die Verwendung von Wahrscheinlichkeitsverteilungen in der Geographie. — II. Die stetigen Verteilungen. GB, **97** (1980) 4, S. 263–273.

SCHMIDT, G., M. LOCHMANN und U. HEILFORT: Zur Verwendung von Histogrammen in der Geographie. GB, **78** (1976) 1, S. 59–65.

SCHMIDT, G. und O. MARGRAF: Halbquantitative Verfahren für geographische Untersuchungen — I. Skalogrammanalyse, Polaritätsprofil, Czekanowski-Diagramm. GB, **90** (1979) 1, S. 47–55.

Weitere verwendete Literatur

BEHRENS, J., BURSION, G., und W. ROUBITSCHEK: Zur Herstellung thematischer Karten mit dem Kleinrechner C 8205. Informationen d. Forschungsleitstelle für Territorialplanung, H. 10 (1972), S. 10–20 (unveröff.).

BEHRENS, J., und D. STEMPELL: Anwendung der EDV in der Planungskartographie. Rechentechnik/Datenverarbeitung, **11** (1974) 5, S. 14–20.

BENDER, D., und E.-E. PIPPIG: Einheiten, Maßsysteme, SI. Wissenschaftl. Taschenbücher, R. Mathematik/Physik, Bd. 97, Berlin 1986 (5. Aufl.).

BOYCE, R. B., and W. A. CLARK: The concept of shape in geography. Geographical Review, **54** (1964), S. 561–572.

BUNGE, W.: Theoretical Geography. Lund Studies in Geography, ser. C (1962) 1.

BUNGE, W.: Appendix to Theoretical Geography. Lund Studies in Geography, ser. C (1966) 6.

CHOJNICKI, Z., und T. CZYZ: Metody taksonomii w regionalzajci geograficznej (Methoden der numerischen Taxonomie bei der geographischen Regionalisierung). Warszawa 1973.

CLARK, P. J., and F. G. EVANS: Distance to nearest neighbour of spatial relationships in populations. Ecology, **35** (1954), S. 445–453.

ETZIONI, A., und W. E. LEHMANN: Zur „gültigen“ Messung gesellschaftlicher Tatbestände. Bauwelt Fundamente, **34** (1972), S. 224–245.

FLASKÄMPER, P.: Statistische Aufgaben. Hamburg 1953.

FROSCH, G., KUHN, S., und D. WEINTRITT: Automatisches Zeichnen in der Geophysikalischen Erkundung. „Automatisches Zeichnen durch EDV“. Kammer der Technik — Tagungsmaterial Leipzig 1974.

GARTEN, G.: Anwendung quantitativer Untersuchungsmethoden zur Abbildung und Kennzeichnung von Gefügestrukturen. Diss. Pädagog. Hochschule Dresden 1976.

GEISENBERGER, S., MÄLICH, W., MÜLLER, J.-H., und G. STRASSERT: Zur Bestimmung wirtschaftlichen Notstandes und wirtschaftlicher Entwicklungsfähigkeit von Regionen. Veröffentl. d. Akademie f. Raumordnung und Landesplanung, Bonn—Bad Godesberg, Abhandlungen, **59** (1970).

HORTON, R. E.: Drainage basin characteristics. Transaction of the American Geophysical Union, **13** (1932), S. 350—361.

JÄGER, U.: Die Verteilung der Städte der DDR (in Varianten) — ihre Bestimmung mit der Methode des nächsten Nachbarn (unveröff. Mkrp.). Leipzig 1977.

KRAKAU, W.: Untersuchungen zum Einsatz von Lichtsatzautomaten in der thematischen Kartographie. Vermessungstechnik; H. 2 (1972), S. 45—48.

KOSTRUBIEC, B.: Analyza zjawisk koncentracji w sieci osadniczej (Analyse der Konzentrationserscheinungen im Siedlungsnetz). Prace Geograficzne, Wrocław, **93** (1972).

LISICKI, A.: Miedzynarodowy układ jednostek miar SI w naukach geograficznych (Die internationale Konvention der Maßeinheiten, SI, in geographischen Wissenschaften). Czasopismo Geograficzne, Wrocław, **40** (1969) 1, S. 57—65.

LOHSE, H., und R. LUDWIG: Statistik für Forschung und Beruf. Leipzig.

METZLER, H.: Messen und Bewerten — erkenntnistheoretisch betrachtet. Deutsche Zeitschrift für Philosophie, **23** (1975) 4, S. 539—557.

METZLER, H.: Kategorie Maß — Mathematik und Messen. Deutsche Zeitschrift für Philosophie, **25** (1977) 5, S. 596—600.

MÜLLER, J. H.: Methoden zur regionalen Analyse und Prognose. Hannover 1973.

MYNARCZYK, W.: Metody taxsonomiczne w przestrzennym badaniu rolnictwa (Taxonomische Methoden bei der Untersuchung der räumlichen Struktur der Landwirtschaft). Biuletyn KPZK PAN, Warszawa, Zeszyt **61** (1976).

PUDLATZ, H.: Zur Transformation der Variablen bei mangelnder Normalverteilung. Gießener Geogr. Schriften, H. 32 (1975).

SANDEN, H. v.: Praktische Mathematik. Leipzig 1951.

STEMPELL, D.: Planungskarten rechnergestützt hergestellt. Wissenschaft und Fortschritt, **27** (1977) 1, S. 28—31.

SUMNER, G. N.: Mathematics for Physical Geographers. London 1978 (engl.), Moskau 1981 (russ.)

Prof. Dr. habil. GERHARD SCHMIDT, 7027 Leipzig, Kurt-Huber-Weg 12

Dr. rer. nat. OTTI MARGRAF, Akademie der Wissenschaften der DDR, Institut für Geographie und Geoökologie, 7010 Leipzig, Georgi-Dimitroff-Platz 1

Dipl.-Math. ERICH BACINSKI, Akademie der Wissenschaften der DDR, Institut für Geographie und Geoökologie, 7010 Leipzig, Georgi-Dimitroff-Platz 1

FSC
www.fsc.org
MIX
Papier | Fördert gute Waldnutzung
FSC® C083411

Zeitfracht Medien GmbH
Ferdinand-Jühlke-Straße 7
99095 Erfurt, Deutschland
produktsicherheit@kolibri360.de